JIANSHE HANGYE
SHIGONG XIANCHANG ZHUANYE RENYUAN
JIXU JIAOYU JIAOCAI

建设行业
施工现场专业人员
继续教育教材

河南省建设教育协会　组　编

丁宪良　主　编

张思忠　相　丽　陈　伟　副主编

U0347140

中国电力出版社
CHINA ELECTRIC POWER PRESS

内 容 提 要

本书为建设行业施工现场专业人员继续教育教材，内容包括相关建筑新规范及规程、建筑工程施工新技术、建筑装饰装修新技术、新型建筑材料、市政工程新技术、安装工程新技术等六大部分内容。

本书内容新颖，包括建筑行业最新的规范、标准，新材料和新技术。既可作为建设行业施工现场专业人员的继续教育教材，也可作为相关人员的自学读物。

图书在版编目（CIP）数据

建设行业施工现场专业人员继续教育教材/丁宪良主编；河南省建设教育协会组编. —北京：中国电力出版社，2011.5（2018.4重印）
ISBN 978 - 7 - 5123 - 1612 - 6

Ⅰ.①建… Ⅱ.①丁…②河… Ⅲ.①建筑工程－施工现场－继续教育－教材 Ⅳ.①TU733

中国版本图书馆 CIP 数据核字（2011）第 067950 号

中国电力出版社出版、发行

北京市东城区北京站西街 19 号　100005　http：//www.cepp.sgcc.com.cn
责任编辑：周娟华　　E-mail：juanhuazhou@163.com
责任印制：郭华清　　责任校对：崔燕菊
三河市百盛印装有限公司印刷·各地新华书店经售
2011 年 5 月第 1 版·2022 年 8 月第 27 次印刷
787mm×1092mm　1/16·19 印张·466 千字
定价：65.00 元

编委会成员

组　　编　河南省建设教育协会
主　　编　丁宪良
副主编　张思忠　相　丽　陈　伟
参　　编　许　东　李　奎　雷振亚　龚永锋
　　　　　王　辉　李　林　焦　涛　张　烨
　　　　　赵瑞霞　陈　伟　冯黎娜　王　铮
　　　　　任　伟　武芳芳　刘建红　任志勇
　　　　　崔恩杰
主　　审　邢振贤
副主审　封春源　杨裕庭　吴纪东

前 言

在"十一五"期间，建筑业在我省经济发展中的支柱产业作用表现突出，取得了显著的成绩，为解决就业、加快城市化进程等作出了较大的贡献。

在我国经济建设过程中，国家提出了"人才资源是第一资源"的科学论断，提出以人为本、人才强国的战略，我省作为一个人口大省，建筑业从业人员数量多，技术水平相对发达地区还有一定的差距，在这种形势下，加强对建筑业从业人员的技术培训就显得尤其重要。河南省建设教育协会根据河南省住建厅人教处的安排，本着理论联系实际、突出先进性和实用性的原则，组织有关人员对近年来的新规范、新标准、新材料、新技术以及我省最新颁布的规章和规范性文件进行了汇总和编写，本书由邢振贤进行了审定。

本书共6章，由丁宪良担任主编，张思忠、相丽、陈伟担任副主编，参编人员有许东、李奎、雷振亚、龚永锋、王辉、李林、焦涛、张烨、赵瑞霞、陈伟、冯黎娜、王铮、任伟、武芳芳等。具体编写情况是：第1章 新规范及规程由河南建筑职业技术学院王辉编写；第2章 建筑工程施工新技术的2.1、2.2、2.3、2.8、2.9由河南建筑职业技术学院丁宪良编写，2.4由河南建筑职业技术学院张烨编写，2.5、2.7由河南建筑职业技术学院赵瑞霞编写，2.6由河南建筑职业技术学院陈伟编写；第3章 建筑装饰装修新技术由河南建筑职业技术学院焦涛编写；第4章 新型建筑材料的4.1、4.2由河南省建筑工程学校李林编写，4.3、4.4由郑州旅游职业学院相丽编写，4.5、4.6由河南省建筑工程学校冯黎娜编写；第5章 市政工程新技术的5.1、5.2、5.5、5.8由河南建筑职业技术学院许东编写，5.3、5.4由河南伟建工程咨询公司雷振亚编写，5.6、5.7由河南建筑职业技术学院李奎编写，5.9由新密市投资评审中心龚永锋编写；第6章 安装工程新技术的6.1、6.2、6.6由河南建筑职业技术学院张思忠编写，6.3、6.4、6.5、6.7、6.9～6.12由河南建筑职业技术学院王铮编写，6.8由河南建筑职业技术学院任伟编写，6.13～6.17由河南建筑职业技术学院武芳芳编写。

由于建筑业从业人员队伍庞大，加之编写水平有限，本书的内容可能存在不足之处，敬请广大读者批评指正，对在编写过程中给予支持的有关人员一并表示感谢。

编 者

目　　录

第1章 新规范及规程

1.1 《建筑节能工程施工质量验收规范》(GB 50411—2007)

1. 本规程的编制目的和适用范围

(1) 为了加强建筑节能工程的施工管理，统一建筑节能工程施工质量验收，提高建筑工程节能效果，依据现行国家有关工程质量和建筑节能的法律、法规、管理要求和相关技术标准，制定本规范。

(2) 本规范适用于新建、改建和扩建的民用建筑工程中的墙体、幕墙、门窗、屋面、地面、采暖、通风与空调、空调与采暖系统的冷热源及管网、配电与照明、监测与监控等建筑节能工程施工质量的验收。

2. 本规程的主要内容

墙体、幕墙、门窗、屋面、地面、采暖、通风与空气调节、空调与采暖系统冷热源及网管、配电与照明、监测与控制、建筑节能工程现场实体检验、建筑节能分部工程质量验收。详见附录1。

3. 本规程的编制说明

(1) 制定节能验收规范的目的，是为了加强建筑节能工程的施工质量管理，统一建筑节能工程施工质量验收，提高建筑工程节能效果，使其达到设计要求。而制定的依据则是现行国家有关工程质量和建筑节能的法律、法规、管理要求和相关技术标准等。需要理解的是，作为验收标准，是从验收角度对施工质量提出要求和规定，不能也不应是全面要求。

(2) 本规范的适用范围，是新建、改建和扩建的民用建筑。在一个单位工程中，适用的具体范围是建筑工程维护结构、设备专业等各个专业的建筑节能分项工程施工质量验收。对于既有建筑节能改造工程由于可列入改建工程的范畴，故也应遵守本规范的要求。

(3) 阐述本规范与各项规定的总体"水平"，即"严格程度"，由于是适用于全国的验收规范，与其他验收规范一样，本规范各项规定的"水平"是最低要求，即"最起码的要求"。

(4) 阐述本规范与其他相关验收规范的关系。这种关系遵守协调一致、相互补充的原则，即无论是本规范还是其他相应规范，在施工和验收中都应遵守，不得违反。

(5) 根据国家规定，建设工程必须节能，节能达不到要求的建筑工程不得验收交付使用。因此，规定单位工程竣工验收应在建筑节能分部工程验收合格后才可进行。即建筑节能验收是单位工程验收的先决条件，具有"一票否决权"。

1.2 《建筑工程资料管理规程》(JGJ/T 185—2009)

1. 本规程的编制目的和适用范围

(1) 为提高建筑工程管理水平，规范建筑工程资料管理，制定本规程。

(2) 本规程适用于新建、改建、扩建建筑工程资料管理。

（3）本规程规定了建筑工程资料管理基本要求。当规程与国家法律、行政法规项抵触时，应按国家法律，行政法规的规定执行。

2. 本规程的主要内容

主要内容有总则、术语、基本规定、工程资料管理及相关附录。详见附录2。

3. 本规程的编制说明

（1）本规程工程资料管理包含了工程进度控制、质量控制、造价管理等内容。由于施工安全资料针对施工过程中的安全控制与管理，不需要长期保存，且已有专门的法规和标准规范其要求，故本规程所定义的工程资料不包括施工安全资料。

本规程涵盖整个工程建设项目管理全过程，明确规定了建筑工程资料质量控制的各主要环节，适用于参与建筑工程建设的建设、勘察、设计、施工、检测、供应等单位的工程资料管理，也适用于各级建设行政主管部门、工程质量监督机构、城建档案管理部门监督管理和检查。

勘察、设计资料是工程资料的一部分，考虑到其内容另有专门规定，故本规程仅将其纳入，未列出对其形成、管理的具体要求。

（2）执行本规程时，除应与相关规范协调、配套使用外，尚应注意本规程附表依据专业规范要求制定，因此当相关专业规范修订时，应注意设计工程资料的规定有无改变，必要时应进行相应修改，使其协调一致。

第2章 建筑工程施工新技术

2.1 钻孔灌注桩后压浆技术

该技术 20 世纪 80 年代初被引入我国，目前已经得到蓬勃发展，衍生出 10 多种相关的注浆工艺，已经成为一种比较成熟的施工技术。

钻孔灌注桩在使用过程中会因为多种原因造成垂直承载能力下降，这些影响因素包括：桩底沉渣厚，桩端承力得不到充分发挥；桩侧泥皮厚，导致侧摩阻力明显下降；钻孔过程中孔壁受扰动，成孔后孔壁附近土中应力释放，出现"松弛"现象。

如何解决上述原因造成钻孔灌注桩垂直承载力下降的问题，国内外广大工程技术人员曾做过很多有益的探索，后注浆技术就是其中较常用的一种。

目前后注浆技术常用的有以下几种工艺：

（1）在孔底设置注浆室。采用该工艺时钢筋笼须下到桩底。

（2）灌注桩成孔后，在孔内设置注浆管，注浆管的下端设出浆口，并用胶带或塑料膜包住。出浆口的位置高出孔底 30～50cm。灌注混凝土前先往孔底倒入一定量的碎石或块石，使出浆口埋入碎石或块石内，然后再进行混凝土灌筑。

（3）将注浆管固定在钢筋笼上（钢管或黑铁管），出浆口采用单向截流阀并压入桩底土中 30～50cm。由于采用单向截流阀，在进行桩身混凝土浇筑时浆液不会灌入阀内，注浆时浆液也不会回流。

第一种工艺工艺复杂，成本高，国内很少使用。第二种工艺主要用于桩底加固，在国内已有过多次应用，但由于工艺不太完善，容易发生出浆口堵塞导致注浆失败。第三种工艺由于采用单向截流阀作出浆口，注浆成功率可达 97% 以上，且压力相对稳定，注浆效果显著。

2.1.1 工作机理

钻孔灌注桩的后注浆技术基本上属于劈裂注浆与渗透注浆相结合。所谓劈裂注浆，即压入的高压浆体克服土体主应力面上的初始压应力，使土体产生劈裂破坏，浆体沿劈裂缝隙渗入土体填充空隙，并挤密桩侧土，促使土体固结从而提高注浆区的土体强度。如果注浆区在桩底，则浆液首先在桩底沉渣区劈裂和渗透，使沉渣及桩端附近土体密实，产生"扩底"效应，使端承力提高，如注浆区在桩侧某部位，则该部位也同样出现"扩径"效应。从大量试桩实测资料可以看出，桩底注浆后不仅桩的端承力提高了，在桩端以上 5m 甚至更大范围内的桩侧摩阻力也有较大提高。如果在桩侧某段面注浆，同样该断面以上一定范围内的桩侧摩阻力也有明显提高。

2.1.2 主要机具和材料

主要机具：本工程选用 BW150 型压浆泵、经过计量校准的量程 10MPa 压力表、水泥浆搅拌机、0.5m³ 贮浆筒（上覆滤网）。

主要材料：水泥采用 42.5 普通硅酸盐水泥，水灰比根据现场试验调配（参考水灰比为 0.7）；压浆管选用 ϕ2.54cm 焊管。

2.1.3 压浆管制作

经过详细的材质检查、验收合格的 25.4mm 焊管，在工地集中加工成压浆管。压浆孔用 $\phi6mm$ 钻头加工，孔洞轴向间距 50mm，沿管周螺旋形错开。钻孔完毕后将孔内铁屑清理干净，孔口用橡皮包裹。两层，最底部的一根压浆管下端口用 4mm 厚、$\phi40\sim\phi50mm$ 的圆形钢板焊接封闭。

2.1.4 压浆管安装

压浆管随钢筋笼一起下放，与钢筋笼的主筋点焊并绑扎紧密。每根桩的桩底设两根压浆管。考虑到本工程桩的深度较大，为加强注浆效果，桩侧设上、下侧压浆管。上侧压浆管位于桩的中部，下侧压浆管靠近桩端部。压浆管之间采用螺纹连接，避免焊接。压浆管底部宜伸出钢筋笼 300mm 以上。

2.1.5 压浆管试水

每节压浆管随钢筋笼下放时应做试水试验，若发现水柱下降或水柱消失，则应检查压浆管是否有砂眼、螺纹连接是否密封。钢筋笼放置完毕后孔内进行第二次清孔，完成后须再次检查管内水面，无异常后用堵头封住压浆管上口。

2.1.6 压水试验

压水试验通常在灌注桩成桩后 24h 内进行。正式压浆前必须要做压水试验，以检查管路与单向阀的畅通状况，同时清除单向阀周围混凝土中沉渣和泥浆。如果在桩侧或桩端出现扩孔、塌孔或充盈系数较大的现象时，须特别注意提前进行压水试验，在混凝土浇筑完的 5h 内进行，以确保能冲开较厚的混凝土覆盖层。

试验时应该由专人记录冲破压力值及管的疏通情况。

2.1.7 压浆方法

一般在成桩 3d 后开始压浆。压浆采用低速慢压的方法，同一根桩的压浆顺序是：上侧管→下侧管→（3d 后）端管；同一承台桩的压浆顺序是：先四周桩后中心桩。

桩的压浆顺序是：上侧管→下侧管→（3d 后）端管；同一承台桩的压浆顺序是：先四周桩后中心桩。

2.1.8 压浆参数

后注浆技术终止压浆的总的控制原则是以压浆量为主，压力控制为辅。压浆参数根据地质条件合理选择，如桩端为密实的砾石、卵石层时，可考虑采取大压浆量和较大的压浆压力，以压浆量为主要控制指标；如桩侧为密实的砂土层，可以压浆压力为主要指标，压浆量为参考指标。

终压条件：总压浆量达到要求或稳压压力大于 3.0MPa，持续 1min。

2.1.9 注浆桩与不注浆桩垂直承载力的对比

表 2-1 为桩端进入砂层区的某工程中注浆桩与未注浆桩垂直承载力的对比结果。

表 2-1 钻孔灌注桩后注浆与未注浆承载力对比表

桩号	桩直径 /mm	桩长 /mm	桩端土层状况	注浆情况	极限承载力 /kN	比较 (%)
1	800	5500	进入中砂层 5m	未注	6400	100
2	800	5500	进入中砂层 5m	桩底注	>8320	>130

续表

桩号	桩直径 /mm	桩长 /mm	桩端土层状况	注浆情况	极限承载力 /kN	比较 (%)
3	800	5500	进入中砂层 5m	桩底注	＞8700	＞136
4	800	7000	进入密实细砂层 20m	未注	8400	100
5	800	7000	进入密实细砂层 20m	桩底注	＞13 400	＞160
6	800	7000	进入密实细砂层 20m	桩侧、底注	＞15 500	＞185
7	1000	6500	进入中砂层	未注	＞9000	100
8	1000	6500	进入中砂层	桩底注	＞13 500	＞150

从以上数据可以看出以下几点：

(1) 桩底注浆的单桩极限承载力均大于未注浆的承载力，提高幅度在 30%～60%；桩侧、桩底同时注浆，单桩垂直承载力提高幅度更大，达到了 85%。

(2) 桩底进入砂层越深，后注浆后单桩垂直承载力提高幅度越大。因此可以得出结论：当钻孔灌注桩进入砂层一定深度时，采用后注浆效果最佳。

注浆后单桩垂直承载力的提高幅度与桩底和桩侧土层性质关系极大，根据统计资料表明，在北京地区 10m 左右的短桩，当桩底进入中粗砂及砾石层时，采用桩底注浆工艺后，其单桩垂直承载力可提高 70%～200%；天津地区桩底进入粉细砂层的 40～60m 的中、长桩，在桩底注浆后承载力可提高 20%～40%。所以说，在砂层区，采用桩底注浆工艺，可获得可观的经济效益。

2.1.10　施工过程中的注意事项

在钻孔灌注桩施工时应注意以下几点：

(1) 为防止水泥浆从空孔部分的压浆管接头处压出，空孔部分的压浆管接头应采用生料带进行密封，并且空孔部分的钢管均应采用整根长钢管连接。

(2) 压浆应低档慢压，先稀后浓。低档慢压既能有效防止压力突然增大无法压浆的情况，也能防止浆液顺着桩身上窜或从其他的地方冒出，使桩端或桩周土体被水泥浆液逐步填充，随着压浆量的增加，压力自然形成逐渐增加的状况。

(3) 同一根桩的压浆管，如其中一根确实无法压浆或压浆量不够，另一根压浆管压浆时应补足相应的压浆量。邻近桩的相邻压浆管也应补足相应的压浆量。

(4) 如压浆量未达到设计要求，就出现浆液冒出地面时，应暂停压浆，并将压浆管内的水泥浆用缓凝型的水泥浆置换出，停止 1h 左右再进行复压，如此往复，直至达到设计压浆量。

(5) 当场地附近出现渗浆现象或压浆量满足要求、但压力较小时，不能盲目地认为压浆量达到要求就终止压浆。此时应采用间隔复压、掺早强剂、封闭渗浆通道等方法，保证有效压浆量。

2.2　水泥粉煤灰碎石桩（CFG 桩）复合地基成套技术

2.2.1　CFG 桩施工技术

目前，CFG 桩复合地基技术在国内许多省市应用，就工程类型而言，有工业与民用建筑，也有高耸构筑物；有多层建筑，也有高层建筑。大量工程实践证明，CFG 桩复合地基设计，就承载力而言不会有太大问题，可能出现的问题是 CFG 桩的施工过程中质量的控制。了解 CFG 桩施工技术的发展及 CFG 桩的不同施工工艺的特点，可使设计人员及施工技术人员对 CFG 桩施工工艺有一个较全面的认识，便于在方案选择、设计参数的确定以及施工措施上考虑得更加全面。

1. CFG 桩施工工艺

（1）长螺旋成孔管内泵压混合料灌注成桩施工工艺。长螺旋成孔管内泵压混合料 CFG 桩施工工艺是由长螺旋钻机、混凝土泵和强制式混凝土搅拌机组成的施工体系，其中，长螺旋钻机是该工艺设备的核心部分；该工艺是国家"九五"攻关项目，经过大量的工程实践，施工设备和施工工艺已趋于完善。

此施工工艺具有以下优点：

1）低噪声，无泥浆污染。

2）成孔制桩时不产生振动，避免了新打桩对已打桩产生的不良影响。

3）成孔穿透能力强，可穿透硬土层，如砂层、圆砾层和粒径大于 60mm 的卵石层。

4）施工效率高。

长螺旋成孔管内泵压混合料 CFG 桩施工工艺，适用于黏性土、粉土、砂土，以及对噪声和泥浆污染要求严格的场地。施工前应按设计要求由试验室进行配合比试验，施工时按配合比配制混合料；混合料坍落度宜为 160~200mm，施工在钻至设计深度后，应准确掌握提拔钻杆时间，混合料泵送量应与拔管速度相匹配，遇到饱和砂土或粉土层，不得停泵待料。

长螺旋成孔管内泵压混合料 CFG 桩施工中常见的问题有：

1）堵管。它直接影响 CFG 桩的施工效率，增加工人劳动强度，造成材料浪费。特别是故障排除不畅时，使已搅拌的混合料失水或结硬，增加了再次堵管的概率，给施工带来很多困难。应根据不同的原因及时排除故障，采取合理的措施减少堵管次数。一般情况下有下面几种原因：混合料配合比不合理；混合料搅拌质量有缺陷；设备原因；冬期施工措施不当；施工操作不当等。

2）窜孔。在饱和粉土、粉细砂层中施工常遇到这个问题，钻杆钻进过程中叶片剪切作用对土体产生扰动；土体受剪切扰动能量的积累，使土体发生液化。工程实践证明，被加固的土层中虽有松散粉土、粉细砂，但没有地下水，施工中没发现有窜孔现象；被加固的土层中有松散粉土、粉细砂，有地下水，但桩距很大，每根桩成桩时间很短，也很少发生窜孔；只有在桩距较小，桩的长度大，成桩时间长，成桩时一次移机施打周围桩数量过多时才发生窜孔。施工中根据不同情况采取相应的措施。

3）钻头阀门打不开。当钻头构造缺陷、桩端落在透水性好、水头高的砂土或卵石层中时，会出现此问题；可采用改进阀门的结构型式或调整桩长令桩端穿过砂土，进入黏性土层的措施来避免这一情况发生。

4）桩体上部存气。主要是施工过程中，排气阀不能正常工作所致；为杜绝桩体存气，必须保证排气阀正常工作；施工过程中，要经常检查排气阀是否发生堵塞。若发生堵塞必须及时采取措施加以清洗。

5）先提钻后泵料。这样操作会出现下列问题：有可能使钻头上的土掉进桩孔，当桩端为饱和的砂卵石层时，提拔 30cm 易使水迅速填充该空间，泵送混合料后，混合料不足以使水立即全部排走，桩端处的混合料可能存在浆液与骨料分开现象。两种情况均会影响 CFG 桩的桩端承载力的发挥。

（2）振动沉管灌注 CFG 桩施工工艺。振动沉管 CFG 桩施工工艺属于非排土成桩工艺，主要适用于粉土、黏性土及素填土地基及松散砂土等地质条件，尤其适用于松散的粉土、粉细砂的加固；它既有施工操作简便、施工费用较低、对桩间土的挤密效应显著等优点；采用振动沉管 CFG 桩施工工艺的 CFG 桩复合地基可以提高地基承载力、减少地基变形以及消除地基液化。

振动沉管 CFG 桩施工的坍落度宜为 30～50mm，成桩后桩顶浮浆厚度不宜超过 200mm；施工拔管速度应按匀速控制，拔管速度应控制在 1.2～1.5m/min，如遇淤泥或淤泥质土，拔管速度应适当放慢。

振动沉管 CFG 桩施工中常见的问题有：施工扰动土的强度降低，缩颈和断桩，桩体强度不均匀，桩料与土的混合等。

1）施工扰动土的强度降低。振动沉管 CFG 桩施工工艺与土的性质有密切的关系，根据土的挤密性，可将地基土分为三类：一类为挤密性好的土，如松散填土、粉土和砂土等；其二为可挤密土，如塑性指数不大的松散的粉质黏土和非饱和黏性土；三为不可挤密土，如塑性指数高的饱和软黏土和淤泥质土。土的密实度对土的挤密性影响很大，密实的砂土或粉土会振松，松散的砂土或粉土可振密。也就是说振动沉管成桩工艺，对密实度较高的土，振动使土的结构强度破坏，密度减小，承载力降低。

2）缩颈和断桩。在饱和软土中成桩，桩机的振动力较小，当采用连打作业时，新打桩对已打桩的作用主要表现为挤压，使得已打桩挤压成不规则形状，严重时会产生缩颈和断桩；在上部有较硬的土层或中间夹有较硬土层的土中成桩，桩机的振动力大，对已打桩的影响主要是振动破坏，采用隔桩跳打工艺，若已打桩结硬强度又不太高，在中间补打新桩时，已打桩有时被振裂。

3）桩体强度不均匀。当提升沉管线速度太快时，为控制平均速度，一般采用提升一段距离，停下留振一段时间，非留振时，速度太快可能导致缩颈、断桩。拔管太慢或留振时间过长，都会使得桩的端部桩体水泥含量较少，桩顶浮浆过多，且混合料也容易产生离析，造成强度不均匀。

4）桩料与土的混合。当采用活瓣桩靴成桩时，可能出现的问题是桩靴开口的宽度不够，混合料下落不充分，造成桩端与土接触不密实或桩端一段桩径过小；若采用反插办法，由于桩管垂直度很难保证，反插容易使土与桩体材料混合，导致桩身掺土等缺陷。

所以，振动沉管 CFG 桩施工时，要控制拔管速率，选择合理的桩距、施打顺序及混合料的坍落度，设置合理保护桩长等。

（3）长螺旋钻孔灌注成桩施工工艺。这种施工方法适用于地下水位以上的黏性土、粉土、素填土、中等密度以上的砂土等，属非挤土成桩工艺。要求桩长范围内无地下水，这样成孔时不会发生塌孔现象，并适用于对周围环境要求（如噪声、泥浆污染等）比较严格的场地。

（4）泥浆护壁钻孔灌注成桩。泥浆护壁是在成孔过程中，在孔内注入制备的泥浆或利用钻削的黏土与水混合自造而成的泥浆，用泥浆保护孔壁，防止孔壁坍塌，护壁泥浆与钻孔的土屑混合，边钻边排出泥浆，同时进行孔内补浆或补水。当钻孔达到规定深度后，清除孔底泥渣，然后在泥浆下浇筑形成 CFG 桩的拌和料。

1) 泥浆制备与处理

①泥浆制备。除能自行制造泥浆的土层外，均应制备泥浆。泥浆制备应选用高塑性黏土或膨润土。拌制泥浆应根据施工机械、工艺及穿越土层进行配合比设计。如在黏土中钻孔，可采用清水钻进，自造泥浆护壁；在砂土中钻进，则应注入制备泥浆钻入，注入泥浆相对密度控制在 1.1 左右，排除泥浆相对密度宜为 1.2～1.4。

②护壁泥浆的要求。

a. 施工期间护筒内的泥浆面应高出地下水位 1.0m 以上，特殊情况时，泥浆面应高出地下水位 1.5m 以上。

b. 钻孔达到要求的深度后，测量沉渣厚度，进行清孔。原土造浆的钻孔，清孔可用射水法；注入制备泥浆的钻孔，清孔可用换浆法清孔。

c. 浇筑拌和料前，孔底 500mm 以内的泥浆密度应小于 1.25g/cm³；含砂率不大于 8%；黏度不大于 28s。

d. 在容易产生泥浆渗漏的土层中应采取维持孔壁稳定的措施。

2) 成孔、成桩施工。成孔的方法有回转钻机成孔、潜水钻机成孔、冲击钻机成孔等，下面以回转钻机成孔为例介绍其成孔、成桩工艺。

回转钻机是由动力装置带动钻机回转装置转动，由其带动带有钻头的钻杆转动，由钻头切削土壤。根据泥浆循环方式的不同，分为正循环回转钻机和反循环回转钻机。正、反循环钻成孔是目前最常用的泥浆护壁成孔方法。

正循环回转钻机成孔，是由空心钻杆内部通入泥浆或高压水，从钻杆底部喷出，携带钻下的土渣沿孔壁向上流动，由孔口将土渣带出流入泥浆池。反循环回转钻机成孔，是泥浆或清水由钻杆与孔壁间的环状间隙流入钻孔，然后，由吸泥泵等在钻杆内形成真空使之携带钻下的土渣由钻杆内腔返回地面而流向泥浆池。反循环工艺的泥浆上流的速度较高，能携带较大的土渣。

3) 施工注意事项

①规划布置施工现场时，应考虑泥浆循环、排水、清渣系统的安设，以保证作业时，泥浆循环通畅，无水排放彻底，钻渣清除顺利。

②埋设护筒，应准确、稳定，保持孔内液面标高不低于地下水位。

③施工中应勤测泥浆密度，控制泥浆指标。一般注入泥浆的相对密度在 1.1 左右，排除泥浆的相对密度宜为 1.2～1.4。

④钻机在钻进时，应根据泥浆补给情况控制钻进速度；保证钻杆的垂直度。钻进过程中，如出现泥浆中不断有气泡，或泥浆忽然漏失，表明泥浆护壁不好；若钻孔偏斜，可提起钻头，上下反复钻几次，如纠正无效，应在孔中局部回填黏土至偏孔处 0.5m 以上，重新钻进。

⑤保证孔底清渣质量。孔底 500nm 以内的泥浆相对密度应小于 1.25，含砂率不大于 8%，黏度不大于 28s。灌注拌和料之前，孔底沉渣厚度指标应符合要求，一般不大于 100mm。

⑥导管内应设隔水栓。隔水栓一般采用 C20 混凝土预制而成，宜制成圆柱形，直径宜比导管内径小 20mm，高度宜比直径大 50mm；采用 4mm 厚的橡胶垫圈密封。

　　隔水栓用 8 号铁丝吊在导管口，待导管内拌和料达到一定量后，剪断铁丝，拌和料栓埋入底部拌和料。

　　⑦保证浇筑水下拌和料质量。导管法浇筑水下拌和料施工程序如图 2-1 所示。开始浇筑拌和料时，导管底部至孔底的距离宜为 300～500mm，桩直径小于 600mm 时，可适当加大导管底部至孔底距离，以便隔水栓能顺利排出。浇筑拌和料时导管一次埋入拌和料面以下 0.8m 以上。水下拌和料浇筑应连续不断，并且严禁将导管提出拌和料面。浇筑时应有专人测量导管埋深及管内外拌和料面的高差，填写水下拌和料浇筑记录。这种成孔方法适用于有砂层的地质条件，采用泥浆护壁可以防止塌孔。

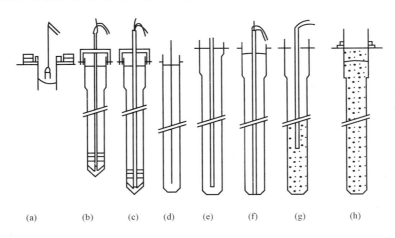

图 2-1　潜水钻成孔灌注桩成桩工艺示意图
(a) 埋设护筒；(b) 安装钻机、钻进；(c) 第一次清孔；(d) 测定孔壁回淤厚度；
(e) 插入导管；(f) 第二次清孔；(g) 灌注拌和料、拔出导管；(h) 拔出护筒

　　根据市场调查来看，CFG 桩复合地基的处理目前主要采用长螺旋成孔管内泵压混合料 CFG 桩和振动沉管 CFG 桩两种施工工艺为主，后两种相对使用较少。

　　2. 施工程序

　　实际工程中振动沉管机成桩用得比较多，这里将振动沉管机施工作一介绍。

　　(1) 施工准备

　　1) 施工前应具备的资料和条件。建筑物场地工程地质报告书；CFC 桩布桩图，图中应注明桩位编号，以及设计说明和施工说明；建筑场地邻近的高压电缆、电话线、地下管线、地下构筑物及障碍物等的调查资料；建筑物场地的水准控制点和建筑物位置控制坐标资料等；具备"三通一平"条件。

　　2) 施工技术措施内容。确定施工机具和配套设备；材料供应计划，标明所有材料的规格、技术要求和数量；施工前应按设计要求由试验室进行配合比试验，施工时按试验确定的配合比配制混合料。当用振动沉管灌注成桩和长螺旋钻孔灌注成桩施工时，桩体配比中采用的粉煤灰可选用电厂收集的粗灰，坍落度宜控制在 30～50mm 为宜；当采用长螺旋钻孔、管内泵压混合料灌注成桩时，为增加混合料的和易性和可泵性，宜选用细度（0.045mm 方孔筛筛余百分比）不大于 45％的Ⅲ级或Ⅲ级以上等级的粉煤灰，每立方米混合料粉煤灰掺量宜为 70～90kg。坍落度应控制在 160～200mm；试成孔应不少于两个，以复核地质资料

以及设备、工艺是否适宜，核定选用的技术参数；按施工平面图放好桩位，若采用钢筋混凝土预制桩尖，须埋入地表以下 30cm 左右；确定施打顺序；复核测量基线、水准点及桩位、CFC 桩的轴线定位点，检查施工场地所设的水准点是否会受施工影响；振动沉管机沉管表面应有明显的进尺标记，并以米（m）为单位。

（2）施工前的工艺试验。施工前的工艺试验主要是考查设计的施打顺序和桩距能否保证桩身质量。工艺试验也可结合工程桩施工进行，须做以下两种观测：

1）新打桩对未结硬的已打桩的影响。在已打桩桩顶表面埋设标杆，在施打新桩时量测已打桩桩顶的上升量，估算桩径缩小的数值，待已打桩结硬后开挖检查其桩身质量并量测桩径。

2）新打桩对结硬的已打桩的影响。在已打桩尚未结硬时，将标杆埋置在桩顶部的混合料中，待桩体结硬后，观测打新桩对已打桩的位移情况。

对挤密效果好的土，如饱和松散的粉土，打桩振动会引起地表的下沉，桩顶一般不会上升，断桩的可能性小；当发现桩顶向上的位移过大时，桩可能发生断开；若向上的位移不超过 1cm，断桩的可能性很小。

（3）CFC 桩施工

1）桩机进入现场，根据设计桩长、沉管入土深度确定机架高度和沉管长度，并进行设备组装。

2）桩机就位，调整沉管与地面垂直，确保垂直度偏差应不大于 1%，对满堂布桩基础，桩位偏差应不大于 0.4 倍桩径；对条形基础，桩位偏差应不大于 0.25 倍桩径，对单排布桩桩位偏差应不大于 60mm。

3）启动马达沉管到预定标高，停机。

4）沉管过程中应做好记录，每沉 1m 记录电流表的电流一次，并对土层变化予以说明。

5）停机后立即向管内投料，直到混合料与进料口齐平。混合料按设计配比经搅拌机加水拌和，拌和时间不得少于 1min，如粉煤灰用量较多，搅拌时间还要适当延长。加水量按坍落度 30～50mm 控制，成桩后浮浆厚度以不超过 20cm 为宜。

6）启动马达。留振 5～10s 开始拔管，拔管速率一般为 1.2～1.5m/min（拔管速度为线速度，不是平均速度），如遇淤泥或淤泥质土，拔管速率还可以放慢。拔管过程中不允许反插。如上料不足，须在拔管过程中空中投料，以保证成桩后桩顶标高达到设计要求。成桩后桩顶标高应考虑计入保护桩长。

7）沉管拔出地面，确认成桩符合设计要求后，用粒状材料或湿黏性土封顶，然后移机进行下一根桩的施工。

8）施工过程中，抽样做混合料试块，每台机械一天应做一组（3 块）试块，试块尺寸为 15cm×15cm×15cm，在标准养护条件下进行试块的养护，并测定 28d 抗压强度。

9）施工过程中，应随时做好施工记录。

10）在成桩过程中，随时观察地面升降和桩顶上升情况。

（4）施工顺序选择。在设计桩的施打顺序时，主要考虑新打桩对已打桩的影响。

施打顺序大体可分为两种类型，一是连续施打，如图 2-2（a）所示，从 1 号桩开始，依次 2 号、3 号、…，连续打下去；二是间隔跳打，可以隔一根桩也可隔多根桩，如图 2-2（b）所示，先打 1、3、5、…，后打 2、4、6、…。

连续施打可能造成桩的缺陷是桩被挤扁或缩颈。如果桩距不太小，混合料尚未初凝，连续打一般较少发生桩完全断开的现象。

图 2 - 2 CFG 桩施打顺序示意图
(a) 连续施打；(b) 间隔跳打

隔桩跳打，先打桩的桩径较少发生缩小或缩颈现象，但土质较硬时，在已打桩中间补打新桩时，已打的桩可能被振裂或振断。

施打顺序与土性和桩距有关，在软土中，桩距较大可采用隔桩跳打；在饱和的松散粉土中施工，如果桩距较小不宜采用隔桩跳打方案。因为松散粉土振密效果较好，先打桩施工完后，土体密度会有明显增加，而且打的桩越多，土的密度越大，桩就越难打。在补打新桩时，一是加大了沉管的难度，二是非常容易造成已打的桩发生断桩的现象。

对满堂布桩，无论桩距大小，均不宜从四周转圈向内推进施工，因为这样限制了桩间土向外的侧向变形，容易造成大面积土体隆起，断桩的可能性增大。可采用从中心向外推进的方案，或从一边向另一边推进的方案。

对满堂布桩，无论如何设计施工顺序，总会遇到新打桩的振动对已结硬的已打桩的影响，桩距偏小或夹有比较坚硬的土层时，也可采用螺旋钻的措施，以减少沉、拔管时对桩的振动力。

（5）施工监测。施工过程中，特别是施工初期应做如下的一些观测：

1）施工场地标高观测。施工前要测量场地的标高，注意测点应有足够的数量和代表性。打桩过程中随时测量地面是否发生隆起，因为断桩常常和地面隆起相联系。

2）桩顶标高的观测。施工过程中应注意已打桩桩顶标高的变化，特别要注意观测桩距最小部位的桩。

3）对桩顶上升量较大的桩（＞1cm）或怀疑发生质量事故的桩应开挖查看，或采取逐桩静压的办法加以处理。

3. 施工中的有关注意事项

（1）混合料坍落度的控制。大量工程实践表明，混合料坍落度过大，桩顶浮浆过多，桩体强度也会降低。长螺旋钻孔、管内泵压混合料成桩施工的坍度应控制在 160～200mm，振动沉管灌注成桩施工的坍落度应控制在 30～50mm，和易性较好。对振动沉管灌注成桩施工，当拔管速率为 1.2～1.5m/min 时，一般桩顶浮浆可控制在小于或等于 20cm，成桩质量容易控制。

（2）拔管速率的控制。试验表明，拔管速率太快，将会造成桩径偏小或缩颈断桩的现象。在南京埔车辆厂工地做了三种拔管速率的试验。

1）第一种采用的拔管速率为 1.2m/min，成桩投料量为 1.8m^3，成桩后开挖测桩径为 38cm（沉管为 ϕ377mm 管）。

2）第二种采用的拔管速率为 2.5m/min，投入管内料也为 1.8m^3，沉管拔出地面后，有大约 0.2m^3 的混合料被带到地面，开挖后测桩径为 36cm。

3）第三种采用的拔管速率为 0.8m/min，成桩后发现桩顶浮浆较多。

在蓟县电厂曾做较长时间留振试验，拔管速度也很慢（0.8m/min），开挖至桩端发现，桩端石子没能被水泥浆包住，强度较低。

大量工程实践证明，拔管速度为 1.2～1.5m/min 是适宜的。

应该指出，这里说的拔管速度不是平均速度。除启动后留振 5～10s 之外，拔管过程不再留振，也不得反插。

国产振动沉管机拔管速度都较快，可以通过增加卷扬系统中滑轮组的动滑轮数量来改变拔管速度，也可通过电动机→变速箱系统来实现。

（3）保护桩长的设置。所谓保护桩长是指成桩时预先设定加长的一段桩长，基础施工时将其剔除。

保护桩长是基于以下几个因素而设置的：

1）成桩时桩顶不可能正好与设计标高完全一致，一般要高出桩顶设计标高一段长度。

2）桩顶一段由于混合料自重压力较小或由于浮浆的影响，靠桩顶一段桩体强度较低。

3）已打桩尚未结硬时，施打新桩可能导致已打桩受振动挤压，混合料上涌使桩径缩小。如果已打桩混合料表面低于地表较多，则桩径被挤小的可能性更大，增大混合料表面的高度即增加了自重压力，可使抵抗周围土挤压的能力提高，特别是基础埋深很大时，空孔太长，桩径很难保证。

综上所述，必须设置保证桩长，并建议遵照如下原则：

①设计桩顶标高离地表的距离不大时（不大于 1.5m），保护桩长可取 50～70cm，上部再用土封顶。

②桩顶标高离地表的距离较大时，可设置 70～100cm 的保护桩长，然后上部再用粒状材料封顶直到接近地表。

（4）开槽及桩头处理。CFG 桩施工完毕，待桩体达到一定强度（一般 3～7d）后，可进行开槽。

清土和截桩时，不得造成桩顶标高以下桩身断裂和扰动桩间土。

对基槽开挖，如果设计桩顶标高距地表不深（一般不大于 1.5m），宜考虑采用人工开挖，这样不仅可以防止对桩体和桩间土产生不良影响，而且也比较经济。

如果基坑较深，开挖面积大，采用人工开挖效率太低时，可采用机械和人工联合开挖，但必须遵循以下原则：

1）不可对设计桩顶标高以下的桩体产生损害。

2）对中、高灵敏性土，应尽量避免扰动桩间土。

对于这两点，关键在于要留置足够的人工开挖厚度。采用机械、人工联合开挖，人工开挖厚度留置多少，与桩体强度和土质条件等有关，建议对不同的场地条件应通过现场试验确定。但人工开挖留置厚度一般不宜小于 50cm。

基槽开挖至设计标高后，多余的桩头需要剔除，剔除桩头时宜采取以下措施：

1）找出桩顶标高位置。

2）用钢钎等工具沿桩周向桩心逐次剔除多余的桩头直到设计桩顶标高，并把桩顶找平。

3）不可用重锤或重物横向击打桩体。

4）桩头剔至设计标高处，桩顶表面不可出现斜平面。

如果在基槽开挖和剔除桩头时造成桩体断至桩顶设计标高以下，必须采取补救措施。假如断裂面距桩顶标高不深，可用 C20 豆石混凝土接桩至设计桩顶标高，方法如图 2-3 所示。注意在接桩头过程中保护好桩间土。

（5）冬期施工。冬期施工时，应采取措施避免混合料在初凝前遭到冻结，保证混合料入孔温度高于 5℃，根据材料加热的难易程度，一般优先加热拌和用水，其次是砂和石。混合料温度不宜过高，以免造成混合料的假凝造成无法正常泵送施工。泵头管线也应采取保温措施。施工完毕清除保护土层和桩头后，应立即对桩间土和桩头采用草帘等保温材料进行覆盖，以防止桩间土冻胀而造成桩体拉断。

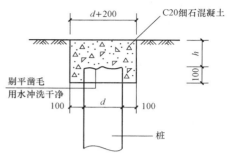

图 2-3 CFG 桩接桩头示意图

（6）褥垫层铺层。褥垫层所用材料多为粗砂、中砂、级配砂石、碎石等，碎石粒径宜为 8~20mm，最大粒径不宜大于 30mm，不宜选用卵石。当基础底面的桩间土含水量较大时，应进行试验确定是否采用动力夯实法，避免桩间土承载力下降。对较干的砂石材料，虚铺后可适当洒水进行碾压或夯实。

褥垫层厚度一般为 15~30cm，具体厚度由设计确定。

桩头处理后，桩间土和桩头处在同一平面，褥垫层虚铺厚度按下式控制：

$$\Delta H = h/\lambda$$

式中 ΔH——褥垫层虚铺厚度；

h——设计褥垫厚厚度；

λ——夯填度，不得大于 0.9。

垫层材料虚铺后采用静力压实，当基础底面下桩间土的含水量较小时也可动力夯实。

4. 施工中常见的问题及处理措施

（1）施工扰动土的强度降低。振动沉管成桩工艺与土的性质具有密切的关系，就挤密性而言，可将地基土分为三大类：其一为挤密性好的土，如松散填土、粉土、砂土等；其二为可挤密性土，如塑性指数不大的松散的粉质黏土和非饱和黏性土；其三为不可挤密土，如塑性指数高的饱和软黏土和淤泥质土。

需要着重指出的是，土的密度对土的挤密性影响很大，众所周知，密实的砂土、粉土会振松；松散的砂土、粉土可以挤密。因此，讨论土的挤密性时，一定要考虑加固前土的密实度。对密实砂层和遇硬土层的情况，不宜用振动沉管法成桩，应改用其他成桩方法。

例如，盘锦地区某工程为粉质黏土，天然地基承载力为 200kPa，勘察部门误认为只有 120kPa，设计要求为 180kPa，采用挤密碎石桩加固方案，选用振动沉管打桩机施工，施工后地表降起 30~50cm，做复合地基静载试验发现承载力只有 150kPa。为考察加固效果，在拟建场地之外做了 6 组天然地基静载试验，证实天然地基承载力为 205kPa（6 组试验平均值）。也就是说，采用振动沉管成桩工艺，对密实度较高的土，振动使土的结构强度破坏，密度减小，承载力下降 25％。

对饱和软土，特别是塑性指数较高的软土，振动将引起土孔隙水压力上升、土的强度降低；振动历时越长，对土和已打桩的影响越严重。在软土地区施工时，采用静压振拔技术对保证施工质量是有益的。

所谓静压振拔是说沉管时不启动马达，借助桩机自身的自重，将沉管沉至预定标高，填满料后再启动马达振动拔管。

（2）缩颈和断桩。在饱和软土中成桩，桩机的振动力较小，当采用连打作业时，新打桩对已打桩的作用主要表现为挤压，也就是使得已打桩被挤扁成椭圆形或不规则形，严重地产生缩颈和断桩。

在上部有较硬的土层或中间夹有硬土层中成桩，桩机的振动力较大，对已打桩的影响主要为振动破坏。采用隔桩跳打工艺，若已打桩结硬度又不太高，在中间补打新桩时，已打桩有时被振裂，且裂缝一般与桩轴线成 $0° \sim 30°$。

为避免此类现象的发生，无论是在饱和软土中成桩还是上部有较硬的土层或中间夹有硬土层的地基中成桩，均须根据施工中的注意事项选择合适的成桩顺序，并根据土层情况选用较为适宜的施工工艺和设备。

（3）桩体强度不均匀。桩机卷扬系统提升沉管线速度太快时，若采用控制平均速度为 1.5m/min，一般采用提升一段距离，停下留振一段时间，非留振时，速度太快可能导致缩颈、断桩；拔管太慢或留振时间过长，使得桩的端部桩体水泥含量较少，桩顶浮浆过多，而且混合料也容易产生离析，造成桩身强度不均匀。

在施工过程中，要严格控制拔管速度在 $1.2 \sim 1.5\text{m/min}$，并始终保持速度均匀一致，并很好地控制留振时间。

（4）桩顶上升量较大。对重要工程或通过监测发现桩顶上升量较大，并且桩的数量较多时，可以逐个桩快速静压以消除可能出现的断桩对复合地基承载力造成的不良影响。这一技术称为逐桩静压。逐桩静压技术在沿海一带广泛采用，当地称之为"跑桩"。

静压桩机就是打桩的沉管机在沉管机桩架上配适量压重，配重的大小按可施于桩的压力不小于 1.2 倍的桩的设计荷载为准，当桩身达到一定强度后即可进行逐桩静压，每个桩的静压时间一般为 3min。

静压桩的目的在于将可能发生已脱开的断桩接起来，使之能正常传递垂直荷载。这一技术对保证复合地基桩能正常工作和发现桩的施工质量问题是有意义的。

不是所有的工程都必须逐桩逐桩静压，通过严格的施工监测和施工质量控制确有保证时可以不进行逐桩静压。

此外，静压荷重也不一定都要 1.2 倍桩承载力，要视具体情况而定；在中国沿海地区，当桩的数量较多时，为解决桩顶上重量较大的问题，他们采用逐根桩快速静压的处理方式，效果也很好，当地把这种方法称为"跑桩"。

（5）土料混合。当采用活瓣桩靴成桩时，可能出现的问题是桩靴开口打开的宽度不够，混合料下落不充分，造成桩端与土接触不密实或桩端一段桩径较小。

若采用反插的办法，由于桩管垂直度很难保证，反插容易使土与桩体材料混合，导致桩身掺土等缺陷。

CFG 桩效果检验：一般在施工结束 28d 后做桩、土以及复合地基检测，施工质量检验主要应检查施工记录、混合料坍落度、桩数、桩位偏差、桩顶标高、褥垫层厚度及其质量、夯填度和桩体试块抗压强度等。

1）桩间土的检测。施工过程中，振动对桩间土产生的影响视土性不同而异，对结构性土，强度一般要降低，但随时间增长会有所恢复；对挤密效果好的土，强度会增加。对桩间土的变化可通过以下方法进行检验：

①施工后可取土样做室内土工试验，考察土的物理力学指标的变化。

②也可做现场静力触探和标准贯入试验，与地基处理前进行比较。

③必要时做桩间土静载试验，确定桩间土的承载力。

2）CFG 桩的检测。通常用单桩静载试验来测定桩的承载力，该试验也可以判断是否发生断桩等缺陷。静载试验要求达到桩的极限承载力。对 CFG 桩的成桩质量也可采用可靠的动力检测方法来判断桩身的完整性。应抽取不少于总桩数量 10％的桩进行低应变动力检测，检测桩身的完整性。

3）复合地基检测。《建筑地基处理技术规范》（JGJ 79—2002）规定：水泥粉煤灰碎石桩地基竣工验收时，承载力检验应采用复合地基载荷试验。

载荷试验应在桩身强度满足试验荷载条件时，并宜在施工结束 28d 后进行。试验数量为总桩数量的 0.5％～1％，且每个单体工程的试验数量应不少于 3 点。选择试验点时应本着随机分布的原则进行。

复合地基检测可采用单桩复合地基试验和多桩复合地基试验，所用载荷板面积应与受检测桩所承担的处理面积相同。具体试验方法按《建筑地基处理技术规范》（JGJ 79—2002）执行，若用沉降比确定复合地基承载力时，当以卵石、圆砾、密实粗中砂为主的地基，可取 s/b 或 $s/d=0.008$ 对应的荷载值作为复合地基承载力特征值；当以黏性土、粉土为主的地基，可取 $s/b=0.01$ 对应的荷载值作为 CFG 桩复合地基承载力特征值。

4）施工验收。CFG 桩复合地基验收时应提交下列资料。

①桩位测量放线图（包括桩位编号）。

②材料检验及混合料试块试验报告。

③竣工平面图。

④CFG 桩施工原始记录。

⑤设计变更通知书及事故处理记录。

⑥复合地基静载试验检测报告。

⑦施工技术措施。

CFG 桩复合地基质量检验标准见表 2-2。

表 2-2　　　　　　　　　　　CFG 桩复合地基质量检验标准

项目	序号	检查项目	允许偏差或允许值		检查方法
			单位	数值	
主控项目	1	原材料	设计要求		查产品合格证书或抽样送检
	2	桩径	mm	−20	用钢尺量或计算填料量
	3	桩身强度	设计要求		查 28d 试块强度
	4	地基承载力	设计要求		按规定的办法

项目	序号	检查项目	允许偏差或允许值		检查方法
			单位	数值	
一般项目	1	桩身完整性	按桩基检测技术规范		按桩基检测技术规范
	2	桩位偏差	满堂布桩≤0.40D 条形布桩≤0.25D		用钢尺量，D 为桩径
	3	桩垂直度	%	≤1.5	用经纬仪测桩管
	4	褥垫层夯填度	mm	+100	测桩管长度或垂球测孔深
	5		≤0.9		用钢尺量

注：1. 夯填度指夯实后的褥垫层厚度与虚体厚度的比值。

2. 桩径允许偏差负值是指个别断面。

5. 工程实例

近年来，随着我国经济建设的快速发展，高层建筑在各地大量出现。由于高层建筑荷载大，重心高，对地基强度和变形均有较高的要求。在天然地基不能满足要求时，较多地采用桩基础或桩—箱基础等，这些基础须耗费大量钢筋、水泥，造价较高，当地基土具有一定强度时，采用 CFG 桩复合地基，能够取得较为满意的效果，比传统的桩基础具有明显的优势。

（1）工程概况和地质条件。平顶山市海南大厦为一栋高层底商信宅楼，地上 22 层，地下室 1 层，设计室外地坪标高为 8.70m，基底标高为 2.30m，箱形基础埋深标高为 6.40m，设计荷载（包括箱形基础自重）为 497 337kN，基底压力为 455kPa。

根据地质勘察报告，该建筑场地地势比较平坦，标高约为 8.70m，地基土主要由第四纪冲、洪积物构成。箱形基础持力层为粉质黏土（厚约 4m，其下为中密的细～中粗砂及硬塑状黏土），呈软塑～可塑状，承载力特征值 $f_{ak}=160$kPa，经深、宽修正后承载力特征值 $f_a=330$kPa，不能满足要求。决定采用人工地基箱形基础，箱形基础下面采用 CFG 桩处理软弱持力层，形成 CFG 桩复合地基。

（2）CFG 桩的设计

1）CFG 桩复合地基承载力估算。通常柔性桩复合地基承载力可由下式估算：

$$f_{spk} = [1+m(n-1)]f_{sk} = [1+m(n-1)]\alpha f_{ak} = \zeta f_{ak}$$

其中：

$$\alpha = f_{sk}/f_{ak}; \quad \zeta = [1+m(n-1)]\alpha$$

式中 f_{spk}——加固后复合地基承载力特征值（kPa）；

f_{spk}——加固后桩间土承载力特征值（kPa）；

f_{ak}——天然地基承载力特征值（kPa）；

α——桩间土强度提高系数；

m——面积置换率；

ζ——承载力提高系数；

n——桩土应力比。

对黏性土面而言，一般 $m=0.07\sim0.25$，$\alpha=0.6\sim1.2$，$n=1.44\sim3.38$，代入 $\zeta=[1+m(n-1)]\alpha$，可得 $\zeta=1.2\sim1.6$，也就是说，在一般情况下，柔性复合地基承载力比天然地基承载力可提高 20%～60% 左右。

因 ζ 的提高实际上是很有限的，m 也不可能很大，且太大也不经济；n 值主要取决于桩土刚度比，桩的刚度越大，n 值也越大，于是属半刚性桩的 CFG 桩便应运而生。

一般来讲，公式 $f_{spk}=[1+m(n-1)]f_{sk}=[1+m(n-1)]\alpha f_{ak}=\zeta f_{ak}$ 可用于 CFG 桩复合地基，但由于应力集中比 n 受多种因素影响，如无实测资料或工程经验，则不好确定，故该公式不便直接应用。考虑到复合地基破坏时，桩、土已达各自承载能力极限状态，故可按下式估算：

$$f_{spk}=(1-m)f_{ak}+mR_a/A_p$$

式中　　R_a——单桩承载力特征值（kN），按沉管灌注桩有关公式或表格估算；

A_p——CFG 桩单桩横截面积（m²）。

其他符号意义同前。

上式中未考虑桩间挤密效果及 CFG 桩加筋作用，作为安全储备。

该工程静载试验地段实际桩径约 350mm，则 $A_p=0.096m^2$，$m=0.08$，$R_a=180kN$，$f_{ak}=160kPa$，代入上式得：$f_{spk}=295kPa$，与试验结果（$f_{spk}=310kPa$）较为吻合。

2）复合地基承载力修正问题。由于高层建筑一般基础埋深较大，而复合地基静载试验一般是在设计基底标高处进行的，这就存在一个"承载力特征值"如何修正的问题。按《建筑地基处理技术规范》（JGJ 79—2002）中的第 3.0.4 条规定"基础宽度的地基承载力修正系数应取零；基础埋深的地基承载力修正系数应取 1.00"这显然是不合适的。从《建筑地基基础设计规范》（GB 50007—2002）可以看出，地基土性质越好，强度越高，其深、宽修正系数越大。显然，天然地基经过 CFG 桩处理后，其性质有了较大的改善，因此，复合地基的深、宽修正系数应较原天然地基有所提高。如为安全起见，可不考虑提高，而按原天然地基系数进行修正无疑是合理的。对该工程来说，由静载试验得其复合地基力特征值为：$f_{spk}=310kPa$。如按《建筑地基处理技术规范》（JGJ 79—2002）深、宽系数 $\eta_b=0.3$、$\eta_d=1$ 进行修正，则 $f_{spk}=430kPa$；若按天然地基原土深、宽系数（$\eta_b=0.3$、$\eta_d=1.6$）进行修正，则 $f_{spk}=350kPa$，二者相差 80kPa，这个差值是很可观的。

3）CFG 桩桩体强度及配合比设计。CFG 桩桩体设计强度标号应按单桩极限荷载确定，分项系数取 1.5，但不宜低于 C8，一般取 C8～C12 为宜。配合比设计可参照相关规程进行，水泥取代率（β_c）可取 30%～50%。由于粉煤灰的掺入量较大，CFG 桩体的强度增长较普通混凝土要慢，故其强度等级龄期宜为 60d。根据不同配合比试验，若以 60d 强度作为最终强度，则 7d 可达到最终强度的 40%～50%，28d 可达到最终强度的 70%～80%。

4）垫层厚度及材料。垫层在 CFG 桩复合地基中起着"褥垫"及"找平"的作用，其厚度对复合地基工作性状影响很大。垫层越薄，桩的应力集中现象越明显，桩土应力比越大，桩间承载力发挥越低；垫层越厚，尽管对桩间土承载力发挥有利，但桩的承载能力却不能有效发挥。因此，垫层设计应根据地基土的承载力及桩的刚度等因素综合考虑其厚度，一般取 150～300mm，材料可采用密实的级配砂石料。

该工程 CFG 桩采用 400mm 桩径，以下部砂层作为桩尖持力层，桩顶、底标高分别为 2.10m 和 -2.3m，桩长 4.4m，进入持力层约 0.4m；等边三角形布桩，桩心距 1.2m，实际共布桩 1093 根，置换率约 10%，桩体标号 C8（100 号），桩顶与基础间设 200mm 厚砂石垫层，要求处理后复合地基承载力特征值不小于 300kPa。

（3）CFG 桩的施工。施工机械为 DZ55 型振动沉管打桩机，在原地面整平后施工，沉管深度约 10.9m，灌注材料超灌设计标高 1m。采取连续施打方式成桩，桩长以贯入度控制为主，标高控制为辅。每天完成 30 余根，实际工期 35d。工程决算总费用 27.1 万元，比采用混凝土灌注桩——箱基的费用节约 122.9 万元。

CFG 桩施工除需参照《建筑桩基技术规范》（JGJ 94—2008）进行外，还应注意以下几点：

1）由于粉煤灰混凝土和易性较差，因此要充分搅拌，搅拌时间不得少于 2min。

2）由于高层建筑埋深较大，最好在原地表平场后再进行施工，然后再开挖基坑，尽量避免坑内作业。这样不仅施工方便，而且也可减少基底下土的隆起量，从而减少因打桩引起的孔压消散后而产生的桩间土再固结量，以利于桩间土承载能力的发挥。

3）当按 2）法施工时，基底标高以上部分也应灌料，可采用工业废料（如矿渣等）加粉煤灰、水搅拌而成，以节约费用。灌注材料应一次灌足，以使孔内填料有足够压力抵坑土体水平压力，防止缩颈，并可加强反插效果，增大充盈系数，改善处理效果。

4）由于 CFG 桩成桩速度快（一般几十分钟内即可完成 1 根），故应采用隔行跳打方式施工，以保证施工质量。该工程由于工期紧，没有采取跳打。另外，由于基底以上部分灌料不足，造成了部分桩体缩颈，影响了处理效果，应引以为戒。

（4）加固效果检验。CFG 桩施工完成后 1 个月，进行了地基处理效果检验。检验手段为静力触探试验和静载试验。静力触探试验结果表明，桩间土有一定的挤密效果，锥尖阻力 q_c 大约提高了 10%～20%。静载试验为单桩复合地基，共 2 个点，取 $s/b=0.02$ 所对应的荷载值作为承载力特征值，分别为 310kPa 及 320kPa，取复合地基承载力特征值为 310kPa，满足设计要求（静载试验在基坑开挖至基底标高进行，由于配重所限，未做到极限荷载）。

需要说明的是，开挖基坑后，发现部分桩体有缩颈现象，平均桩径 370mm、350mm。静载试验是在处理效果最差（指缩颈现象严重）的中部进行的，加固效果是明显的。

结论：目前用于软弱地基处理的方法很多，但没有一种方法能够适用于所有的地质条件，因此，设计人员在确定地基处理设计方案时应进行多种处理方案的比较，注意学习类似工程的成功经验，还要考虑当地施工企业的施工技术水平和设备水平；另外，设计人员应该重视检测结果，对设计值与实际检测结果进行分析对比，以便总结经验，使今后的设计与实际结果有更好的符合度。

2.3 夯实水泥土桩复合地基成套技术

夯实水泥土桩复合地基处理技术是利用工程用土料和水泥拌和形成混合料，通过各种机械成孔方法在土中成孔并填入混合料夯实，形成桩体；当采用具有挤土效应的成孔工艺时，还可将桩间土挤密，形成复合地基，提高地基承载力特征值 50%～100%，降低压缩量，材料易于解决，施工设备简单，施工方便，工期短，工效高，无环境噪声污染，地基处理费用相对较低，对水电条件要求较低，在旧城改造及小区建设中应用方便。

夯实水泥土桩法适用于地下水位以上天然含水量 12%～23%，厚度 10m 以内的粉土、素填土、杂填土、黏性土、淤泥质土等地基。

2.3.1　材料要求

夯实水泥土强度主要由土料的性质、水泥品种、水泥强度等级、龄期、养护条件等控制。

对使用材料的要求是：

（1）水泥：强度等级不低于 32.5 的普通硅酸盐水泥和矿渣硅酸盐水泥，应有产品合格证、出厂检验报告及复验报告。

（2）土：应采用无污染、有机质含量低于 5% 的黏性土、粉土或砂类土，不得含有冻土或膨胀土，使用时应过 10～20mm 的筛子。土料含水量应满足最优含水量要求，其允许偏差不得大于 ±2%。如土料含水量过大，须经风干或另掺加其他含水量较小的掺和料。

（3）垫层材料应级配良好，不含植物残体、垃圾等杂质。

（4）其他掺和料：粉煤灰、炉渣等工业废料。

2.3.2　施工准备

1．技术准备

（1）编制施工方案并经审批，进行技术交底。

（2）施工前熟悉场地工程地质资料，并进行现场踏勘，了解现场情况。

（3）按规划红线、基准点及施工图测设建筑物轴线、标定定位基桩，并进行复测。

（4）用击实试验确定掺和料的最优含水量。

（5）进行配合比试验：通常可采用水泥：混合料＝1∶6（体积比）进行试配。

（6）进行成孔和成桩试验，以确定施工工艺参数。

2．机具设备

（1）成孔机具：洛阳铲、长螺旋钻机、沉管打桩机。

（2）夯实机具：吊锤式夯实机、夹板锤式夯实机，锤重不小于 80kg；人工夯锤，锤重不小于 30kg。

（3）其他：搅拌机、粉碎机、机动翻斗车、手推车、铁锹、盖板、量孔器、料斗。

3．作业条件

（1）场地上、下障碍物应清理或改移完毕，或有保护措施。

（2）场区做到"三通一平"，对松软地面应进行碾压或夯实，以保证设备行走平稳。

（3）设计桩顶标高应低于地面标高 0.3m 以上，以避免对成桩质量产生影响。

（4）成桩机械已运转调试完毕。

4．技术参数

（1）桩径和桩距。桩孔直径宜为 300～600mm，可据设计及成孔方法确定常用桩径为 350～400mm。选用的夯锤应与桩径相适应。桩距宜为 2～4 倍的桩径。

（2）桩长。桩长的确定，当相对硬层的埋藏深度不大时，应按相对硬层埋藏深度确定；当相对硬层埋藏深度较大，而桩端下又存在软弱下卧层时，按建筑物地基的变形允许值确定。

（3）桩的布置。多采用单排或双排（条基）及满堂红布置。桩端进入持力层不小于 1～2 倍的桩径。

（4）桩顶铺垫。褥垫层厚可取 150～300mm，材料可采用中砂、粗砂、级配砂石或碎石，最大粒径不宜大于 20mm。

2.3.3　工艺流程

工艺流程是：

钻机就位 → 成孔 → 成孔验收 → 制备水泥土 → 孔底夯实 → 分层夯镇成桩 → 成桩质量检查

2.3.4　施工要点

（1）夯实水泥土桩的施工，应按设计要求选用成孔工艺。挤土成孔可选用沉管、冲击等方法；非挤土成孔可选用洛阳铲、螺旋钻等方法。

（2）成孔施工应符合下列要求：①桩孔中心偏差应不超过桩径设计值的 1/4，对条形基础应不超过桩径设计值的 1/6；②桩孔垂直度偏差应不大于 1.5%；③桩孔直径不得小于设计桩径；④桩孔深度应不小于设计深度。

（3）土料与水泥应拌和均匀，水泥用量不得少于按配比试验确定的重量。

（4）向孔内填料前孔底必须夯实。机械夯实次数由现场试验确定，一般为 6～8 击；人工夯实先用小落距轻夯 3～5 次，然后重夯不少于 8 次，夯锤落距不小于 600mm。夯实判断标准为听到"砰砰"的清脆声音。

（5）分层夯填成桩：夯填桩孔时，宜选用机械夯实。分段夯填时，夯锤的落距和填料厚度应根据现场试验确定。填料应分层匀速进行，每次填料深度为 200～300mm，夯击 6～8 击，每次填料夯击密实后再填下一步，压实系数应不小于 0.93。桩顶夯填高度应大于设计桩顶标高 200～300mm，桩顶以上所余桩孔可用素土料回填并轻夯至施工地面。每根桩要求采用连续成桩工艺，防止出现松填或漏填现象。

（6）施工过程中，应有专人监测成孔及回填夯实的质量，作好施工记录，并用轻型动力触探法抽查一定数量桩孔的夯实质量。如发现地基土质与勘察资料不符时，应查明情况，采取有效处理措施。

（7）垫层施工时应将多余桩体凿除，桩顶面应水平。材料应级配良好，不含植物残体、垃圾等杂质。垫层铺设时应压（夯）密实，夯填度不得大于 0.9。采用的施工方法应严禁使基底土层扰动。

（8）严格按设计顺序定位放线布置桩孔，并记录布桩的根数，以防遗漏。

（9）回填料配合比应准确，拌和均匀；含水量控制应以手握成团，落地散开为宜。

（10）成桩质量检查：成桩 24h 内采用取土样测干密度或轻型动力触探检验桩身质量。

（11）雨期或冬期施工时，应采取防雨、防冻措施，防止土料和水泥受雨水淋湿或冻结。

（12）大风及炎热天气应采取覆盖措施，防止土料或拌和料水分损失过快。

2.3.5　质量检验

（1）施工中应检查孔位、孔深、孔径、水泥和土的配比、混合料含水量等。

（2）施工过程中，对夯实水泥土桩的成桩质量，应及时进行抽样检验。抽样检验的数量应不少于总桩数的 2%。对一般工程，可检查桩的干密度和施工记录。干密度的检验方法可在 24h 内采用取土样测定或采用轻型动力触探击数 N10 与现场试验确定的干密度进行对比，以判断桩身质量。

（3）夯实水泥土桩地基竣工验收时，承载力检验应采用单桩复合地基载荷试验。对重要或大型工程，尚应进行多桩复合地基载荷试验。褥垫层应检查其夯填度。

（4）夯实水泥土桩地基检验数量应为总桩数的 0.5%～1%，且每个单体工程应不少于 3 点。

（5）夯实水泥土桩的质量检验标准应符合表 2-3 的规定。

表 2-3　　　　　　　　夯实水泥土桩复合地基质量检验标准

项	序号	检查项目	允许偏差或允许值		检　查　方　法
			单位	数值	
主控项目	1	桩径	mm	−20	用钢尺量
	2	桩长	mm	+500	测桩孔深度
	3	桩体干密度	设计要求		现场取样检查
	4	地基承载力	设计要求		按规定的办法
主控项目	1	土料有机质含量	%	≤5	焙烧法
	2	含水量（与最优含水量比）	%	±2	烘干法
	3	土料粒径	mm	≤20	筛分法
	4	水泥质量	设计要求		查产品质量合格证书或抽样送检
	5	桩位偏差	mm	满堂布桩≤0.40D 条基布桩≤0.25D	用钢尺量，D 为桩径
	6	桩孔垂直度	%	≤1.5	用经纬仪测桩管
	7	褥垫层夯填度	≤0.9		用钢尺量

注：1. 夯填度指夯实后的褥地层厚度与虚体厚度的比值。
　　2. 桩径允许偏差负值是指个别断面的。

2.3.6　成品保护

（1）应注意保护好现场的轴线桩和高程控制桩。

（2）合理安排施工顺序，避免机械行走时碾压桩孔或成品桩，桩顶应留 200～300mm 高以保护桩顶。

（3）成孔后应及时填料夯实成桩。填料前孔口须加盖板保护，并做好标志，禁止行人、车辆通行。

2.3.7　安全操作要求

（1）操作设备应遵守国标《建筑机械使用安全技术规程》（JGJ 33—2001）和其他有关规程的规定。

（2）电缆尽量架空设置，不能架起的绝缘电缆通过道路时应采取保护措施，钻机行走时一定要有专人提起电缆同行。

（3）钻机周围 5m 以内应无高压线路，作业区应有明显标志或围挡，严禁闲人入内。

（4）卷扬机钢丝绳应经常处于润滑状态，防止干摩擦。

（5）特殊工种包括司机、电工、信号工等必须持证上岗。

（6）遇有大雨、雪、雾和六级以上大风等恶劣天气时应停止作业。

2.4　高性能混凝土技术

2.4.1　高性能混凝土概述

高性能混凝土是 20 世纪 80 年代末、90 年代初才出现的，自从有了波特兰水泥后，水泥基材料经历了漫长的发展过程。经过无数次改革、创造与发明，其科技内容已十分丰富。早在 30 年前，28d 抗压强度超过 50MPa 的高强度混凝土已较多地在工程上应用。一些具有远见卓识的专家考虑到某些工程的需要，在提出高强度指标的同时，也提出了对混凝土工作性和耐久性的要求。但当时还没有一个为大家所接受的名称，更没有订出指标和规程，因此也有人认为，高性能混凝土是高强度混凝土的进一步完善。

由此可见，高性能混凝土这个名词出现至今已近 30 年，对于高性能混凝土的定义和解释也有了一个相对通用的解释。美国国家标准与技术研究所（N）IST 于 1990 年 5 月提出：高性能混凝土是具有某些性能要求的匀质混凝土；采用优质材料配制的；必须采用严格的施工工艺；不离析，便于浇捣；早期强度高，力学性能稳定；具有韧性和体积稳定性等性能的耐久的混凝土。1990 年美国著名水泥化学家 Mehta PK 认为：高性能混凝土应具有高强度、高耐久性（抵抗化学腐蚀）、高体积稳定性（高弹性模量、低干缩率、低徐变和低温度应变）、高抗渗性和高工作性。1992 年法国 Malier YA 认为：高性能混凝土要具有良好的工作性、高的强度和高早期强度、工作经济性和高耐久性，特别适用于桥梁、港口、核反应堆以及高速公路等重要的混凝土建筑结构。1992 年日本的小泽一雅和冈村甫认为：高性能混凝土应具有高工作性（高的流动性、黏聚性和可浇筑性）、低温升、低干缩率、高抗渗性和足够的强度。1992 年的日本 Sarkar S L 提出：高性能混凝土应具有较高的力学性能（如抗压、抗折、抗拉强度）、高耐久性（如抗冻融循环、抗碳化和抗化学侵蚀）、高抗渗性。综合以上观点，并结合中国的实际情况，我国著名水泥混凝土专家、中国工程院院士吴中伟教授提出了高性能混凝土的定义：高性能混凝土（High Performance Concrete，HPC）是一种新型高技术混凝土。它是在大幅度调高普通混凝土性能的基础上采用现代混凝土技术制作的混凝土，它以混凝土耐久性作为设计的主要指标，针对不同用途要求，保证混凝土有良好的工作性、适用性、力学强度、体积稳定性和经济性。为此，高性能混凝土在配制上的特点是采用低水胶比，选用优质原材料，且必须掺入足够数量的矿物掺和料和高效外加剂。

与普通混凝土相比，高性能混凝土具有如下独特的性能：高性能混凝土具有一定的强度和高抗渗能力，但不一定具有高强度，中、低强度也可；高性能混凝土具有良好的工作性，混凝土拌和物应具有较高的流动性，混凝土在成型过程中不分层、不离析，易充满模型；泵送混凝土、自密实混凝土还具有良好的可泵性、自密实性能；高性能混凝土的使用寿命要长，对于一些特殊工程的特殊部位，控制结构设计的并不是混凝土的强度，而是其耐久性，能够使混凝土结构安全可靠的工作 50～100 年以上，是高性能混凝土应用的主要目的；高性能混凝土具有较高的体积稳定性，即高性能混凝土在硬化早期应具有较低的水化热，硬化后期具有较小的收缩变形。

随着高性能混凝土的优越性不断地得到认可，高性能混凝土技术也得到了更大的提升和广泛的应用。经过多年的实践和探索，全国很多研究单位已经研制出普通泵送高性能混凝土、大掺量粉煤灰高性能混凝土、高流态自密实高性能混凝土、纤维增加高性能混凝土、轻骨料高性能混凝土、水下不分散高性能混凝土、港工与海工高性能混凝土、高抛纤维高性能混凝土等，研制出 C30～C80 的各种强度等级的高性能混凝土和完备的混凝土耐久性检测设备，以及掌握了配套的施工成套技术和各种混凝土耐久性检测技术等。高性能混凝土在高层建筑、大跨度桥梁、海上采油平台、矿井工程、海港码头等工程中的应用也日益增多。例如：具有高耐久性的混凝土大量地在一些公共建筑和桥梁工程上得到使用（如上海金茂大厦、南京希尔顿国际大酒店、长春国际商贸城、广州虎门大桥、上海杨浦大桥等），具有优异耐久性的 C30 高性能混凝土在地质条件复杂的深圳地铁工程中大规模使用，广州白云机场航站楼施工中使用了具有良好体积稳定性的补偿收缩碳纤维混凝土，郑州也将要建设由高耐久性的清水混凝土施工的京沙高架桥工程。

2.4.2 高性能混凝土的原材料

1. 水泥

并不是所有水泥都适合配制高性能混凝土，配制高性能混凝土的水泥应该有更高的要求，除水泥的活性外，应考虑其化学成分、细度、粒径分布等的影响。在选择时应考虑下述原则：

（1）宜选用优质硅酸盐水泥或普通硅酸盐水泥。无论是水泥出厂前还是在混凝土制备中掺入的矿物掺和料，都需要比水泥熟料更大的细度和更好的颗粒级配。

（2）宜选用 42.5 级或更高等级的水泥。如果所配制的高性能混凝土强度等级不太高，也可以选用 32.5 级水泥。

（3）应选用 C_3S 含量高，而 C_3A 含量低（少于 8%）的水泥。C_3A 含量过高，不仅水泥水化速度加快，往往会引起水泥与高效外加剂相互适应的问题，不仅会影响超塑化剂的减水率，更重要的是会造成混凝土拌和物流动度的经时损失增大。在配制高性能混凝土时，一般不宜选用 C_3A 含量高、细度细的 R 型水泥。

（4）水泥中的碱含量应与所配制的混凝土的性能要求相匹配。在含碱活性骨料应用较集中的环境下，应限制水泥的总碱含量（$Na_2O+0.658K_2O$）不超过 0.6%。

（5）在充分试验的基础上，考虑其他高性能水泥。

2. 外加剂

用于高性能混凝土的外加剂主要是高效减水剂，其次还有缓凝剂、引气剂、泵送剂等。

高性能混凝土中胶结材料总量大，从而使需水量增大；另一方面，为了提高混凝土的密实性和提高强度，必须降低水胶比 $W/(C+F)$（至少在 0.4 以下），其后果就使得混凝土黏稠度大，流变性变差。解决这一矛盾最有效的途径是掺入高效减水剂。高效减水剂解决了高性能混凝土的低水胶比和低用水量与施工性之间的矛盾，对混凝土的性能起着至关重要的作用，因而成为不可缺少的组分。它克服了过去配制高性能混凝土只能是干硬性混凝土且不能工业化预拌生产和泵送施工的根本缺陷，使新拌混凝土具有了良好的流变学特性：不泌水、不离析甚至能达到自流密实；硬化过程中水化热低、体积稳定，无裂缝或者少裂缝；硬化后结构致密，抗渗性优良，渗透系数可比普通混凝土低 1~2 个数量级。

高性能混凝土所要求的外加剂必须具备这样几个特性：减水剂对水泥颗粒的分散性要好，对混凝土减水率要在 20% 以上；混凝土坍落度经时损失小；有一定的引气量而又不影响混凝土最终强度；含碱量尽可能小，能显著改善硬化混凝土的耐久性等。因此，在高性能混凝土外加剂中除高性能减水剂外，还要加入一些诸如缓凝剂（作用在于抑制水泥初期水化速度，使水化初期的水泥浆中游离水分子能多一些，达到坍落度损失较小的目的）、引气剂（高性能减水剂大部分都是非引气型减水剂，为改善高性能混凝土的耐久性，有必要引入一定的含气量）、增稠剂（增稠剂或稳定剂能显著增加水溶液的黏度，从而能用来解决高流动度、高扩展度的新拌混凝土的变形能力和抗离析性的矛盾）、膨胀剂（高性能混凝土中添加膨胀剂能提高体积稳定性，补偿收缩，改善致密性，从而提高抗渗透性）等。

3. 矿物细掺和料

矿物细掺和料是高性能混凝土的主要组成材料,它起着根本改变传统混凝土性能的作用。在高性能混凝土中常用的矿物细掺和料有粉煤灰、磨细矿渣、超细沸石粉、硅灰、磨细石灰石粉、石英砂粉等。在高性能混凝土中加入较大量的磨细矿物掺和料,可以起到降低温升,改善工作性,增进后期强度,改善混凝土内部结构,提高耐久性,节约资源等作用。其中某些矿物细掺和料还能起到抑制碱—骨料反应的作用。可以将这种磨细矿物掺和料作为胶凝材料的一部分。高性能混凝土中的水胶比是指水和水泥加矿物细掺和料之比。

矿物细掺和料不同于传统的水泥混合材料,虽然两者同为粉煤灰、矿渣等工业废渣及沸石粉、石灰粉等天然矿粉,但两者的细度有所不同,由于组成高性能混凝土的矿物细掺和料细度更细,颗粒级配更合理,具有更高的表面活性能,能充分发挥细掺和料的粉体效应,其掺量也远远高过水泥混合料。如磨细矿渣的掺量可以占胶凝材料总量的 70%,甚至占到 80%。高性能混凝土应首选用需水量小的矿物细掺和料。

不同的矿物细掺和料对改善混凝土的物理、力学性能与耐久性具有不同的效果。应根据混凝土的设计要求与结构的工作环境加以选择。使用矿物细掺和料与使用高效减水剂同样重要,必须认真试验选择。

4. 骨料

高性能混凝土对骨料的外形、粒径、级配以及物理、化学性能都有一定要求,但砂石又是地方性材料,在满足基本性能的要求下应因地制宜地选择。随着配制混凝土强度等级的提高,骨料性能的影响将更为显著。

(1)粗骨料。天然岩石一般强度都在 80～150MPa,因此对于 C40～C80 高性能混凝土,最重要的不是强度,而是颗粒特征、品种、级配、粒径以及碱活性等。高性能混凝土应选用粒径较小的碎石子或碎卵石。

(2)细骨料。高性能混凝土的细骨料宜优先选用细度模数为 2.6～3.2 的天然河砂,同时应控制砂的级配、粒形、含杂质量和石英含量。级配曲线平滑、颗粒圆、石英含量高、含泥量和含粉颗粒少为好,避免含有泥块和云母。当采用人工砂时,更应注意控制砂子的级配和含粉量。如砂子中含有超量石子,不再另行筛分,则应及时调整粗、细骨料比。

2.4.3 高性能混凝土的配合比设计

1. 高性能混凝土配合比设计原则

高性能混凝土配合比设计不同于普通混凝土配合比设计。至今为止,还没有比较规范的高性能混凝土配合比设计方法,绝大多数高性能混凝土配合比是研究人员在粗略计算的基础上通过试验来确定的。由于矿物细掺和料和化学外加剂的应用,混凝土拌和物组分增加了,影响配合比的因素也增加了,这又给配合比设计带来一定难度,这里仅提供高性能混凝土配合比设计的一些原则。

高性能混凝土的配合比参数主要有水胶比、水胶比确定下的浆骨比、水胶比和浆骨比确定下的砂率和高效减水剂、矿物掺和料的种类及用量。高性能混凝土配合比设计的任务就是正确地选择原材料和配合比参数,使其矛盾得到统一,获取经济、合理的高性能混凝土。

2. 高性能混凝土配合比设计步骤

(1)强度与拌和水用量估算。根据强度等级的要求,人为地分为 5 个等级:65、75、90、105、120MPa。强度等级低于 65MPa 的混凝土拌和物可以参照《普通混凝土配合比设计规程》（JGJ 55—2000）选用。按表 2 - 4 估计最大用水量，骨料最大粒径为 10～20mm，对外加剂、粗细骨料中的含水量进行修正。

表 2 - 4　　　　　　　　　　　　　混凝土平均强度与最大用水量关系

强度等级	A	B	C	D	E
平均强度/MPa	65	75	90	105	120
最大用水量/(kg/m³)	160	150	140	130	120

（2）估算水泥浆体体积组成。表 2 - 5 是在浆体体积为 $0.35m^3$ 时按细掺料掺加的三种情况分别列出，即情况 1 为不加细掺料；情况 2 为 25% 的粉煤灰或磨细矿渣；情况 3 为 10% 的硅灰加 15% 的粉煤灰。粉煤灰或磨细矿渣的密度为 $2.5g/cm^3$；硅灰密度为 $2.1g/cm^3$。减去拌和水和 $0.01cm^3$ 的含气量，按细掺料的三种情况计算浆体体积组成。

表 2 - 5　　　　　　　　　　　　**0.35cm³ 浆体中各组分体积含量**　　　　　　　　　（单位：cm³）

强度等级	水	空气	胶凝材料总量	情况 1	情况 2	情况 3
				PC	PC＋FA(或 BFS)	PC＋FA(或 BFS)＋CSF
A	0.16	0.02	0.17	0.17	0.1275＋0.0425	0.1275＋0.0255＋0.0170
B	0.15	0.02	0.18	0.18	0.1350＋0.0450	0.1350＋0.0270＋0.0180
C	0.14	0.02	0.19	0.19	0.1425＋0.0475	0.1425＋0.0285＋0.0190
D	0.13	0.02	0.20		0.1500＋0.0500	0.1500＋0.0300＋0.0200
E	0.12	0.02	0.21		0.1575＋0.0525	0.1575＋0.0315＋0.0210

注：表中符号 A～E 为强度等级；PC（Portland cenment）为硅酸盐水泥；FA（flyash）为粉煤灰；BFS（blast fumace）为矿渣；CSF（Condensed silica fume）为凝聚硅灰。

（3）估算骨料用量。根据骨料总体积为 $0.65m^3$，假设强度等级 A 的第一盘配料组粗、细骨料体积比为 3∶2，则得出粗、细骨料体积分别为 0.39 和 0.26。其他等级的混凝土（B～E），由于随着强度的提高，其用水量减少，高效减水剂用量增加，故粗、细骨料的体积比可大一些。如 B 级取 3.05∶1.95，C 级取 3.10∶1.90，D 级取 3.15∶1.85，E 级取 3.20∶1.80。

（4）计算混凝土各组成材料用量。利用表 2 - 5 和表 2 - 6 的数据可计算出各种材料饱和面干质量，得出第一盘试配料配合比实例，见表 2 - 7。

表 2 - 6　　　　　　　　　　　　　　**砂率对混凝土性能的影响**

试验编号	W/C	砂率(%)	坍落度/mm	28d 抗压强度/MPa	棱柱体抗压强度/MPa	弹性模量/GPa	备注
S3 - 1	0.3	34	205	60.3	45.2	43.2	稍泌水
S3 - 2	0.3	38	205	62.1	54.3	42.9	
S3 - 3	0.3	42	215	67.0	58.1	41.7	
S3 - 4	0.3	46	240	68.6	61.8	42.4	
S3 - 5	0.3	50	215	72.0	61.8	40.7	黏性大
S2 - 1	0.26	34	1.5	73.4			

续表

试验编号	W/C	砂率 (%)	坍落度 /mm	28d 抗压强度 /MPa	棱柱体抗压强度 /MPa	弹性模量 /GPa	备注
S2-2	0.26	38	6.0	72.6			
S2-3	0.26	42	4.5	72.4			
S2-4	0.26	46	4.5	75.9			
S2-5	0.26	50	3.0	75.2			
S4-1	0.4	34	155	50.7			离析、泌水
S4-2	0.4	38	180	57.3			稍离析
S4-3	0.4	42	200	58.4			
S4-4	0.4	46	190	55.3			稍黏
S4-5	0.4	50	140	61.9			黏性大

表 2-7 第一盘试配料配合比实例

强度等级	平均强度 /MPa	细掺料 情况	胶凝材料/(kg/m³)			总用水量 /(kg/m³)	粗骨料 /(kg/m³)	细骨料 /(kg/m³)	材料总量 /(kg/m³)	W/C
			PC	FA (BFS)	CSF					
A	65	1	534	—	—	160	1050	690	2434	0.3
		2	400	106	—	160	1050	690	2406	0.32
		3	400	64	36	160	1050	690	2400	0.32
B	75	1	565	—	—	150	1070	670	2455	0.27
		2	423	113	—	150	1070	670	2426	0.28
		3	423	68	38	150	1070	670	2419	0.28
C	90	1	597	—	—	140	1090	650	2477	0.23
		2	477	119	—	140	1090	650	2446	0.25
		3	477	71	40	140	1090	650	2438	0.25
D	105	2	471	125	—	130	1110	630	2466	0.22
		3	471	75	42	130	1110	630	2458	0.22
E	120	2	495	131	—	130	1110	320	2488	0.19
		3	495	79	44	130	1110	320	2478	0.19

注：总用水量未扣除塑化剂里的水。

(5) 高效减水剂用量。减水剂用量应通过试验，减水剂品种应根据与胶结料的相容量试验选择。掺量按固体计算，可以为胶凝材料总量的 0.8%~2.0%。建议第一盘试配用 1%。

(6) 配合比试配和调整。上述步骤是建立在许多假设的基础上，需要应用实际材料在实验室进行多次试验，逐步调整。混凝土拌和物的坍落度，可用增减高效减水剂来调整，增加高效减水剂用量，可能引起拌和物离析、泌水或缓凝。此时可增加砂率和减小砂的细度模数来克服离析、泌水现象。对于缓凝，可采用其他品种的减水剂和水泥进行试验。

　　高性能混凝土配制强度和普通混凝土一样也必须大于设计的强度标准值，以满足强度保证率的要求。混凝土配制强度 ($f_{cu,o}$) 仍可按普通混凝土配制强度的公式来进行计算。

　　（7）高性能混凝土应用配合比参考。表 2-8 为 C60～C100 高性能混凝土的典型配合比。当强度降低或提高时，参数范围可适当延伸。

表 2-8　　　　　　　　　　　　高性能混凝土的典型配比

强　度　等　级		C60～C100
胶凝材料浆体体积（%）		28～32
水泥用量/（kg/m³）		330～450
胶凝材料	粉煤灰（%）	15～30
	矿渣（%）	20～30
	硅粉（%）	5～15
	F 矿粉（%）	5～10
	UEA 混凝土（%）	8～12
高效减水剂（%）		0.5～2.0
水胶比		0.24～0.40
砂率	碎石（%）	0.34～0.42
	卵石（%）	0.26～0.36
最大用水量	塑形混凝土/（kg/m³）	90～130
	自流性混凝土/（kg/m³）	110～150

　　注：高效减水剂用量按总胶凝材料重量计。

2.4.4　高性能混凝土的养护

　　在过去的 50 年里，普通混凝土在养护方面没有很大的变化，高性能混凝土容易自干燥而产生自收缩，高性能混凝土的水胶比低、孔隙率低和结构致密，外界水分很难渗入其内部，这就决定了 HPC 有着特殊的养护特点和养护方法，普通混凝土的养护方法不可能完全适宜高性能混凝土，与普通混凝土相比，HPC 对养护条件更加敏感，特别是在早期。混凝土的养护方法决定了水化混凝土暴露表层的水饱和程度，决定了表层附近混凝土的孔隙结构、渗透性等特性，而渗透性是与混凝土耐久性相关的重要特征之一，极大地取决了混凝土的孔隙率和孔径分布，这些均受初期养护条件的影响。

　　1. 高性能混凝土在养护上的特点

　　（1）胶凝材料的水化。高性能混凝土浇筑成型后，胶凝材料的水化只能在填充水的毛细管内进行，以防止毛细管中的水分蒸发流失，这对胶凝材料的水化正常进行有着重要意义。另一方面，混凝土内部自干燥作用的失水也应由外部水分予以补充，就是说水分进入混凝土内部的通路必须畅通。

　　（2）高性能混凝土的自收缩。高性能混凝土初凝后，由于种种原因产生的裂缝对混凝土的劣化起较大促进作用。而引起混凝土由非荷载作用产生的裂缝最常见因素是混凝土的收缩。对于普通混凝土来说，干缩是主要的。当高性能混凝土的水胶比远低于 0.4 及使用硅灰时，HPC 内部的相对湿度值就显著降低，HPC 的自收缩率随着水胶比降低和硅灰掺量增加而增大。HPC 的自收缩值已经达到能引起内部产生微裂纹的数量级，同时它也影响到混凝土的强度和耐久性性能。

（3）养护湿度。高性能混凝土在同温度但不同相对湿度的养护条件下，其强度增长的规律不一，湿度越低，强度增长越缓慢。高性能混凝土须保水养护，否则不但影响强度，而且会产生开裂。所以，HPC 的水养护至关重要，尤其在早期时段。

（4）养护时间。高性能混凝土的养护时间一般应不小于 7d，HPC 的强度取决于它的早期强度，它的后期强度增长相当缓慢。HPC 在早期即应养护，因为部分水化可能使毛细孔中断，即重新开始养护时水分将不能进入混凝土内部，因此不会引起进一步水化，这将严重影响着 HPC 的耐久性和强度等性能。

（5）养护温度。养护温度的升高加速水化反应，对高性能混凝土的早期强度产生有利影响，对后期强度也无不利影响。可是，若浇筑和凝结期内的温度偏高，虽然使得混凝土早期强度提高，但约 7d 以后对强度就有不利的影响。早期高温对高性能混凝土后期强度的不利影响这一解释已被 Verbeck 所引申，他认为常温养护时，水泥水化速率较低，水化产物有足够的时间扩散到水泥颗粒的间隙中，形成均匀的水泥石结构，混凝土后期强度较高；相反，在高温养护条件下，水化速率较高，水化产物来不及扩散，大部分包裹在水泥颗粒周围，阻碍水进入水泥颗粒，使得后期水化过程难以进行，宏观上表现出混凝土后期强度下降，抗渗性降低。所以，美国 ASTM C-31 中规定的初始养护温度的容许限制值为 27℃ 以下。

2. 高性能混凝土的特殊养护方法

（1）蒸汽养护。与普通混凝土相比，高性能混凝土，特别是掺硅灰的高性能混凝土对养护时的温度和湿度非常敏感。尤其在早期，这种敏感性比较明显。根据上述 Verbeck 的观点，养护温度对混凝土的强度变化和变形性能有较大影响，混凝土会因早期高温而产生后期强度降低的现象。由于凝结时的温度对混凝土后期强度有很大的影响，推迟进行蒸汽养护，即静停则对高性能混凝土后期强度有较大益处。采取足够的静停时间，加速加热对混凝土性能的影响甚小。蒸汽养护是提高 HPC 强度的重要途径之一。

（2）自养护

1）轻骨料吸水养护。目前常用的多孔陶粒等轻质材料，浸水饱和后作为骨料掺入到混凝土中。在不影响混凝土拌和物流动性的基础上，将其内部粗大孔隙（与水泥石内部孔隙相比）中的水分供给水泥石体系。一方面促进胶凝材料的进一步水化，另一方面可减少因水化引起的内部温度的降低，在毛细管作用下水分向水化体系迁移而使体系继续水化，达到抑制自收缩的目的。这种轻骨料吸水水化养护对抑制 HPC 的自收缩很有效果，但对 HPC 的耐久性和强度有一定的负面影响，可以酌情应用。

2）养护剂保水养护。首先，在中国西部或沙漠地带，水资源缺乏，水养护比较困难。其次，高性能混凝土由于结构致密，孔隙率低，外界水分很难渗入其内部，必须采取有效的养护方法。在水中养护的普通混凝土，由于水易渗入混凝土中，使混凝土中相对湿度接近于 100%。然而，在水中养护两年的高性能混凝土，水分只能渗入到表层较小的范围，混凝土表层的相对湿度接近 100%，但 HPC 内层的相对湿度依然很小，其内层混凝土的相对湿度值明显低于表层混凝土的值，且两者之间的差别随着水灰比降低，特别是硅灰的掺入而显著增大，这清楚表明，自干燥仍然在内层 HPC 中存在。因此，即使处在水中的 HPC，其自干燥也应引起重视。

如果在 HPC 中加入养护剂（代号为 SAP，它是一种高分子吸水材料，白色粉状颗粒，吸水性较强）。它对高性能混凝土的作用是在混凝土新拌和物中吸收多余水量，并且在水化过程中缓慢释放水分供水泥水化作用。它能抑制部分自收缩，改善高性能混凝土的脆性，减轻微裂纹的形成，对 HPC 的耐久性和强度无不良影响，有利于高性能混凝土自养护的实现。由于 SAP 的保水作用在科研实践上得到了大部分的验证，它极有可能在工程中得到广泛的应用。养护剂养护极有可能成为 HPC 最广泛的一种养护方法。

3）内掺膨胀剂养护。在抗裂防渗要求高的高性能混凝土结构工程中，可掺入膨胀剂，将它视为矿物掺和料的一部分。不同品种的膨胀剂产量有所不同。以 UEA 为例，一般替代胶凝材料总量 10％左右。从耐久性出发，钙矾石系膨胀剂适合于地下、水工和海工等防渗结构工程，石灰－钙矾石系膨胀剂适合于非防渗结构工程。无论用何种膨胀剂，用其配制的补偿收缩混凝土应达到此要求：水养 14d 的限制膨胀率大于或等于 1.5×10^{-4}。

吴中伟院士认为，膨胀剂在高性能混凝土中能发挥良好作用：①高性能混凝土自收缩大，外界水难以渗入，掺入膨胀剂形成膨胀结晶，在绝湿状态下可产生膨胀剂，补偿自收缩；②高性能混凝土的水化热较高，掺入膨胀剂可使混凝土产生限制膨胀率（1～2）× 10^{-4}，可补偿冷缩 10～20℃；③掺膨胀剂的高性能混凝土在湿养期间产生的体积膨胀，在钢筋的约束下，可在结构中建立 0.2～0.7MPa 的预压应力，补偿部分干缩拉应力。HPC 较适宜采用这种养护方法。

4）带模供水养护。用钢模板进行施工时，与模板相接触的混凝土面，拆模前无法供水养护，但此时产生较大的自收缩。因此，建议浇筑高性能混凝土时采用可带模供水养护的内衬憎水塑料绒钢模板。它的特点是模板内衬的多孔材料可吸收大量的水分，同时具有憎水性，极易释放出水分，供给混凝土养护。因此，混凝土初凝后向内衬的多孔材料供应水分，达到养护模板内混凝土的目的。这是 HPC 重要且可行的一种养护方法。

2.4.5　工程实例：京沪高速铁路高耐久性高性能混凝土施工

为了提高铁路混凝土结构的耐久性，延长其使用寿命，节约资金，保护环境，目前，国内客运专线全面采用高性能混凝土进行施工，铁路有关部门也为客运专线的建设制订了相应的规范和技术条件，如：《铁路混凝土结构耐久性设计暂行规定》（铁建设［2005］157 号）、《客运专线高性能混凝土暂行技术条件》（科技基［2005］101 号）、《铁路混凝土工程施工质量验收补充标准》（铁建设［2005］160 号）和《铁路混凝土工程施工技术指南》（TZ 210—2005）。2008 年 4 月开工的京沪高速铁路在混凝土结构中全部采用高性能混凝土进行施工，在混凝土结构施工的过程中也采取了一系列严格的施工技术要求，保证了该项目的混凝土部分可以得到一个较高的设计耐久性年限的要求。

1. 工程概况

京沪高铁是《中长期铁路网规划》中投资规模最大、技术含量最高的一项工程，也是我国第一条具有世界先进水平的高速铁路，正线全长为 1318km，总投资为 2209.4 亿元。其中桥梁长度约为 1140km，占正线长度的 86.5％；隧道长度约为 16km，占正线长度的 1.2％；路基长度为 162km，占正线长度的 12.3％。京沪高速铁路位于我国东部地区的华北和华东地区，两端连接环渤海和长江三角洲两个经济区域，沿线的工程地质条件主要是软土、松软土分布广泛。选线设计避免高填、深挖和长路堑等路基工程，并绕避不良地质条件地段。路基、桥涵、隧道、轨道等各类结构物的设计满足强度、刚度、稳定性、耐久性要求，并加强各结构物的协调和统一，严格控制结构物的变形及工后沉降。

京沪高铁土建工程施工共分为 6 个标段（以 TJ 作为标段名称），这 6 个标段中，中国铁道建筑总公司旗下的中铁十七局、中铁十二局分别中标 TJ-1 与 TJ-4；中国中铁股份有限公司旗下的中铁一局、中铁三局分别中标 TJ-2 与 TJ-5；中国水里水电建设集团中标 TJ-3；中国交通建设股份有限公司中标 TJ-6。6 个标段施工总报价合计为 837 亿人民币。

2. 高性能混凝土技术要求

（1）原材料技术要求。水泥应选择硅酸盐水泥或普通硅酸盐水泥，混合材宜为矿渣或粉煤灰。处于严重化学侵蚀环境时（硫酸盐侵蚀环境作用等级为 H3 或 H4）应选用 C_3A 含量不大于 6%的硅酸盐水泥或抗硫酸盐硅酸盐水泥。C40 及以上混凝土用水泥的碱含量不宜超过 0.60%。

粉煤灰应选用质量稳定的产品。强度等级不大于 C50 的钢筋混凝土可选用国标 I 级或 II 级粉煤灰，但应控制粉煤灰的烧失量不大于 5.0%；强度等级不小于 C50 的预应力混凝土应选用国标 I 级粉煤灰，但应控制粉煤灰的烧失量不大于 3.0%。

其他原材料也应符合高性能混凝土原材料使用的基本要求。

（2）配合比技术要求。一般情况下，矿物掺和料掺量不宜小于胶凝材料总量的 20%，当混凝土中粉煤灰掺量大于 30%时，混凝土的水胶比不宜大于 0.45，预应力混凝土以及处于冻融环境中的粉煤灰的粉煤灰的掺量不宜大于 30%。

C30 及以下的混凝土的胶凝材料总量不宜大于 400kg/m³，C35～C40 混凝土不宜高于 450kg/m³，C50 及以上混凝土不宜高于 500kg/m³。

钢筋混凝土结构的混凝土氯离子总含量（包括水泥、矿物掺和料、粗骨料、细骨料、水、外加剂等所含氯离子含量之和）应不超过胶凝材料总量的 0.10%，预应力混凝土结构的混凝土氯离子总含量不应超过胶凝材料总量的 0.06%。

混凝土的入模含气量宜满足表 2-9 的规定。

表 2-9 混凝土含气量

环境条件	混凝土无抗冻要求	混凝土有抗冻要求		
		D1	D2、D3	D4
含气量（%）	≥2.0	≥4.0	≥5.0	≥5.5

3. 高性能混凝土施工要求

与普通混凝土相比，高性能混凝土的生产和施工并不需要特殊的工艺，但是在工艺的各环节中普通混凝土不敏感的因素，高性能混凝土却很敏感，因而需要更严格、更细致的控制和管理，所以要运用全过程的质量管理。针对设计、施工工艺和施工环境条件特点等因素，高性能混凝土施工前，应制订严密的包括混凝土耐久性的施工组织设计，建立完善的施工质量保证体系和健全的施工质量检验制度，明确施工质量检验方法。

（1）配合比要求。根据京沪工程特点，京沪公司组织有关单位按桩体、台体和梁体分别进一步细化了混凝土配合比的设计参数。

桩体混凝土配合比设计参考指标见表 2-10，台体混凝土配合比设计参考指标见表 2-11，梁体混凝土配合比参考指标见表 2-12。

表 2 - 10 桩体 C30 混凝土配合比设计参考指标

序号	项 目	环 境 类 别					
		T1	L1	H1	H2	H3	H4
1	最大胶凝材料用量/(kg/m³)	400	400	400	400	400	400
2	最小胶凝材料用量/(kg/m³)	280	320	300	330	360	360
3	最大水胶比	0.55	0.45	0.50	0.45	0.40	0.36
4	56d 最大电通量/C	1500	1000	1200	1200	1000	1000
5	28d 最小抗蚀系数	—	—	0.8	0.8	0.8	0.8
6	最小含气量（%）	2.0	2.0	2.0	2.0	2.0	2.0
7	泌水率（%）	不泌水					
8	氯离子总含量（%）	≤0.10B（B 为胶凝材料用量）					
9	总碱含量	不限制（采用非活性骨料时）					
		≤3.0（当骨料砂浆棒膨胀率在 0.10%～0.30%时）					
10	抗碱—骨料反应	采用非活性骨料					
		抑制效能合格（砂浆棒膨胀率在 0.20%～0.30%时）					
11	抗裂性	应通过对比试验选择抗裂性相对较好的配合比					

注：采用水下混凝土灌注工艺时，混凝土配制强度应提高 10%。

表 2 - 11 台体 C30 混凝土配合比设计参考指标

序号	项 目	环 境 类 别										
		T2	T3	L1	L2	H1	H2	H3	H4	D1	D2	D3
1	最大胶凝材料用量/(kg/m³)	400	400	400	400	400	400	400	400	400	400	400
2	最小胶凝材料用量（kg/m³）	300	320	320	340	300	330	360	360	300	320	340
3	最大水胶比	0.50	0.45	0.45	0.40	0.50	0.45	0.40	0.36	0.50	0.45	0.40
4	56d 最大电通量/C	1500	1500	1000	800	1200	1200	1000	1000	—	—	—
5	28d 最小抗蚀系数	—	—	—	—	0.8	0.8	0.8	0.8			
6	最小含气量（%）	2.0								根据设计确定		
7	56d 抗冻等级	—								≥F300		
8	泌水率（%）	不泌水										
9	氯离子总含量（%）	≤0.10B（B 为胶凝材料用量）										
10	总碱含量	不限制（采用非活性骨料时）										
		≤3.0（当骨料砂浆棒膨胀率在 0.10%～0.30%时）										
11	抗碱—骨料反应	采用非活性骨料										
		抑制效能合格（砂浆棒膨胀率在 0.20%～0.30%时）										
12	抗裂性	应通过对比试验选择抗裂性相对较好的配合比										

表 2 - 12　　　　　　　　　　　　　梁体 C50 混凝土配合比设计参考指标

序号	项　　目	环境类别（T2）
1	最大胶凝材料用量/（kg/m³）	400
2	最小胶凝材料用量/（kg/m³）	300
3	最大水胶比	0.35
4	56d 最大电通量/C	1000
5	56d 抗渗等级	≥P20
6	最小含气量（%）	2～4
7	56d 抗冻等级	≥F200
8	泌水率（%）	不泌水
9	氯离子总含量（%）	≤0.06B（B 为胶凝材料用量）
10	总碱含量	不限制（采用非活性骨料时）
		≤3.0（当骨料砂浆棒膨胀率在 0.10%～0.20%时）
11	抗碱—骨料反应	采用非活性骨料
		抑制效能合格（砂浆棒膨胀率在 0.10%～0.20%时）
12	抗裂性	应通过对比试验选择抗裂性相对较好的配合比

（2）拌和。混凝土拌和应在搅拌站集中进行。

（3）运输。混凝土运输设备的运输能力应适应混凝土凝结速度和浇筑速度的需要，保证浇筑工程连续进行。运输过程中，应确保混凝土不发生离析、漏浆、泌水及坍落度损失过多等现象，运至浇筑地点的混凝土应保持均匀性和良好的拌和物性能。采用搅拌运输车运送混凝土时，运输过程中宜以 2～4r/min 的转速搅动；当搅拌运输车到达浇筑现场时，应高速旋转 20～30s 后再将混凝土拌和物送入泵车受料斗或混凝土料斗中。

（4）浇筑。浇筑前，应先对混凝土的坍落度、扩展度、泌水率、含气量和拌和物温度等性能指标进行检测，待全部满足要求后，才可进行浇筑施工。同时，应预先制订浇筑工艺，明确结构分段分块的间隔浇筑顺序（尽量减少后浇带或连接缝）和钢筋的混凝土保护层厚度的控制措施；明确浇筑进行方向和入模点，尽可能实行对称入模浇筑混凝土。

混凝土入模温度宜为 5～30℃，大体积混凝土入模温度不宜超过 28℃。新浇混凝土与邻近的已硬化混凝土或岩土介质之间的温差应不大于 15℃。

混凝土应分层进行浇筑，不得随意留置施工缝。其分层厚度（指捣实后厚度）应根据搅拌机的能力、运输条件、浇筑速度、振捣能力和结构要求等条件确定，表 2 - 13 中的数据可供参考，但最大摊铺厚度不宜大于 400mm，泵送混凝土的摊铺厚度不宜大于 600mm。

表 2 - 13　　　　　　　　　　　　　混凝土的浇筑层厚度

振　捣　方　法		浇筑层厚度/cm
插入式振动		振捣器作用部分长度的 1.25 倍
表面振动	无筋或配筋稀疏的结构	25
	配筋较密的结构	15
附着式振动		30

注：表列规定可根据结构物和振动器型号等情况适当调整。

在新浇筑完成的下层混凝土上再浇筑新混凝土时，应在下层混凝土初凝或能重塑前浇筑完成上层混凝土。上下层同时浇筑时，上层与下层前后浇筑距离应保持 1.5m 以上。在倾斜面上浇筑混凝土时，应从低处开始逐层扩展升高，保持水平分层。

（5）振捣。混凝土浇筑过程中，应随时对混凝土进行振捣并使其均匀密实。振捣宜采用插入式振捣棒垂直点振，也可采用插入式振捣棒和附着式振捣棒联合振捣。混凝土较黏稠时（如采用斗送法浇筑的混凝土），应加密振点。混凝土振捣密实的一般标志是混凝土液化泛浆后，其表面基本不再下沉、气泡不持续涌出，泛浆、表面平坦。为确保钢筋保护层的混凝土质量，应选用小直径的振捣棒或采用人工铲对保护层混凝土进行专门振捣和铲实。

（6）养护。混凝土振捣完成后，应及时对混凝土暴露面进行紧密覆盖（可采用土工布、篷布、塑料布等进行覆盖包裹），尽量减少暴露时间，防止表面水分蒸发。暴露面的保护层混凝土初凝前，应卷起覆盖物，用抹子搓压表面至少两遍，使之平整后再次覆盖，此时应注意覆盖物不宜直接接触混凝土表面，直至混凝土终凝为止。

混凝土带模养护期间，应采取带模包裹、浇水、喷淋洒水或通蒸汽等措施进行保湿、潮湿养护。混凝土的蒸汽养护可分为静停、升温、恒温三个阶段。静停期间应保持环境温度不低于 5℃，浇筑结束 4~6h 后才可升温，升温速度不宜大于 10℃/h，恒温期间混凝土内部稳定不宜超过 60℃，最大不得超过 65℃，恒温养护时间应根据构件脱模强度要求、混凝土配合比情况以及环境条件等通过试验确定，降温速度不宜大于 10℃/h。

混凝土去除表面覆盖物或拆模后，应对混凝土采用蓄水、浇水或覆盖洒水等措施进行潮湿养护，保证养护时间满足表 2-14 的要求。也可在混凝土表面处于潮湿状态时，迅速采用土工布等不污染颜色的材料将暴露面的混凝土覆盖或包裹，再用塑料布或帆布等将土工布等保湿材料包覆（裹）完好，包覆（裹）期间，包覆（裹）物应完好无损，彼此搭接完整，内表面应具有凝结水珠。有条件地段应尽量延长混凝土的包覆（裹）养护时间。

表 2-14　　　　　　　　　　不同混凝土湿养护的最低期限

混凝土类型	水胶比	大气潮湿（$RH \geqslant 50\%$）无风，无阳光直射		大气干燥（$RH < 50\%$）有风，或阳光直射	
		日平均气温 $T/℃$	潮湿养护期限/d	日平均气温 $T/℃$	潮湿养护期限/d
胶凝材料中掺有矿物掺和料	$\geqslant 0.45$	$5 \leqslant T < 10$	21	$5 \leqslant T < 10$	28
		$10 \leqslant T < 20$	14	$10 \leqslant T < 20$	21
		$20 \leqslant T$	10	$20 \leqslant T$	14
	< 0.45	$5 \leqslant T < 10$	14	$5 \leqslant T < 10$	21
		$10 \leqslant T < 20$	10	$10 \leqslant T < 20$	14
		$20 \leqslant T$	7	$20 \leqslant T$	10
胶凝材料中未掺矿物掺和料	$\geqslant 0.45$	$5 \leqslant T < 10$	14	$5 \leqslant T < 10$	21
		$10 \leqslant T < 20$	10	$10 \leqslant T < 20$	14
		$20 \leqslant T$	7	$20 \leqslant T$	10
	< 0.45	$5 \leqslant T < 10$	10	$5 \leqslant T < 10$	14
		$10 \leqslant T < 20$	7	$10 \leqslant T < 20$	10
		$20 \leqslant T$	7	$20 \leqslant T$	7

注：在任意养护时间，淋注于混凝土表面的养护水温度低于混凝土表面温度时，二者间温差不得大于 15℃。

2.5 土工合成材料应用技术

2.5.1 基本概念

土工合成材料是以聚酯（PET）、聚酰胺（PA）、聚丙烯（PP）、聚丙烯腈（PAN）、聚氯乙烯（PVC）等高分子聚合物和玻璃等为主要原料制成的一种新型的工程材料，应用于岩土工程，曾称为土工聚合物或土工织物，现统一称为土工合成材料。它具有质量轻、强度高、弹性好、耐磨、耐酸碱、不易腐烂、不易虫蛀、吸湿性小等特点。在阳光照射下易老化，但埋置于地下，并采用防老化措施后可满足工程应用的要求。

2.5.2 适用范围

土工合成材料适用于加固软弱地基，使之形成复合地基，可提高土体强度，显著地减少沉降，提高地基的稳定性。

（1）用于公路、铁路路基作加强层，防止路基翻浆、下沉。

（2）用于堤岸边坡，可使结构坡角加大，又能充分压实。

（3）作挡土墙后的加固，可代替砂井。

（4）用于河道和海港岸坡的防冲，水库、渠道的防渗以及土石坝、灰坝、尾矿坝与闸基的反滤层，可取代砂石级配良好的反滤层，达到节约投资、缩短工期、保证安全使用的目的。

2.5.3 土工合成材料的分类

土工合成材料是岩土工程和土木工程中所应用的高分子聚合物材料的总称。按制造的工艺和工程性能，土工合成材料产品可分为以下几类：

（1）土工织物

①不织土工布，习称无纺布，具有一定的抗拉强度和延伸率，良好的透水和反滤性能。

②编织土工布，这类产品抗拉强度较高，延伸率较小，抗拉强度为 $0.5\sim60kN/m$，延伸率为 $15\%\sim30\%$。

③机织土工布，其特点是经向和纬向强度较高，孔径均匀，具有良好的过滤性。

（2）土工格栅。这是由聚合物薄板按一定间距在方格节点上冲孔，然后沿一个方向或两个方向作冷拉伸，形成单轴或双轴格栅，如图 2-4 所示。由于材料中的分子长键受到定向拉伸，所以其强度较高。另外一种是以涤纶丝或玻璃丝为原料织成的格网，然后涂上塑料制成的格栅，这类玻璃丝格栅的抗拉强度特别高。

（3）土工网。土工网由高密度聚乙烯加抗紫外线助剂加工而成，具有抗老化、耐腐蚀等特性。在公路、铁路路基中使用可有效地分配荷载，提高路基的承载能力及稳定性，延长使用寿命，水库、河流堤坝铺设土工网可以有效防止塌方、岩体滑落，保护水土。土工网如图 2-5 所示。

（4）土工膜。土工膜是由聚合材料和橡胶等制成的膜片或者以土工布为基布外涂一层或多层异丁橡胶形成的膜片，是一种具有一定强度的不透水材料，可用于隔水防渗。

（5）土工复合材料。土工复合材料是由两种或两种以上的土工合成材料、高强合金钢丝和玻璃丝纤维等制成的复合材料。主要有三类：①复合加筋材料，如土工格栅与土工布复合，经编布与玻璃丝复合，土工布与土工膜复合，不织布与高强钢丝复合等，复合后的抗拉强度可达 300kN/m（玻璃丝复合布）和 3000kN/m（高强碳纤维钢丝复合布）；②复合排水材料，如排水带、排水片和排水板、复合排水网格板；③复合隔水防渗材料土工粘衬垫（GCL）。

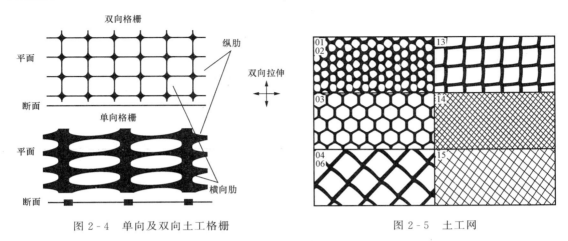

図 2 - 4　单向及双向土工格栅　　　　　　図 2 - 5　土工网

（6）其他。其他如土工模袋、土工格室、土工席垫、加筋条带等。

目前，土工合成材料可分为下列四大类（图 2-6）：

2.5.4　施工准备

（1）技术准备

①阅读工程地质勘察报告和设计文件。

②了解原地基土层的工程特性、土质及地下水对拟使用的土工合成材料的腐蚀和施工影响。

③对拟使用的回填土、石做检验，确保符合设计要求。

④编制施工方案，对工人进行施工技术交底。

（2）材料准备

①制订土工合成材料的采购计划。

②根据施工方案将土工合成材料

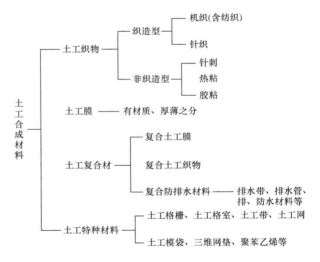

図 2 - 6　土合成材料分类

提前裁剪，拼接成适合的幅片。

③准备好存放地点，避免土工合成材料进场后受阳光直接照晒。

（3）主要机具。主要机具包括土工合成材料拼接机具、运输机具、夯实、碾压机具、水准仪、钢尺等。

（4）作业条件。作业条件包括土工合成材料验收合格；回填土、石材料试验合格；土工合成材料铺设基层处理合格。

（5）材料和质量要点

1）土工合成材料的抽样检验可根据使用功能进行试验项目选择，见表 2-15。

2）土工合成材料自身主要性能的试验方法标准可参照《土工合成材料试验规程》（SL/T 235—1999）执行。

表 2 - 15　　　　　　　　　　土工合成材料试验项目选择表

试验项目	使用目的		试验项目	使用目的	
	加筋	排水		加筋	排水
单位面积质量	√	√	顶破	√	√
厚度	○	√	刺破	√	○
孔径	√	○	淤堵	○	√
渗透系数	○	√	直接剪切摩擦	√	○
拉伸	√	√			

注：√为必做项，○为选做或不做项。

2.5.5　工艺流程

工艺流程如图 2-7 所示。

2.5.6　施工

（1）基层处理

1）基层应平整，局部高差不大于 50mm。清除树根、草根及硬物，避免损伤破坏土工合成材料。

2）对于不宜直接铺放土工合成材料的基层应先设置砂垫层，砂垫层厚度不宜小于 300mm，宜用中粗砂，含泥量不大于 5%。

（2）土工合成材料铺放

1）检查材料有无损伤破坏。

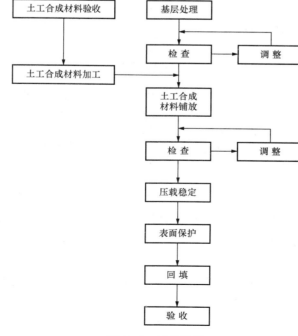

图 2-7　工艺流程

2）土工合成材料须按其主要受力方向铺放，铺放时应用人工拉紧，没有皱折，且紧贴下承层。应随铺随压固，以免被风掀起。

3）土工合成材料铺放时，两端须有富余量。富余量每端不少于 1000mm，且应按设计要求加以固定。

4）相邻土工合成材料的连接，对土工格栅可采用密贴排放或重叠搭接，用聚合材料绳或棒或特种连接件连接，对土工织物及土工膜可采用搭接或缝接。

5）当加筋垫层采用多层土工材料时，上下层土工材料的接缝应交替错开，错开距离不小于 500mm。

6）土工织物、土工膜的连接可采用搭接法、缝合法和胶结法。连接处强度不得低于设计要求的强度。

①搭接法。搭接长度为 300～1000mm，一般情况下采用 300～500mm。荷载大、地形倾斜、基层极软时，不小于 500mm，水下铺放不小于 1000mm。当土工织物、土工膜上铺有砂垫层时不宜采用搭接法。

②缝合法。采用尼龙或涤纶线将土工织物或土工膜双道缝合，两道缝线间距为 10～25mm。缝合形式如图 2-8 所示。

③胶结法。采用热黏结或胶黏结。黏结时搭接宽度不宜小于 100mm。

7）在土工合成材料铺放时，不得有大面积的损伤破坏。对小的裂缝或孔洞，应在其上缝补新材料。新材料面积不小于破坏面积的 4 倍，边长不小于 1000mm。

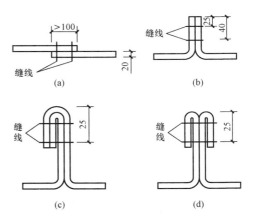

图 2-8　缝合尺寸（单位：mm）
（a）平接；（b）对接；（c）J 形接；（d）蝶形接

（3）回填

1）无论是使用单层还是多层土工合成加筋材料，作为加筋垫层地基的回填料，材料种类、层间高度、碾压密实度等都应由设计确定。

2）回填料为中、粗、砾砂或细粒碎石类时，在距土工合成材料（主要指土工织物或土工膜）80mm 范围内，最大粒径应小于 60mm，当采用黏性土时，填料应能满足设计要求的压实度并不含有对土工合成材料有腐蚀作用的成分。

3）当使用块石做土工合成材料保护层时，块石抛放高度应小于 300mm，且土工合成材料上应铺放厚度不小于 50mm 的砂层。

4）对于黏性土，含水量应控制在最优含水量的 ±2% 以内，密实度不小于最大密实度的 95%。

5）回填土应分层进行，每层填土的厚度一般为 100～300mm，但钢筋上第一层填土厚度不小于 150mm。

6）填土顺序对不同的地基有不同要求：

①极软地基采用后卸式运土车，先从土工合成材料两侧卸土，形成戗台，然后对称往两戗台间填土。施工平面应始终呈"凹"形（凹口朝前进方向）。

②一般地基采用从中心向外侧对称进行。平面上呈"凸"形。

7）回填时应根据设计要求及地基沉降情况，控制回填速度。

8）土工合成材料上第一层填土，填土机械只能沿垂直于土工合成材料的铺放方向运行。应用轻型机械（压力小于 55kPa）摊料或碾压。填土高度大于 600mm 后才可使用重型机械。

2.5.7　质量检验

（1）施工前应对土工合成材料的物理性能（单位面积的质量、厚度、密度）、强度、延伸率以及土、砂石料等做检验。土工合成材料以 100m² 为一批，每批应抽查 5%。

（2）施工过程中应检查清基、回填料铺设厚度及平整度、土工合成材料的铺设方向、接缝搭接长度或缝接状况、土工合成材料与结构的连接状况等。

（3）施工结束后，应进行承载力检验。

（4）土工合成材料地基质量检验标准应符合表 2-16 的规定。

表 2-16   土工合成材料地基质量检验标准

项	序	检查项目	允许误差或允许值		检 查 方 法
			单位	数值	
主控项目	1	土工合成材料强度	%	≤5	置于夹具上做拉伸试验（结果与设计标准比）
	2	土工合成材料延伸率	%	≤3	置于夹具上做拉伸试验（结果与设计标准比）
	3	地基承载力	设计要求		按规定的方法
一般项目	1	土工合成材料搭接长度	mm	≥300	用钢尺量
	2	土石料有机质含量	%	≤5	焙烧法
	3	层面平整度	mm	≤20	用 2m 靠尺
	4	每层铺设厚度	mm	±25	水准仪

2.5.8 成品保护

（1）铺放土工合成材料时，现场施工人员禁止穿硬底或带钉的鞋。

（2）土工合成材料铺放后，宜在 48h 内覆盖，避免暴晒。严禁机械直接在土工合成材料表面行走。

（3）用黏土做回填时，应采取排水措施。雨、雪天要加以遮盖。

2.5.9 安全环保措施

土工合成材料存放点和施工现场禁止烟火；土工格栅冬季易变硬，应防止施工人员割、碰损伤；土工合成废料要及时回收集中处理，以免污染环境。

2.5.10 工程应用

土工合成材料在工程上的应用十分广泛，按其功能可划分为反滤、排水、防渗、防护和加筋等几方面。与地基和土体的加固等有关的应用主要有以下几方面：

（1）加筋挡墙。如图 2-9 所示，在挡墙结构中水平铺设土工织物、土工格栅，或加筋条带等，增加土体的强度，提高挡墙的稳定性。

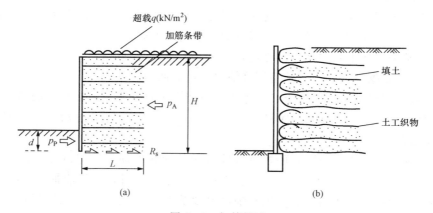

图 2-9 加筋挡墙

（a）筋带式；（b）包裹式

（2）加筋土坡。如图 2-10 所示，由于堤坝或其他类工程的边坡过陡，可通过各种形式的加筋，提高边坡稳定性，防止滑动。

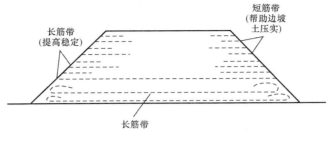

图 2-10 加筋堤坝

（3）软土地基堤坝基底加筋。如图 2-11 所示，在软土地基表面铺设土工织物，组成加筋土垫层，提高堤坝地基的承载力与稳定性。

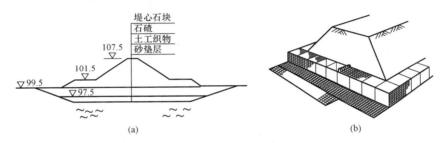

图 2-11 堤坝软基加筋

（a）海堤软基加筋；（b）格仓垫层

（4）建筑物地基加筋垫层。如图 2-12 所示，在软土地基上的建筑物基础，可在基底设置一定厚度的加筋土垫层，提高地基的承载力，均化应力分布，调整不均匀沉降。

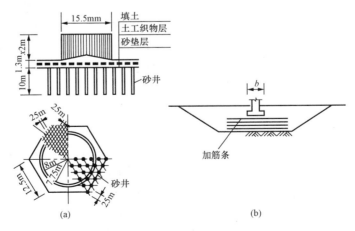

图 2-12 建筑物地基加筋垫层

（a）汽柜基础加筋垫层；（b）条形基础加筋垫层

（5）排水固结加固地基。主要是利用塑料排水带作为竖向排水体，通过施加预压荷载，使地基排水固结，达到加固的目的。

（6）垃圾填埋场中的周边围护。利用土工膜、土工黏土垫、土工织物、土工网、土工排水材料等进行防渗、隔水、隔离反滤、排水、加筋等，防止垃圾渗滤液渗出，引导渗滤液排走，回灌，防止垃圾滑动，覆盖垃圾等。

2.6　早拆模板成套技术

早拆模板技术从 20 世纪 90 年代开始在我国经济发达地区使用，它的主要优点是可以加快模板的周转，减小施工企业的施工投入，是一项值得推广的技术，尤其是在楼板等结构的施工方面具有较大优势。

一般混凝土楼板的跨度均在 2~8m，常温情况下需要在混凝土浇筑后 8~10d、达到设计强度 75％才可拆模。早拆模板体系可以在楼板混凝土浇筑后 3~4d、强度达到设计强度 50％时，即可拆除楼板模板与托梁，拆除模板后仍保留一定间距的支柱，继续支撑着楼板混凝土，使楼板混凝土处于小于 2m 的短跨受力状态，待楼板混凝土强度增长到足以承担全跨自重和施工荷载时，再拆除支柱。用早拆模板体系就可提早 3~4d 拆除模板，加快了模板的周转、减少了模板等的投入，可产生较明显的经济效益。

早拆模板体系在我国应用的有多种类型，下面介绍较常用的一种。

该早拆模板体系由模板块、托梁、带升降头（也称早拆柱头）的钢支柱及支撑组成（图2-13）。模板块多采用钢覆面胶合板模板。托梁有轻型钢桁架和薄壁空腹钢梁两种。托梁顶部有 70mm 宽凸缘与楼板混凝土直接接触，两侧翼缘用于支撑模板块的端部，托梁的两端则支于支柱上端升降头的梁托板上。支柱下端设有底脚螺栓，用以调整支柱高度。斜撑杆和水平撑杆的作用是保证支柱的稳定性。

早拆模板安装时，先安装支柱等支撑系统，形成满堂支架，再逐个按区间将模板安放到托梁上。拆模时用铁锤敲击升降头上的滑动板，托梁连同模板块降落 100mm 左右，但钢支柱上端升降头的顶板仍然支撑着混凝土楼板（图 2-14）。升降头目前有斜面自锁式（图 2-15）、支撑销板式（图 2-15）和螺旋式几种。

早拆模板体系施工一个循环周期为 7d。第一天安装支撑系统；第二天模板块安装完毕，开始绑扎钢筋；第三天钢筋绑扎完毕，浇筑混凝土；第四、五、六天养护混凝土；第七天拆除模板，保留钢支柱，准备下一循环。

从以上看出，该体系的支撑可以用施工现场常用的架子管，增加的施工费用主要在购买升降头。

利用保留部分支柱，减小跨度的原理，用散拼模板保留支撑板带也可实现模板的早拆。

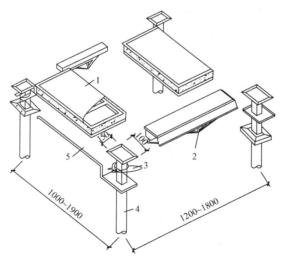

图 2-13　早拆模板体系

1—模板块；2—托梁；3—升降头；4—可调支柱；
5—跨度定位杆

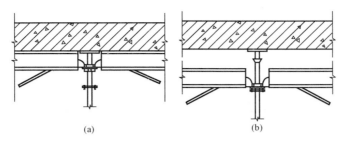

图 2-14　早拆模板拆模示意图

（a）梁托板升起位置；（b）梁托板下降拆模

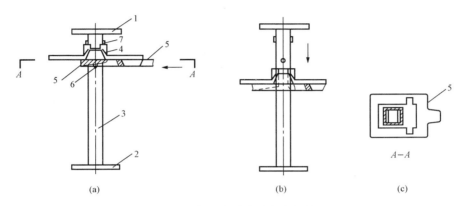

图 2-15　斜面自锁式升降头的构造

（a）升降头在支模后的使用状态；（b）滑动斜面板的俯视图；

（c）升降头中斜面板与梁托的降落状态

1—顶板；2—底板；3—方形管；4—梁托；5—滑动斜面板；6—承重销；7—限位板

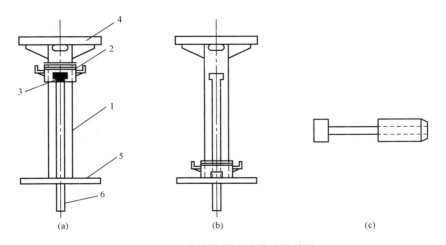

图 2-16　支撑销板式升降头的构造

（a）升降头支模后的使用状态；（b）升降头中的销板与梁托降落状态；（c）支撑销板详图

1—矩形管；2—托梁；3—支撑销板；4—顶板；5—底板；6—管状体

2.7 大体积混凝土温度监测和控制

考虑到建筑结构的多样性，规范对大体积没有严格的定义，一般把最小断面尺寸大于1m、混凝土体积大于5m³的混凝土结构构件称为大体积混凝土。

大体积混凝土结构在工业建筑中多为设备基础，在高层建筑中多为桩基承台或厚大基础底板等。

2.7.1 大体积混凝土的施工特点

大体积混凝土的施工特点是：大体积混凝土结构结构厚度大、体积大、钢筋密集、混凝土浇筑量大，结构整体性要求高，一般不允许留置施工缝，要求整体浇筑；由于混凝土结构体积大，水泥水化热释放慢，水化热在混凝土中产生的温度应力加上混凝土的收缩作用，宜导致混凝土出现裂缝，因此，在大体积混凝土施工过程中实施温度的监测就显得非常重要。

2.7.2 大体积混凝土的浇筑方案

为避免在混凝土浇筑早期出现裂缝，混凝土的浇筑速度应尽可能放慢，但是又不能使混凝土结构出现施工缝，因此必须制订合理的浇筑方案。

大体积混凝土的浇筑，应根据整体连续浇筑的要求，结合结构实际尺寸的大小、钢筋疏密、混凝土供应条件等具体情况，分别选用不同的浇筑方案，以保证结构的整体性。

常用的混凝土浇筑方案有以下三种：

（1）全面分层［图2-17（a）］。即将整个结构浇筑层分为数层浇筑，在已浇筑的下层混凝土尚未凝结时，即开始浇筑第二层，如此逐层进行，直至浇筑完毕。这种浇筑方案一般适用于结构平面尺寸不大的工程。施工时宜从短边开始，沿长边方向进行。

（2）分段分层［图3-17（b）］。即将基础划分为几个施工段，施工时从底层一端开始浇筑混凝土，进行到一定距离后就回头浇筑该区段的第二层混凝土，如此依次向前浇筑其他各段（层）。这种浇筑方案适用于厚度较薄而面积或长度较大的结构。

（3）斜面分层［图3-17（c）］。即混凝土浇筑时，不再水平分层，由底一次浇筑到结构面。这种浇筑方案适用于长度大大超过厚度的结构，也是大体积混凝土底板浇筑时应用较多的一种方案。

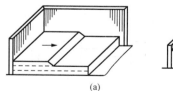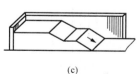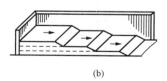

(a)　　　　　　　　　(c)　　　　　　　　　(b)

图3-17　大体积混凝土浇筑方案

(a) 全面分层方案；(b) 分段分层方案；(c) 斜面分层方案

2.7.3 大体积混凝土施工中的技术要点

1. 拌制与输送

大体积混凝土由于浇筑量大，因此在拌制时应尽可能集中拌制或采用商品混凝土，用混凝土运输车运到现场，采用混凝土输送泵泵送。

2. 浇筑与捣固

根据具体情况和温度应力计算确定混凝土浇筑方案。混凝土的振捣应根据浇筑方案进行。

混凝土分段浇筑完毕后，应在混凝土初凝之后、终凝之前进行二次振捣或进行表面抹压，排除上表面的泌水，用木拍反复抹压密实，消除最先出现的表面裂缝，提高混凝土防水性能和表面观感。混凝土浇筑宜在夜间进行，以缩小新旧混凝土间的温差，减少因限制条件下冷缩变形而产生的裂缝。

3. 泌水、浮浆处理

由于泵送混凝土坍落度大，浇筑面广，在浇筑和振捣后，必然有大量的泌水和浮浆顺着混凝土坡面流淌，在低洼的地方沉积，若不及时清除，影响抗渗效果。为此，在混凝土的浇筑过程中，先在未浇筑的一边设置集水坑。同时准备 1～2 台潜水泵排干低洼处的积水。

2.7.4　大体积混凝土的养护与温控措施

1. 加强大体积混凝土的养护工作

养护是大体积混凝土施工中一项十分重要的工作。它的任务主要在于保持适宜的温度和湿度，以便控制混凝土内外温差，促进混凝土强度的正常发展及防止混凝土裂缝的产生和发展。混凝土的养护应注意保温、保湿及缓慢降温。对于大体积混凝土，夏季施工有条件时宜采用蓄水或流水养护，冬期施工时，可采用麻袋覆盖，侧面采用碘钨灯照射养护。

"蓄水法"的具体操作如下：在混凝土表面覆盖双层麻袋，浇水湿润。混凝土在潮湿环境中的养护时间：对采用硅酸盐水泥、普通硅酸盐水泥或矿渣硅酸盐水泥拌制的混凝土，不得少于 7d；对掺用缓凝型外加剂或有抗渗要求的混凝土，不得少于 14d。要定期测定混凝土表面和内部温度，以便为养护提供调整依据。根据经验，大体积混凝土的温差变化在 72h 内波动最大，因此在这段时间施工现场的值班人员要不间断地对温度进行测量，测试频率为每两小时进行 1 次，测试时要求记录混凝土入模温度、每次测温时间、各测点温度值、各部位保温材料的覆盖和去除时间、浇水养护或恢复保温时间、异常情况（如雨、风等）发生的时间。

2. 进行严格的温度控制

（1）进行温度预测分析。根据现场混凝土配合比和施工中的气温气候情况及各种养护方案，采用计算机仿真技术对大体积混凝土施工期温度场和温差进行动态模拟及预测，提供结构沿厚度方向的温度分布及随混凝土龄期变化的规律，制定混凝土在施工期内不产生温度裂缝的温控标准，进行保温养护优化选择。在约束条件和补偿收缩措施确定的前提下，大体积混凝土的降温收缩应力取决于降温值和降温速率。降温值＝浇筑温度＋水化热温升值－环境温度。

（2）进行施工温度控制。首先，要控制混凝土浇筑入模温度。在高温施工季节，可采用冷却拌和用水，对砂石料进行遮阳覆盖，并用水喷淋冷却等方法，最大限度地降低混凝土入模温度。其次，混凝土浇筑温度，主要是混凝土在浇筑过程中的温度。浇筑温度直接影响混凝土体内的温度场，是引起混凝土内部收缩裂缝的最主要原因。要合理部署施工，尽量避免在炎热天气浇筑大体积混凝土。在夏季，采用混凝土输送泵进行浇筑时，对处于日照中的泵管，要进行遮盖或包裹。最后，可在浇筑混凝土时投入适量毛石、卵石，以吸收热量，并节约部分混凝土材料，但应控制比例，宜控制在 20％～30％，石块不应太大，一般不超过

15cm 长。根据工程实际经验，混凝土的中心温度与表面温度之间、混凝土表面温度与室外最低气温之间的差值均应小于 20℃，当结构混凝土具有足够的抗裂能力时，应不大于 25～30℃。混凝土浇筑完后，立即采取有效的保温措施并按规定覆盖养护。

3. 进行混凝土温度监测

温度监控的首要任务在于及时准确地进行温度观测。应在基础内埋设测温点，深度分别设在板中及距表面 10cm 处，分别测量中心最高温度和表面温度，测温管均露出混凝土表面 12cm。测温工作在混凝土浇筑完毕后开始进行。测试温度应有专人负责记录，画图表反映承台中心温度变化规律。一旦内外温差超过 25℃，应立即调整保温措施，加盖麻袋、薄膜。

实践证明，要保证大体积混凝土的施工质量，除要满足强度、刚度、整体性、抗渗等要求外，还应根据混凝土结构的不同特点、受力状况、约束条件等因素进行综合考虑，从工程设计、原材料选用、改善施工工艺、做好温控和养护工作等方面入手进行全面的质量控制，从而减少温度裂缝的产生，保证大体积混凝土的质量。

具体来说可以采取以下措施来防止大体积混凝土裂缝的产生：

（1）进行必要的温度应力计算，制订合理的温度控制措施，保证混凝土表面与混凝土中心的温差不大于 25℃，混凝土表面与大气的温差不大于 20℃。

（2）减缓混凝土浇筑速度，增加散热时间。

（3）选用低水泥用量的配合比，选用水化热低的水泥品种。

（4）加减水剂、缓凝剂，减缓水化反应速度。

（5）提高混凝土的密实度，减少混凝土的收缩。

（6）降低混凝土的入模温度。

（7）加强混凝土的表面养护，采取必要的防风措施。

（8）结构孔洞、转折等位置配置必要的温度钢筋。

2.7.5 工程实例

工程实例为五棵松体育馆大体积混凝土温度监测和控制技术。

1. 工程概况

本工程中大体积混凝土较多，包括比赛馆的条形基础地梁、独立基础地梁、框架柱及看台斜梁。其中基础地梁高度分别为 2800mm（ZDL1、ZDL2、ZDL3）、1600mm、1500mm，顶面标高为－8.000m、－6.900m、－6.500m，均为绕比赛馆环周地梁。框架柱截面尺寸：KZ2 为 4350mm×1200mm、KZ1 为 3500mm×1200mm、KZ4 及上看台斜梁 KTL1、KTL2、KTL3 为 2400mm×1200mm、KZ3 及下看台斜梁 DKTL1 为 1500mm×1000mm。KZ3 顶面标高为 7.450m，上部转为下看台斜梁 DKTL1（顶部标高为 9.890m），KZ4 顶面标高为 9.890m，上部转为上看台斜梁 KTL1、KTL2、KTL3（顶部标高为 25.490m），KZ2 与 KZ1 顶面标高为 28.600m。

大体积混凝土施工质量的关键就是控制混凝土的裂缝，在控制大体积混凝土裂缝的产生和发展的措施中，加强施工中对混凝土温度的监测和控制是一项重要的措施，监测和控制混凝土温度的目的是避免混凝土的内外温差过大。

五棵松体育馆大体积混凝土施工中，采用了电子测温仪并预埋测温导线的方法进行混凝土的测温。即在混凝土浇筑之前，预埋好混凝土测温导线；当混凝土浇筑后，为了掌握混凝土在各龄期各时段的温度动态变化情况，对混凝土加强温度监测与管理，实行信息化控制，随时控制混凝土内的温度变化，内外温差控制在 25℃ 以内；发现温度变化异常，及时调整保温及养护措施，使混凝土的温度梯度和湿度不至过大，以有效控制有害裂缝的出现。

本工程对混凝土体积超过 1000mm×1000mm×1000mm 见方的大体积混凝土，均做了测温控制。测温点平面布局间距不小于 6m，每个测温点埋设不少于 3 根测温线，间距不小于 100mm，成三角形布置。共布置测温点 480 个。

2. 大体积混凝土测温控制

(1) 测温仪器选用。测温采用 JDC-2 型电子测温仪及其配套预埋的金属测温导线。

(2) 测温点布置

1) 凡混凝土体积超过 1000mm×1000mm×1000mm 见方的均为大体积混凝土，均做测温控制。

2) 测温点平面布置间距不小于 6m，图 2-18 为基础大体积混凝土测温点平面布置图。

3) 每个测温点埋设不少于 3 根导线，间距不小于 100mm，成三角形布置。

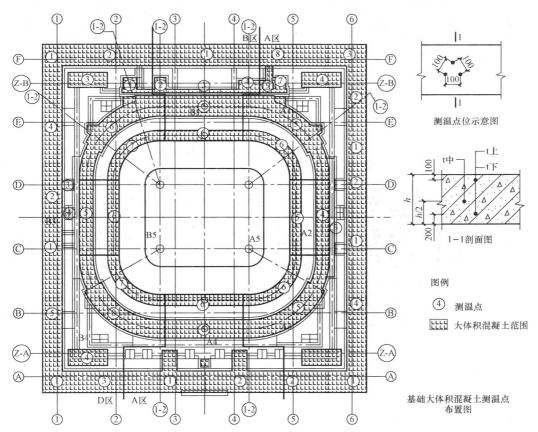

图 2-18　基础大体积混凝土测温点平面布置图

(3) 大体积混凝土测温时间控制大体积混凝土浇筑完后，为了掌握混凝土在各龄期各时段的湿度状态，了解混凝土在养护期间的温度动态变化情况，须对混凝土进行测温。测温从混凝土终凝后开始，测温时间不少于 14d。要求在 1～3d 龄期，每 2h 测一次；在 4～7d 龄期，每 4h 测一次，后一周每 6h 测一次；测温须按编号做好详细的记录，作为资料存档。要求测温人员每天下午4～5点钟将当天的测温记录送交项目部负责混凝土施工的技术人员，由技术人员整理验算测温结果，评价养护措施的可行性。待测温工作结束后，技术人员须根据测温记录绘制混凝土养护温度曲线图。

　　（4）测温指标。测温指标包括混凝土出机温度（图2-19）、混凝土入模温度（图2-20）、大气温度、混凝土表面温度（图2-21）、混凝土内部温度（不得大于70℃，如图3-22所示）等。混凝土表面与大气温差大于25℃时应采取保温措施。混凝土降温速度控制在1℃/d。

图2-19　测混凝土出机温度

图2-20　测混凝土入模温度

图2-21　基础底板大体积混凝土测温点

图2-22　大体积混凝土测温

　　（5）大体积混凝土技术要求

　　1）应控制混凝土表面与内部温差不大于25℃。

　　2）控制混凝土浇筑温度不超过35℃。

　　3）大体积混凝土拆除保温时混凝土表面与大气温差不大于20℃。

　　4）已浇筑混凝土表面泌水应及时清理。

　　5）大体积混凝土结构表面要密实。结构表面裂缝不允许大于0.2mm，且不得贯通。

　　3. 大体积混凝土温度监控效果（图2-23、图2-24）

　　通过温度监测和控制，有效地控制了大体积混凝土裂缝的产生，保证了混凝土结构的质量，创造了良好经济效益和社会效益。目前五棵松体育馆已经顺利通过二次结构长城杯检查，并获得结构长城杯金奖。

图 2-23　大体积混凝土温度监控效果一　　　　图 2-24　大体积混凝土温度监控效果二

2.8　预压地基

2.8.1　概述

预压地基就是在建筑物施工前，对建筑地基进行预压，使土中水排出，以实现土的排水固结，减少建筑物地基后期沉降和提高地基承载力。其形成方法有两种：加载预压法和真空预压法，它们的地基处理深度可分别达到 10m 和 15m 左右。

预压法由加压系统和排水系统两部分组成，如图 2-25 所示。

预压地基与两个基本条件有关：①必要的预压荷载；②必要的排水条件和足够的排水固结时间。预压荷载发展了堆载预压、自重预压、真空预压、降水预压等类预压法；改善地基的排水边界条件则在地基中设置各类竖向排水体，如普通砂井、袋装砂井、塑料排水带和水平排水垫层等，如图 2-26 所示。

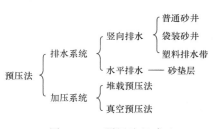 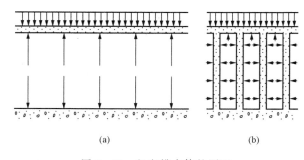

图 2-25　预压法组成　　　　　　　　　图 2-26　竖向排水体的原理
　　　　　　　　　　　　　　　　　　　（a）竖向排水；（b）砂井地基排水情况

增设竖向排水体，如砂井、塑料排水带，其作用就是在地基中增加排水通道，缩短渗径，加速地基的固结、强度的增长和沉降的发展。

常用的竖向排水体主要有三种，其特征、性能及质量要求见表 2-17。

表 2 - 17　　　　　　　　　　　　竖向排水体的类型、特征及性能的要求

类型\项目	普 通 砂 井	袋 装 砂 井	塑 料 排 水 带
特征	用打桩机沉管成孔，内填冲粗砂，密实后形成。圆形、直径为 300～400mm	用土工编织袋，内装砂密实，制成砂袋，用专用机具打入地基中制成，直径为 70～100mm	工厂制造，由塑料芯带外包滤膜，制成宽100mm、厚 3.5～6.0mm，用专用机具打入地基中形成
性能	渗透性较强，排水性能良好，井阻和涂抹作用的影响不明显	渗透性与砂料有关，排水性能良好；随打入深度增大，井阻增大，并受涂抹影响	渗透性与通水能力的大小与产品的类型有关，一般具有较大的通水能力，排水性能良好；井阻与通水能力和打入深度大小有关；并受涂抹作用的影响
施工技术特点	须用桩基施工，速度较慢；井径大，用料费，工程量大，造价较高	施工机具简单轻便，用料较省，造价低廉，质量易于控制	产品质轻价廉，专用施工机具轻便，速度快，质量易于控制，造价低
质量要求标准	砂料宜采用渗透系数大于 3×10^{-2}cm/s 的中粗砂，含泥量小于 3%	砂料要求与普通砂井相同，外包滤膜要求：编织布克重大于 $100g/m^2$；抗拉强度大于 2.0kN/10cm；渗透系数大于 10^{-4} cm/s；有效孔径小于 0.075mm	排水带抗拉强度大于 1.5kN/10cm；滤膜的渗透系数大于 10^{-4} cm/s；有效孔径小于 0.075mm

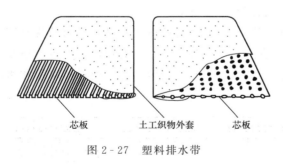

芯板　　　土工织物外套　　芯板

图 2 - 27　塑料排水带

工程上选用竖向排水体时，由于塑料排水带（图 2 - 27）质轻价廉，具有足够的通水能力，施工简便，工厂制造，质量易于保证，可制成不同通水能力的系列产品供设计应用，一般情况下应优先考虑选用。当工程场地砂料来源比较丰富，透水性良好，造价低廉，打入深度在 15m 以内，可考虑采用砂井或袋装砂井。

预压法适用于处理淤泥质土、淤泥和冲填土等饱和黏性土地基。

真空预压法是以大气压力作为预压载荷，通过先在须加固的软土地基表面铺设一层透水砂垫层或砂砾层，再在其上覆盖一层不透气的塑料薄膜或橡胶布，四周密封与大气隔绝，在砂垫层内埋设渗水管道，然后与真空泵连通进行抽气，使透水材料保持较高的真空度，在土的孔隙水中产生负的孔隙水压力，将土中孔隙水和空气逐渐吸出，从而使土体固结的一种软土地基加固方法。

对主要以沉降控制的建筑，当地基经预压消除的变形量满足设计要求且受压土层的平均固结度达到 80% 以上时，才可卸载；对主要以地基承载力或抗滑稳定性控制的建筑，在地基上经预压增长的强度满足设计要求后，才可卸载。

2.8.2　堆载预压加固地基施工

1. 材料要求

（1）堆载材料：一般用填土、石料、砂、砖等散粒材料，也可用充水油罐作为堆载材料；对堤坝等以稳定为控制的工程，则有控制地分级加载，以其本身的重量作为堆载材料。

（2）水平砂垫层和砂井使用的砂料宜用中粗砂，渗透系数宜大于 1×10^{-2} cm/s，黏粒含量不宜大于 3%，垫层砂料中可混有少量粒径小于 50mm 的砾石。

（3）砂袋：砂袋必须选用抗拉、抗腐蚀和抗紫外线能力强、透水和透气性好、韧性和柔性好、在水中能起到滤网作用并不外露砂料的材料。目前国内普遍采用的砂袋材料是麻袋布和聚丙烯编织袋。

（4）塑料排水带：目前我国生产的塑料排水带有两种，即南京产聚氯乙烯槽形塑料排水带及天津塘沽产聚丙烯梯形槽塑料排水带。塑料排水带的质量应符合规定的要求。

2. 施工准备

（1）技术准备

1）收集工程地质勘察资料、设计文件及图纸、施工现场平面图、控制桩点的测量资料。

2）编制施工方案并经审批，方案内容主要包括水平排水垫层、竖向排水体、堆载施工工艺和技术要求、设备及材料计划、监测仪器的选型及安装方法、预压加固效果自检评价方法和监测手段等。

3）施工前对操作人员进行安全技术交底。

4）对砂料取样，进行含泥量、颗粒分析和渗透性试验。

5）塑料排水带现场随机抽样进行性能指标测试。

6）进行场区加固区划分，按基准点、施工图标定水平排水管及竖向排水体轴线，并进行复测。

7）在现场选择试验区进行预压试验，在预压过程中应进行地基竖向变形、侧向位移、孔隙水压力、地下水位等项目的监测，并进行原位十字板剪切试验和室内土工试验。根据试验区获得的监测资料确定加载速率控制指标、推算土的固结系数、固结度及最终竖向变形，分析地基处理效果，对原设计进行修正，并指导施工。

（2）机具设备包括砂井、塑料排水带施工用打设机、振动锤、导管靴、桩尖、辅助设备与机具、监测设备。

（3）作业条件

1）清除地上和地下的障碍物，清除杂草。

2）施工场地达到水通、电通、道路畅通，排水设施、临时房屋等准备就绪；场区平整，对松软地面进行碾压、夯实处理，或预先铺设一层水平砂石排水垫层。

3）施工前应对机械设备进行检查、维修、安装调试，确保各机械设备均处于正常状态。

3. 工艺流程（图 2-28）

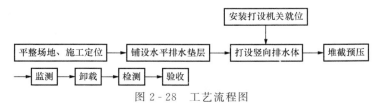

图 2-28　工艺流程图

4. 施工要点

（1）铺设水平排水垫层

1）铺设水平排水垫层前，先挖排水盲沟，排水盲沟的填料一般采用粒径为 30～50mm 的碎石和砾石。

2）当地基表层有一定厚度的硬壳层，且硬壳层承载力较好、能运输机械时，一般采用机械分堆摊铺法，即先堆成若干砂堆，然后用机械或人工摊平；当硬壳层承载力不足时，一般采用顺序推进摊铺法。

3）地基较软不能承受机械碾压时，可用人力车或轻型传递带由外向里（或由一边向另一边）铺设。当地基很软无法施工时，可采用铺设荆笆或其他透水性好的编织物的办法。

4）在铺设好的水平排水垫层砂面上用明显标志标出竖向排水体位置。塑料排水带和袋装砂井砂袋埋入砂垫层中的长度应不小于 500mm。

（2）打设竖向排水体。打设机安装、调试好后，按施工方案中施工顺序行走就位，打设机上应设有进尺标志或配置能检测其深度的设备，控制打设深度。

1）普通砂井。普通砂井成孔后在孔内灌砂即成砂井，成孔方法有沉管法（包括静压沉管法、锤击沉管法和振动沉管法）、螺旋钻成孔法、射水法和爆破法。施工方法应根据待加固软土地基的特性、施工环境、本地区经验，并结合施工方法自身的特点进行选择。

施工时应尽量减小对周围土的扰动。砂井的长度、直径和间距应满足设计要求。砂井的灌砂量，应按井孔的体积和砂在中密状态时的干密度计算，其实际灌砂量不得小于计算值的 95％。

2）袋装砂井（图 2-29）

①袋装砂井施工所用套管内径宜略大于砂井直径。打设设备就位后，套管对准井位并整理好桩尖，开动机器把套管打至设计深度，将砂袋从套管上部侧面进料口投入，并随之灌水，拔起套管（移至下一井位）。向砂袋内补灌砂至设计高程，灌入砂袋中的砂宜用干砂，并应灌制密实。

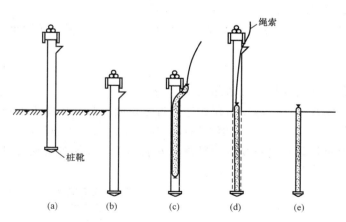

图 2-29　袋装砂井的施工工艺流程

（a）打入成孔套管；（b）套管到达规定标高；（c）放下砂袋；

（d）拔套管；（e）袋装砂井施工完毕

②施工中应经常检查桩尖与导管口的密封情况，避免导管内进泥越多，将袋装砂井回带，影响加固深度。拔管后砂袋回带的长度不宜超过 500mm。

③砂袋的长度应较砂井长度长 500mm，使其放入井孔内能露出地面，以便埋入排水砂垫层中。确定袋装砂井施工深度时，应考虑袋内砂体积减小，袋装砂井在孔内的弯曲、超深以及伸入水平排水垫层内的长度等因素，避免砂井全部落入孔内，造成与砂垫层不连接。砂井验收后，及时按要求埋入砂垫层。

④袋装砂井施工时，平面井距偏差应不大于井径，垂直度偏差应不大于 1.5%；深度不得小于设计要求。

3）塑料排水带

①打设设备就位后将塑料排水带通过导管从管靴穿出，并与桩尖连接、拉紧，使与管靴口贴牢，对准桩位，将导管振动下沉至设计深度，然后边振动边提至地面。塑料排水带与软土黏结锚固留在软基内，当排水带有可能带上时，停振静拔至地面，在砂垫层上预留不小于 500mm 塑料排水带后剪断，完成一个塑料排水带的打设。

②塑料带滤水膜在转盘和打设过程中应防止阳光照射、破损或污染，破损或污染的塑料排水带不得在工程中使用。防止淤泥进入带芯堵塞输水孔，影响塑料带的排水效果。塑料带与桩尖连接要牢固，避免提管时脱开，将塑料带拔出。

③塑料排水带施工所用套管应保证插入地基中的带子不扭曲。塑料排水带须接长时，应采用滤膜内芯带平搭接的连接方法，搭接长度宜大于 200mm。

④塑料排水带的打设应严格控制间距和深度，平面井距偏差应不大于井径，垂直度偏差应不大于 1.5%；深度不得小于设计要求。若塑料带拔起 2m 以上时应补打。

⑤竖向排水体打设完毕后，按设计要求埋设孔隙水压力计及其他监测设施。

（3）堆载预压

1）大面积施工时通常采用自卸汽车与推土机联合作业。对超软地基的堆载预压，第一级荷载宜用轻型机械或人工作业。荷载分布要与建筑物设计荷载分布基本相同且不小于相应部分的设计荷载。有时为了加快预压进度，可超载预压，但超载部分不得超过设计荷载 0.2～0.6 倍。当在场地外不设反压平衡情况下，施加的荷载在任何时候都不得超过当时地基的极限承载力，以免地基在预压过程中发生土体滑移而失稳破坏。

2）堆载预压中，荷载应分级逐渐施加，确保每级荷载下地基的稳定性。加荷速率应与软土地基强度增加的速度相适应，防止因整体或局部加荷过大、过快而使地基发生剪切破坏。

3）堆载预压时，分级加荷的堆载高度偏差不应大于本级荷载折算堆载高度的 ±5%。最终堆载高度应不小于设计总荷载的折算高度。

4）堆载预压中，应及时把因地基土固结而溢出地面的水排到场外。

5）预压后须卸荷的工程，其预压荷载面积要大于建筑物的面积。

（4）监测：对堆载预压工程，在加载过程中应进行竖向变形、边桩水平位移及孔隙水压力等项目的监测，且根据监测资料控制加载速率。对竖井地基，最大竖向变形量每天应不超过 15mm，对天然地基，最大竖向变形量每天应不超过 10mm；边桩水平位移每天应不超过 5mm，并且应根据上述观察资料综合分析、判断地基的稳定性。

（5）卸载：当最后一级荷载达到稳定并满足设计要求后，经设计许可后卸载。卸载也应分级进行，并继续做好各项监测。卸载时，要控制好卸载速率，应避免因卸载过快造成附加应力与孔隙压力相差悬殊，影响地基的稳定。

（6）检测：卸载完成后，按设计要求及规范规定进行检测。

（7）验收：检测合格后进行工程验收。

（8）季节性施工：夏季施工，应避免太阳光长时间直接照射聚丙烯编织带。

5. 应注意的质量问题

（1）铺设水平排水垫层和砂井施工中不得扰动天然地基。

（2）普通砂井施工应保持砂井的连续性和密实度，不出现缩颈现象，灌砂时应防止孔口掉泥或其他杂物，以免出现砂柱中断或缩颈。

（3）袋装砂井施工时，砂袋入口处的导管口应装设滚轮，套管内壁应光滑，避免砂袋被剐破漏砂。

（4）灌入砂袋的砂宜用干砂，并应灌注密实，不宜采用潮湿砂，以免袋内砂干燥后体积减小，造成袋装砂井缩短、缩颈、中断等。

（5）塑料排水带打设后，应把每根塑料排水带周围在打设时形成的孔洞用砂料回填好，以防抽真空时这些孔洞附近的密封膜破损、漏气。

（6）堆载的顶面积应不小于建筑物底面积，堆载的底面积也应适当扩大，以保证建筑物范围内的地基得到均匀加固。

6. 成品保护

（1）塑料排水带在现场应妥加保护，防止阳光照射、破损或污染，破损或污染的塑料排水带不得在工程中使用。

（2）编织袋应避免裸晒，防止老化。

（3）水平排水垫层与竖向排水体的连接通道不得受到破坏，不得混入泥土或其他杂物。

（4）不允许堵塞或隔断连接通道连接处。

（5）不得破坏和干扰堆载及监测设施，一旦发生损坏应及时补救。

7. 安全、环保措施

（1）安全操作要求

1）进入施工现场必须戴安全帽；冬、雨期施工必须配备相应的劳保用品。

2）对施工操作人员必须经安全培训，持证上岗。

3）施工机械、操作应遵守国家现行标准《建筑机械使用安全技术规程》（JGJ 33—2001）的规定。

4）施工用电应执行国家现行标准《施工现场临时用电安全技术规范》（JGJ 46—2005）的规定。

（2）安全技术措施。钻机和打设机械应置于平整坚实的地面上。堆载要严格控制加荷速率，保证在各级荷载下地基的稳定性，同时要避免部分堆载过高而引起地基的局部破坏。

（3）环保措施

1）地基固结溢水，应设置排水通道排到指定区域。

2）堆载预压排水过程中，要注意加强对周围环境（如建筑物、道路、管线等）的监测，发现异常时应及时采取补救措施。

3）废弃砂石料、生产及生活垃圾等必须及时清理，不能随处抛撒。

4）施工现场靠近居住区时，应控制施工噪声，避免扰民。

2.8.3 真空预压加固地基施工

1．材料要求

（1）砂料、砂袋要求同上。

（2）滤水管：选用钢管或塑料管材，要求滤水管在预压过程中能适应地基的变形差，能承受足够的径向压力，而不出现径向变形。滤水管上的滤水孔径为 8～10mm，间距为50mm，呈三角形排列。

（3）密封膜材料：要求气密性好，抗老化能力强，韧性好，抗穿刺能力强。通常采用聚氯乙烯薄膜，最好采用线性聚氯乙烯等专用膜。

2．施工准备

（1）技术准备

1）具备工程地质勘察资料、真空预压加固设计文件及图纸、施工现场平面布置图、桩点测量资料。

2）编制施工方案，主要应包括设备及材料，水平排水垫层、竖向排水体、滤水管、密封膜的施工工艺，抽真空设备、监测仪器的选型及安装方法，预压加固效果评价方法和监测手段等。施工方案经审批后向操作人员交底。钻孔的位置须经现场技术负责人确认，无误后方可开钻。

其余内容同堆载预压加固地基施工。

（2）机具设备：袋装砂井、塑料排水带施工用打设机；抽真空设备；辅助设备与机具；监测设备。

（3）作业条件要求同上。

3．工艺流程（图2-30）

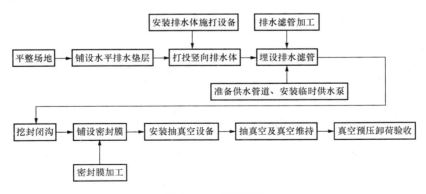

图 2-30 工艺流程

4．施工要点

（1）～（2）同堆载预压加固地基施工。

（3）埋设排水滤管（图2-31）。

1）滤水管应设在砂垫层中，其上覆盖厚度 100～200mm 的砂层。砂料中的石块、瓦砾等尖利杂物必须清除干净，以免扎破密封膜。

图 2-31　在砂垫层中插排水板和布设真空主、滤管路图

2）水平滤管可铺设成条形、梳齿状及羽毛状等形式，滤管布置应形成回路。主管通过出膜管道（出膜器）与外部真空泵连接，如图 2-32 和图 2-33 所示。

3）滤水管可采用钢管或塑料管，外包尼龙纱或土工织物等滤水材料。三通、弯管等管件采用钢管，滤管与钢管间用胶管接头并用铁丝绑牢。

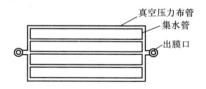

图 2-32　真空滤管条形排列

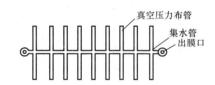

图 2-33　真空滤管梳齿状形排列

（4）挖封闭沟

1）密封膜周边的密封可采用挖沟埋膜，密封沟的截面尺寸应视具体情况而定，以保证周边密封膜上有足够的覆土厚度和压力。

2）如果密封沟底或两侧有碎石或砂层等渗透性较好的夹层存在，应将该夹层挖除干净，回填 400mm 厚的软黏土。

3）挖封闭沟时，挖出的土堆在沟边平地上，不得堆在砂垫层上，还应避免砂粒滑入沟中。

4）对于表层存在良好的透气层或在处理范围内有充足水源补给的透水层时，应采取有效措施隔断透气层或透水层。

（5）铺设密封膜

1）密封膜应采用抗老化性能好、韧性好、抗穿刺性能强的不透气材料。密封膜热合时宜采用双热合缝的平搭接，搭接宽度应大于 15mm，如图 2-34 所示。

2）密封膜应事先仔细检查，用人工敷设，一般宜铺设 2～3 层，每铺完 1 层都要进行细致的检查补漏，以提高膜的密封性能。

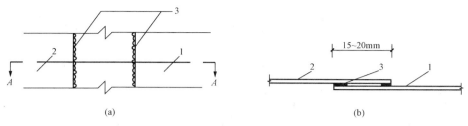

图 2 - 34 两块薄膜密合示意图

(a) 两块薄膜平面搭接；(b) A—A 剖面图

1—第一块薄膜；2—搭接 1 的第二块薄膜；3—两块薄膜热合二条缝

3) 膜周边可采用挖沟埋膜、平铺并用黏土覆盖压边等方法进行密封。沟中回填的黏土要密实且不夹杂砂石，如图 2 - 35 所示。

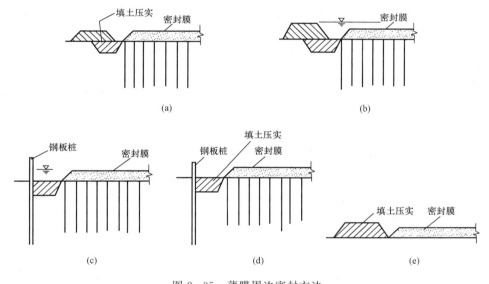

图 2 - 35 薄膜周边密封方法

(a) 挖沟折铺密封；(b) 围堰内全面覆水密封；(c) 板桩加覆水密封；

(d) 板桩密封；(e) 长距离平铺膜填土压实密封

(6) 安装抽真空设备

1) 抽气设备可采用射流泵，每台泵控制面积 1000～1500m²。抽气设备放在覆水围堰的外侧，射流泵与出膜抽气管用弹性胶管连接并用铁丝绑扎。中间的阀门和逆止阀用螺栓连接。

2) 管道出膜处应与出膜装置妥善连接，以保证密封性。膜外水平管道上应接有阀门。每台射流泵和阀门的外侧均应装有真空表，使用前应进行试抽检查。每块预压区至少应设置两台真空泵。

(7) 抽真空及真空维持

1) 整个真空系统安装完毕后，记录各观测仪器的读数，然后试运转一次。发现漏气及时解决。

2) 抽真空阶段应保持射流箱内满水和低温，射流装置空载情况下的真空度均应超过 96kPa。

3）经常检查各项记录，以发现异常现象，当膜内真空度值小于 80kPa 时，应尽快分析原因并采取补救措施。

4）在预压过程中应加强检修，保证设备的正常运转。对真空度应进行监测与记录，同时对预压区的变形、孔隙水压力及水位进行监测。

（8）真空预压卸荷验收。当真空预压地基达到预定技术要求（沉降和孔隙水压力满足设计要求）后停止抽真空，测读各观测项目的数值，对监测数据进行分析计算，检验和评价预压效果。

（9）季节性施工

1）夏季施工，应避免太阳长时间直接照射聚丙烯编织带；加工好的密封膜应堆放在阴凉通风处；堆放时在塑料膜之间适当撒放滑石粉，堆放时间不能过长，以防止相互粘连。

2）塑料膜下料时应根据不同季节预留伸缩量。

3）冬季抽气，应避免过长时间停泵，否则，膜内、外管路会发生冰冻而堵塞，使抽气很难进行。

4）当冬季的气温较低时，应对薄膜、管道、水泵、阀门及真空表等采取保温措施。

5. 应注意的质量问题

（1）埋设膜下滤管时，绑扎过滤层的铁丝头不得朝上，砂料中的石块、瓦砾等尖利杂物应清除干净，以免扎破密封膜。

（2）插入地下的排水板，应保证单根的连续性和整体性，不出现施工接头，以免降低排水及通水能力。

（3）塑料排水带打设完毕后，要用砂料把打设时在每根塑料排水带周围形成的孔洞回填好，以防抽真空时这些孔洞附近的密封膜破损、漏气。

（4）抽真空期间必须保证电力连续供应，不得中途断电，以使真空度在最短时间内达到并长期维持设计值。

6. 成品保护

抽真空过程中密封膜及监测设施不得受到破坏和干扰，一旦发现密封膜破损或监测设备损坏应及时补救。

2.8.4　质量检验

（1）施工前应检查施工监测措施，沉降、孔隙水压力等原始数据，排水设施，砂井（包括袋装砂井），塑料排水带等位置。

（2）堆载施工应检查堆载高度、沉降速率。真空预压施工应检查密封膜的密封性能、真空表读数等。

（3）施工结束后，应检查地基土的强度及要求达到的其他物理力学指标，重要建筑物地基应做承载力检验。

（4）预压法竣工验收检验应符合下列规定：

1）排水竖井处理深度范围内和竖井底面以下受压土层，经预压所完成的竖向变形和平均固结度应满足设计要求。

2）应对预压的地基土进行原位十字板剪切试验和室内土工试验。必要时，尚应进行现场载荷试验，试验数量应不少于 3 点。

（5）预压地基和塑料排水带质量检验标准应符合表 2-18 的规定。

表 2-18　　　　　　　　　预压地基和塑料排水带质量检验标准

项目	序	检 查 项 目	允许偏差或允许值		检 查 方 法
			单位	数值	
主控项目	1	预压载荷	%	≤2	水准仪
	2	固结度（与设计要求比）	%	≤2	根据设计要求采用不同的方法
	3	承载力或其他性能指标	设计要求		按规定方法
一般项目	1	沉降速率（与控制值比）	%	±10	水准仪
	2	砂井或塑料排水带位置	mm	±100	用钢尺量
	3	砂井或塑料排水带插入深度	mm	±200	插入时用经纬仪检查
	4	插入塑料排水带时的回带长度	mm	≤500	用钢尺量
	5	塑料排水带或砂井高出砂垫层距离	mm	≥200	用钢尺量
	6	插入塑料排水带的回带根数	%	<5	目测

注：如真空预压，主控项目中预压载荷的检查为真空度降低值小于 2%。

2.8.5　工程实例

（1）工程概况。工程位于福田市区最南端，总面积约为 1.8km²，原属渔民分期围填的鱼塘区，塘埂阡陌纵横，由 52 个大小渔塘组成，最大渔塘 13 万 m²。塘底平均标高为 0.5～0.8m，塘埂高程为 2.0～3.0m。市规划决定将这片土地开发成为深圳市最大高技术多功能的保税区。地基处理的任务是将此片超软土低洼塘区填至 4.0～5.0m 设计标高，并使地基土满足开发建设的要求，也即保证长期使用下场地的变形要求和地基的稳定性。

（2）工程地质条件。场地地貌属于海湾堆积平原地层，其分层自上而下分别为人工填土、第四系海积层、第四系冲、洪积层、第四系残积层与中生代燕山期云母花岗岩构成的基岩。上部地基为河海相沉积的饱和软黏土，厚度为 8～18m，为含水量高、压缩性大和抗剪强度低等不良工程地质性质的超软土地基；下部为一般第四系冲洪积层，以中、粗砂和砾砂为主，厚度一般在 1～5m，透水性好，地下水具有承压性，其下为第四系残积层和基岩风化层，层顶标高为－18m 左右。

（3）处理方法。采用以塑料排水带堆载预压为主的大面积处理方法。

（4）结论

1）通过处理，消除了在设计荷载作用下的沉降量（分别达到原有淤泥层厚度的 9%～12%），最大达 2m 多，剩余沉降量均小于 150mm，此方法比较经济合理。

2）软基处理的实施基本按原规划进行，各标区的加固在 180d 左右的满载时间内均达到了 90% 的固结度，只是在有条件时才延时卸载，使卸载时的固结度均达 95% 以上，更有利于管线与结构施工。

2.9　特殊土地基与地基基础抗震

我国地域广阔，各地区的地理位置、气象条件、地质构造及地层成因、物质成分等原因，分布着多种多样的土类。当其作为建筑物地基时，如果不注意这些特性，可能引起事故。

人们把具有特殊工程性质的土类叫作特殊土。我国的特殊土主要指沿海和内陆地区的软土、杂填土、冲填土、松散砂土和粉土，分布于西北和华北、东北等地区的湿陷性黄土，分散于各地的膨胀土、红黏土、盐渍土、高纬度和高海拔地区的多年冻土以及山区岩土地基等。各种天然形成的特殊土的地理分布，存在着一定的规律，表现出一定的区域性，所以又称之为区域性特殊土。

此外，本文对地基基础抗震问题中的地基震害现象及地基基础抗震措施（设计原则）作了简述。

2.9.1 湿陷性黄土地基

1. 湿陷性黄土的特征

遍布在我国西北等部分地区（甘、陕、晋大部分地区以及豫、冀、鲁、宁夏、辽宁、新疆等部分地区）的黄土是第四纪干旱和半干旱气候条件下形成的一种特殊沉积物。颜色多呈黄色、淡灰黄色或褐黄色；颗粒组成以粉土粒（尤以粗粉土粒）为主（粒径约 $d = 0.075 \sim 0.005$mm），约占 $60\% \sim 70\%$，粒度大小较均匀，黏粒含量较少，一般仅占 $10\% \sim 20\%$；含碳酸盐、硫酸盐及少量易溶盐；孔隙比大，一般在 1.0 左右，且具有肉眼可见的大孔隙；具有垂直节理，常呈现直立的陡壁。黄土的工程性质评价应综合考虑地层、地貌、水文地质条件等因素。

湿陷性黄土是指在一定压力下受水浸湿，土结构迅速破坏，并产生显著附加下沉的黄土。具有天然含水量的黄土，如未受水浸湿，一般强度较高，压缩性较小。

一部分黄土具有湿陷性。有的黄土却并不发生湿陷，则称为非湿陷性黄土。非湿陷性黄土地基的设计与施工与一般黏性土地基无异。

湿陷性黄土分为非自重湿陷性黄土和自重湿陷性黄土两种。非自重湿陷性黄土在土自重应力作用下受水浸湿后不发生湿陷；自重湿陷性黄土，在土自重应力下浸湿后则发生湿陷。

（1）压缩性。湿陷性黄土由于所含可溶盐的胶结作用，天然状态下的压缩性较低，一旦遇到水的作用，可溶盐类溶解，压缩性骤然增高，此时土即产生湿陷。

（2）抗剪强度。湿陷性黄土由于存在可溶盐类和部分原始黏聚力，形成较高的结构强度，使土的黏聚力增大。但如受水浸湿，易产生溶胶作用，使土的结构强度减弱，土结构迅速破坏。湿陷性黄土的内摩擦角与含水量有很大的关系，含水量越大，内摩擦角越小。

（3）渗透性。湿陷性黄土由于具有垂直节理，因此，其渗透性具有显著的各向异性，垂直向渗透系数要比水平向大得多。

（4）湿陷性。湿陷性黄土的湿陷性与物理性指标的关系极为密切。干密度越小，湿陷性越强；孔隙比越大，湿陷性越强；初始含水量越低，湿陷性越强；液限越小，湿陷性越强。

湿陷性黄土的定量判定指标是其湿陷系数等于或大于 0.015。

我国黄土地区面积约达 60 万平方公里，其中湿陷性黄土约占 3/4。我国湿陷性黄土工程地质分区略图可查阅《湿陷性黄土地区建筑规范》（GB 50025—2004）。

2. 湿陷发生的原因和影响因素

黄土湿陷的发生是由于管道（或水池）漏水、地面积水、生产和生活用水等渗入地下，或由于降水量较大，灌溉渠和水库的渗漏或回水使地下水位上升而引起的。受水浸湿是湿陷发生所必需的外界条件。黄土的结构特征及其物质成分是产生湿陷性的内在原因。

干旱或半干旱的气候是黄土形成的必要条件。黄土受水浸湿时，结合水膜增厚楔入颗粒之间，于是，结合水联结消失，盐类溶于水中，骨架强度随着降低，土体在上覆土层的自重应力或在附加应力与自重应力综合作用下，其结构迅速破坏，土粒滑向大孔，粒间孔隙减少。这就是黄土湿陷现象的内在过程。

黄土的湿陷性还与孔隙比、含水量以及所受压力的大小有关。天然孔隙比越大，或天然含水量越小则湿陷性越强。在天然孔隙比和含水量不变的情况下，随着压力的增大，黄土的湿陷量增加，但当压力超过某一数值后，再增加压力，湿陷量反而减少。

3. 湿陷性黄土地基的工程措施

湿陷性黄土地基的设计和施工，除了必须遵循一般地基的设计和施工原则，还应针对黄土湿陷性这个特点和工程要求，因地制宜采用以地基处理为主的综合措施。这些措施有三种：地基处理措施、防水措施、结构措施。

（1）地基处理措施。其目的在于破坏湿陷性黄土的大孔结构，以便全部或部分消除地基的湿陷性，从根本上避免或削弱湿陷现象的发生。

1）湿陷性黄土地基的平面处理范围，应符合下列规定：

①当为局部处理时，其处理范围在非自重湿陷性黄土场地，每边应超出基础底面宽度的0.25倍，并应不小于0.5m；在自重湿陷性黄土场地，每边应超出基础底面宽度的0.75倍，并应不小于1m。

②当为整片处理时，其处理范围应大于建筑物底层平面的面积，超出建筑物外墙基础外缘的宽度：每边不宜小于处理土层厚度的1/2，并应不小于2m。

2）水池类构筑物的地基处理，应采用整片土（或灰土）垫层。在非自重湿陷性黄土场地，灰土垫层的厚度不宜小于0.30m，土垫层的厚度应不小于0.50m；在自重湿陷性黄土场地，对一般水池，应设1.00～2.50m厚度的土（或灰土）垫层，对特别重要的水池，宜消除地基的全部湿陷量。

（2）防水措施。不仅要放眼于整个建筑场地的排水、防水问题，且要考虑单体建筑物的防水措施，在建筑物长期使用过程中要防止地基被浸湿，同时也要做好施工阶段的排水、防水工作。

（3）结构措施。在建筑物设计中，应从地基、基础和上部结构相互作用的概念出发，采用适当的措施，增强建筑物适应或抵抗因湿陷引起的不均匀沉降的能力。这样，即使地基处理或防水措施不周密而发生湿陷时，也不致造成建筑物的严重破坏，或减轻其破坏程度。

在上述措施中，地基处理是主要的工程措施。防水、结构措施一般用于地基不处理或用于消除地基部分湿陷量的建筑物，以弥补地基处理（或不处理）的不足。

4. 湿陷性黄土地基处理方法

常用的地基处理方法有土（或灰土）垫层、重锤夯实、强夯、预浸水、化学加固（主要是硅化和碱液加固）、土（灰土）桩挤密等，也可选择其中一种或多种相结合的最佳处理方法，或采用将桩端进入非湿陷性土层的桩基。除应遵循以上所列地基处理方法的规定外，尚应符合下列要求：

（1）垫层法。湿陷性黄土地基采用垫层法主要是指素土垫层和灰土垫层，当仅要求消除地基下1～3m的湿陷性黄土的湿陷量时，宜采用局部（或整片）素土垫层。当同时要求提高垫层土的承载力及增强水稳性时，宜采用整片灰土垫层。

（2）强夯法

1）采用强夯法处理湿陷性黄土地基，土的天然含水量宜低于塑限含水量 1%～3%。当天然含水量低于 10% 时，宜对其增湿至接近最优含水量，当土的天然含水量大于塑限含水量的 3% 时，宜采取晾干或其他措施适当降低含水量。

2）强夯法消除湿陷性黄土层的有效深度，应根据试夯测试结果确定。

3）在强夯土表面以上宜设置 300～500mm 厚度的灰土垫层。

（3）挤密法

1）挤密法适用于处理地下水位以上的湿陷性黄土，挤密孔的孔位，宜按正三角形布置。

2）孔底在填料前必须夯实，孔内填料宜用素土或灰土，必要时可用强度高的水泥土等。当仅要求消除基底下湿陷性黄土的湿陷量时，宜填素土；当同时要求提高承载力时，宜填灰土、水泥土等强度高的材料。

3）挤密地基，在基础下宜设置 0.5m 厚灰土（或土）垫层。

（4）预浸水法。预浸水法主要用于湿陷性黄土地基。湿陷性黄土地基预浸水法是利用黄土浸水后产生自重湿陷的特性，在施工前进行大面积浸水，使土体预先产生自重湿陷，以消除黄土土层的自重湿陷性。它适用于处理土层厚度大，自重湿陷性强烈的湿陷性黄土地基，是一种比较经济有效的处理方法。经预浸水法处理后，浅层黄土可能仍具有外荷湿陷性，须作浅层处理。

预浸水法用水量大，工期长，一般应比正式工程至少提前半年到一年进行，且应有充足的水源保证。浸水场地与周围已有建筑物应留有足够的安全距离，当地基存在有隔水层时，其净距应不小于湿陷性黄土层厚度的 3 倍；当不存在隔水层时，应不小于湿陷性黄土层厚度的 1.5 倍。此外，还应考虑浸水对场地附近边坡稳定性影响。

浸水场地的面积应根据建筑物的平面尺寸和湿陷性黄土层的厚度确定，对于平面为矩形的建筑物，浸水场地的尺寸应比建筑物长边大 5～8m，比短边大 2～4m；并应不小于湿陷性黄土层的厚度；对于平面为方形或圆形的建筑物，浸水场地的边长或直径应比建筑物平面尺寸放宽 3～5m，并不应小于湿陷性黄土层的厚度。

当浸水场地的面积较大时，应分段进行浸水，每段长 50m 左右。浸水前，沿场地四周修土埂或向下挖深 0.5m，并设置标点以观测地面及深层土的湿陷变形。浸水期间要加强观测，如发现有跑水现象，要及时填土堵塞。浸水初期，水位不宜过高，待周围地表出现环形裂缝后再提高水位。湿陷变形的观测应到沉陷基本稳定为止。

5. 施工措施

（1）施工前应完成场区土方、挡土墙、护坡、防洪沟及排水沟等工程，使排水畅通，边坡稳定。建筑场地的防洪工程应提前施工，并应在汛期前完成。

（2）强调"先地下后地上"的施工程序，对体形复杂的建筑，先施工深、重、高的部分，后施工浅、轻、低的部分，防止由于施工程序不当，导致建筑物产生局部倾斜和裂缝。

（3）敷设管道时，先施工排水管道，并保证其畅通，防止施工用水管网漏水。

（4）当基坑或基槽挖至设计深度或标高时，应进行验槽。

（5）对用水量较大的施工及生活设施，如临时水池、洗料场、淋灰池、防洪沟及搅拌站等，至建筑物外墙的距离，在非自重湿陷性黄土场地，不宜小于 12m；在自重湿陷性黄土场地不得小于湿陷性黄土层厚度的 3 倍，并应不小于 25m。

（6）临时给、排水管道至建筑物外墙的距离，在非自重湿陷性黄土场地，不宜小于 7m；在自重湿陷性黄土场地，不宜小于 10m。

（7）制作和堆放预制构件或重型吊车行走的场地，必须整平夯实，保持场地排水畅通。在现场堆放材料和设备时，对需大量浇水的材料，应堆放在距基坑（槽）边缘 5m 以外，浇水时必须有专人管理，严禁水流入基坑或基槽内。

（8）地基基础和地下管道的施工，应尽量缩短基坑或基槽的暴露时间。在雨期、冬期施工时，应采取专门措施，确保工程质量。

（9）分部分项工程和隐蔽工程完工时，应进行质量评定和验收，并应将有关资料及记录存入工程技术档案，作为竣工验收文件。

（10）当发现地基浸水湿陷和建筑物产生沉降或裂缝时，应暂时停止施工，切断有关水源，查明浸水原因和范围，对建筑物的沉降和裂缝加强观测，并绘图记录，经处理后才可继续施工。

6．检查

（1）场地内排水线路能否保证雨水迅速排至场外。

（2）建筑物施工顺序的安排是否合理。

（3）防止施工用水浸入地基的措施是否有效。

（4）沉降观测所采用的水准仪精度、测量方法、水准基点和观测点的埋设方法和裂缝观测方法等是否符合要求。

2.9.2 膨胀土地基

1．膨胀土的特征

膨胀土一般指黏粒成分，主要由亲水性黏土矿物组成，同时具有显著的吸水膨胀和失水收缩两种变形特性，其自由膨胀率大于或等于 40% 的黏性土。它一般强度较高，压缩性低，易被误认为是建筑性能较好的地基土。但由于具有膨胀和收缩的特性，当利用这种土作为建筑物地基时，如果对这种特性缺乏认识，或在设计和施工中没有采取必要的措施，结果会给建筑物造成危害。

膨胀土分布范围很广，根据现有资料，我国广西、云南、湖北、河南、安徽、四川、河北、山东、陕西、江苏、贵州和广东等地均有不同范围的分布。在膨胀土地区进行建设，要认真调查研究，通过勘察工作，对膨胀土作出必要的判断和评价，以便采取相应的设计和施工措施，从而保证房屋和构筑物的安全和正常使用。

国标《膨胀土地区建筑技术规范》（GB 50112—1987）规定，具有下列工程地质特征的场地，且自由膨胀率大于或等于 40% 的土，应判定为膨胀土：①裂隙发育，常有光滑面和擦痕，有的裂隙中充填着灰白、灰绿色黏土，在自然条件下呈坚硬或硬塑状态；②多出露于二级或二级以上阶地、山前和盆地边缘丘陵地带，地形平缓，无明显自然陡坎；③常见浅层塑性滑坡、地裂，新开挖坑（槽）壁易发生坍塌等；④建筑物裂隙随气候变化而张开和闭合。

在自然条件下，膨胀土多呈硬塑或坚硬状态，有黄、红、灰白等颜色。膨胀土地区旱季地表常出现地裂，雨季则裂缝闭合。地裂上宽下窄，一般长 10～80m，深度多为 3.5～8.5m，壁面陡立而粗糙。

膨胀土的基本特性有：

（1）黏粒含量一般很高（其中粒径小于 0.002mm 的胶体颗粒含量一般超过 20％）。

（2）液限大于 40％，塑性指数大于 17，且多数在 22～35。

（3）天然孔隙比小（一般为 0.50～0.80）。

（4）天然含水量接近或略小于塑限，液性指数常小于零，土的压缩性小，多属低压缩性土。

（5）自由膨胀率一般超过 40％。

（6）具有胀缩可逆性。

2. 膨胀土地基的现象

膨胀土具有显著的吸水膨胀、失水收缩和反复胀缩变形的变形特性，浸水强度衰减，干缩裂隙发育，性质不稳定。建造在膨胀土地基上的建筑物，随季节性气候的变化会反复不断地产生不均匀的升降，造成位移、开裂、倾斜，而使房屋破坏，而且往往成群出现，尤以低层平房严重，因为这类建筑物的重量轻，整体性差，基础埋置较浅，地基土易受外界因素的影响而产生胀缩变形，故极易裂损，危害性较大。

建筑物的开裂破坏具有地区性成群出现的特点。遇干旱年份裂缝发展更为严重，建筑物裂缝随气候变化而张开和闭合，一般于建筑物完工后半年到五年出现。

建筑物裂缝特征主要有：①外墙垂直裂缝，端部斜向裂缝和窗台下水平裂缝；②房屋墙面两端转角处的裂缝，例如内、外山墙对称或不对称的倒八字形裂缝等（图 2-36）；③墙体外倾并有水平错动；④由于土的胀缩交替变形，墙体会出现交叉裂缝；⑤隆起的地坪出现纵向长条和网格状的裂缝，并常与室外地裂相连；⑥房屋的独立砖柱可能发生水平断裂，并伴随有水平位移和转动；⑦在地裂通过建筑物的地方，建筑物墙体上出现上小下大的竖向或斜向裂缝。

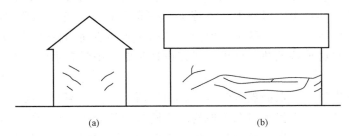

图 2-36　膨胀土地基上房屋墙面的裂缝
(a) 山墙上的对称倒八字形缝；(b) 外纵墙的水平裂缝

膨胀土边坡极不稳定，易产生浅层滑坡，并引起房屋和构筑物的开裂。

3. 膨胀土地基的形成原因

膨胀土主要由蒙脱石（微晶高岭土）、伊利石（水云母）等亲水性矿物组成。蒙脱石矿物亲水性强，具有既易吸水又易失水的强烈活动性。伊利石亲水性比蒙脱石低，但也有较高的活动性。土的细颗粒含量较高，具有明显的湿胀干缩效应。遇水时，土体即膨胀隆起（一般自由膨胀率在 40％以上），产生很大的上举力，使房屋上升（可高达 10cm），失水时，土体即收缩下沉，由于这种体积膨胀收缩的反复可逆运动和建筑物各部挖方深度、上部荷载以及地基土浸湿、脱水的差异，因而使建筑物产生不均匀升、降运动而造成出现裂缝、位移、倾斜，甚至倒塌。

当然，气候条件和地形地貌等也是影响膨胀土地基的主要外部因素。在雨季，土中水分增加，在干旱季节则减少。房屋建造后，室外土层受季节性气候影响较大，因此，基础的室内外两侧土的胀缩变形也就有了明显的差别，有时甚至外缩内胀，而使建筑物受到反复的不均匀变形的影响。这样，经过一段时间以后，就会导致建筑物的开裂。

4. 膨胀土地基处理措施

（1）尽量保持原自然边坡、场地的稳定条件，避免大挖大填。

（2）基础不宜设置在季节性干湿变化剧烈的土层内。当膨胀土位于地表下 3m，或地下水位较高时，基础可以浅埋。若膨胀土层不厚，则尽可能将基础埋置在非膨胀土上。

（3）如采用深基础，宜选用穿透膨胀土层的桩（墩）基础。

（4）采用垫层时，须将地基中膨胀土全部或部分挖除，用砂、碎石、块石、煤渣、灰土等材料作垫层，厚度不小于 300cm。垫层宽度应大于基础宽度，两侧回填相同的材料，并作好防水处理。

（5）临坡建筑，不宜在坡脚挖土施工，避免改变坡体平衡，使建筑物产生水平膨胀位移。

（6）在建筑物周围作好地表渗、排水沟等。散水坡做成宽度大于 2m 的宽散水，其下做砂或炉渣垫层，并设隔水层。室内下水道设防漏、防湿措施，使地基土尽量保持原有天然湿度和天然结构。

（7）加强结构刚度，如设置地梁，在两端和内外墙连接处设置水平钢筋加强联结等。

（8）做好保湿防水措施，加强施工用水管理，作好现场施工临时排水，避免基坑（槽）浸泡和建筑物附近积水。同时应利用和保护天然排水系统，并设置必要的排洪、截流和导流等排水措施，有组织地排除雨水、地表水、生活和生产废水，防止局部浸水和渗漏现象。

5. 膨胀土地基处理方法

膨胀土地基可选用的地基处理方法有换土垫层法，浸水保湿法，灌浆法和其他措施（增大基础埋深、砂包基础、宽散水、保湿暗沟，地基帷幕）。

（1）浸水保湿法。浸水保湿法用于膨胀土地基，是让土在建筑物施工以前就产生膨胀，建筑物完工后又采取措施如设置保湿暗沟，或防渗帷幕，保持地基土中水分不改变，以防止竣工后地基土胀缩变形。通常基槽开挖完成后，暴晒 2~3d，垫铺 200mm 厚砂垫层，浸水 7~30d，基础砌筑前，将积水面降至砂垫层顶面以下，再砌筑基础。基础砌完、基坑回填后，向砂垫层中灌水，使水位保持在砂垫层顶面以上。铺以保湿暗沟。竣工使用后直至建筑物正常排放下水后才可停灌。

（2）地基帷幕法。地基帷幕作为地基防水保湿屏障，隔断与外界因素对地基中水分的影响，保持膨胀土地基中水分稳定，防止膨胀土发生胀缩变形。地基帷幕有砂帷幕，填砂的塑料薄膜帷幕，填土的塑料薄膜帷幕，沥青油毡帷幕，土工合成材料帷幕，以及塑料薄膜灰土帷幕（图 2-37）等。一般帷幕的埋深，是根据建筑场地条件和当地大气影响急剧层深度来确定。根据地基土层水分变化情况，在房屋四周分

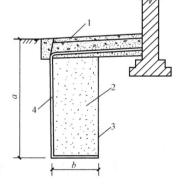

图 2-37　塑料薄膜帷幕构造
1—散水；2—灰土；3—沟壁；
4—塑料薄膜帷幕
a—合理的基础埋深；b—能施工的
最小宽度

别采取不同帷幕深度以截断侧向土层水分的转移。帷幕配合 2m 宽散水进行地基处理，效果明显，尤其当膨胀土地基上部覆盖层为卵石、砂质土等透水层时，采用地基帷幕防水保湿法，防止侧向渗水浸入地基，效果良好。

地基帷幕也可用于已损坏房屋的修缮处理中。用于新建房屋时，最好在建房的同时建造帷幕。

1) 塑料薄膜应选用较厚的聚乙烯薄膜，一般宜用两层，铺设时搭接部分应不少于 10cm，并应用热合处理。

2) 塑料薄膜如有撕裂等疵病时，应按搭接处理。

3) 隔水壁宜采用 2∶8 或 3∶7 灰土夯填。

4) 散水做法应严格遵守规定。

（3）保湿暗沟法。保湿暗沟（图 2-38）是浸水保湿法的措施，常用于有经常水源的房屋的地基处理。对于无经常水源的房屋、强膨胀土地基和长期干旱地区不宜采用。

1) 土沟底应有 0.5% 的坡度。

2) 干砌砖暗沟，沟底用 1∶3 水泥砂浆抹平，沟外侧应用砂填实。

3) 沟顶铺砂 25cm，拍实，上部回填素土应分层夯实。

4) 将盥洗室或经粗滤的厨房污水引入暗沟，绕房一周后排入建筑物下水道。

（4）砂包基础法

砂包基础作为地裂处理措施，它能释放地裂应力，在膨胀土地裂发育地区，中等胀缩性土地基，可取得明显效果。砂包基础构造如图 2-39 所示。

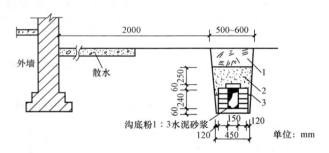

图 2-38　保湿暗沟构造（单位：mm）

1—素土夯实；2—砂；3—沟壁；4—垫层；5—变形缝

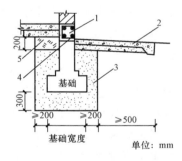

图 2-39　砂包基础构造图

1—地圈梁；2—散水；3—砂包；

4—油毡；5—不透水层

（5）宽散水法。宽散水是膨胀土地基上建筑物地基防水保湿的有效措施。宽散水构造如图 2-40 所示。其做法如下：

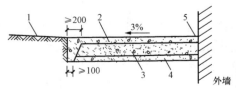

图 2-40　宽散水构造图（单位：mm）

1—室外地坪；2—面层；3—保温隔热层；

4—垫层；5—变形缝

1) 面层用 C15 混凝土，厚为 80～120mm，随捣随抹；保温隔热层用 1∶3 石灰焦渣，厚 150mm；垫层用 2∶8 灰土或三合土等不透水材料，厚 150mm。保温隔热层与垫层也可合并为 1∶2∶7 水泥石灰焦渣，厚 200mm。散水面必须做伸缩缝，间距不大于 4m，并与落水管错开，靠外墙角的伸缩缝应垂直墙面，不可做对角线缝，变形缝均须填嵌缝膏。

2) 宽散水宽度：在Ⅰ级膨胀土地基上为 2m；在Ⅱ级膨胀土地基上为 3m。

3) 横向坡度 3%。

宽散水可作为平坦场地上Ⅰ、Ⅱ级膨胀土的主要防治措施。地质条件复杂，如在大气影响急剧层的深度内有透水夹层时，不宜采用。

(6) 增大基础埋深。增大基础埋深作为膨胀土地基防治主要措施适用于季节分明的湿润区和亚湿润区，地基胀缩等级属中等或中等偏弱的平坦地区。经多年在膨胀土地区进行的调查，得出这些地区的大气影响急剧层深度一般均在 1.5～2.0m 左右，基础应砌置在大于 1.5m 深的土层上。这时，因土层含水量变化不大或趋于稳定，所以地基胀缩变形通常在容许的范围内。相应的基础埋深称为基础最小埋深，在确定基础最小埋深时，应重视当地的建筑经验。

当地下水位较高时，基础可砌置于常年稳定水位以上 3m 内。常用的基础形式有砂垫层上的条基，砂垫层采用中、粗砂，厚为 300～500mm，在含水量约 10% 左右时分层夯实。设置地梁，梁高 300mm 左右。

6. 施工措施

膨胀土地区的建筑物，应根据设计要求、场地条件和施工季节，作好施工组织设计。在施工中应尽量减少地基中含水量的变化，以便减少土的胀缩变形。

(1) 建筑场地施工前，应完成场地土方、挡土墙、护坡、防洪沟及排水沟等工程，使排水畅通、边坡稳定。

(2) 施工用水应妥善管理，防止管网漏水。敷设管道时，先施工排水管道，并保证其畅通。临时水池，洗料场，淋灰池、防洪沟及搅拌站等至建筑物外墙的距离，应不小于 10m。临时性生活设施至建筑物外墙的距离，应大于 15m，并应做好排水设施，防止施工用水流入基坑（槽）。

(3) 堆放材料和设备的现场，应整平夯实，采取措施保持场地排水通畅，排水流向应背离基坑（槽）。须大量浇水的材料，应堆放在距基坑（槽）边缘 10m 以外。

(4) 强调"先地下后地上"、"先深、重、高部分，后浅、轻、低部分"的施工程序，防止由于施工程序不当，导致建筑物产生局部倾斜和裂缝。

(5) 开挖基坑（槽）发现地裂、局部上层滞水或土层有较大变化时，应及时处理后，才能继续施工。

(6) 基槽施工宜采用分段快速作业，施工过程中，基槽不应暴晒或浸泡。被水浸湿后的软弱层必须清除，雨期施工应采取防水措施。

(7) 基坑（槽）开挖时，应及时采取措施，如坑壁支护、喷浆、锚固等方法，防止坑（槽）壁坍塌。基坑（槽）挖土接近基底设计标高时，宜在其上部预留 150～300mm 土层，待下一工序开始前继续挖除。验槽后，应及时浇混凝土垫层或采取封闭坑底措施。封闭方法可选用喷（抹）1：3 水泥砂浆或土工塑料膜覆盖。

(8) 在坡地土方施工时，挖方作业应由坡上方自上而下开挖，填方作业应由下至上分层夯（压）填。坡面完成后，应立即封闭。开挖土方时应保护坡脚。弃土至开挖线的距离应根据开挖深度确定，应不小于 5m。

(9) 施工灌注桩时，在成孔过程中不得向孔内注水。孔底虚土经处理后，才可向孔内浇筑混凝土。

（10）基础施工出地面后，基坑（槽）和室内回填土应及时分层夯实，填料可选用非膨胀上、弱膨胀土及掺有石灰的膨胀土，每层虚铺厚度为 300mm。

（11）地坪面层施工时应尽量减少地基浸水，并宜用覆盖物湿润养护。

（12）散水施工前应先夯实基土，如基土为回填土应检查回填土质量，不符合要求时，须重新处理。伸缩缝内的防水材料应填密实，并略高于散水，或做成脊背形。

（13）对已有胀缩裂缝的建筑物应迅速修复，断沟漏水，堵住局部渗漏，加宽排水坡，作渗排水沟，以加快稳定。

7. 检查

（1）场地内排水线路能否保证雨水迅速排至场外。

（2）建筑物施工顺序的安排是否合理。

（3）防止施工用水浸入地基的措施是否有效。

（4）沉降观测所采用的水准仪精度、测量方法、水准基点和观测点的埋设方法和裂缝观测方法等是否符合要求。

2.9.3　红黏土地基

1. 红黏土的形成与分布

炎热湿润气候条件下的石灰岩、白云岩等碳酸盐岩系出露区的岩石在长期的成土化学风化作用（红土化作用）下形成的高塑性黏土物质，其液限一般大于 50，一般呈褐红、棕红、紫红和黄褐色等色，称为红黏土。它常堆积于山麓坡地、丘陵、谷地等处。红黏土分为原生红黏土和次生红黏土。当原生红黏土层受间歇性水流的冲蚀作用，土粒被带到低注处堆积成新的土层，其颜色较未经搬运者浅，常含粗颗粒，并仍保持红黏土的基本特征，其液限大于 45 的土称次生红黏土。

红黏土主要分布在我国长江以南（即北纬 33°以南）的地区。西起云贵高原，经四川盆地南缘、鄂西、湘西、广西向东延伸到粤北、湘南、皖南、浙西等丘陵山地。红黏土常为岩溶地区的覆盖层，因受基岩起伏的影响，其厚度不大，但变化颇剧，导致红黏土地基的不均匀性。

《岩土工程勘察规范》（GB 50021—2001）将红黏土的地基均匀性分为两类：地基压缩层范围内的岩土全部由红黏土组成的为均匀地基，由红黏土和岩石组成的为不均匀地基。

实践证明，尽管红黏土有较高的含水量和较大的孔隙比，却具有较高强度和较低的压缩性，如果分布均匀，又无岩溶、土洞存在，则是中小型建筑物的良好地基。

2. 红黏土的基本特征

红黏土中除有一定数量的石英外，大量粘粒（黏土颗粒含量达 55%～70%）的矿物成分主要为高岭石（或伊利石）。在自然条件下浸水时，可表现出较好的水稳性。

次生红黏土情况比较复杂，在矿物和粒度成分上，次生红黏土由于搬运过程掺其他成分和较粗颗粒物质，呈可塑至软塑状，其固结度差，压缩性普遍比红黏土高。

红黏土的基本特性包括：

1）高塑性，但塑限也高。

2）天然含水量高（$\omega = 30\% \sim 60\%$），几乎与塑限相等，但液性指数较小（$-0.1 \sim 0.4$），这说明红黏土以含结合水为主。红黏土的含水量虽高，但土体一般仍处于硬塑或坚硬状态。

3）天然孔隙比大（$e=1.1 \sim 1.7$），在孔隙比相同时，它的承载力为软黏土的 $2 \sim 3$ 倍。

4）常处于饱和状态（饱和度 $S_r > 85\%$）。

5）浸水膨胀量小，失水收缩强烈，易产生裂隙。

6）土性和土层分布变化大。常因石灰岩表面石芽、溶沟等的存在，使上覆红黏土的厚度在小范围内相差悬殊，造成地基的不均匀性。

7）红黏土沿深度从上向下含水量增加、土质有由硬至软的明显变化。接近下卧基岩面处，土常呈软塑或流塑状态，其强度低、压缩性较大。

8）红黏土地区的岩溶现象一般较为发育，影响场地的稳定性。

9）在隐伏岩溶上的红黏土层常有土洞存在，土洞塌落形成场地坍陷。土洞对建筑物的危害远大于岩溶。

3. 红黏土地基的工程措施

（1）根据红黏土地基湿度状态的分布特征，红黏土上部常呈坚硬至硬塑状态，一般尽量将基础浅埋，充分利用它作为天然地基的持力层。这样既充分利用其较高的承载力，又可使基底下保持相对较厚的硬土层，使传递到软塑土上的附加应力相对减小，以满足下卧层的承载力要求。

（2）当红黏土层下部存在局部的软弱下卧层或岩层起伏过大时，应考虑地基不均匀性。对不均匀地基，可采用以下措施：

1）对地基中石芽密布、不宽的溶槽中有小于《岩土工程勘察规范》规定厚度的红黏土层的情况，可不必处理，而将基础直接置于其上；若土层超过规定厚度，可全部或部分挖除溶槽中的土，并将墙基础底面沿墙长分段造成埋深逐渐增加的台阶状，以便保持基底下压缩土层厚度逐段渐变以调整不均匀沉降，此外也可布设短桩，而将荷载传至基岩；对石芽零星分布，周围有厚度不等的红黏土地基，其中以岩石为主地段，应处理土层，以土层为主时，则应以褥垫法处理石芽。

2）对基础下红黏土厚度变化较大的地基，主要采用调整基础沉降差的办法，此时可以选用压缩性较低的材料进行置换或密度较小的填土来置换局部原有的红黏土以达到沉降均匀的目的，如换土、填洞，或加强基础和上部结构的刚度或采取桩基础等。

3）施工时，必须做好防水排水措施，避免水分渗透进地基中。基槽开挖后，不得长久暴露使地基干缩开裂或浸水软化，应迅速清理基槽修筑基础，并及时回填夯实。由于红黏土的不均匀性，对于重要建筑物，开挖基槽时，应注意做好施工验槽工作。

4）对于天然土坡和开挖人工边坡或基槽时，必须注意土体中裂隙发育情况，避免水分渗入引起滑坡或崩塌事故。应防止破坏坡面植被和自然排水系统，土面上的裂隙应填塞，应做好建筑场地的地表水、地下水以及生产和生活用水的排水、防水措施，以保证土体的稳定性。

5）边坡应及时维护，防止失水干缩。

2.9.4　地基基础抗震

1. 概述

（1）地震。大地发生的突然震动，俗称"地动"。广义的地震包括两大类：①由于自然作用产生的震动，即"天然地震"；②由于人为的原因造成的震动，即"人工地震"。一般所说的地震即指天然地震。地球内部发生地震的地方叫震源。地震时震源释放出巨大的能量，并有一部分能量以弹性波的形式在地球内传播，传到之处就震动起来，使建筑物产生上下和水平摇动，具一定的破坏性。

震源在地球表面的投影点叫作震中。震中及其附近的地方称为震中区，也称作极震区。震中到地面上任何一点的距离叫作震中距（图 2-41）。震源处垂直向上到地表的距离就是震源深度。震中距离在 100km 以内的地震称作地方震。震中距离在 100～1000km 范围内的地震叫做作震。震中距离大于 1000km 的地震称为远震。

（2）地震震级和地震烈度。地震震级是表示地震释放能量的大小。能量越大，震级就越大；震级相差一级，能量相差约 30 倍。就一般情况而言，4.5 级以上地震才会对人类构成威胁。4.5 级地震所释放的能量相当于 1 枚投向广岛的原子弹。4.5～6 级地震为中强地震，6～7 级地震为强烈地震，震级大于或等于 7 级的地震为大地震，震级大于或等于 8 级的地震为巨大地震。只要造成人员伤亡和财产损失的地震就叫作破坏性地震。严重破坏性地震是指造成严重的人员伤亡和财产损失，使灾区丧失或者部分丧失自我恢复能力，需要国家采取相应行动的地震灾害。例如 1976 年的唐山大地震，顷刻之间使一座百万人口的城市变成一片废墟，24.2 万人丧生，16 万多人伤残；灾区的各种社会功能基本瘫痪，完全丧失自救和自我恢复能力。

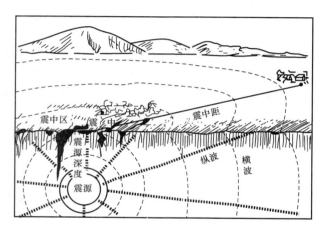

图 2-41　地震概念示意图

地震烈度是地震时一定地点的地面震动强弱程度的尺度，是指该地点范围内的平均水平而言。地震烈度表示地震造成地面上各地点的破坏程度。

地震震级和地震烈度是描述地震现象的两个完全不同的概念。地震震级是起因，地震烈度是效果。一次地震只有一个震级，而且可以有多个地震烈度值。对于同一个地点、同样的环境条件来说，震级大，地震烈度就高；震级小，地震烈度就低。

（3）地震的直接灾害与次生灾害。地震的直接灾害有建筑物、工程设施的破坏，山崩、滑坡、泥石流、地裂、地陷、地鼓包，喷砂、冒水、砂土液化、海啸、堤坝崩塌，可燃性气体溢出，火球，电磁辐射等。

地震的次生灾害种类很多，主要有地震火灾，地震水灾，有毒容器破坏后毒气、毒液或放射性物质等有毒有害物质溢出造成的灾害，地震冻灾，地震瘟疫等。

（4）基本烈度与抗震设防烈度。一个地区的基本烈度是指该地区在今后 50 年期限内，在一般场地条件下可能遭遇超越概率为 10% 的地震烈度。抗震设防烈度是指按国家规定的权限批准作为一个地区抗震设防依据的地震烈度。

一般情况下，地震烈度区划图中所示烈度为基本烈度。大多数情况下基本烈度即为设防烈度。

《建筑抗震设计规范》（GB 50011—2010）根据建筑使用功能的重要性，将建筑抗震设防类别分为以下四类：

甲类建筑——属于重大建筑工程和地震时可能发生严重次生灾害的建筑。

乙类建筑——属于地震时使用功能不能中断或需尽快恢复的建筑。

丙类建筑——属于甲、乙、丁类建筑以外的一般建筑。

丁类建筑——属于抗震次要建筑。

2. 地基的震害现象

地基的震害现象主要表现为振动液化、滑坡、地裂及震陷等方面。

(1) 饱和砂土和粉土的振动液化。液化是由于饱和砂土在振动或循环荷载作用下孔隙水压力上升并导致强度完全丧失而造成土体的失稳和破坏。实际液化现象多发生在饱和粉、细砂及塑性指数小于 7 的粉土中，原因在于此类土既缺乏黏聚力，又排水不畅，所以较易液化。

砂土液化引起的破坏主要有四种形式：①在地表裂缝中喷水冒砂（砂沸）；②滑塌，即使地势很平缓，也会使土层产生大规模的滑移，导致建于其上的建筑物破坏和地面裂缝；③地面沉陷，建筑物产生巨大沉降和严重倾斜，甚至失稳；④浮起，在一些情况下，砂土液化会使某些构筑在地下的轻型结构物，如罐体类结构浮出地面。1964 年日本新潟地震时，基底位于地下 5m 的污水处理池，地震后却高出地面约 3m。

(2) 土的震陷。地震时，地面的巨大沉陷称为"震陷"或"震沉"。此现象往往发生在砂性土或淤泥质土中。地震后也广泛出现地面变形现象，导致建筑物产生差异沉降而倾斜。

震陷是一种宏观现象，原因有多种：①松砂经震动后趋于密实而沉缩；②饱和砂土经震动液化后涌向四周洞穴中或从地表裂缝中溢出而引起地面变形；③淤泥质黏土经震动后，结构受到扰动而强度显著降低，产生附加沉降。为减轻震陷，只能针对不同土质采取相应的密实或加固措施。

(3) 地震滑坡和地裂。地震导致滑坡的原因，在于地震时边坡滑楔承受了附加惯性力，下滑力加大，同时土体受震趋于密实，孔隙水压力增高，有效应力降低，从而减少阻止滑动的内摩擦力，导致土坡失去稳定而发生滑坡，造成大量的土、石、砂的坍塌和滑移。地质调查表明：凡发生过地震滑坡的地区，地层中几乎都有夹砂层。黄土中夹有砂层或砂透镜体时，由于砂层振动液化及水分重新分布，抗剪强度将显著降低而引起流滑，在均质黏土内，尚未有过关于地震滑坡的实例。

在地震后，地表往往出现大量裂缝，称为"地裂"。地裂可使铁轨移位、管道扭曲，使基础断裂或错动，建筑物开裂或倒塌。地裂与地震滑坡引起的地层相对错动有密切关系。例如路堤的边坡滑动后，坡顶下陷将引起沿路线方向的纵向地裂。因此，河流两岸、深坑边缘或其他有临空自由面的地带往往地裂较为发育，也有由于砂土液化等原因使地表沉降不均引起地裂的。

3. 地基基础抗震设计原则与抗震措施

(1) 一般原则

1) 选择有利的建筑场地。

2) 加强基础和上部结构的整体性。

3) 加强基础的防震性能。

①合理加大基础的埋置深度，从而减少建筑物的振幅。

②正确选择基础类型：软土上的基础以整体性好的筏形基础、箱形基础和十字交叉条形基础较为理想，因其能减轻震陷引起的不均匀沉降，从而减轻上部建筑的损坏。

（2）地基基础抗震措施

1）可液化地基：液化土处理措施应根据建筑物的抗震设防类别和地基的液化等级，并经技术经济比较后确定，选择全部或部分消除液化沉陷、基础和上部结构处理等措施，或不采取措施等。

全部消除地基液化沉陷的措施有：采用底端深入液化深度以下稳定土层的桩基或深基础，以震冲、震动加密、砂桩挤密、强夯等加密法加固（处理至液化深度下界）以及挖除全部液化土层等。

部分消除地基液化沉陷的措施应使处理后的地基液化指数减少，当判别深度为 15m 时，其值不宜大于 4，当判别深度为 20m 时，其值不宜大于 5；对独立基础与条形基础，处理深度尚应不小于基础底面下液化土特征深度和基础宽度的较大值。

减轻液化影响的基础和上部结构处理，可以综合考虑埋深选择、调整基底尺寸、减小基础偏心、加强基础的整体性和刚度（如采用连系梁、加圈梁、交叉条形基础，筏板或箱形基础等），以及减轻荷载、增强上部结构刚度和均匀对称性、合理设置沉降缝等。

2）地基为软弱黏性土与湿陷性黄土：应结合具体情况综合考虑，采用桩基、各种地基处理方法、扩大基础底面积和加设地基梁、加深基础、减轻荷载、增大结构整体性和均衡对称性等。桩基是抗震的良好基础形式。当地基为成层土时，松、密土层交界面上易于出现错动，为防止钻孔灌注桩开裂，在该处应配置构造钢筋。

3）地基不均匀：不均匀地基包括土质明显不均、有古河道或暗沟通过及半挖半填地带。土质偏弱部分可参照上述软黏土处理原则采取抗震措施。要尽量填平不必要的残存沟渠，在明渠两侧适当设置支挡，或代以排水暗渠；尽量避免在建筑物四周开沟挖坑，以防患于未然。

第3章　建筑装饰装修新技术

3.1　GRG 天花板及应用

GRG 天花板是采用高密度石膏粉、增强玻璃纤维，以及一些微量环保添加剂，经过特殊工艺层压而成的预铸式新型装饰材料。GRG 天花板表面光洁、平滑细腻，呈白色，白度达到 90％以上，可以和各种涂料及饰面材料良好地黏结，形成极佳的装饰效果，并且不含任何有害元素，安全环保，是目前国际上最流行的建筑装饰新材料。

3.1.1　GRG 天花板的特点

（1）强度高、抗冲击：实验表明 GRG 天花板断裂荷载大于 1200N，超过建标《装饰石膏板》（JC/T 799—2007）断裂荷载 118N 的 10 倍。膨胀系数很小，永不变形。

（2）柔韧性：GRG 天花板硬度高，柔韧性好，可以制成各种尺寸、形状和设计造型，可以用在复杂的吊顶装饰中。

（3）密度高且质轻：GRG 天花板的标准厚度为 3.2～8.8mm，每平方米重量仅 4.9～9.8kg，能减轻主体建筑重量及构件负载。

（4）防火性能：GRG 天花板属于 A－级防火材料，它除了能阻燃外，本身还可释放相当于自身重量 10％～15％的水分，可大幅降低着火面温度。

（5）防潮性能：检测结果证明，GRG 天花板的吸水率仅为 0.3％，可以用于潮湿的环境。

（6）环保：GRG 材料无任何气味，放射性核素限量符合《建筑材料放射性核限量》（GB 6566—2010）中规定的 A 类装饰材料的标准；可以再生利用，属绿色环保材料。

（7）声学效果好：检测表明 4mm 厚的 GRG 材料，透过损失 500Hz、23db、100Hz、27db，气干密度为 1.88，符合专业声学反射要求。经过良好的造型设计，可构成良好的吸声结构，达到隔声、吸声的作用。

（8）生产周期短：GRG 产品脱膜时间仅需 30min，干燥时间仅需 4h。因此能大大缩短施工周期。

（9）施工便捷：可根据设计师的设计，任意造型，可大块生产、分割，现场加工性能好，安装迅速、灵活，可进行大面积无缝密拼，形成完整造型。特别是对洞口、弧形、转角等细微之处，可确保无任何误差。

3.1.2　GRG 天花板的应用

GRG 天花板主要应用于需要抵抗高冲击而增加其稳定性的各类公共建筑吊顶。此外，由于 GRG 材料的防水性能和良好的声学性能，尤其适用于频繁的清洁洗涤和声音传输的地方，像学校、医院、商场、剧院等场所。

3.2　软膜天花及施工工艺

软膜天花，也叫柔性天花或拉展天花，是一种高档的绿色环保型装饰吊顶材料。软膜天花在 19 世纪始创于瑞士，然后经法国费兰德·斯科尔先生 1967 年继续研究完善并成功推广到欧洲及美洲国家的天花市场。

软膜天花质地柔韧，色彩丰富，可随意张拉造型，彻底突破传统天花在造型、色彩、小块拼装等方面的局限性。同时，它又具有防火、防菌、防水、易清洗、节能、环保、抗老化、安装方便等卓越特性。

3.2.1 软膜天花的组成

软膜天花由龙骨、扣边条、软膜组成。

（1）龙骨：龙骨采用铝合金挤压成形，作用是扣住软膜天花；其防火级别为 A 级。有四种型号（F 码、双扣码、扁码、角码），可以满足各种造型的需要，龙骨只须用螺丝钉按照一定的间距均匀固定在墙壁、木方、钢结构、石膏间墙和木间墙上，安装十分方便。

（2）扣边条：用聚氯乙烯挤压成形，为半硬质材料。其防火级别 B1 级。扣边条焊接在软膜天花的四周边缘，便于软膜天花扣在特制龙骨上。

（3）软膜：采用特殊的聚氯乙烯材料制成，不含镉，防火级别为 B1，通过一次或多次切割成形，并用高频焊接完成，软膜是按照在实地测量出的天花形状及尺寸在工厂里生产制作而成的。

3.2.2 软膜天花的类型

软膜天花可分为以下九种类型。

（1）光面：光面软膜天花有很强的光感，能产生类似镜面的反射效果。

（2）透光面：透光面软膜天花呈乳白色，半透明。在封闭的空间内透光率为 75%，能产生完美、独特的灯光装饰效果。

（3）缎光面：光感仅次于光面，缎光面软膜天花整体效果纯净、高档。

（4）鲸皮面：鲸皮面软膜天花表面呈绒毛状，整体效果高档，华丽，有优异的吸声性能，营造出温馨的室内效果。

（5）金属面：具有强烈的金属质感，并能产生金属光感，金属面软膜天花具有很强的观赏效果。

（6）基本膜：软膜天花中最早期的一种类型，光感次于缎光膜，整体效果雅致，价格最低。

（7）镜面膜：像镜子一样的效果，安装上镜面膜后，使空间变得更宽敞、明亮。

（8）彩绘膜：图案清晰，颜色鲜艳，永不褪色，它能满足顾客的个性化需求。

（9）镭射膜：镭射膜在各种灯光下可以发生折射，有强烈的视觉冲击力。

3.2.3 软膜天花的主要特点

（1）突破传统天花的局限性：突破小块拼装的局限性，可大块使用，有完美的整体效果。

（2）色彩多样：软膜天花有六大系列，上百种色彩可供选择，适合各种场合的要求。

（3）造型随意多样：由于软膜天花是根据龙骨的弯曲形状来确定天花的整体形状，所以造型随意多样，让设计师具有更广阔的创意空间。

（4）节能功能：软膜天花由聚氯乙烯材料制成，绝缘性能好，能有效减少室内热量流失。另外，软膜天花表面还能增强灯光的折射度。

（5）防菌功能：软膜天花经抗菌处理，可以有效抑制金黄葡萄球菌、肺炎杆菌等多种致病菌，同时经过防霉处理，可以有效防止霉变，尤其适合医院、学校、游泳池、婴儿房、卫生间等。

（6）防水功能：软膜天花是用经过特殊处理的聚氯乙烯材质制成，能承托 200kg 以上的污水，而不会渗漏和损坏；污水清除后，软膜可完好如新。软膜天花表面经过防雾化处理，不会因为环境潮湿而产生凝结水。

（7）防火特点：软膜天花的防火标准 B1 级。软膜性天花遇火后，只会自身熔穿，并于数秒钟内自行收缩，直至离开火源，不会释放出有毒气体或溶液伤及人体和财物，同时符合欧洲和美国等多种防火标准。

（8）安装方便：软膜天花可直接安装在墙壁、木方、钢结构、轻质隔墙上，适合于各种建筑结构。龙骨只需螺丝钉固定，安装方便，甚至可以在正常的生产和生活过程中进行安装。

（9）优异的抗老化功能：软膜天花的软膜和扣边经过特殊抗老化处理，龙骨为铝合金制成，使用寿命均在十年以上。

（10）安全环保：软膜天花用最先进的环保无毒配方制造，不含镉、铅、乙醇等有害物质，无有毒物质释放，可 100% 回收。

（11）良好的声学效果：经有关专业院校的相关检测，软膜天花对中、低频音有良好的吸音效果，冲孔面对高频音有良好的吸音效果。非常适合音乐厅、会议室、学校的应用。

（12）灯光结合的完美效果：软膜天花的透光膜能与各种灯光系统结合展现出完美的室内装饰效果，同时摒弃了玻璃或有机玻璃的笨重、危险以及小块拼装的缺点。

3.2.4　适用范围

软膜天花适合各种家居、商业场所、体育场馆、宾馆酒店、会议室等，适用于任何灯光、空调及声音、安全系统。

3.2.5　软膜天花施工要点

（1）先到工地现场看是否有条件安装龙骨，即看现场墙身是否完成，木工部分加工是否合格，需要抹灰部分先完成。特别注意木工部分必须按要求做，灯、风口等开孔尺寸要提前加工好。

（2）现场条件许可才进场施工，首先要按图纸设计要求的木工做好部分进行固定铝合金龙骨，注意角位一定要直角平整光滑，驳接要平、密。

（3）注意灯架、风口、光管盘要与周边的龙骨水平，并且要求牢固平稳。

（4）烟感、吸顶灯，先定位再做一个木底架，木底架底面要打磨光滑，并注意水平高度，太低就容易凸现底架的痕迹。

（5）安装天花之前，认真检查龙骨接头是否牢固和光滑，喷淋头要粘上白胶带，风口要处理好。安装天花时要先从中间往两边固定，同时注意两边尺寸，注意焊接缝要直，最后做角位，注意要平整光滑。四周做好后把多出的天花修剪去除。达到完美的收边效果。

（6）开灯孔：在灯孔位置上做好记号，把 PVC 灯圈准确地粘在软膜的底面，待牢固后把多余的天花去除即可。

（7）开风口、光管盘口：找到风口、光管盘口的位置，把软膜安装到铝合金龙骨上，注意角位要平整，最后把多出的天花切除即可。

（8）最后用干净毛巾清洁软膜天花表面。

3.2.6 验收标准

（1）焊接缝要平整光滑，龙骨曲线要求自然平滑流畅。

（2）与其他设备及墙角收边处要求牢固、平整光滑，驳接要平、密。

（3）软膜天花无破损，清洁干净。

3.3 微晶玻璃及其应用

微晶玻璃（CRYSTOE and NEOPARIES）又称微晶玉石或陶瓷玻璃，是综合玻璃和微瓷技术发展起来的一种新型材料。微晶玻璃可用矿石、工业尾矿、冶金矿渣、粉煤灰、煤矸石等作为主要生产原料，且生产过程中无污染，产品本身无放射性污染，故又被称为绿色环保材料。

3.3.1 微晶玻璃的特性

微晶玻璃的物理、化学性能集中了玻璃和陶瓷的双重优点，既具有陶瓷的强度，又具有玻璃的致密性和耐酸、碱、盐的耐蚀性。因为当玻璃中充满微小晶体后（每立方厘米约十亿晶粒），玻璃固有的性质发生变化，即由非晶形变为具有金属内部晶体结构的玻璃结晶材料。它近似于硬化后不脆不碎的凝胶，是一种新的透明或不透明的无机材料。

微晶玻璃具有质地细腻、加工光泽度高、不风化、不吸水、可加工成曲面的特点。微晶玻璃的外观可与玛瑙、玉石、鸡血石等名贵石材相媲美，装饰效果良好。它属于玻璃制品，却不易破碎；表面具有天然石材的质感，却没有色差；质地密实，可铺地，可挂墙，却没有瓷砖釉面褪色的弱点；可任意着色，外表华丽，却不像铝塑板那样怕氧化，不耐腐蚀。

1. 丰富的色泽和良好的质感

通过工艺控制可以生产出各种色彩、色调和图案的微晶玻璃饰面材料。其表面经过不同的加工处理又可产生不同的质感效果。抛光微晶玻璃的表面光洁度远远高于天然石材，其光泽亮丽，使建筑物豪华和气派。而毛光和亚光微晶玻璃可使建筑平添自然厚实的庄重感，所以微晶玻璃可以在色泽和质感上很好地满足设计者的要求。

2. 色调均匀

天然石材难以避免明显的色差，这是其固有的缺陷。而微晶玻璃易于实现颜色均匀，达到更辉煌的装饰效果。尤其是高雅的纯白色微晶玻璃，更是天然石材所望尘莫及的。

3. 永不浸湿、抗污染

微晶玻璃具有玻璃不吸水的天生特性，所以不易污染。其豪华外观不但不受任何雨雪的侵害，反而还借此"天雨自涤"的机会而备增光辉，能全天候地永葆高档建筑的堂皇。由于易于清洁，从建筑物的维护和保养方面考虑，可以大大降低维护成本。

4. 优良的力学性能和化学稳定性

微晶玻璃是无机材料经高温精制而成，其结构均匀细密，比天然石材更坚硬、耐磨、耐酸碱等，即使暴露于风雨及被污染的空气中也不会变质、褪色。

5. 高度环保性能

微晶玻璃不含任何放射性物质，确保了环境无放射性污染。尽管抛光微晶玻璃功能达到近似于玻璃的表面光洁度，但光线不论从任何角度照射，都可形成自然柔和的质感，毫无光污染。

6. 规格齐全，易加工成型

根据需要可以生产各种规格、厚度的平板和弧形板，由于微晶玻璃可用加热方式加工成型，所以其弧形板的加工简单、经济。

微晶玻璃与天然大理石、花岗石的性能对比见表 3-1。

表 3-1　　　　建筑微晶玻璃饰面板材与天然大理石、花岗岩性能比较

特性	材料	微晶玻璃	大理石	花岗岩
力学性能	抗弯强度/MPa	40～50	5.7～15	8～15
	抗压强度/MPa	341.3	67～100	100～200
	抗冲击强度/Pa	2452	2059	1961
	弹性模量/($\times 10^4$MPa)	5	2.7～8.2	4.2～6.0
	莫氏硬度	6.5	3～5	5～5.5
	维氏硬度/100g	600	130	130～570
	相对密度	2.7	2.7	2.7
化学性能	耐酸性/($1\%H_2SO_4$)	0.08	10.0	0.10
	耐碱性（$1\%NaOH$）	0.05	0.30	0.10
	耐海水性/（mg/cm^2）	0.08	0.19	0.17
	吸水率（%）	0	0.3	0.35
	抗冻性（%）	0.028	0.23	0.25
热学特性	膨胀系数（$10^{-7}/30℃-380℃$）	62	80～260	80～150
	热导率/[W/（m·K）]	1.6	2.2～2.3	2.1～2.4
	比热/[cal/（kg·K）]	0.19	0.18	0.18
	光学特性白色度（L度）	89	59	66
	扩散反射率（%）	80	42	64
	正反射率（%）	4	4	4

注　1 cal＝4.1868J。

3.3.2　微晶玻璃的分类及品种

（1）按照生产工艺分，微晶玻璃通常有压延法和烧结法两种生产方法。

压延法是将生料融成玻璃液，然后将玻璃液压延，经热处理再切割成板材。

烧结法则是先将生料熔融成玻璃液，淬冷成碎料，然后将碎料倒入模具铺平，放入窑炉中热处理得到微晶玻璃板材。

两者各具优缺点，压延法能连续流水生产、热耗低，但品种单一。烧结法能做到品种多样，但工艺复杂，对模具要求高，成品气泡多是其主要的弱点。

（2）按照形状分，微晶玻璃可分为普型板和异型板。

（3）按照外观质感分，微晶玻璃可分为镜面板和亚光面板。

3.3.3　微晶玻璃的规格

微晶玻璃的常用厚度为 12～20mm，主要规格为 1200mm×1200mm、1200mm×900mm、1200mm×1800mm、900mm×900mm、1200mm×2400mm、1600mm×2800mm 等。

3.3.4 微晶玻璃的适用范围

微晶玻璃是具有发展前途的新型材料，可用于建筑幕墙及室内高档装饰，还可做机械方面的结构材料、电子电工方面的绝缘材料、大规模集成电路的底板材料、微波炉耐热器皿、化工与防腐材料和矿山耐磨材料等。

3.3.5 微晶玻璃幕墙的要点

微晶玻璃可以用于建筑幕墙，但在国内还不多。对微晶玻璃幕墙而言，加强对其节点和构造、加工工艺、力学特性的开发研究，尤为迫切和重要。下面简单介绍微晶玻璃幕墙的技术要点。

（1）用于幕墙的普型微晶玻璃板要求如下：

1）弯曲强度标准值不小于 40MPa。试验方法按 GB 9966.2—2001 中的规定进行。

2）抗急冷、急热，无裂隙。

3）长度公差为±0.5mm，平面度为 1/1000，厚度公差为±1mm。

4）无缺棱、缺角、气孔。表面无目视可观察到的杂质。

5）镜面板材的光泽度不大于 85 光泽单位。

6）同一颜色、同一批号的板材色差不大于 2.0CIE1AB 色差单位。

7）用于幕墙面板的微晶玻璃板生产厂商应提供：型式试验报告；该批板材出厂检验报告，该报告应至少写明弯曲强度、长度、厚度及平面度公差，耐急冷、急热试验结果，色差及光泽度；并提供 10 年质量保证书等。

（2）微晶玻璃属于脆性材料，开口部位施工后很容易破裂，不能完全照搬天然石材幕墙的节点，一般来讲，天然石材幕墙的短槽式和通槽式的结构不宜采用。

（3）微晶玻璃板材用作幕墙面板时，要求耐抗急冷、急热。其试验方法为：规格为 100mm×80mm×板材厚度，每组五块试样，将试样放置在比室温水中冷却。然后用铁锤轻轻敲击试样各部位，如果声音变哑、表面有裂隙、掉边、掉角等情况，则判为不合格。

（4）尽管要求微晶玻璃板材耐急冷、急热，但为了防止幕墙面板万一破裂时，碎片不会危及人，所以在微晶玻璃板的背面用多元板脂贴上一层玻璃纤维（FRP）以求安全。

（5）微晶玻璃幕墙必须 100% 进行全尺寸 4 项性能（耐风压、水密、气密、平面内变形）试验。试验合格后才能进行施工。

3.4 低辐射玻璃及其应用

低辐射玻璃又称 Low-E 玻璃，是低辐射镀膜玻璃的简称。因其所镀的膜层具有极低的表面辐射率而得名。它的广泛应用是从 20 世纪 90 年代欧美发达国家开始的。

低辐射玻璃是一种既能像浮法玻璃一样让室外太阳能、可见光透过，又像红外线反射镜一样，将物体二次辐射热反射回去的新一代镀膜玻璃。在任何气候环境下使用，均能达到控制阳光、节约能源、热量控制调节及改善环境。因此，行内人士还称其为恒温玻璃。但要注意的是，低辐射玻璃除了影响玻璃的紫外光线、遮光系数外，还从某角度上观察会小许不同颜色显现在玻璃的反射面上。

3.4.1 低辐射玻璃的性能

低辐射玻璃是一种表面具有一层极薄的氧化金属镀膜的透明玻璃，镀膜层具有极低的表面辐射率：普通玻璃的表面辐射率在 0.84 左右，Low-E 玻璃的表面辐射率在 0.25 以下，且仅容许波长 380～780nm 的可见光波通过，但对波长 780～3000nm 以及 3000nm 以上的远红外线热辐射的反射率相当高，可以将 80% 以上的远红外线热辐射反射回去，具有良好的阻隔热辐射作用，是建筑节能产品的代名词。

低辐射玻璃颜色较浅，基本不影响可见光透射，可见光反射率一般在 11% 以下，与普通白玻璃相近，低于普通阳光控制镀膜玻璃的可见光反射率，可避免造成反射光污染。对远红外有较高的反射率，具有其他节能玻璃所不具备的优势。低辐射玻璃在寒带地区可以隔热保温，在热带或亚热带地区可以减少室外阳光所传递的热，以减轻空调负荷。

3.4.2　低辐射玻璃的生产方法

低辐射玻璃主要有两种生产方法：

（1）在线高温热解沉积法。在线 Low-E 玻璃是在玻璃冷却过程中完成镀膜的。液体金属或者液体粉末直接喷在热玻璃表面，随着玻璃的冷却，金属膜成为玻璃的一部分。因此，膜层较硬，牢固度好，耐磨性好，这种方法生产的玻璃有许多优点：可以热弯，钢化，可以长期存储。缺点是热学性能比较差。

（2）离线真空溅射法。其法生产需要一层纯银薄膜作为功能膜，纯银膜在二层金属氧化物膜之间。金属氧化物对纯银膜提供保护，并作为膜层之间的中间层增加颜色的纯度及光透射度。

3.4.3　低辐射玻璃的应用

目前低辐射玻璃已在北京、上海、东北、西北等地区的标志性建筑上广泛应用，其做法及施工工艺按其安装面积参照玻璃幕墙做法。

3.5　硅藻泥内墙涂料

硅藻泥是硅藻死后其外壳沉淀到海底，经过几十万年甚至是上百万年的沉淀石化便形成了以硅酸盐为主要成分的一种硅质生物沉积岩。硅藻泥的主要成分是蛋白石；硅藻泥中含有 80%～90% 甚至 90% 以上的硅藻壳，细密而多孔隙，颗粒不规则；硅藻泥的吸收能力很强，可吸收超过其自重 2～3 倍重量的液体；硅藻泥资源丰富，主要分布于沿海地区，如东北三省、山东、江苏、浙江、福建、广东和广西地区大量出产。

硅藻泥内墙涂料是以硅藻泥为主要原料的新型内墙涂料，被称作"会呼吸的墙壁"。

3.5.1　硅藻泥内墙涂料的特点

1. 净化空气

（1）清除甲醛。硅藻泥特有的微孔结构能够有效地吸收、分解、消除从地板、大芯板、家具等散发游离到空气中的甲醛、苯、氨、氡、TVOC 等有害物质。

（2）消除异味。硅藻泥能够消除生活污染产生的各种异味，如烟草、垃圾、鱼腥味等难闻的气味，时刻保持室内的空气清新。

（3）杀菌消毒。每平方厘米硅藻泥可以每秒释放 1869 个负氧离子，负离子具有杀菌作用，只需往墙上喷些水，就能够有效地杀菌消毒，杀死空气中各种有害病菌。另外，远红外线的功效有利于调节人体微循环，提高人们的睡眠质量。

2. 调节湿度

硅藻泥能够主动调节空气湿度，确保空气中的离子平衡。当室内潮湿时，硅藻泥特有的超微细孔能吸收空气中的水分，并存储起来；当空气干燥时，又可以将水分释放出来，保持室内湿度在人体最舒适的 40°～70° 之间。

3. 防潮防霉

硅藻泥内墙涂料中不含有机成分，材料自身呈弱碱性，微生物难以存活，加之良好的透气性，可以确保墙面不怕潮湿，不会发霉。

4. 防火阻燃

硅藻泥可以耐高温，而且只有熔点没有燃点，遇明火绝不燃烧。在温度达到 1200℃ 时开始熔解，但不会燃烧、冒烟，更不会产生任何有毒物质。

5. 吸声降噪

硅藻泥的无数微孔可以吸收、阻隔声量，其效果相当于同等厚度的水泥砂浆和石板的两倍以上，大大地降低了噪声的传播。

6. 清洁方便

硅藻泥是天然的矿物质，自身不含重金属、不产生静电，不吸附灰尘，并具有优异的耐水性和耐污性，日常清洁保养方便，可用海绵清洗。

7. 节能环保

硅藻泥由天然无机化合物构成，不含任何有机成分，不含有害物质，是安全放心的绿色建材，而且硅藻泥的热传导率很低，保温隔热性能好，有利于节能环保。

8. 耐久性好

硅藻泥寿命长达 20 年以上，不翘边、不脱落、不退色耐氧化，始终如新。

3.5.2 硅藻泥内墙涂料的施工工艺

1. 施工准备

（1）机具准备。最基本的施工工具有：手提电动搅拌器、20L 塑料桶 2～3 个、镘刀、脚踏梯、量水器皿、美纹胶纸等防护用品，刷子、抹布等清扫用品。另外，施工机理不同，还需要辊筒、喷枪等施工工具。

（2）材料准备

1）先将塑料桶刷洗干净，用专用量杯量取 7.5L 干净的清水倒入塑料桶中。再量 1 杯水，作最后调节稠度用。

2）检查包装袋是否完整，清除包装袋外表的污物，用剪刀打开包装袋封口。先将 7 成材料慢慢倒入桶中，然后使用搅拌器搅拌，待干粉和清水完全混合后，再将剩余的材料倒入桶内，继续搅拌，直到材料成为细腻的膏状。

3）加入标准数量的色浆，再搅拌至色浆分散均匀为止。色浆要事先测试，搅拌时，注意搅拌到桶底部。

4）正式施工前再搅拌几分钟。

5）当日使用剩余的材料，请擦干净桶口，密封保存。再次搅拌可继续使用。

2. 基层处理

硅藻泥内墙涂料施工前，必须做好基层处理。无论哪种肌理的施工工法，对基层的施工要求是相同的。首先要对基层进行基础处理及养护，然后批刮腻子，进一步找平，最后涂刷封闭底漆。如果使用的是耐水腻子，可以省略封闭底漆。其验收标准见表 3-2。

表 3-2　　　　　　　　　　　　基 层 的 验 收 标 准

项　目	要　求	检验工具
阴阳角水平垂直度	≤2mm	2m 靠尺 100mm 直尺
基面平整度	≤3mm	同上
基面整体性	表面无明显刀痕、无裂纹、空鼓等	目测，手感
门窗框收边	上下水平均匀一致，无毛边，与门窗边宽误差应小于 1.5mm	100mm 钢板尺
表面耐水程度	沾水擦洗后，墙面无变化	海绵泡沫
表面附着强度	用一条胶纸贴在墙面，用力撕掉，墙面无变化	黏结力强的胶带纸

3. 施工工艺

硅藻泥内墙涂料肌理施工的方法分为以下三大系列：平光工法，喷涂工法和艺术工法。

（1）平光工法。平光工法主要是为了适应当前家庭装修客户以白色平滑为主的实际需求，满足那些既要选择健康环保装饰材料，又不放弃传统的白色平滑审美取向的装修客户。因为硅藻泥内墙涂料没有自流平性，涂装的是否平光与施工师傅的技能有很大关系，所以平光工法对施工技术要求较高。施工前严格检查腻子层是否符合要求；门窗、家具、木地板等物件是否保护好。

第一遍用不锈钢镘刀将搅拌好的材料薄薄地批涂在基面上，紧跟着按同一方向批涂第二遍，确保基层批涂层均匀平整无明显批刀痕和气泡产生；涂层应保证在 1～1.2mm 之间。及时检查整体涂层是否有缺陷并及时修补。

待其涂层表面收水 85%～90%（指压不粘和无明显压痕），再按同一方向使用 0.2～0.5mm 厚的不锈钢镘刀，批涂第三遍。其涂层厚度 0.8～1m。注意推刀的力度，不要用力太大，不要反复压光。批涂过程中灯光要明亮，要能够看清楚批涂的墙面，及时修整出现的凹凸痕迹。其验收标准见表 3-3。

表 3-3　　　　　　　　　　　　验 收 标 准

项　目	要　求	检验方法
饰面	1. 饰面色泽均匀一致，手感润滑 2. 饰面无收光刀痕、无裂痕、针孔、气泡、脱粉等缺陷	目测、手感
阴阳角	1. 阴角流畅整洁，无结块和吃刀等缺陷 2. 阳角流畅整洁，无毛刺和明显缺角等缺陷，允许呈 R0.5mm 圆角	目测
门窗各边框	1. 饰面各边缘应与门窗、储柜等水平垂直距离一致，误差应小于 1.5mm 2. 应保证收边流畅，不得有毛刺缺损等	100mm 直尺
环境卫生	窗明几净，环境清洁	目测

（2）喷涂工法。喷涂是指灰浆依靠压缩空气的压力从喷枪的喷嘴处均匀喷出。喷涂工法适合大面积施工作业，能够提高效率。

　　施工前严格检查腻子层是否符合要求；门窗、家具、木地板等物件是否保护好；材料调配时必须遵照产品的配水比例说明调配；先准备一块试板，调整好喷枪出油量和空气压力；喷涂时应做到手到眼到，发现问题及时处理；喷涂时不得任意增减调配涂料水分比例。

　　喷涂顺序和路线的确定影响着整个喷涂过程，喷涂前先确定其喷涂点和喷涂顺序。从总布局上，应遵循"先远后近，先上后下，先里后外"的原则。一般可按先顶棚后墙面，先室内后过道、楼梯间进行喷涂。

　　喷涂分为两次进行。第一遍喷涂主要是为了遮住地面，防止露底。第一遍喷涂完后，用手轻触墙面，不沾手时即可喷涂第二遍。口径 5mm 的喷枪，第一遍喷涂压力 4.0kgf/cm² 为宜；第二遍喷涂压力 0.25～0.3MPa（2.5～3.0kgf/cm²）为宜。平行喷涂距离 50～60cm 较合适。喷枪与墙体间距离，空气喷涂 30～40cm，无气喷涂 40～60cm。

　　喷涂工法的肌理效果比较单一，多为凹凸状肌理。干燥前，适当刮压凸点，就形成平凹肌理风格，如图 3-1 所示。

　　喷涂完后，要立即清理所粘贴的防护胶带，并用甩干水的羊毛排刷理顺各粘贴防护胶带的边缘。

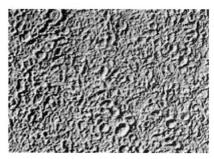

图 3-1　喷涂的肌理效果

　　（3）艺术工法。艺术工法是指使用各种工具做出各种不同风格肌理的总称。艺术工法从使用的工具看，通常有辊筒、镘刀、毛刷、丝网等。从肌理表现上看，以仿照自然图案为主，有写实的手法，也有抽象的表现，如花草、砂岩、木纹、年轮等。

　　艺术工法较为复杂。概括地讲，艺术工法的特点是没有固定性。使用的工具因人而异，匠心独具，丰富多彩；即使使用相同的工具，做相同的肌理，艺术效果也因人而异，风格各不相同；表现出的肌理效果的好坏，与施工者的技艺紧密相关，如图 3-2～图 3-4 所示。

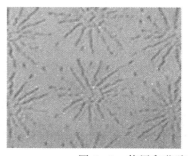

图 3-2　使用印花胶辊筒做出的肌理图案

图 3 - 3　使用镘刀做出的肌理图案

图 3 - 4　使用毛刷等工具做出的肌理图案

4．施工注意事项

（1）硅藻泥内墙涂料完全干燥一般需要 48h，在 48h 内不要触动。48h 后可以用喷壶喷洒少量清水，干燥后用干的干净毛巾或海绵泡沫去除表面浮料。

（2）硅藻泥内墙涂料在储存及运输过程中，要注意防水、防潮，避免直接放在潮湿的地面上。

（3）在施工过程中，注意不要使用空调、风扇或开窗通风，以避免干燥过快，造成肌理施工难度增加。

（4）调和材料时，请注意使用口罩等保护用品；要注意控制好搅拌器，防止材料飞溅；泥浆不慎飞溅眼睛里时，要立即用干净的水清洗。出现异常时，请就医诊断；要管理好施工现场的卫生环境，文明施工。

3.6　马来漆

马来漆是采用状似灰泥、质地非常细致的石灰粉末经熟化而成的原料，并添加改性硅酸盐、干粉型聚合物、无机填料及各种助剂组成的水性环保型材料。

马来漆是一种具有特殊肌理效果、立体釉面效果和鹅绒般轻柔光滑触感的内墙装饰环保涂料。又名马莱漆、丝绸抹灰、仿古釉面抹灰、威尼斯抹灰、欧洲彩玉等。马来漆来自欧洲，后经马来西亚引进大陆，人们习惯称为"马来漆"，马来漆名字由此而来。

3.6.1 马来漆的特点

马来漆具有天然石材和瓷器的质感与透明感，表面保护层具有较强的耐湿性、耐污染性，有一流的抗霉抗菌效果。漆面光洁，有石质效果，花纹讲究若隐若现，有三维感。花纹可细分为冰菱纹、水波纹、碎纹纹、大刀石纹等各种效果，以上效果以朦胧感为美。进入国内市场后，马来漆风格有创新，讲究花纹清晰，纹路感鲜明，在此基础上又有风格演绎为纹路有轻微的凸凹感，表面保护层有较强的耐湿性、耐污染性，具有三维立体效果，但手感较为柔和、平滑、细腻，犹如丝绸缎彩。从正面看如墙纸效果，层层叠叠较有质感，从侧面看如石材。

适用范围有电视背景、沙发背景、床背景、餐厅背景、玄关背景、天花及吊顶的灯槽内，还适用于酒店、宾馆、商场、娱乐、会所等场所的墙面装饰。

3.6.2 马来漆的施工工艺

1. 施工准备

（1）工具的准备。马来漆专用批刀、抛光不锈钢刀、350～500 号砂纸、废旧报纸、美纹纸等。

（2）基层处理。以高档内墙漆的标准批荡好腻子底层，然后用 350 号砂纸打磨平整。因为马来漆是不用底漆的自封闭涂料，必须保证基底的致密性和较高的平整度。

2. 施工要点

（1）用专用马来漆批刀，一刀一刀在墙面上批刮正（长）方形的图案，每个图案之间尽量不重叠，并且每个方形的角度尽可能朝向不一样、错开。图案与图案之间最好留有半个图案大小的间隙。

（2）第一道做完以后，再进行第二道工序。同样用批刀去填补第一道施工留下来的空隙，要求与第一道施工留下来的图案的边角错开。

（3）第二道工序完成后，检查墙面是否有漏补、毛躁的地方；然后用 500 号砂纸轻轻打磨，可以打磨出光泽。

（4）第三道工序，按上述方法在墙面上一刀一刀的批刮，这时墙面已经形成马来漆图案效果。

（5）抛光。三道批刮完成后，用不锈钢刀调整好角度进行批刮抛光，直到墙面如大理石般光泽。

3.7 氟碳漆

氟碳漆是由氟碳树脂、颜料、助剂等加工而成，是目前综合性能最优异的涂料之一。氟碳漆涂料具有许多优异于普通涂料的特殊性能，主要表现在耐候性、耐盐性、耐洗性、不粘附性等方面，以上技术指标均数倍于普通涂料，故氟碳漆有"涂料王"的誉称。

3.7.1 氟碳漆的特点

（1）质量轻。不会增加建筑的荷载，不存在坠落的危险。

（2）装饰效果好，可以达到与铝塑板完全相同的装饰效果。

（3）具有良好的不粘附性，不粘尘，有自洁功能。

（4）与传统涂料比较，具有更加出色的耐光、耐候性、耐久性。

（5）与传统的外墙铝塑板相比，操作更简易，翻新容易，不受建筑物形状的限制，可任由设计者发挥想象力；造价却比铝塑板低很多。

3.7.2　氟碳漆的施工工艺

氟碳漆的施工工艺因喷涂材质不同而不尽相同，现简要介绍外墙用氟碳漆的施工工艺。

1. 施工性能

色泽：无光、半光、高光。

理论涂布率：$6 \sim 8 m^2/kg$（一遍）。

胶化时间：$5 \sim 12 h$。

施工方法：无气喷涂、有气喷涂、混涂。

表干：$30 min/25℃$。

全干：$24 h$。

完全固化：$7 d$。

涂装间隔：$25℃$ 最短 $8 h$、最长 $48 h$。

施工条件：湿度 80% 以下、温度 $0 \sim 35℃$ 为宜，大风、大雪切勿施工。

建议涂装道数：$1 \sim 2$ 道。

2. 氟碳漆施工程序

氟碳漆的施工程序一般为：基材处理→批抗裂防水腻子第一遍→批抗裂防水腻子第二遍→批抛光腻子一遍→贴玻纤防裂网一层→可打磨双组分腻子一遍→PU 底漆一遍→氟碳面漆两遍。

3. 氟碳漆的施工要点

（1）基材处理。氟碳漆对基材要求跟一般外墙漆的要求一样，基材必须坚固、耐水，pH 小于 10，含水率小于 8%，无灰、无霉斑等，更高的要求是批灰层必须防水、抗裂、抗碱、结实，平整度小于 2mm。

（2）批抗裂耐碱防水腻子。腻子必须选用具备抗裂、耐碱、防水功能的腻子，以避免氟碳漆起泡。氟碳漆腻子一般施工两遍，每遍须间隔 $4 \sim 8 h$。

（3）上抛光腻子一遍。目的是提高腻子的光洁度，同时提高批灰层颜色的一致性。

（4）贴玻纤防裂网一层。玻纤网有防虫蛀、透气、不燃、防水、可清洗、耐酸碱性能，同时防开裂、抗撞击。贴玻纤网一般采用压埋法，贴好后要求每处必须跟墙体紧密贴在一起，基本上处于同一个平面，松紧适度，干燥 8h 以上。

（5）批可打磨双组分腻子一遍。氟碳漆最后一道腻子必须平整、光洁、无毛细孔。因此批一层双组分腻子有利于打磨，同时具有良好的附着力，有一定抗裂功能。双组分腻子搅拌均匀批上墙上 8h 后可以打磨，打磨好后用水冲洗干净，再间隔 8h 淋一次水，以后每隔 4h 淋一次水，进行 3 次，干燥 48h。腻子用量一般不超过 $0.8 kg/m^2$。

（6）喷 PU 底漆一遍。一般氟碳漆施工采用 PU 做底漆。PU 喷到双组分腻子上既不开裂又不发软，干燥快，附着力强，强度高，而且成本较低。过 8h 轻微打磨一下，去掉灰尘，一般 $6 \sim 8 m^2/kg$ 遍，干燥 24h 以上。

（7）喷氟碳漆面漆两遍。按配比配好氟碳漆，搅拌均匀、过滤、活化 30min 就可喷涂，一般两遍的用量是 $4 \sim 5 m^2/kg$。

4. 施工注意事项

(1) 材料储存要注意防潮、防水、防太阳直射。

(2) 每次配料量不宜过多，调配好的油漆必须 5h 内用完，以避免长时间静置导致固化。

(3) 涂料应置于干燥的地方，并防水、防漏、防晒、防高温、远离火源。

(4) 施工温度以 0～35℃ 为宜，基面温度最好不低于 5℃。相对湿度应小于 80%，切勿在雨、雪、雾、霜、大风或相对湿度 85% 以上等天气条件下施工。

(5) 常温下涂装后的漆膜 7d 左右才可完全固化，建议不要提前使用。

(6) 保证良好通风，佩戴防护用具，避免沾污皮肤、眼睛。如有漆料溅入眼睛，请立即用清水冲洗并及时就医。施工环境严禁烟火，遵守国家及地方政府规定的安全法规。

(7) 工作面所有工序完成后，要做最后的检查，对不完善、受污染、受破坏的地方进行修缮，将保护纸等清理干净，清理现场卫生，做好成品保护工作，准备交工验收。

3.8 洞石

洞石（Travertine），学名是凝灰石或石灰华，是一种多孔的岩石，所以通常人们称为洞石。洞石属于陆相沉积岩，它是一种碳酸钙的沉积物。洞石大多形成于富含碳酸钙的石灰石地形，是由溶于水中的钙碳酸钙及其他矿物沉积于河床、湖底等地而形成的。由于在重堆积的过程中有时会出现孔隙，同时由于其自身的主要成分又是碳酸钙，自身就很容易被水溶解腐蚀，所以这些堆积物中会出现许多天然的无规则的孔洞。

商业上，将洞石归为大理石类。但它的质感和外观与传统意义上的大理石截然不同，因此在业内不归为大理石。

洞石主要有灰白、米白、米黄、黄色、金黄、褐色、咖啡、浅红、褐红色等种颜色，少部分有绿色的。主要有罗马、伊朗、土耳其等地出产洞石。我国河南也有洞石发现和产出。

3.8.1 洞石的特点

(1) 洞石的质地软，硬度小，非常易于开采加工，密度（比重）轻，易于运输，是一种用途很广的建筑石料。

(2) 洞石具有良好的加工性、隔声性和隔热性。

(3) 洞石硬度小，容易雕刻，适合用作雕刻用材和异型用材。

(4) 洞石的颜色丰富，文理独特，更有特殊的孔洞结构，有着良好的装饰性能；同时由于洞石天然的孔洞特性和美丽的纹理，也是做盆景、假山的等园林用石的好材料。

(5) 抗冻性能、耐候性能较差。由于洞石本身存在大量孔洞，使得本身体积密度偏低，吸水率升高，强度下降，抗冻性能、耐候性能较差，因此洞石的物化性能指标低于大理石的标准。同时还存在大量的纹理、泥质线、泥质带、裂纹等天然缺陷，其性能均匀性很差，尤其是弯曲强度，易发生断裂。

因此，在室外使用时，一定要选择合适的黏结剂材料进行补洞，同时选择适宜的防护剂做好防护。特别注意干挂槽和背栓孔的位置应选在致密的天然材质上，附近不得有较大的孔洞或用胶粘剂填充的孔洞，如果避免不开则必须更换。

3.8.2 适用范围

洞石主要应用在建筑外墙装饰和室内地板、墙体装饰。事实上。人类对洞石的使用年代很久远，最有代表性的是罗马大角斗场，即为洞石杰作。洞石的色调以米黄居多，又使人感到温和，质感丰富，条纹清晰，促使装饰的建筑物常有强烈的文化和历史韵味，被世界上多处建筑使用。贝聿铭设计的北京中国银行大厦的内外装修，就选择了罗马洞石，共用了 $20000 m^2$。

尽管目前我国相关的施工规范中不支持洞石这类石材用在外墙干挂工程中，但出于商业的需求，并吸取了国外的成功经验，越来越多的建筑工程使用了洞石，适应了一种多元文化发展的需要。

3.9　欧松板与澳松板

3.9.1　欧松板

欧松板（又名 OSB 板），学名是定向结构刨花板（Oriented Strand Board），是一种来自欧洲 20 世纪七八十年代在国际上迅速发展起来的一种新型板材。

欧松板以小径材、间伐材、木芯为原料，通过专用设备加工成 40～100mm 长、5～20mm 宽、0.3～0.7mm 厚的刨片，经脱油、干燥、施胶、定向铺装、热压成型等工艺制成的一种定向结构板材。其表层刨片呈纵向排列，芯层刨片呈横向排列，这种纵横交错的排列，无接头、无缝隙、裂痕，整体均匀性好，内部结合强度极高，并重组了木质纹理结构，彻底消除了木材内应力对加工的影响，使之具有非凡的易加工性和防潮性。

由于原料和生产工艺的不同，与密度板和普通刨花板相比，定向刨花板在强度、承载力、稳定性方面有着更优越的性能。

1. 欧松板的特点

（1）欧松板环保性能良好。欧松板全部采用高级环保胶粘剂，符合欧洲最高环境标准 EN300 标准，成品完全符合欧洲 E1 标准，其甲醛释放量几乎为零，可以与天然木材相比，远远低于其他板材，是目前市场上最高等级的装饰板材，是真正的绿色环保建材，完全满足现在及将来人们对环保和健康生活的要求。

（2）欧松板不变形。其线膨胀系数小，稳定性好，材质均匀，不易开裂、变形。

（3）欧松板抗弯强度高。由于其刨花是按一定方向排列的，它的纵向抗弯强度比横向大得多，因此可以做结构材，并可用作受力构件。

（4）欧松板防潮、防火性能好。

（5）可加工性能好。它可以像木材一样进行锯、砂、刨、钻、钉、锉等加工，是建筑结构、室内装修以及家具制造的良好材料。

（6）握钉力较好。关于欧松板的握钉力说法不一，其实主要源于国内外木工的制作工艺有很大差别。欧美国家家具与装修的制作大多使用螺钉与螺栓，很少用大钉子，以便于拆装，这时欧松板表现出较好的握（螺）钉力；而我国的木加工习惯使用大钉，这时表现出的握钉力就较差。

（7）厚度稳定性较差。由于刨花的大小不等，铺装过程的刨花方向和角度不能保证完全地水平和均匀，因此欧松板的厚度稳定性较差，表面会有坑坑洞洞。

2. 分类与规格

由于使用不同性能的胶水，定向刨花板有室内用、室外用之分。

根据定向刨花板欧洲标准 BS EN 300，定向刨花板可以分为四类：

（1）OSB/1——干燥环境下普通用途定向刨花板（如室内家具用）。

（2）OSB/2——干燥环境下承重用途定向刨花板。

（3）OSB/3——潮湿环境下承重用途定向刨花板。

（4）OSB/4——潮湿环境下高承重用途定向刨花板。

3.9.2 澳松板

澳松板是一种进口的中密度板，是大芯板、欧松板的替代升级产品，特性是更加环保。

澳松板采用特有的原料木材——辐射松（也称澳洲松木）为原料，辐射松具有纤维柔细、色泽浅白的特点，是举世公认的生产密度板的最佳树种。纯一的树种、特有的加工工艺、加之先进的生产设备使得澳松板产品的色泽、质地均衡统一，从外观到内在质量均达到一流水准。澳松板在许多国家和地区被接受和广泛应用。

1. 澳松板的特性

（1）澳松板具有很好的均衡结构，内部结合强度高，稳定性能好，从而在家具上得到了广泛应用。

（2）每张澳松板的板面均经过高精度的砂光，表面平滑，光洁度好，易于油染、清理、着色、喷染及各种形式的镶嵌和覆盖。

（3）可加工性能好，澳松板可锯、可钻、可钉，易于胶粘。澳松薄板还可以弯曲成曲线状。

（4）澳松板对螺钉的握钉效果好，但对大钉的握钉性能一般。

2. 规格

澳松板的规格尺寸有 1220mm×2440mm×3mm、1220mm×2440mm×5mm、1220mm×2440mm×9mm、1220mm×2440mm×12mm、1220mm×2440mm×15mm、1220mm×2440mm×18mm、1220mm×2440mm×25mm、1220mm×2440mm×30mm。3cm 用量最多最广，代替三合板使用，直接用于门、门套、窗套等贴面；5cm 用做夹板门，不易变形；9cm、12cm 用来做门套、门档和踢脚线；15cm、18cm 可代替大芯板，直接用于做门套、窗套或雕刻造型，也可直接用来做柜门，环保且不易变形。

3. 适用范围

澳松板通过了日本、新西兰联合认证，符合 E1 级标准。在许多国家和地区被接受和使用。澳松板不但具有天然木材的强度和各种优点，同时又避免了天然木材的缺陷，是胶合板的升级换代产品，被广泛用于装饰、家具、建筑、包装等行业。其硬度大，适合做衣柜、书柜，甚至地板，具体用于抽屉底板、家具底板、墙和顶棚的嵌板、门的包层、音像和电视框、办公室隔板、展览嵌板、曲状板、柜台、桌子和吧台、座位垫、木线等。

3.10 软木墙（地）板

软木是一种纯天然高分子材料，世界上只有栓皮栎和栓皮槠两种亚热带数木的树皮可用来加工软木制品。软木俗称栓皮，是橡树（栓皮槠或栓皮栎）的树皮，这种橡树主要分布在地中海沿岸（如葡萄牙）和我国秦岭地区。它是世界上现存最古老的数种之一，距今约有6000 万年的历史。橡树生长至 25 年可进行第一次采剥，树皮采剥后不会影响橡树的生长及新陈代谢功能。之后每隔 9～10 年左右采剥一次，一棵树大约可采剥 10～15 次，采剥栓皮 300～500kg。所以说，软木是一种纯天然的、可再生的珍稀资源，所以软木又有"软黄金"的美誉。

3.10.1　软木的特性

软木拥有独特的蜂巢式结构，是由 14 面体扁平死细胞按六角棱柱辐射排列组成，如图 3-5 所示。软木细胞的细胞壁由 5 层构成，彼此间没有导管，并且细胞结构腔内充满空气，就像彼此独立的小气囊。每立方厘米的软木包含大 3000 万～4200 万个小气囊。这种独特的结构使软木表现出独特的性能，轻巧、柔韧性好（弹性好）、很强的复原性、绝缘、减振消声、防火、耐磨损、不渗透性等。

3.10.2　品种与规格

软木制品有软木片材（软木纸）、软木卷材、软木墙板、软木地板等。

软木片材（软木纸）颗粒均匀紧密，厚薄均匀，依密度、粗细度不同又分为多个品种。软木片材用途广泛，可用作软木留言板面层，地面、墙面装饰材料，工艺品、礼品、玩具、生活用品等其他软木制品的基础原料等。常见规格为 950mm×640mm×(0.8～150)mm 不

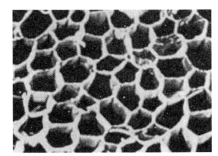

图 3-5　软木内部结构图

修边；915mm×610mm×(0.8～150)mm，920mm×610mm×(0.8～150)mm 修边。

软木卷材则从根本上解决了大尺寸软木制品的拼缝问题，杜绝了原有固定尺寸带来的浪费，常见规格中宽度可达 1.26m。

软木墙板是以天然软木树皮为原材料，利用高科技手段，经过多道特殊工艺深加工而制成的墙面装饰材料。软木墙板的花色自然典雅，质轻，触感、质感极佳，能抗污染、防静电、防虫蛀、节能环保、冬暖夏凉，被誉为纯天然的绿色环保材料。对于音乐发烧友来说，软木墙板则是最好的隔声和吸声材料，被广泛应用于影音室、宾馆饭店、娱乐场所等场所，软木墙板规格为 300mm×600mm×3mm，600mm×900mm×3mm。

软木地板可分为粘贴式软木地板和锁扣式软木地板。

粘贴式软木地板一般分为三层结构，最上面一层是耐磨水性涂层；中间是纯手工打磨的珍稀软木面层，该层为软木地板花色；最下面是工程学软木基层。一般规格为 305mm×305mm×4/6/8mm，300mm×600mm×4/6/8mm，450mm×600mm×4/6/8mm。

锁扣式软木地板一般分为六层，最上面第一层是耐磨水性涂层；第二层是纯手工打磨软木面层，该层为软木地板花色；第三层是一级人体工程学软木基层；第四层是 7mm 后的高密度板；第五层是锁扣拼接系统；第六层是二级环境工程学软木基层，一般规格为 305mm×915mm×11/10.5mm，450mm×600mm×11/10.5mm。

3.10.3　软木墙板的特点

（1）隔声、隔热。由于软木材质本身含有无数个密封的气囊，犹如中空玻璃一般，有隔声、隔热的作用，适用于隔声墙、隔热门、录音室等。

（2）吸声。软木墙板表面的自然纹理像无数个声音吸声器，向外张开着，有较强的吸声功能，适用于图书馆、报告厅、音乐厅、视听房等声学空间。

（3）纹理独特，装饰效果好。软木特有的花纹带给人们或自然古朴，或热烈豪放的感

觉，也是用于歌厅、酒吧、餐厅、玄关、背景墙的理想装饰材料。

（4）天然环保。软木墙板是由天然树皮深加工而成，环保、低碳、时尚、可持续发展。

（5）珍贵、稀有。软木墙板原材料俗称"软黄金"，珍贵、稀有，让装饰效果更加品位出众。

另外，软木墙板还具有不生霉菌，不藏污纳垢，不生粉尘，不产生静电，不易燃烧等优点。

3.10.4　软木地板的特点

软木地板与实木地板比较更具环保性、隔声性，防潮效果也会更好些，带给人极佳的脚感。软木地板柔软、安静、舒适、耐磨，对老人和小孩的意外摔倒，可提供极大的缓冲作用，其独有的吸声效果和保温性能也非常适合于卧室、会议室、图书馆、录音棚等场所。

1. 耐磨性强——经久耐用

软木独特的细胞结构及软木地板表面坚韧而有弹力的漆膜使得软木地板具有很强的耐磨性、抗压性和恢复能力，抗污渍和化学物质的性能，在我国北京古籍图书馆（即老图书馆）内，1932 年荷兰人在阅览室、休息厅、楼梯等处均铺设了软木地板，使用了 70 多年，仅磨损 0.5mm。

2. 安全防滑——柔软，富有弹性

软木有弹性的细胞结构，不但踩在上面脚感舒适，还可以极大地降低由于长期站立对人体的背部、腿部、脚踝造成的压力。软木地板防滑系数达到 6 级，（最高为 7 级），对于老人或者小朋友的意外摔倒，可以提供极大的缓冲作用，以降低摔倒对人体的损害程度，还可吸收掉落的易碎物品对地面的冲击力。

3. 防滑抗菌——防水、防虫，不生霉菌

软木地板不藏污纳垢，软木内不含淀粉（普通木地板含淀粉成分），可防止各种细菌和微生物的进入。地板表面光滑整齐，清洁方便，抗静电，不吸尘，给您创造一个健康的居住空间。

4. 天性温暖——舒适、亲切

软木是天然的绝缘体，它内部气囊的结构使其充满 62％的空气，不仅是节能材料，还是温度的隔绝体，其表面温度经常在 20℃，光脚行走在软木地板上面，比行走在 PVC 地板、实木地板上要温暖得多。

5. 静谧吸声——吸声、隔声性极佳

软木独特的内部细胞构造还使软木成为优异的隔声降噪材料，如果您铺设了软木地板，就像拥有了一个消声器，它可以降低脚步的噪声，降低家具移动的噪声，吸收空中传导的声音，给您一个安宁的居住环境。

6. 持续环保——天然、低碳、可持续利用

软木地板的原材料是纯天然的，可更新利用的可再生资源，其生产过程不污染环境。软木是栓皮栎（属栎木类）的树皮，被割取树皮后的树木不会死去，它的树皮可以再生，9 年后可以再次采拨，是地道的环境友好型的地面材料。

7. 节能易保养——降低后期使用成本

软木地板的热传导性相对较弱，所以当房间里面开空调的时候，冷气不容易通过地板散

去，从而节省了电费。另外，软木地板独有的表面极品耐磨漆面使得软木地板的打理非常简单，只要墩布或吸尘器就可以使您的地板完美如初，综合成本低。

3.11　GRC 轻质隔墙板及装饰制品

GRC，即 Glass Fiber Reinforced Cement 的英文缩写，是以抗碱玻璃纤维为增强材料，硫铝酸盐低碱度水泥为胶结材并掺入适宜基料构成基材，通过喷射、立模、浇铸、挤出、流浆等工艺而制成的新型无机复合材料。

3.11.1　GRC 制品的特点

（1）轻质。GRC 材料 $1.8\sim2.0t/m^3$，比钢筋混凝土轻 $1/5$，由于可制成薄壁空体制品，比实体制品重量大幅度降低。

（2）高强。加入抗碱玻纤后，水泥砂浆的抗弯强度从 $2\sim7MPa$ 提高到 $6\sim30MPa$。

（3）抗冲击韧性好。由于大量玻纤贯穿在 GRC 材料中，因此能够吸收冲击作用的能量，提高抗冲击性能。国内检测结果表明，抗冲击强度由 $0.1\sim0.2MPa$ 提高到 $0.5\sim1.5MPa$。

（4）抗渗、抗裂性能好。因玻璃纤维大量细密面均匀地分布在制品的各个部位，形成了网状增强体系，延缓裂缝的出现和发展，减轻应力集中现象，提高了抗渗抗裂性能。

（5）GRC 材料耐水、耐火，不燃烧。

（6）良好的可加工和可模塑性。可锯、可钻、可钉、可刨、可凿，可根据需要浇铸成任何形状。

（7）声学性能优良。

$100Hz\sim4kHz$，声能反射系数为 $0.97\sim1.00$。

（8）施工、安装方便，工期短。施工简便、避免了湿作业，改善施工环境，加快了施工速度。

3.11.2　品种与分类

GRC 制品的品种主要有 GRC 外墙板、GRC 轻质多孔隔墙条板、GRC 装饰构件，如罗马柱、门套、窗套、檐线、腰线及庭柱等。

目前我国大量的 GRC 板主要有两类：一类是 GRC 轻质平板；另一类是 GRC 轻质空心条板。

3.11.3　GRC 轻质多孔条板

GRC 轻质多孔条板是一种新型轻质墙体材料。GRC 多孔条板具有重量轻、强度高、防潮、保温、不燃、隔声、厚度薄，可锯、可钻、可钉、可刨、加工性能良好，节省资源等特点，而且 GRC 板施工简便，安装施工速度快，比砌砖快了 $3\sim5$ 倍，安装过程中避免了湿作业，改善了施工环境。GRC 多孔条板的重量为黏土砖的 $1/6\sim1/8$，大大减轻了房屋自重。GRC 多孔条板的厚度薄，房间使用面积可扩大 $6\%\sim8\%$（按每间房 $16m^2$ 计），是国家建材局、建设部重点推荐的新型轻质墙体材料。

1. 分类与分级

GRC 多孔条板的分类与分级见表 3-4。

表 3 - 4 GRC 多孔条板的分类与分级

分 类			分 级
按板的厚度分	按板型分类及代号		
60 型	普通板	PB	按其物理力学性能、尺寸偏差及外观质量分为一等品（B）、合格品（C）
90 型	门框板	MB	
120 型	窗框板	CB	
—	过梁板	LB	

2. 规 格

GRC 多孔条板可采用不同企口和开孔形式，如图 3 - 6 和图 3 - 7 所示，其规格见表 3 - 5。

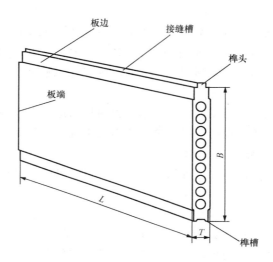

图 3 - 6　GRC 轻质多孔隔墙条板外形示意图

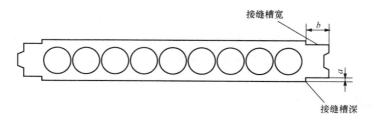

图 3 - 7　GRC 轻质多孔隔墙条板断面示意图

表 3 - 5 GRC 多 孔 条 板 的 规 格

型号	L	B	T	a	b
60	2500～2800	600	60	2～3	20～30
90	2500～3000	600	90	2～3	20～30
120	2500～3500	600	120	2～3	20～30

注：其他规格尺寸可由供需双方协商解决。

3. 技术要求

（1）外观质量。外观质量应符合表 3-6 的规定。

表 3-6 GRC 多孔条板外观质量

项　目	允许范围　　　　等　级		一等品	合格品
缺棱掉角	长度/mm ≤		20	50
	宽度/mm ≤		20	50
	数量 ≤		2 处	3 处
板面裂缝	贯穿裂缝与非贯穿性横向裂缝		不允许	不允许
	纵向	长度/mm	不允许	≤50
		宽度/mm		≤1
		数量		≤2 处
蜂窝气孔	长径/mm ≤		10	30
	宽度/mm ≤		4	5
	数量 ≤		1 处	3 处
飞边毛刺			不允许	

（2）尺寸偏差。GRC 多孔条板尺寸允许偏差应符合表 3-7 的规定。

表 3-7 GRC 多孔条板尺寸允许偏差 （单位：mm）

项目 允许值	长度	宽度	厚度	板面平整度	对角线差	接缝槽宽	接缝槽深
一等品	±3	±1	±1	≤2	≤10	2	±0.5
合格品	±5	±2	±2	≤3	≤10	+2	±0.5

（3）物理力学性能。GRC 多孔条板的物理力学性能要求见表 3-8。

表 3-8 GRC 多孔条板的物理力学性能

项　目		一等品	合格品
含水率（%） ≤		10	
气干面密度 /（kg/m²）	60 型 ≤	38	
	90 型 ≤	48	
	120 型 ≤	72	
含水率（%） ≤		10	
抗折破坏荷载 /N	60 型 ≥	1400	1200
	90 型 ≥	2200	2000
	120 型 ≥	3000	2800
干燥收缩值/（mm/m） ≤		0.8	
抗冲击性/次 ≥		5	
吊挂力/N ≥		800	

续表

项　　目		一等品	合格品
空气声计权隔声量/dB	60 型　≥	28	
	90 型　≥	35	
	120 型　≥	40	
耐火极限/h	60 型　≥	1.5	
	90 型　≥2.5		
	120 型　≥3.0		
燃烧性能		不燃	
抗折强度保留率（耐外性）（%）　≥		80	70

3.11.4　GRC 轻质多孔条板隔墙的施工工艺

1. 作业条件

（1）施工图设计文件齐备，并已进行技术交底。

施工图设计文件应规定以下内容：

1）隔墙板材的品种、规格、性能、颜色。

2）安装隔墙板材所需预埋件、连接件的位置、数量及连接方法。

3）隔墙板材所用接缝材料的品种及接缝方法。

（2）现场条件

1）楼地面、顶棚、墙面已粗装饰。

2）各系统管、线安装的前期准备工作已到位。

3）施工图规定的材料，已全部进场，并已验收合格。

4）施工现场保持通风良好。

2. 施工机具与使用

（1）主要机具。手电钻、冲击钻、射钉枪等。机具的使用参见单元一。

（2）主要工具。手锯、撬棍、线坠、墨斗、卷尺、钢尺、靠尺、托线板、腻子刀、灰板、灰桶、扁铲、橡皮锤、木楔、笤帚等。

3. 施工工艺

（1）施工顺序。墙位放线→配板→安装墙板→板底缝隙填塞混凝土→设备管线安装→安装门窗框→板缝处理→墙面抹灰。

（2）施工技术要点

1）墙位放线。根据施工图设计要求，在楼地面上弹出隔墙的中心线和边线，并引至顶板和两端主体结构墙面上，同时弹出门窗洞口边线。要求弹线清晰，位置准确，安装部位墙地面应干净、平整。

2）配板。GRC 多孔条板安装前，应先按放线位置进行预排列，门窗洞口处应配备有预埋件的门窗框板，当墙宽不是条板宽度的整数倍数时，可按需要尺寸将条板锯开形成补板，再拼装黏结，并应置于隔墙一端。

3）安装 GRC 多孔条板。GRC 多孔条板应从墙的一端向另一端顺序安装，有门洞口时，应从门洞口处向两侧顺序安装。有抗震要求时，应先在楼板（梁）底面按弹线位置，用膨胀螺钉或射钉将配套 U 型钢板卡固定牢固，开口朝下。GRC 多孔条板安装时，先清刷黏结面浮灰，然后将黏结面（墙面、楼板底面、板的顶面和侧面）用配制好的 SG791 水泥黏结剂涂抹均匀，两侧做八字角。然后按弹线位置就位，一人在板一侧推挤，一人在板底部用撬棒向上顶，使条板挤紧顶实，以挤出胶浆为宜。推挤时，应注意条板是否偏离已弹好的安装边线，并检查其垂直度，校正合格后随即在板底打入木楔，使之楔紧，并用腻子刀将挤出的黏结剂刮平，然后顺序安装第二块 GRC 多孔条板。安装过程中，应随时用 2m 靠尺及塞尺、2m 托线板检测墙面平整度，垂直度，发现问题应及时校正。

4）板底缝隙处理。GRC 多孔条板隔墙安装完毕后，应立即用 C20 干硬性混凝土将条板下部缝隙填塞密实，当几天后混凝土强度达到 10MPa 以上，撤去板下木楔，并用同等强度干硬性混凝土填实。

5）设备管线安装。按施工图设计要求，划出设备安装位置线。电线管必须顺孔铺设，严禁横向或斜向铺设；电线管、喷淋管穿越 GRC 多孔条板时需设置穿墙套管，开孔位置最好避开 GRC 多孔条板的板筋，应在圆孔处开孔；接线盒安装时，应用电钻开孔，再用扁铲扩孔，孔要方正、大小适度，孔内清理干净后，用 SG792 胶粘剂将接线盒黏结牢固。

6）安装门框。门框两侧应采用门框条板，条板安装完毕后将门框立入预留洞口内，钢门框与门窗框条板内预埋铁件焊接即可，木门框需要用 L 型连接件连接，一边用木螺钉与木门框连接，另一边与门窗框条板内预埋件焊接。门框与墙板间缝隙应用胶粘剂嵌实、刮平，缝隙宽度不宜超过 3mm，否则应加木垫片过渡。

7）板缝处理。GRC 多孔条板安装后 10d，检查所有缝隙是否黏结良好，有无裂缝，发现裂缝应查明原因后修补。黏结良好的所有板缝，应先清理浮灰，然后用 SG791 胶液粘贴玻纤接缝带（布）一层，板缝和阴角处粘贴 50～60mm 宽的接缝带，阳角处粘贴 100～200mm 宽的接缝布，玻璃纤维布应贴平、顺直，不得有皱折，干后表面再刮 SG791 胶泥一遍，应略低于板面。

8）饰面处理。GRC 多孔条板可进行多种面层装饰。一般用石膏腻子满刮两遍，打磨平整后即可做饰面。

（3）施工注意事项

1）SG791 水泥胶粘剂一次拌和量不宜太多，以 2h 内用完为宜。

2）受潮而未干燥的 GRC 多孔条板，不能黏结。

3）GRC 多孔条板安装时宜使用定位木架。

4）GRC 多孔条板隔墙安装所使用的木楔应作防腐、防潮处理；金属件应进行防腐处理。

5）在 GRC 多孔条板隔墙上开槽、打孔应用电钻钻孔，不得直接剔凿和用力敲击。

6）GRC 多孔条板安装后一周内不得打孔凿眼，以免黏结剂固化时间不足而使板受振动开裂。

（4）安全注意事项

1）进入现场必须戴安全帽，不准在操作现场吸烟，注意防火。

2）脚手架搭设应符合建筑施工安全标准，检查合格后才能使用。

3）机电设备应由持证电工安装，必须安装触电保护装置，使用中发现问题要立即断电修理。

4）机具使用应遵守操作规程，非操作人员不准乱动。

（5）成品与半成品保护

1）搬运 GRC 多孔条板时，应轻拿轻放，侧抬侧立，不得平抬平放。

2）GRC 多孔条板在进场、存放、使用过程中应妥善保管，保证不变形，不受潮、不污染、无损坏。存放场地应坚实平整、干燥通风，防止侵蚀介质和雨水浸泡。应按型号、规格、等级分类储存。储存时应采用侧立式，板面与铅垂面夹角应不大于 15°；堆长不超过 4m；堆层二层。

3）GRC 多孔条板隔墙在黏结 10d 内不能碰撞、敲打，不能进行下一道工序的施工。

4）施工过程中掉在墙、地面上的胶粘剂必须在凝结前清除。

5）施工部位已安装的门窗、已施工的地面、墙面、窗台等应注意保护、防止损坏。

3.11.5 工程质量标准与验收方法

1. 主控项目

（1）GRC 多孔条板的品种、规格、性能、颜色应符合设计要求。有隔声、隔热、阻燃、防潮等特殊要求的工程，板材应有相应性能等级的检测报告。

检验方法：观察；检查产品合格证书、进场验收记录和性能检测报告。

（2）安装 GRC 多孔条板所需预埋件、连接件的位置、数量及连接方法符合设计要求。

检验方法：观察；尺量检查；检查隐蔽工程验收记录。

（3）GRC 多孔条板安装必须牢固。

检验方法：观察；手扳检查。

（4）GRC 多孔条板所用接缝材料的品种及接缝方法应符合设计要求。

检验方法：观察；检查产品合格证书和施工记录。

2. 一般项目

（1）GRC 多孔条板安装应垂直、平整、位置正确，板材不应有裂缝或缺损。

检验方法：观察；尺量检查。

（2）GRC 多孔条板隔墙表面应平整光滑、色泽一致、洁净，接缝应均匀顺直。

检验方法：观察；手摸检查。

（3）GRC 多孔条板隔墙上的孔洞、槽、盒应位置正确、套割方正、边缘整齐。

检验方法：观察。

（4）GRC 多孔条板隔墙安装的允许偏差和检验方法应符合表 3-9 的规定。

表 3-9　　　　　　　　GRC 多孔条板隔墙安装的允许偏差和检验方法

项次	项　　目	允许偏差/mm GRC 多孔条板	检 验 方 法
1	立面垂直度	3	用 2m 垂直检测尺检查
2	表面平整度	3	用 2m 靠尺和塞尺检查
3	阴阳角方正	3	用直角检测尺检查
4	接缝高低差	2	用钢直尺和塞尺检查

3.11.6　GRC 多孔条板工程常见质量问题与解决方法

1. 墙面不平整

产生原因：板材缺棱掉角，或厚度误差大，或受潮变形；施工时没有严格按要求施工。

防治措施：

（1）合理选配板材，不使用厚度误差大或受潮变形的 GRC 多孔条板。

（2）安装时应采用简易木架，即按放线位置在墙的一侧支一简单木排架，使排架的两根横杠在一垂直平面内，作为立条板的靠架，以保证墙体的平整度。

2. 墙板与结构连接不牢。

产生原因：黏结胶泥不饱满，黏结强度低；GRC 多孔条板下部填塞细石混凝土时，因楼地面未凿毛、清扫，或细石混凝土坍落度太大而填塞不密实。

防治措施

（1）必须选用与 GRC 多孔条板同品种、同标号的水泥配制黏结胶浆，严格控制配合比，并随配随用。

（2）安装 GRC 多孔条板时，必须将黏结面清理干净，胶粘剂要涂抹均匀，推剂时以挤出胶液为宜。

（3）隔墙下部楼地面是光滑表面时，必须凿毛处理，再用干硬性混凝土填塞密实。

（4）合理安排施工工序，做好成品保护，避免碰撞、剔凿 GRC 多孔条板。

3. 板缝开裂

产生原因：GRC 多孔条板没有充分干燥，胶粘剂配料选用不恰当或施工时没有按操作程序施工。

防治措施：必须选用充分干燥的 GRC 多孔条板；必须选用与 GRC 多孔条板同品种、同标号的水泥配制黏结胶浆，施工中严格按要求操作。

4. 抹灰层起壳空鼓

产生原因：抹灰层与板材表面黏结不紧密。

防治措施：采用砂浆抹面时，应清除 GRC 多孔条板表面浮砂、杂物，在抹灰前涂刷界面剂，涂刷界面剂的厚度以 1.5～2.5mm 为宜。

3.12　环氧树脂自流平地面的施工工艺

环氧树脂自流平地面是以环氧树脂为主要成膜物的自流平地面涂料结合相关施工技术，形成的一种洁净、卫生、耐磨的整体地面。主要适用于要求清洁、无菌无尘的电子、微电子生产车间，制药、生物工程车间，医院，无尘净化室，精密机械厂，食品厂等，也可用于学校、办公室、展览空间、家庭等室内地面。

3.12.1　环氧树脂自流平地面的涂料

环氧树脂自流平地面涂料是以环氧树脂和固化剂为主要成膜物，包括特殊助剂、活性稀释剂、颜填料，经车间加工而成。

环氧树脂自流平地面涂料具有以下几个特点：①涂料自流平性好，一次成膜在 1mm 以上，施工简便；②涂膜具有坚韧、耐磨、耐药性好、无毒不助燃的特点；③表面平整光洁，具有很好的装饰性，可以满足 100 级洁净度要求。

3.12.2 环氧树脂自流平地面的施工准备

1. 材料准备

准备的材料包括环氧树脂自流平涂料、基层处理剂、底油、面层处理剂、修补腻子，填料如石英砂、石英粉。

材料在储运与储存时，应密闭储运，避免包装破损和雨淋。应置于干燥通风处存放，避免高温，严禁阳光下暴晒及冷冻。

2. 机具准备

准备的机具包括漆刷或滚筒、水桶、电动搅拌机、专用钉鞋、专用齿针刮刀、排泡辊。施工机具在使用前须清洗干净。用完后的工具要及时用水清理，以免影响下次使用。

3. 基层处理

环氧树脂自流平地面宜采用一次浇筑成型的混凝土基层，有重载或抗冲击环境时，混凝土基层应作配筋处理。基层应坚固、密实，强度等级不应低于C25，厚度应不小于150mm。混凝土基面应干燥，并使含水率小于6%，底层地面应设置防潮或防水层。

基层表面宜采用喷砂、机械研磨、酸洗等方法处理。喷砂或机械研磨方法适用于大面积场地，用喷砂或电磨机清除表面突出物，松动颗粒，破坏毛细孔，增加附着面积，并以吸尘器吸除砂粒、杂质、灰尘。对于有较多凹陷、坑洞地面，应采用环氧树脂树脂砂浆或环氧树脂腻子填平修补后再进行下一步操作。酸洗法适用于油污较多的地面，一般采用10%～15%的盐酸清洗混凝土表面，待反应完全后，用清水冲洗，并配合毛刷刷洗。

3.12.3 环氧树脂自流平地面的施工工艺

1. 施工工序

施工工序包括：①基面处理→②底涂层施工→③中涂层施工→④面涂层施工→⑤封蜡处理。

2. 施工技术要点

（1）涂料拌和：施工前应进行试配；涂料应充分搅拌，使混合均匀；混合后的材料应在规定时间内用完，已经初凝的材料不得使用。

（2）底涂层施工：配制好的底层涂料用漆刷或滚筒均匀涂刷在基面上，要连续施工，不得漏涂。固化完全后，进行打磨和修补，并清除浮灰。

（3）中涂层施工：中途层涂料配置好后，均匀刮涂或喷涂在底涂层上，注意厚度应符合设计要求。固化完全后，进行机械打磨，并清除浮灰。

（4）面涂层施工：面层涂料搅拌均匀后，均匀涂装在中涂层上，用排泡辊进行消泡处理，并注意控制涂层厚度。固化过程中要采取防污染措施，易损、易污染部位可采取贴防护胶带等措施进行防护。

（5）面层施工完成24h后，在面层表面进行封蜡处理。

3. 养护

环境温度宜为23℃±2℃，养护期最低不得小于7d。固化和养护期间应采取防水、防污染等措施，不宜踩踏。

4. 施工注意事项

（1）具体施工应参照设计要求及产品的使用说明书。

（2）切勿低于5℃时进行自流平地面施工，固化前应避免风吹日晒。

（3）配料多少要与施工用量相匹配，避免浪费。一次配料要一次用完，不可中间加水稀释，以免影响质量。

（4）在规定的时间内自流平地面不得踩踏。

（5）涂料使用过程中不得交叉污染，未混合材料应密封储存。

3.12.4　质量检验与验收

工程质量检验的数量应符合《环氧树脂自流平地面工程技术规范》（GB/T 50589—2010）的相关规定。

1．主控项目

（1）环氧树脂自流平地面涂料与涂层的质量应符合设计要求，当设计无要求时，应符合规范相关规定。

检验方法：检查材料检测报告或复检报告。

（2）底涂层的质量应符合下列规定：

1）涂层表面应均匀、连续，并应无泛白、漏涂、起壳、脱落等现象。

检验方法：观察检查。

2）与基层的黏结强度应不小于1.5MPa。

检验方法：附着力检测仪检查。

（3）面涂层的质量应符合下列规定：

1）涂层表面应平整光滑、色泽均匀，无明显色差。

检验方法：观察检查。

2）冲击强度应符合设计要求，表面不得有裂纹、起壳、剥落等现象。

检验方法：采用1kg的钢球距离自流平地面层高度为0.5m、距离砂浆层高度1m，自然落体冲击。

2．一般项目

（1）中涂层表面应密实、平整、均匀，不得有开裂、起壳等现象。

检验方法：观察检查。

（2）面涂层的硬度应符合设计规定。

检验方法：采用仪器检测和检查检测报告。

（3）坡度应符合设计要求。

检验方法：做泼水试验时，水应能顺利排除。

3.13　氟碳铝单板

氟碳铝单板是铝板经钣金成形后，表面进行氟碳喷涂处理，并经高温烘烤而成的装饰铝板。

3.13.1　氟碳铝单板的组成

氟碳铝单板主要由面板、加强筋、挂耳等组成，也可在面板背面加设隔热矿岩面。挂耳可直接由铝板折弯而成，也可在面板上用型材另外加装。在面板背面焊有螺栓、通过螺栓把加强筋和面板连接起来，形成一个牢固的结构，加强筋起到增加氟碳单板在长期使用中的抗风压特性和平整性。

3.13.2　氟碳铝单板的分类

氟碳铝单板按形状可分为一般平板和异形板，能够制成多种造型是氟碳铝单板的显著优点。氟碳铝单板的颜色取决于表面涂层的颜色。

3.13.3　氟碳铝单板的特点

（1）重量轻、强度高、刚性好。

（2）耐候性和耐腐蚀性好。氟碳铝单板表面的氟碳树脂涂层具有极其优良的耐候性、耐腐蚀性和抗粉化性，可达 25 年不褪色。

（3）加工工艺性好，可加工成平面、弧形面和球形面等各种复杂的形状。

（4）色彩丰富，能直观体现墙体效果。

（5）不易玷污，便于清洁保养。氟碳涂膜的非黏性使其面很难附着污染物，具有良好清洁性。

（6）安装施工方便快捷，铝板在工厂成型，施工现场不需裁切只需简单固定。

（7）可回收再利用，有利环保。铝板可 100％回收，回收价值高。

3.13.4　氟碳铝单板的应用

氟碳铝单板适用于建筑幕墙、梁柱、阳台、隔板包饰、室内装饰以及家具、展台等。

第4章 新型建筑材料

4.1 新型混凝土外加剂

4.1.1 新型高效减水剂

1. JX-GB3 高效减水剂（聚羧酸盐）

JX-GB3 产品是新一代聚羧酸盐高效减水剂，生产过程中无污染，具有掺量低、增强效果好、坍落度保持性好、与水泥适应性较好等特点，是配制低水灰比、高强、高耐久性混凝土的首选。还可用于配制高性能、高强和超高强混凝土，如机场、港口码头水电站、高架道路、军事设施等的混凝土工程；并适用于需要高流动性、自密实性混凝土的配制，以及需要保持混凝土流动性及作较长距离的输送的混凝土工程。

几乎大多种类的聚羧酸盐高效减水剂，由于其独特的分子结构，都难以与其他减水剂相容，尤其是与萘系高效减水剂。当与萘系高效减水剂混合时将极大地增加减水剂的黏度，当使用聚羧酸盐高效减水剂配制混凝土时，混入萘系减水剂将降低混凝土出机流动性或迅速降低混凝土的坍落度，因此在使用时严禁混入萘系高效减水剂。其性能指标见表 4-1 和表 4-2。

表 4-1　　　　　JX-GB3 聚羧酸系高性能减水剂化学性能指标

序号	试　验　项　目	性　能　指　标			
		GB3（NR-L）		GB3（R-L）	
		I	II	I	II
1	甲醛含量（按折固含量计，%）不大于	0.05			
2	氯离子含量（按折固含量计，%）不大于	0.6			
3	总碱量（$Na_2O+0.658K_2O$）（按折固含量计，%）不大于	15			

表 4-2　　　　　JX-GB3 聚羧酸系高性能减水剂混凝土性能指标

序　号	试　验　项　目	性　能　指　标			
		GB3（NR-L）		GB3（R-L）	
		I	II	I	II
1	减水率（%），不小于	25	18	25	18
2	泌水率（%），不大于	60	70	60	70
3	含气量（%），不大于	6.0			
4	1h坍落度保留值/mm，不小于	—		150	
5	凝结时间差/min	−90～+120		>+120	

续表

序 号	试 验 项 目		性 能 指 标			
			GB3（NR-L）		GB3（R-L）	
			I	II	I	II
6	抗压强度比（%）， 不小于	1d	170	150	—	
7		3d	160	140	155	135
8		7d	150	130	145	125
9		28d	130	120	130	120
10	28d 收缩比（%），不小于		100	120	200	120
11	对钢筋的锈蚀作用		对钢筋无锈蚀作用			

注：性能指标中，NR—标准型（非缓凝型），R—缓凝型（泵送型），L—液体，I——等品，II—合格品。JX-GB3
（R-L）掺用量 1.1%（水泥为 42.5R）。

2. LS-300 缓凝高效减水剂

LS-300 缓凝高效减水剂是一种专门为商品混凝土生产单位精心配制的外加剂产品。主要成分为奈系、氨基磺酸系等高效减水剂，优质引气剂和保塑组分组成，并可根据客户的材料特性和要求适当调整。掺量范围为水泥重量的 1.0%～2.0%，它具有减水率高（≥18%）、和易性好、可泵性能优异、坍落度经时损失小等优点。可配制 C20～C60 强度等级的混凝土及水下桩、水下连续墙等特种混凝土。同时，本品还可适当延长混凝土的凝结时间，降低水泥水化热峰值，适用于大体积混凝土、分层浇筑混凝土以及需要长间停放或较长距离输送的混凝土等，也可适用于压力灌浆混凝土。可广泛适用于各种工业与民用建筑、道路、桥梁、港口和市政等工程。其匀质性指标和混凝土性能和混凝土性能指标参见表 4 - 3、表 4 - 4。经试验表明，该混凝土外加剂达到国家标准 GB 8076—1997《混凝土外加剂》的中高效减水剂一等品的要求。

表 4 - 3　　　　　　　　LS-300 缓凝高效减水剂匀质性能

检验项目	外 观	水泥净浆流动度	Cl⁻含量（%）	pH 值
技术指标	深褐色液体	≥200	≤0.12	7～9
备注	无毒、无臭、不燃	掺量：水泥质量的 1.5%	对钢筋无锈蚀	

表 4 - 4　　　　　　　LS-300 缓凝高效减水剂混凝土性能指标

检 验 项 目		一等品性能指标	检验结果（掺量：水泥质量 1.5%）
减水率（%）		≥12	21
泌水率比（%）		≤100	63
含气量（%）		≤4.5	2.2
凝结时间 之差/min	初凝	≥+90	+120
	终凝	—	+110
抗压强度比 （%）	3d	≥125	132
	7d	≥125	137
	28d	≥120	128
28d 收缩率比		≤135	105
钢筋锈蚀性能		应说明对钢筋有无锈蚀危害	对钢筋无锈蚀作用

3. LS-JS 聚羧酸高效减水剂

LS-JS 聚羧酸高效减水剂是基于高分子设计理论研制的新一代高效减水剂，具有极高的减水效果和广泛的水泥相容性、高保坍、高增强、低收缩等特点，且产品不含甲醛、无毒、无污染。适宜于配制泵送混凝土和高强泵送混凝土，泵送混凝土高度可达 100m 以上，还可配制黏聚性较高的混凝土。特别适用于配制高耐久、高流态、高保坍、高强以及外观质量要求较高的混凝土工程，以及大掺量粉煤灰或矿粉的大体积混凝土工程。其技术指标见表 4-5。

表 4-5　　　　　　　　　　　　聚羧酸高效减水剂技术指标

检测项目		一等品性能指标	检测结果（掺量：1.0%）
减水率（%）		≥12	33.5
泌水率比（%）		≤90	46
含气量（%）		<3.5	2.5
凝结时间之差	初凝	−90～+120	+80
	终凝		+53
抗压强度比（%）	3d	≥120	167
	7d	≥115	157
	28d	≥110	148
28d 收缩率比（%）		≤135	90
钢筋腐蚀		应说明对钢筋有无腐蚀危害	对钢筋无锈蚀作用
Cl⁻ 含量（%）		—	0.01
总碱量（%）		—	0.46

注：本表摘自《混凝土外加剂》（GB 8076—1997）。

4. JM-B 型奈系高效减水剂

JM-B 型奈是高效减水剂，是 β—奈磺酸亚甲基高级缩合物，具有非引气、超塑化、高效减水和增强等功能。无毒、无刺激性和放射性，不含对钢筋有锈蚀危险的物质；不易燃易爆，超塑化。产品对水泥适应性强，掺量少，耐久性好，使用方便，宜使用气温在 −5℃～+45℃，其减水率达 20% 以上，掺高效减水剂的混凝土 1d、3d、7d、28d 和 90d 的抗压强度较同期基准混凝土一般可提高 60%～70%、50%～60%、40%～52% 和 30%～41%，其凝结时间差一般在 1h 之内。产品适应性强，可广泛应用于各种现浇混凝土工程以及预制混凝土构配件。特别适合于有高效减水和增强要求的常态混凝土、蒸养混凝土，也可用作复合混凝土外加剂的母体材料。其性能指标见表 4-6。

表 4-6　　　　　　　　　　JM-B 型奈系高效减 7 水剂产品匀质性能指标

序号	测试项目	性能指标	说　明
	外观	褐色均一液体	
1	Cl⁻ 含量（%）	≤0.05	
2	水泥净浆流动度/mm	≥250	测定水泥净浆流动度
3	含固量（%）	≥35	用水量为 87mL
4	Na₂SO₄ 含量（%）	≤1.5	

4.1.2 新型混凝土早强剂

1. JM-Ⅰ型（超早强）混凝土高效增强剂

JM-Ⅰ型（超早强）混凝土高效增强剂，是无机材料与有机材料相互复合的产物，具有无毒、无放射性与刺激性物质、大减水、高早强、高增强和耐久性好等特点。减水率可达18%～22%，1d 抗压强度可提高 110%～230%，3d 抗压强度可提高 60%～130%，7d 抗压强度可提高 50%～90%，28d 抗压强度可提高 30%～50%，90d 抗压强度可提高 20%～40%。混凝土最低施工气温可达−10℃，可节省混凝土水泥用量 15%～20%。产品对水泥适应性较强，适用于各种规格、型号的水泥，与粉煤灰等活性掺和料复合双掺使用效果更佳。掺量小，使用方便，可广泛应用于早强及冬期施工要求的混凝土工程及其构配件。其产品匀质性能见表 4-7。

表 4-7　　　　　　　JM-Ⅰ型（超早强）混凝土高效增强剂匀质性能

序　号	测 试 项 目	性 能 指 标
1	外观	浅灰色粉末
2	Cl⁻含量（%）	$\leqslant 0.1$
3	pH 值	7
4	水泥净浆流动度/mm	$\geqslant 220$
5	细度（0.315mm 筛余量，%）	$\leqslant 15$

2. ZWL-Ⅶ型早强剂

ZWL-Ⅶ型早强剂为灰色粉剂，无毒、无臭、不燃，对钢筋无锈蚀作用，早强和增强效果显著，价格便宜，使用方便，适用于冬期施工的建筑工程，以及常温和低温条件下有早强要求的混凝土工程。冬期施工时掺入 2.5%（以水泥质量计）的该产品，可使混凝土早期强度明显提高，其 1d 抗压强度可提高 60%以上，3d 抗压强度提高 45%以上，7d 抗压强度提高 25%以上，28d 抗压强度提高 10%以上。使用该产品可缩短工期，提高工效，提高模板和场地周转率。其性能指标见表 4-8。

表 4-8　　　　　　　　ZWL-Ⅶ型早强剂混凝土性能指标

检 验 项 目		企 业 标 准	检 验 结 果
泌水率（%）		$\leqslant 100$	90
凝结时间之差/min	初凝	$-90～+90$	-30
	终凝		-35
抗压强度比（%）	1d	$\geqslant 160$	168
	38	$\geqslant 145$	150
	7d	$\geqslant 125$	130
	28d	$\geqslant 110$	115
收缩率比（%）	28d	$\leqslant 135$	130

注：以上检验结果均以该早强剂掺入水泥质量 2.5%为准。

4.2　陶粒新技术

4.2.1　高性能免烧镁质陶粒（EHPC）混凝土

免烧结高性能镁质陶粒属于一种新型氯氧镁制品，它是以菱苦土、氯化镁以及粉煤灰等为原料，经磨细、配料、发泡、成球后，自然养护而得到的人造轻骨料。由其掺加而配制的高性能免烧镁质陶粒混凝土具有轻质高强、耐腐蚀性能高等特点，这不仅充分利用了自然资源和工业废渣，减少了环境污染，而且大大降低了生产成本，具有明显的经济效益和社会效益。

在进行高性能免烧镁质陶粒混凝土配制时，首先确定混凝土配合比设计中水泥用量、砂率和净用水量三个参数的基本范围，然后针对设计目标设计正交试验，进行试配和调整，最后得出配合比设计的最佳方案。

（1）设计目标。设计强度等级为 CL30，表观密度 $\rho_h = 160kg/m^3$，且须满足坍落度 $160 \sim 180mm$ 的要求。

（2）试验原材料。麦特林水泥（实测强度为 33.5MPa），密度为 $2.70g/cm^3$；高性能镁质陶粒，密度为 $0.75g/cm^3$，筒压强度为 8MPa，2h 吸水率为 8%；河沙，密度为 $2.65g/cm^3$；自来水。

（3）正交试验。混凝土设计的因素水平见表 4-9。

表 4-9　　　　　　　　　　因 素 水 平 表

因　　　素	水平 1	水平 2	水平 3
水泥用量/（kg/m³）	400	410	420
净用水量/（kg/m³）	160	170	180
砂率（%）	35	40	45

制作 100mm×100mm×100mm 混凝土试块，采用标准养护。试验方案、配合比及数据见表 4-10 和表 4-11。

表 4-10　　　　　　　　　　EHPC 配 合 比 设 计

编号	每立方米各种材料用量/kg					砂率（%）	水灰比	坍落度/mm
	水泥	砂	石子	拌和水				
				W_0	2h 吸水			
1	445	713	375	160	30	35	0.427	130
2	427	772	336	170	27	40	0.461	180
3	416	833	288	180	23	45	0.429	＞200
4	434	772	328	160	26	40	0.458	160
5	421	829	287	170	23	45	0.451	170
6	463	700	368	180	29	35	0.451	170
7	425	826	286	160	23	45	0.431	140

续表

编号	每立方米各种材料用量/kg					砂率（%）	水灰比	坍落度/mm
	水泥	砂	石子	拌和水				
				W_0	2h 吸水			
8	468	696	366	170	29	35	0.425	130
9	452	758	322	180	26	40	0.456	180

表 4 - 11　　　　　　　试 验 方 案 及 数 据

编号	A	B	C	D	28d 抗压强度/MPa
	水泥用量/(kg/m³)	净用水量/(kg/m³)	砂率（%）	空列	
1	1 (400)	1 (160)	1 (35)	1	28.5
2	1 (400)	2 (170)	2 (40)	2	35.5
3	1 (400)	3 (180)	3 (45)	3	30.0
4	2 (410)	1 (160)	2 (40)	3	37.5
5	2 (410)	2 (170)	3 (45)	1	31.5
6	2 (410)	3 (180)	1 (35)	2	27.5
7	3 (420)	1 (160)	3 (45)	2	32.5
8	3 (420)	2 (170)	1 (35)	3	29.5
9	3 (420)	3 (180)	2 (40)	1	33.5

最佳配比为 4 号方案，即水泥（32.5 级 P·O）434kg/m³；砂率 40%；细骨料（河砂）用量 772kg；粗骨料（高性能镁质陶粒）328kg；净用水量 160kg/m³。

（4）混凝土的拌和。轻骨料混凝土的拌和应遵循以下原则：

1）拌制轻骨料混凝土宜采用强制式搅拌机。

2）配合比中各组成材料的称量允许误差为水泥、水和外加剂为±0.5%；粗、细骨料和外掺料为±1%。

3）采用经过淋水处理后的粗骨料时，待骨料滤干水分后，可与细骨料、水泥一起拌和约 0.5min，再加入净用水量的水，共同拌和 2min 即可。

4）采用干燥或自然含水率的粗骨料时，粗、细骨料和水泥应先加入搅拌机内，加入1/2拌和水，搅拌 1min，然后再加入剩余拌和水，继续搅拌 1.5min 即可。

5）掺和料或粉状外加剂可与水泥同时加入；液体外加剂或预制成液体的粉状外加剂，宜与剩余拌和水一同加入。

（5）高性能免烧镁质陶粒混凝土的性能评价。在国内外，并没有统一的标准来评价和衡量高性能免烧镁质陶粒混凝土的性能。EHPC 作为一种新型的生态高性能混凝土，为了进行比较，在对其进行综合性评价过程中，主要是与相同强度等级下的硅酸盐水泥为胶结材料、普通的陶粒为骨料所配制的混凝土（OPC）进行对比试验。主要考察其基本物理化学性能（包括拌和物的工作性、表观密度等），基本力学性能（抗压强度、抗折强度与弹性模量等），耐久性能（包括抗渗透性、抗硫酸盐侵蚀性、抗冻性、抗收缩与开裂性等）。

1）拌和物性能、干表观密度。试验测得所配混凝土拌和物坍落度值为 180mm，且黏聚性和保水性良好。采用整体试件烘干法测定的干表观密度为 $1600kg/m^3$。

2）力学性能。抗压强度、抗折强度和弹性模量测试结果见表 4 - 12～表 4 - 14。

表 4 - 12　　　　　　　　　　EHPC 混凝土抗压强度试验结果

编　号	立方体抗压强度/MPa		
	3d	7d	28d
1	20.5	29.5	36.5
2	23.5	32.0	39.0
3	21.0	30.0	37.0
平均值	21.5	30.5	37.5

表 4 - 13　　　　　　　　　　EHPC 混凝土抗压强度试验结果

编　号	抗折强度/MPa		
	3d	7d	28d
1	5.5	6.2	7.0
2	5.7	6.3	7.3
3	5.9	6.4	7.3
平均值	5.7	6.3	7.2

表 4 - 14　　　　　　　　　　EHPC 混凝土弹性模量试验结果

种类	EHPC				OPC			
编号	1	2	3	平均值	1	2	3	平均值
弹性模量	51.1	48.5	49.7	49.8	40.1	41.1	40.6	40.6

从试验结果可以看出。EHPC 混凝土的弹性模量比 OPC 的弹性模量有较大的提高，这可能是所使用的水泥和镁质陶粒的弹性模量比硅酸盐水泥和普通陶粒高的缘故。

3）耐久性。通过一系列的试验表明，EHPC 混凝土的抗渗性能、耐腐蚀性能，以及抗收缩与开裂性能均优于 OPC 混凝土。特别是抗硫酸盐、抗收缩与开裂的性能更加优于 OPC 混凝土，本教材就不做详细评述，请参考相关资料。

4.2.2　超轻高强陶粒

超轻高强陶粒技术旨在研究不同等级高性能轻骨料混凝土的综合性能，并重点研究其耐久性能，以便为这种新型材料应用到严寒地区的海洋工程、碱—骨料反应多发地区的土木工程、需要大幅减轻结构自重的软土地区及地震区的高层和大跨建筑物上提供一些理论和试验数据。

高性能轻骨料具有高强度、吸水率极低、封闭均匀的孔隙结构等性能特点，是配制高性能轻骨料混凝土的关键。

高性能混凝土拌和物的工作性能试验表明，采用合理的配合比和材料，对轻骨料不用预湿就可配制出大坍落度、高流动性的泵送轻骨料混凝土。

经试验已配制出了干表观密度 $1560\sim1860kg/m^3$ 的 CL30、CL40、CL45、CL60、CL65 五种强度等级的轻骨料混凝土。

所配制的高性能轻骨料混凝土的长期耐久性能试验表明，高性能轻骨料混凝土具有优异的抗渗性能、抗氯离子渗透能力和抗碳化能力，并具有 300 次以上的抗冻融循环能力。

（1）高性能轻骨料及其特性。关于高性能轻骨料国内外并无一个明确的定义。要了解什么是高性能轻骨料及其特点，我们不妨先从普通轻骨料谈起。

众所周知，轻骨料混凝土和普通混凝土的不同点主要在于轻骨料混凝土是使用多孔、轻质骨料配制而成的一种水泥混凝土，正是这种轻质骨料的多孔性（即它的孔隙结构的特性、类型、数量及其分布的统称）决定了它自身的性质及其混凝土的一系列特性。

轻骨料的资源丰富，品种繁多，它有天然轻骨料、工业废渣轻骨料和人造轻骨料之分。从它们的生成条件及其性能来看，可以用来配制轻骨料高强度混凝土（HPLAC）的，只有经过特殊加工的人造轻骨料，国外一般称它为高性能轻骨料。

国外有关资料也表明，采用合适的原材料，经过特殊加工工艺，已可制造出不同密度等级、高强度、低孔隙率的人造轻骨料。这种轻骨料的某些性质与普通密实骨料相似，但和普通轻骨料相比更为优越。20 世纪 90 年代国外 HPLA、NLA、NA（碎石和卵石）性能指标比较详见表 4 - 15。

表 4 - 15　　　　　　　　　　　轻骨料性能指标比较

堆积密度/(kg/m³)		孔隙率（%）	开口孔隙率（%）	24h 吸水率（%）	4.9MPa 吸水率（%）	筒压强度/MPa	压碎指标（%）
HPLA	500～600	62	4.8	1.60	3.24	5.0	35.7
	610～700	49	1.8	0.62	0.73	6.0	28.6
	710～800	31	2.1	0.40	0.40	＞7.0	25.7
NLA	610～700	48	78.0	8.67	28.5	4.0	36.3
	610～700	51	82.0	9.94	33.2	4.0	35.4
卵石	1450	—	—	0.8～1.8	—	—	12～16
碎石		—	—	0.3～0.8	—	—	10～20

注：1. 表中的堆积密度和筒压强度均按我国标准估算的值。

　　2. 卵石和碎石是根据《混凝土使用手册》整理而得，供比较使用。

通过上述数据可以明显看出：高性能轻骨料轻质高强的特性更为突出，孔隙率小，吸水率较低，加之优良的颗粒级配，所以可以认为，高性能轻骨料是一种采用特殊工艺精制的，比同密度等级的普通轻骨料具有更高颗粒强度、极低吸水率的一种优质人造轻质骨料。

（2）高性能轻骨料混凝土性能

1）更高的比强度。强度是保证混凝土耐久性的基础。与 HPC 不同的是，HPLAC 的干表观密度可以根据它的使用要求在 1500～1950kg/m³ 的范围内变化。如果我们将混凝土 28d 抗压强度与其干表观密度之比称为比强度的话，HPLAC 比 HPC 具有更高的比强度。

2）更高的耐久性。大量的试验数据表明，轻骨料混凝土的耐久性并不逊于普通混凝土。普通轻骨料吸水率较大，为了满足现代泵送混凝土的需要轻骨料必须浸水饱和，即使如此操作，有时还不能完全满足施工要求，泵送时经常会堵泵和泵送不上所需要的高度；另一方面，这种浸水饱和的由轻骨料制成的混凝土的抗冻性较差，根本满足不了严寒条件下的海洋工程（如采油平台）的使用要求。采用高性能轻骨料配制成的 HPLAC 不仅可以消除普通轻骨料的一系列负面影响，而且还可以提高其混凝土的一系列物理力学性能，更重要的是其耐久性能可大大改善。

日本采用黑云母流纹岩制成的高性能轻骨料不经预湿制成的泵送高强混凝土，与同强度等级的普通混凝土进行对比的抗冻性试验表明，高性能轻骨料的堆积密度越大，其混凝土抗冻性越好，甚至可以达到或优于普通骨料制成的 HPC 的抗冻性。

还需要指出的是，轻骨料都是以硅酸盐类岩石或土壤为主要原料，经高温锻烧而成，其中含有大量的 SiO_2 玻璃体，骨料表面具有良好的火山灰活性，是一种碱活性很强的骨料，但因为它的多孔性，可以缓解它和混凝土中碱性物质反应形成的巨大应力，可使混凝土结构免受破坏。所以，在用硅酸盐水泥做胶结材料的轻骨料混凝土工程的近百年应用中，从没有发现遭受碱—骨料反应破坏的事例。

由此可见，HPLAC 是一种无碱—骨料反应的更安全、更耐久的混凝土。

3）具有良好的工作性。高性能轻骨料由于具有比普通轻骨料更低的吸水率，所以其不经预湿就可配制大流动性的泵送混凝土。显然，其拌和物的工作性能大有改善。

用普通轻骨料配制泵送高强轻骨料混凝土时，由于轻骨料具有较大的吸水率，所以必须将其经过饱和预湿。国内外通常采用的方法有常温饱水预湿、常温高压浸水预湿、真空预湿和高温浸水预湿等。这些方法有的用时很长（24h 以上），且达不到应有的效果，有的须用专用设备且效率不高，因而不仅给施工带来很多麻烦，而且增加了工程造价，并给混凝土的耐久性带来不利。

采用不吸水或吸水率极低的高性能轻骨料按常规的 HPC 配制方法，掺入适宜的高效减水剂和矿物掺和料，不经预湿就可以配制出坍落度在 200mm 左右、经时坍落度损失很小的泵送轻骨料混凝土。

因为轻骨料颗粒密度较低、质量较砂浆拌和物轻，其混凝土拌和物较难出现密实骨料沉底和离析等现象，因此，HPLAC 拌和物的流动性能可达到自流平、免振捣的效果。

4）良好的体积稳定性。通过对普通轻骨料混凝土水化热和收缩性能的研究表明，虽然在同水泥用量条件下，轻骨料混凝土的水化热最高温升比普通混凝土略高，收缩率也比较大，但由于它的多孔性赋予了它所配制的混凝土具有较好的保温、隔热性能，较低的温度膨胀系数和弹性模量，使其早期水化热引起的内外温差，或者是后期混凝土收缩较大引起的温度收缩应力，都较同条件下的普通混凝土低，因此。在工程中出现的裂缝问题也较少。

高性能轻骨料混凝土由于采用高效减水剂和超细掺和料，混凝土的水泥用量、用水量大大降低，相应地降低了水化热和收缩率，混凝土的体积稳定性也进一步提高。

5）HPLAC 的经济性。由于高性能轻骨料比普通人造轻骨料的生产工艺更复杂。HPLAC 单方造价肯定比较高，因此在一般工程上其经济效益可能是较差的。从国外某些资料看来，若在一些特殊条件下使用，可能收到比普通 HPC 更好的综合经济效益，例如：寒冷和严寒地区的海洋工程（如采油平台等）、碱—骨料反应多发地区的某些重大工程（如立交桥、高架桥的桥梁等）、需要大幅减轻结构自重的、不宜采用普通 HPC 的工程（如软土地区、地震区的某些高层、大跨度建筑等）、某些遭受腐蚀破坏（含碱—骨料反应和冻冰腐蚀等）的桥梁、桥面板的修补或扩建工程，以及城市的艺术造型或有特殊需要的结构和建筑。

4.3 新型墙体材料

4.3.1 XPS复合环保节能砌块

XPS复合环保节能砌块是以水泥、粉煤灰陶粒、炉渣及粉煤灰等为原料，掺加适量水及外加剂经搅拌成混凝土，并在模具中加入XPS挤塑板后振动成型，且在塑料大棚内人工养护等工序和制作条件下制成的一种环保节能型砌块，具有强度高、保温性能好、成本低、施工工艺简单、墙体不产生裂纹等特点，可用于一般工业和民用建筑的墙体和基础。其分类与技术性能见表4-16～表4-19。

表 4-16   XPS复合环保节能砌块的分类

按孔洞分	按密度分/(kg/m³)	按强度分/MPa	按外观质量与尺寸分
单排孔	900	5.0	
双排孔	1000	7.5	一等品（A）
三排孔	1200	10.0	合格品（B）
	1400		

表 4-17   外观质量与规格尺寸偏差

项 目	一等品（A）	合格品（B）
长度/mm	±2	±3
宽度/mm	±2	±3
高度/mm	±2	±3
保温板厚度/mm	±2 0	+2 -1
缺棱掉角个数，不多于	0	2
三个方向投影的最小尺寸，不大于/mm	0	30
裂缝延伸投影的累计尺寸，不大于/mm	0	30
保温板外露部分损伤，不大于/mm	0	30

表 4-18   质量等级与物理性能

项 目	等 级	砌块干表观密度的范围
密度	900	>810～900
	1000	910～1000
	1200	1010～1200
	1400	1210～1400

续表

项　目	等　级	砌块干表观密度的范围		
强度/MPa	5.0	平均值		最小值
	7.5	≥5.0		4.0
		≥7.5		6.0
	10.0	≥10.0		8.0
抗冻性	相对湿度：≤60%	F25	质量损失：≤5%	强度损失：≤20%
		F30		
	相对湿度：>60%	≥F50		

表 4 - 19　　　　　　　　　　　吸水率、干缩率和相对含水率

吸水率（%）	干缩率（%）	相对含水率（%）		
		潮湿	中等	干燥
≤	0.03～0.045	40	35	30
	>0.045～0.065	30	30	25

4.3.2　钢丝网架水泥聚苯乙烯夹芯板

　　钢丝网架聚苯乙烯夹芯板（简称 GJ 板）是由三维空间焊接钢丝网架和内填阻燃型聚苯乙烯泡沫塑料板条（或整板）构成的网架芯板。钢丝网架水泥聚苯乙烯夹芯板（简称 GSJ 板）是在 GJ 板两面分别喷抹水泥砂浆后形成的构件。钢丝网架水泥夹芯墙板具有重量轻、强度高、承载能力大、防火性能好、保温节能、隔热隔声、抗震抗冻、防水防潮、运输方便易搬运、生产规格灵活，能满足用户要求，施工方便，占地面积小，减少单位成本等特点。主要用于房屋建筑的内隔墙板、围护外墙、保温复合外墙、楼面、屋面及建筑加层等。其规格及技术性能见表 4-20～表 4-24。

表 4 - 20　　　　　　　　　　　镀锌低碳钢丝的性能指标

直径/mm	抗拉强度/（N/mm²）		冷弯性能试验 弯曲180°/次	镀锌层质量 /（g/mm²）
	A 级	B 级		
2.03±0.05	590～740	590～850	≥6	≥20

表 4 - 21　　　　　　　　　　　低碳钢丝的性能指标

直径/mm	抗拉强度/（N/mm²）	冷弯性能试验/（弯曲180°/次）	用途
2.0±0.05	≥550	≥6	用于网片
2.0±0.05	≥550	≥6	用于网片

　　注：其余性能指标应符合 GB/T 343—1994 的要求。

表 4-22　　　　　　　　　　　GJ 板规格尺寸允许偏差

项　目	质　量　要　求
外观	表面清洁，不应有明显油污
钢丝锈点	焊点区以外不允许
焊点强度	抗拉力大于或等于 330N，无过烧现象
焊点质量	之字条，腹丝与网片钢丝不允许漏焊、拖焊；网片漏焊、脱焊点不超过焊点数的 8%，且不应集中在一处，连续脱焊应多于 2 点，板端 200mm 区段内的焊点不允许脱焊、虚焊
钢丝挑头	板边挑头允许长度小于或等于 6mm，插丝挑头小于或等于 5mm；不得有 5 个以上漏剪、翘伸的钢丝挑头
横向钢丝排列	网片横向钢丝最大距离为 60mm，超过 60mm 处应加焊钢丝，纵横向钢丝应互相垂直
泡沫内芯板条局部自由松动	不得多于 3 处；单条自由松动不得超过 1/2 板长
泡沫内芯板条对接	泡沫板全长对接不得超过 3 根，短于 150mm 板条不得使用

表 4-23　　　　　　　　　　　GJ 板规格允许尺寸偏差

项　目	允许偏差	项　目	允许偏差
长/mm	±10	泡沫内芯中心面位移/mm	≤3
宽/mm	±5	泡沫内芯板条对接焊缝/mm	≤2
厚/mm	±2	两之字条距离或纵丝间距/mm	±2
两对角线差/mm	≤10	钢丝之字条波幅、波长或腹丝间距/mm	±2
侧向弯曲	≤L/650	钢丝网片局部翘曲/mm	≤5
泡沫板条宽度/mm	±0.5	两钢丝网片中心面距离/mm	±2
泡沫板条（或整板）的厚度/mm	±2		

表 4-24　　　　　　　　　　　GJ 板每平方米重量

板厚/mm	构　造	每平方米重量/kg
100	板两面各有 25mm 厚水泥砂浆	≤104
110	板两面各有 30mm 厚水泥砂浆	≤124
130	板两面各有 25mm 厚水泥砂浆加板两面各有 15mm 厚石膏涂层或轻质砂浆	≤140

4.3.3　OSB 板

OSB 板又称刨花板、欧松板，是一种生产工艺成熟、产品成熟、应用技术成熟、性价比最优的新型结构板材，也是世界范围内发展最迅速的板材。欧松板以松木为原料，通过专用设备加工成 40～100mm 长、5～20mm 宽、0.3～0.7mm 厚的刨片，经干燥、筛选、施胶、定向铺装、连续热压成型等工艺制成的一种新型的结构装饰板材。它与细木工板、胶合板、密度板等有本质的区别，具有环保性能好，稳定不变形，整体均匀性好，防水、防潮、保温、吸声，加工方便等特点，适用于工业包装、运输包装、民用家具、房屋建筑装修等多种领域。

目前，OSB 板在北美、欧洲、日本等发达国家和地区的用量极大，特别是建筑中的胶合板等已经被其取代。OSB 板的出材率为 70%，是板材中出材率最高的，加之全部使用小口径速生材，既有效利用森林资源，又保护了生态环境。我国现在经营该材料的单位也比较多，其主要的规格和性能见表 4-25 和表 4-26。

表 4-25   OSB 板产品等级及规格

规格/(mm×mm×mm)	等级	规格/(mm×mm×mm)	等级
2440×1220×9	OSB2	2440×1220×9	OSB3
2440×1220×12	OSB2	2440×1220×12	OSB3
2440×1220×15	OSB2	2440×1220×15	OSB3
2440×1220×18	OSB2	2440×1220×18	OSB3

表 4-26   OSB 板物理和力学性能

检验项目		检测标准	6~10mm	11~18mm	19~20
厚度误差/mm		EN324-1	±0.6	—	—
			±0.3		
长度及宽度误差/mm		EN324-1	±0.3		
边缘直度误差/(mm/m)		EN324-2	1.5		
垂直度误差/(mm/m)		EN324-2	2.0		
密度/(g/cm³)		EN323	0.69±0.04	0.58±0.04	0.58±0.04
含水率（%）		EN322	7±5		
静曲强度 /(N/mm)	平行	EN310	20	18	16
	垂直	EN310	10	9	8
弯曲弹性模量 /(N/mm²)	平行	EN310	2500		
	垂直	EN310	1200		
内结合强度（V20）/(N/mm²)		EN319	0.30	0.28	0.26
边缘直度误差（%）		EN317	<20		
循环后测试	静曲强度	EN321-310	不需要		
	内结合强度	EN321-319			
循环后测试	内结合强度	EN1087-1	不需要		
甲醛释放量		EN120	E1（<8mg/100g）		

4.4 环保型建筑涂料

4.4.1 豪华纤维涂料

豪华纤维涂料是以天然或人造纤维为基料，加入各种辅料加工而成。它是近年来才研制开发的一种新型建筑装饰材料，具有下列十大优点：

（1）该涂料的花色品种较多，有不同的质感，还可根据用户需要调配各种色彩，其整体视觉效果和手感非常好，立体感强，给人一种似画非画的感觉，广泛用于各种商业建筑、高级宾馆、歌舞厅、影剧院、办公楼、写字间、居民住宅等。

（2）该涂料不含石棉、玻璃纤维等物质，完全无毒、无污染。

（3）该涂料的透气性能好，即使在新建房屋的基层上施工也不会脱落，施工装饰后的房间不会像塑料壁纸装饰后的房间那样使人感到不透气，居住起来比较舒适。

（4）该涂料的保温隔热和吸声性能良好，潮湿天气不结露，在空调房间使用可节能，特别适用于公众娱乐场所的墙面、顶棚装饰。

（5）该涂料防静电性能好，在制造过程中已作了防霉处理，灰尘不易吸附，对人的身体有益。

（6）涂料的整体性好，耐久性优异，长期使用也不会脱层。

（7）该涂料是水溶性涂料，不会产生难闻气味及危险性，尤其适合于翻新工程。

（8）该涂料有防火阻燃的专门品种，可满足房屋建筑的防火需要。

（9）该涂料对墙壁的光滑度要求不高，施工以手抹为主，所以施工工序简单，施工方式灵活、安全，施工成本较低。

（10）该涂料对基材没有苛刻要求，可广泛地涂装于水泥浆板、混凝土板、石膏板、胶合板等各种基层材料上。

豪华纤维涂料的产品名称、性能及生产单位见表 4-27。

表 4-27 豪华纤维涂料的产品及生产单位

品牌名称	说 明	备 注
华壁彩高级纤维涂料	产品花式品种众多，质量稳定，标准一致	北京紫豪建筑材料开发公司
JD-1221 金鼎思壁彩	是一种壁毯式装饰材料。质地豪华、花式多样，适用于内墙涂饰	北京市建筑材料科学研究院金鼎涂料新技术公司

4.4.2 恒温涂料

建筑恒温剂主要成分是食品添加剂（包括进口椰子油、二氧化铁、食品级碳酸钙、碳酸钠、聚丙烯钠、田莆胶、生育酚等），改性剂是用无毒中草药提取物配制。此涂料在于蓄热原料利用昼夜温度高低的变化规律，得以循环往复的熔解与冷凝而进行蓄热与释热。而蓄热原料并无使用损耗，故恒温效果能恒久不变。该产品具有较好的相容性与分散性，故可添加各种颜料，并能和其他乳胶漆以及腻子（透气率必须达到 85% 以上者）以适当比例混合使用且具有恒温效果，是一种节能环保型功能性涂料，无毒，无污染，防霉，防虫，抗菌，散发清爽气味。其技术性能见表 4-28，其产品名称与生产单位见表 4-29。

表 4-28 建筑恒温剂的技术性能

项 目	技 术 要 求	
	优等品	一等品
容器中状态	搅拌后无硬块，呈均匀状态	
施工性	刷涂二道无障碍	
低温稳定性	3 次循环不变质	
干燥时间（表干）/min	50	
涂膜外观	正常	
耐碱性	24h 无异常	
耐洗刷性（次）≥	1000	500
导热系数/[W/(m² · h · K)]	260	
耐裂伸长率（%）	200	
不透水（%）	100	
耐温	−20℃～+50℃ 以上	

表 4 - 29　　　　　　　　　　　建筑恒温剂的产品名称及生产单位

产品名称	商标	说　　明	备　注
建筑恒温剂	艾纳香	是相变原料与以食品添加剂为建筑材料基体复合制成的相变蓄能的装饰材料，具有节能环保的性能特点	北京艾纳香恒温涂料技术中心

4.5　新型玻璃

4.5.1　复合建筑微晶玻璃

本技术是以粉煤灰为主要原料，从废物利用以及降低生产成本的角度出发，根据微晶玻璃的基本组成，选择铝硅酸盐系统作为基础玻璃配方依据，在不加晶核剂的条件下，采用烧结法而制成的一种微晶玻璃。

利用粉煤灰生产建筑装饰用微晶玻璃，其性能与大理石、花岗石相当，是一种迎合时代需求的绿色新型建筑材料，这对于粉煤灰的综合利用有着重大意义，具有一定的经济效益和社会效益。

根据有关标准，对微晶玻璃的物理化学性能进行测试，并与天然大理石和花岗石进行性能上的对比，结果见表 4 - 30。

表 4 - 30　　　　　　　　　　　粉煤灰微晶玻璃的物理化学性能比较

性　能　＼　产品	粉煤灰微晶玻璃	微晶玻璃	天然大理石	天然花岗岩
体积密度/(g/cm^3)	2.75～2.90	2.7	2.60～2.70	2.6～2.8
抗折强度/MPa	60～90	40～60	17	15
抗压强度/MPa	118～152	90～560	90～230	60～300
吸水率（％）	0	0	0.3	0.35
耐碱性（％）	0.05	0.05	0.3	0.1
耐酸性（％）	0.083	0.08	1.0	10.3

注：耐酸性与耐碱性是将试验产品在 1moL/L 升的 H_2SO_4、NaOH 溶液中浸泡 24h 后，在 115℃ 下烘干与原重比较得出损失率。天然大理石和天然花岗石的性能数据引自文献。

通过表 4 - 30 可以看出：

（1）与天然大理石、花岗石比较所研制的粉煤灰微晶玻璃具有更高的机械强度，而且还比一般的微晶玻璃抗折强度高。

（2）粉煤灰微晶玻璃的吸水率明显比天然大量的、大理石和花岗石低，吸水率几乎为零。

（3）粉煤灰微晶玻璃的耐腐蚀能力也比天然大理石和花岗石好，同时可以看出，微晶玻璃的耐酸性较差，这是因为微晶玻璃中的 CaO 含量较高，它能不断溶于酸中，因而玻璃容易被酸腐蚀。

（4）粉煤灰微晶玻璃比天然大理石和花岗石要致密得多，故其强度较高，机械性能较好。

4.5.2 微晶泡沫玻璃

微晶泡沫玻璃作为一种新型的建筑材料，目前国内研究较少。它是一种结合了微晶玻璃和泡沫玻璃优点的新型材料，其中微晶玻璃是由玻璃的晶化控制制得的多晶制固体，泡沫玻璃是一种玻璃体内充满无数开口或闭口气泡的玻璃材料，微晶泡沫玻璃是以泡沫玻璃为基础玻璃，通过一定的热处理工艺控制其晶化过程制得的。研究人员在对微晶玻璃和泡沫玻璃的制备工艺分别进行研究和大量试验的基础上，研制出表观密度小、强度高的微晶泡沫玻璃，它具有防火、无毒、隔热、隔声、耐腐蚀、可加工等优点，其中泡沫玻璃可以作为一种轻质的非承重墙体材料，微晶玻璃可以作为一种装饰墙体材料，微晶泡沫玻璃可以作为装饰墙体材料或承重墙体材料。

该技术中的泡沫玻璃不同于传统的泡沫玻璃，其玻璃体内的气泡不是由发泡剂在高温下发生化学反应产生的气泡，其中的气泡是通过在高温下玻璃态物质熔化后包裹轻质陶粒产生的，这种制造泡沫玻璃的试验方法简单易行，且成本较低。

该技术所研制的微晶泡沫玻璃是以废玻璃、轻质陶粒和粉煤灰为主要原料制造的，它们以工业废弃物为主要原料，这样不仅可以降低成本，而且减少了对环境的污染，对资源的利用更加充分，是一种绿色环保材料。

微晶泡沫玻璃技术立足于解决废玻璃和粉煤灰这两种工业废渣的回收再利用的实际问题。根据玻璃、陶粒和粉煤灰本身的物理化学性质，确定了利用废玻璃、陶粒和粉煤灰生产新型环保的建筑材料——泡沫玻璃和微晶泡沫玻璃，为废玻璃和粉煤灰的综合利用开辟了一个新的方向。

泡沫玻璃作为一种综合性能非常优异的新型绝热吸声材料，在国外已广泛应用于建筑工程，但我国从20世纪70年代至今一直局限于化工深冷设备和高温工程上的使用。近年来，由于泡沫玻璃生产技术的发展、产量的提高和成本的降低，尤其是建筑业的发展和国家对节能、环保要求的重视，使泡沫玻璃广泛应用于建筑工程成为可能。

（1）微晶泡沫玻璃的特点。依据特定的技术制备的微晶泡沫玻璃具有以下特点：

1）它属于无机材料，具有良好的化学稳定性，耐老化、耐腐蚀、耐紫外线性能极好，不风化，不虫蛀，不霉烂变质，对人体无毒、无害。

2）质量轻，可减轻结构荷载，很适合于墙体保温工程。

3）导热系数小，粉煤灰掺量少的微晶泡沫玻璃的吸水率极低，且不吸湿，导热系数不会长期上升。

4）吸声性能好，可用水冲洗，干燥后性能基本没有变化。

5）机械强度高，可承受较大荷载，易于用普通木工机具切割，与其他材料相容性较好，可用于水泥砂浆施工。

6）耐高温，遇火不燃烧。

7）热膨胀系数小，尺寸稳定，无后期收缩问题。

8）产品具有微晶玻璃的一些优异性能，经打磨后光泽度很好，可制成彩色制品，可作为装饰材料。

9）原材料来源丰富，可变废为宝，具有良好的经济效益和社会效益。

综上所述，微晶泡沫玻璃作为一种新型建筑材料，既可以作为一种保温、隔热、吸声墙体材料，又可以作为一种外墙装饰材料。在改进工艺的基础上，例如适当增加晶核剂的掺入量，提高烧结温度，可以提高微晶泡沫玻璃的机械强度，这样微晶泡沫玻璃还可以在某些特殊工程上作为一种结构材料使用。

（2）微晶泡沫玻璃在建筑工程中的运用。微晶泡沫玻璃可应用的工程主要有：

1）屋面绝热。微晶泡沫玻璃可用于正置式屋面保温，或倒置式屋面保温。它强度高、压缩变形小、不吸水，用于种植屋面或绝热屋面非常理想。微晶泡沫玻璃与水泥砂浆等无机黏结材料黏结牢固，不会产生错动或压缩变形，可用于斜坡屋面。

配合微晶泡沫玻璃保温层的防水材料，可采用防水卷材或防水材料。正置式屋面只要在泡沫玻璃保温层上表面先涂刮一道水泥浆，待水泥浆硬化后即可进行防水层施工；倒置式屋面可将微晶泡沫玻璃空铺或粘铺在防水层上，粘铺材料可用 1∶3 水泥砂浆（或聚合物砂浆）、沥青玛蹄脂等。泡沫玻璃在嘉兴羽绒路小区住宅建筑上作为种植和上人屋面使用已有5 年多，效果良好。

2）墙面绝热。地处寒冷地区和有恒温恒湿要求的建筑外墙若采用泡沫玻璃作为墙体保温材料，可大大减小墙体厚度，从而减轻结构自重，并可扩大建筑物的有效使用面积。若采用彩色微晶泡沫玻璃，除具有保温功能外，还可以作为外墙装饰层。由于它不吸水、不吸湿，所以作为恒温、恒湿建筑的内墙和吊顶也是非常可靠的。

微晶泡沫玻璃作为墙体保温层，可在墙面找平层上用聚合物水泥砂浆直接粘贴，然后在泡沫玻璃上抹5mm 厚1∶3 水泥砂浆找平，然后涂刷外墙饰面层或贴面砖。青岛四方车辆研究所墙体保温系统、上海龙华肉联冷库均采用泡沫玻璃保温使用多年，仍具有良好的保温绝热功能。嘉兴大众房产公司商品房的山墙粘贴彩色泡沫玻璃作为绝热层和装饰层，多年来使用效果良好。

3）吸声和隔声。微晶泡沫玻璃可在商场、礼堂、影院、车站等建筑物的吊顶、墙面和空调通风道中空铺或实粘，进行吸声和隔声。空调处采用铝合金框架镶嵌泡沫玻璃，后面留有空隙；实粘泡沫玻璃则采用1∶2 水泥砂浆或聚合物水泥砂浆直接粘贴于墙面或顶棚上。在使用泡沫玻璃进行墙壁装饰时，墙面1.5m 以下部位应有钻孔的三合板等作为面层加以保护。大庆炼油厂俱乐部改造工程、上海地铁车站、上海游泳馆的吊顶和墙面，北京人民大会堂、上海人民广场地下商场的空调风道和机房消声隔声，采用泡沫玻璃，均获得了良好的效果。

（3）泡沫玻璃施工

1）沥青玛蹄脂粘贴泡沫玻璃。在干净干燥的基层上先弹好标线，将加热至 160～190℃ 的沥青玛蹄脂涂刮于基层上，厚2～3mm，并立即用力挤压铺贴泡沫玻璃，每块间预留不大于 5mm 的缝隙，然后热灌沥青玛蹄脂形成整体。

2）水泥砂浆或聚合物水泥砂浆粘贴泡沫玻璃。当用水泥砂浆或聚合物水泥砂浆作胶粘剂时，屋面、墙面和顶棚基层应润湿无明水。屋面上粘贴泡沫玻璃时，应先在基层（防水层）上铺抹1∶3 水泥砂浆，厚度5～10mm，然后直接粘贴泡沫玻璃，粘贴时应用力挤压，使泡沫玻璃块体下的砂浆满粘不留空隙，铺贴时侧向加力挤压使砂浆饱满，铺贴完成后，在缝表面处用砂轮割出深约10mm 的 U 型凹槽，用聚合物水泥砂浆勾缝。墙面和顶棚直接粘贴泡沫玻璃宜用聚合物水泥砂浆，配合比为：水泥∶砂∶聚合物胶＝1∶1∶（0.15～0.2）。使用本文中的泡沫玻璃的密度相对比较大，在施工中建议用水泥砂浆和聚合物水泥砂浆进行施工。

3）墙面、顶棚框架安装泡沫玻璃。墙面、顶棚要求留空腔安装泡沫玻璃时，应先用铝合金作龙骨框架，若在顶棚上直接摆放泡沫玻璃，墙面则须用压条将泡沫玻璃固定在框架上。

4）泡沫玻璃保护层（面层）施工。倒置式非上人屋面，可在泡沫玻璃上抹 5～10mm 厚 1∶3 水泥砂浆或 1.5～3mm 厚聚合物水泥砂浆，并按 1.5～2m 间距设置表面分隔缝或诱导缝。种植、上人屋面应先在泡沫玻璃上刮抹 5mm 厚水泥砂浆保护层或一层玻纤布，然后按常规浇筑细石混凝土面层或铺贴面砖。面层应按规范要求每隔 6m 做分格缝处理，缝宽 10mm，填嵌密封材料。

（4）结论。上述的微晶泡沫玻璃是以泡沫玻璃的制备为基础，经过特殊的制作工艺而制成的特殊材料。所以泡沫玻璃的质量关系到微晶泡沫玻璃的品质，所以科研人员在大量试验和对产品性能进行测试的基础上，分别确定了泡沫玻璃和微晶泡沫玻璃的生产工艺，并得出以下结论：

1）新型泡沫玻璃与传统泡沫玻璃相此，缺点是密度和导热系数较大，优点是产品强度较高，耐久性好。生产工艺比较简单，且生产成本较低，产品质量容易控制，而且利用粉煤灰作为部分原料，对粉煤灰的综合治理具有一定的意义，而且具有很大的发展前景。

2）泡沫玻璃和微晶泡沫玻璃作为新型建筑材料，与黏土砖相比，它具有表观密度小、强度大、隔热、隔声、防潮等特性。完全可以作为建筑物的墙体材料代替黏土砖，另外，新型泡沫玻璃与加气混凝土砌块、空心砖相比，本产品的表观密度稍大，但是强度较高，导热系数和吸水率均较小，耐久性较好。总而言之，新型泡沫玻璃的物理性能良好，除了可以作为墙体材料使用外，经过加工的彩色泡沫玻璃还可以作为装饰材料使用。

3）根据不同的试验指标（质量因素，如强度、导热系数等）的要求，泡沫玻璃和微晶泡沫玻璃有着不同的生产工艺，每一种试验因素的最佳值对应着一种生产工艺（如配合比、烧结温度、晶化时间等），因此可以根据不同的质量和价格需求，制造性能不同的产品，为以后进行工业化生产奠定基础。

4）在泡沫玻璃和微晶泡沫玻璃的制备中，粉煤灰的掺入量是一个十分重要的因素，对制品性能有着很大的影响。当粉煤灰的掺入量在一定范围内时（小于 40%～45% 时），粉煤灰的加入对产品的强度、密度等一些质量参数的提高有着有益的影响。但是当粉煤灰渗入量过大时，会导致产品不易成型、强度下降、吸水率增大等缺点。粉煤灰的加入量和烧结工艺也有关系，随着烧结温度的提高，粉煤灰掺入量的阈值也随之增大，同时烧结温度的提高将会使生产成本大大提高。

5）原料中的陶粒对产品的质量也有很大的决定作用。它是影响产品表观密度、导热系数大小的关键因素之一。陶粒的强度大，会使泡沫玻璃中的骨架强度增大，这显然能提高制品的强度。同时，如果陶粒的强度较低，在玻璃相末发生破坏之前，陶粒被压碎或变形过大而破坏，会导致强度降低。陶粒的体积占泡沫玻璃体积的大部分，其密度大小直接影响着泡沫玻璃的表观密度大小。

6）在产品的制备过程中，热处理是十分重要的环节。对产品的加热速率、降温速率要求十分严格。如果加热过快，可能产生制品开裂、表面脱落、表面瓷化、强度下降等一系列质量问题；如果加热速率过慢，会带来能源消耗过大、产品成本增加的问题，所以要严格控制热处理速度。

4.6　新型建筑管材

4.6.1　聚丁烯管 (PB)

聚丁烯管具有独特的抗蠕变性能,能长期承受高负荷而不变形,具有化学稳定性,可在 $-20℃$ ～ $+95℃$ 之间安全使用(最高使用温度 $110℃$)。主要应用于自来水、热水和采暖供热管,该管材是一种新型管材,是目前世界上最尖端的化学材料之一,有"塑料黄金"的美誉,但由于 PB 树脂供应量小和价格高等因素,国内生产单位较少。其力学性能见表 4-31,产品名称、规格见表 4-32。

表 4-31　　　　　　　　　PB 塑料管材的力学性能

项　　目	性能指标	项　　目	性能指标
密度/(g/cm^3)	0.93	弹性模量/MPa	350
熔化范围/℃	122～128	肖氏硬度	53
维卡软化温度/℃	113	冲击值/(kJ/m^2)	40
玻璃温度/℃	-18	极限延伸 (%)	>125
熔化热/(kJ/kg)	-100	抗拉强度/MPa	33
热导性/$[W/(m \cdot K)]$	0.22	屈服强度/MPa	17
热膨胀系数/$[mm/(m \cdot K)]$	0.13		

表 4-32　　　　　　　　　PB 塑料管材的产品名称和规格

产品名称	管系列	规　　格
PB 冷热水管	S5	16×1.5、20×1.9、25×2.3、32×2.9
	S4	16×1.8、20×2.3、25×2.8、32×3.6
	S3.2	16×2.2、20×2.8、25×3.5、32×4.4

4.6.2　塑料复合管材

塑料复合管是指塑料与铝材或钢材经特种工艺复合而成的管材,是近几十年在欧美工业发达国家相继开发的一种新型管材,这种复合管材集金属与塑料的优点于一体,克服了普通金属管、塑料管的缺点,在很多应用领域可取代金属管和塑料管。

1. 铝塑复合管

铝塑复合管道是通过挤出成型工艺生产制造的新型复合管材。它由聚乙烯层(或交联聚乙烯)、胶粘剂层、铝层、胶粘剂层、聚乙烯层(或交联聚乙烯)五层结构构成。铝塑复合管根据中间铝层焊接方式不同,分为搭接焊铝塑复合管和对接焊铝塑复合管。这种管材具有金属管的坚硬和塑料管的柔性,易于切割、加工,易于弯曲和伸直,并且在变形中无脆性,防腐蚀、耐高温、耐高压、抗紫外线、不结垢、无毒,不污染流体,管材的保温、隔热性能好,抗静电,$95℃$ 时其爆破力可达 8MPa,重量轻,使用寿命长。铝塑复合管可广泛应用于冷热水供应和地面辐射采暖。其规格尺寸与技术性能见表 4-33～表 4-36。

表 4 - 33 铝塑复合压力管用 PE、PEX 性能要求

项 目	指 标	
	PE	PEX
密度/(g/cm³)	≥0.926	≥0.941
拉伸强度/MPa	≥15	≥21
拉伸断裂伸长率（%）	≥400	≥400
弯曲模量/MPa	≥552	≥552
耐环境应力开裂（f_{20}，100%，50℃）	≥192	
熔体流动速率/(190℃)/(g/10min)	0.15～0.40（2.16kg）	≤4.0（2.16kg）
长期静压液压设计应力（20℃）/MPa	≥5.25	≥6.90

注：本表摘自 CJ/T 159—2006。

表 4 - 34 铝塑复合压力管用热熔胶性能要求

项 目	指 标	
	类型Ⅰ、类型Ⅱ	类型Ⅲ、类型Ⅳ
密度/(g/cm³)	≥0.015	≥0.015
熔点/℃	≥120	≥100

注：本表摘自 CJ/T 159—2006。

表 4 - 35 铝塑复合压力管规格尺寸

管 材	规格尺寸	外径/mm		壁厚/mm		铝层厚度/mm		内层厚度/mm	
		基本尺寸	偏差	基本尺寸	偏差	基本尺寸	偏差	基本尺寸	偏差
类型Ⅰ、类型Ⅱ、类型Ⅳ	16	16	±0.20	2.25	±0.10	0.28	±0.04	1.37	±0.10
	20	20	±0.20	2.50	±0.10	0.36	±0.04	1.49	±0.10
	26	26	±0.20	3.00	±0.10	0.44	±0.04	1.66	±0.10
	32	32	±0.20	3.00	±0.10	0.60	±0.04	1.60	±0.10
	40	40	±0.20	3.50	±0.10	0.75	±0.04	1.85	±0.10
	50	50	±0.20	4.00	±0.10	1.00	±0.04	2.00	±0.10
类型Ⅲ	16	16	±0.20	2.25	±0.10	0.28	±0.04	1.37	±0.10
	20	20	±0.20	2.50	±0.10	0.36	±0.04	1.49	±0.10

注：本表摘自 CJ/T 159—2006。

表 4 - 36 铝塑复合压力管物理机械性能

序号	项 目	技 术 要 求
1	静液压强度试验： 类型Ⅰ和类型Ⅱ铝塑复合压力管 类型Ⅲ和类型Ⅳ铝塑复合压力管	95℃，在规定试验压力下持续 1h 和 100h 无泄漏，无损坏。70℃，在规定试验压力下持续 1h 和 100h 无泄漏，无损坏

序号	项　目	技　术　要　求
2	冷热循环试验	1.0MPa 压力下，在 93℃±5℃ 和 20℃±5℃ 间每 15min±2min 交替一次，循环 5000 次，系统应无损坏
3	水锤试验	室温条件下，在 100kPa±50kPa 和 2500kPa±50kPa 间每 1min 交替不少于 30 次，循环 100 000 次，系统应无损坏
4	剥离试验	管材层间无剥离
5	熔合线检验	管材熔合线或铝管其他部分无可损坏
6	交联度	辐照交联：≥60%　　硅坑交联：≥65%
7	真空减压检验	20℃，80kPa 的真空压力，持续 1h 应满足最小的真空减压要求

　　铝塑复合管根据中间铝层成型方式不同，分为对接焊式和搭接焊式。

　　(1) 铝塑对接焊式铝塑管。对接焊铝塑管，一般采用氩弧焊接工艺，铝管壁厚均匀，铝层厚度为 0.2～2mm，且铝材强度较高，从而具有金属管在强度和可靠性方面的优势。其最大可生产出 63mm 直径的复合管，但成本偏高。其分类、性能等见表 4 - 37～表 4 - 40。

表 4 - 37　　　　　　　　　　　　对接焊式铝塑管品种分类

流体类别		用途代号	铝塑管代号	长期工作温度/℃	允许工作压力/MPa
水	冷水	L	PAP3、PAP4	40	1.40
			XPAP1、XPAP2		2.00
	热水	R	PAP3、PAP4	60	1.00
			XPAP1、XPAP2	75	1.50
			XPAP1、XPAP2	95	1.25
燃气[①]	天然气	Q	PAP4	35	0.40
	液化石油气[②]				0.40
	人工煤气[③]				0.20
特种流体		T	PAP3	40	1.00

注：1. 在输送易在管内产生相变的流体时，在管道系统中因相变产生的膨胀力应不超过最大工作压力或者在管道系统中采取相变的措施。

　　2. 本表摘自 GB/T 18997.2—2003。

　　① 输送燃气时应符合燃气安装的安全规定。

　　② 在输送人工煤气时应注意到冷凝剂中芳香烃对管材的不利影响，工程中应考虑这些因素。

　　③ 是指和 HDPE 的抗化学药品性能相一致的特种流体。

表 4-38　　　　　　　　　对接焊式铝塑管用聚乙烯树脂的基本性能

序号	项　　目		要求	测试方法	材料类别
1	密度/(g/cm³)		≥0.926	GB/T 1033—1986	HDPE、MDPE
			≥0.941		PEX
2	熔体质量流动速度 /(g/10min)	190℃、2.16kg	≤0.4（±20%）	GB/T 3682—2000	HDPE、MDPE
		190℃、2.16kg	≤4		PEX
3	拉伸屈服强度/MPa		≥15	GB/T 1040—1992	HDPE、MDPE
			≥21		PEX
4	长期静液压强度（20℃、50年、预测概率97.5%）/MPa		≥6.3	GB/T 18252—2000	HDPE、MDPE
			≥8.0		Q类管材用PE
5	耐慢性裂纹增长（165h）		不破裂	GB/T 18476—2001	HDPE、MDPE
6	热稳定性（200℃）		氧化诱导时间不小于20min	GB/T 17391—1998	Q类管材用PE
7	耐气体组分（80℃、环应力2MPa)/h		≥30	GB 15558.1—1995	

表 4-39　　　　　　　　　对接焊式铝塑管结构尺寸要求　　　　　　　　　（单位：mm）

公称外径 d_n	公称外径公差	参考内径 d_i	圆度		管壁厚 e_m		内层塑料壁厚 e_m		外层塑料最小壁厚 e_w	铝管层壁厚 e_m	
			盘管	直管	公称值	公差	公称值	公差		公差值	公差
16	+0.30	10.9	≤1.0	≤0.5	2.3	±0.5	1.4	0.1	0.8	0.28	±0.04
20		14.5	≤1.2		2.5		1.5			0.36	
25（26）		18.5 (19.5)	≤1.5		3.0		1.7			0.44	
32				2.5	≤2.0	≤1.0	1.6			0.60	
40	+0.40	32.4	≤2.4	≤1.2	3.5	±0.6	1.9		0.4	0.75	
50	+0.50	41.4	≤3.0	≤1.5	4.0		2.0			1.00	

表 4-40　　　　　　　　　铝塑管 1h 静压强度试验

铝塑管代号	公称外径 d_n/mm	试验温度/℃	试验压力/MPa	试验时间/h	要　　求
XPAP1	16～32	95±2	2.42±0.05	1	应无破裂、局部球形膨胀、渗漏
XPAP2	40～50		2.00±0.05		
XPAP3、PAP4	16～50	70±2	2.10±0.05		

（2）铝塑搭接焊式铝塑管。这是用搭接焊铝管作为嵌入金属层增强，通过共挤热熔黏合剂与内、外层聚乙烯塑料复合而成的铝塑复合压力管。它采用了特殊的复合工艺，而不是几种材料简单地"涂复"，它要求几种复合材料等强度、等物理性能，通过亲和助剂热压，紧密结合成一体，具有复合的致密性、极强的复合力。因搭接焊铝管的铝层一般较薄，约为0.2～0.3mm，产品主要集中在32mm以下的小口径管材，生产设备结构简单，成本较低。其分类、性能等见表4-41～表4-44。

表 4 - 41　　　　　　　　　　搭接焊式铝塑管品种分类

流体类别		用途代号	铝塑管代号	长期工作温度/℃	允许工作压力/MPa
水①	冷水	L	PAP	40	1.25
	冷热水	R	PAP	60	1.00
				75	0.82
				82	0.69
			XPAP	75	1.00
				82	0.86
燃气②	天然气	Q	PAP	35	0.40
	液化石油气				0.40
	人工煤气③				0.20
特种流体		T		40	0.50

注：1. 在输送易在管内产生相变的流体时，在管道系统中因相变产生的膨胀力不应超过最大工作压力或者在管道系统中采取相变的措施。

　　2. 本表摘自 GB/T 18997.1—2003。

　　①是指采用中密度聚乙烯材料生产的复合管。

　　②在输送人工煤气时应注意到冷凝剂中芳香烃对管材的不利影响，工程中应考虑这些因素。

　　③是指和 HDPE 的抗化学药品性能相一致的特种流体。

表 4 - 42　　　　　　　　　　搭接焊式铝塑管用聚乙烯树脂的基本性能

序号	项　　目	要求	测试方法	材料类别
1	密度/(g/cm³)	0.926～0.940	GB/T 1033—1986	MDPE
		0.941～0.959		HDPE
2	熔体质量流动速度（190℃、2.16kg）/(g/10min)	0.1～10	GB/T 3682—2000	HDPE、MDPE
3	长期静液压强度/MPa	≥3.5	GB/T 1852—2000	MDPE
		≥8.0		
		≥6.3		MDPE、HDPE
		≥8.0		
4	拉伸屈服强度/MPa	≥15	GB/T 1040—1992	MDPE
		≥21		HDPE
5	耐慢性裂纹增长（165h）	不破裂	GB/T 18476—2001	HDPE、MDPE
6	热稳定性（200℃）	氧化诱导时间不小于 20min	GB/T 17391—1998	类管材用 PE
7	耐气体组分（80℃、环应力 2MPa)/h	≥30	GB 15558.1—1995	
8	热应力开裂（设计应力 5MPa、80℃、持久 100h）	不开裂	ISO 1167	HDPE、MDPE

表 4-43　　　　　　　　　搭接焊式铝塑管结构尺寸要求

公称外径 d_n	公称外径公差	参考内径 d_i	圆度		管壁厚 e_m		内层塑料最小壁厚 e_m	外层塑料最小壁厚 e_w	铝管层最小壁厚 e_n
			盘管	直管	最小值	公差			
12	+0.80	8.3	≤0.8	≤0.4	1.6	+0.50	0.7	0.4	0.18
16		12.1	≤1.0	≤0.5	1.7		1.0		0.23
20		15.7	≤1.2	≤0.6	1.9		1.1		0.23
25		19.9	≤1.5	≤0.8	2.3		1.2		0.28
32		25.7	≤2.0	≤1.0	2.9		1.7		0.33
40		31.6	≤2.4	≤1.2	3.9	+0.60	1.7		0.47
50		40.5	≤3.0	≤1.5	4.4	+0.70	2.1		0.57
63	+0.40	50.5	≤3.8	≤1.9	5.8	+0.90	2.8		0.67
75	+0.60	59.3	≤4.5	≤2.3	7.3	+1.1			0.67

表 4-44　　　　　　　　　铝塑管静液压强度试验

公称外径 d_n/mm	用途代号				试验时间/h	要求
	L、O、T		R			
	试验压力/MPa	试验温度/℃	试验压力/MPa	试验温度/℃		
12	2.72	60	2.72	82	1	应无破裂、局部球形膨胀、渗漏
16						
20						
25						
32						
40	2.10		2.00			
50						
63						
75						

2. 钢塑复合管

钢塑复合管生产工艺有流化床涂装法、静电喷涂法、真空抽吸以及塑料管内衬法等。产品具有钢管的机械强度和塑料管耐腐蚀的优点，两者结合，整体刚性好，线膨胀系数小，耐压，不结垢，输送水稳定、卫生，产品隔热保温、外形美观。新开发的纳米抗菌不锈钢塑料复合管是在塑料管内壁附上一层纳米抗菌层，该管材具有抗菌、卫生自洁等功能。镀锌钢板塑料复合管的结构与铝塑复合管相似。

钢塑复合管主要应用于石油、化工、通信、城市给水排水等领域。最近，国内已开发出挤出成型的中小口径钢塑复合管成套生产设备，此种钢塑复合管为 3 层结构，中间层为已铣孔的钢板卷焊或钢网焊接层，内、外层熔为一体的高密度聚乙烯（HDPE）层。

（1）给水涂塑复合钢管。原始管材主要用热镀锌管，内壁复合塑料层主要采用聚乙烯等高分子材料。通过对热镀锌管内壁进行喷砂处理后将热镀锌管加热，然后通过真空吸涂机在钢管内产生真空后吸涂粉末涂料并高速旋转，将粉末涂料涂覆在钢管内壁。其性能、质量要求等见表 4-45 和表 4-46。

表 4-45　　　　　　　　　涂 层 厚 度 要 求

公称口径/mm	涂层厚度/mm	公称口径/mm	涂层厚度/mm
15	>0.30	65	>0.4
20		80	
25		100	
32	>0.35	125	
40		150	
50			

表 4-46　　　　　　　　　涂 层 质 量 要 求

项　目	要　求	
	聚乙烯涂层	环氧树脂涂层
针孔试验	不发生电火花击穿现象	不发生电火花击穿现象
附着力试验	≥30N/10min	涂层不发生剥离
弯曲试验（公称口径≤50mm）	涂层不发生剥离、断裂	涂层不发生剥离、断裂
压扁试验（公称口径≥60mm）	涂层不发生剥离、断裂	涂层不发生剥离、断裂
冲击试验	涂层不发生剥离、断裂	涂层不发生剥离、断裂
卫生性能试验	符合 GB/T 17219 要求	符合 GB/T 17219 要求

（2）给水衬塑复合管。原始管材主要采用热镀锌管，内壁采用 PE、PP-R 和 PVC 等塑料管材，通过共挤出法将塑料管挤出成型并外涂热熔性粘接层，然后套入锌管内一起在衬塑机组内加热加压并冷却定型后，将塑料管复合在钢管内壁。衬塑复合管的尺寸及偏差见表 4-47。

表 4-47　　　　　　　　　衬塑复合管的尺寸及偏差

公　称　直　径		内衬塑料管	衬塑钢管/mm		
D_N	I_n	厚度/mm	内径	偏差	长度
15	1/2	1.5±0.2	12.8	+0.5～−0.0	6000 (+2.0～0.0)
20	3/4		18.3	+0.6～−0.0	
25	1		24.0	+0.8～−0.0	
32	$1\frac{1}{4}$		32.8	+0.8～−0.0	
40	$1\frac{1}{2}$		38	+1.0～−0.0	
50	2		50	+1.0～−0.0	
65	$2\frac{1}{2}$		65	+1.2～−0.0	
80	3	2.0±0.2	76.5	+1.4～−0.0	
100	4		102	+1.4～−0.0	
125	5		128	+2.0～−0.0	
150	6		151	+2.0～−0.0	

注：1. 供货有特殊要求时，长度可由供、需双方协商确定。

　　2. 管端是否带螺纹由供、需双方确定。

（3）钢塑复合压力管。钢塑复合管主要包括三层，中间层为钢带（或镀锌钢带），内、外层均为聚乙烯（或聚丙烯）。内塑料管挤出后外涂胶粘剂，与此同时钢带经辊压成型并包覆内管，对成型钢管进行氩弧焊接，最后钢管外壁涂胶粘剂并与外塑料管共同挤出复合。其各项技术指标见表4-44～表4-48。

（4）薄壁不锈钢管。薄壁不锈钢管有优异的耐腐蚀性，安全可靠，卫生环保，经济适用，具有不漏水、不爆裂、防火、抗震等特点，使用寿命长达100年。它适用于各种水质，除了消毒灭菌不需要对水质进行控制，同时，也没有腐蚀和超标的渗出物，能够保持水质纯净卫生，避免二次污染，能经受高达30m/s的高水流冲击，广泛应用于食品、医疗、化工、石油工业等领域，特别适用热水输送。

不锈钢管的连接方式多样，常见的管件类型有压缩式、压紧式、活接式、推进式、推螺纹式、承插焊接式、活接式法兰连接、焊接式及焊接与传统连接相结合的派生系列连接等方式。这些连接方式，根据其原理不同，其适用范围也有所不同，但大多数均安装方便、牢固可靠。其尺寸与技术性能见表4-48～表4-55。

表 4-48 钢塑复合管工作温度

用途符合	塑料代号	工作温度/℃	用途符合	塑料代号	工作温度/℃
L	PE	≤60	T	PE	
R	PE-RT；PEX；PPR	≤95			
Q	PE	≤40		PE-RT；PEX；PPR	

表 4-49 钢塑普通系列复合管规格尺寸 （单位：mm）

公称直径	公称外径偏差	内层聚乙（丙）烯最小厚度	钢带最小厚度	外层聚乙（丙）烯最小厚度	壁厚	壁厚偏差
50	+0.5～0	1.4	0.3	1.0	3.5	+0.5～0
60	+0.6～0	1.6	0.4	1.1	4.0	+0.7～0
75	+0.7～0	1.6	0.5	1.1	4.0	+0.7～0
90	+0.8～0	1.7	0.6	1.2	4.5	+0.8～0
110	+0.9～0	1.8	0.8	1.3	5.0	+0.9～0
160	+1.6～0	1.8	1.1	1.5	5.5	+1.0～0
200	+2.0～0	1.8	1.4	1.7	6.0	+1.2～0
250	+2.4～0	1.8	1.7	1.9	6.5	+1.4～0
315	+2.6～0	1.8	2.2	1.9	7.0	+1.6～0
400	+3.0～0	1.8	2.8	2.0	7.5	+1.8～0

表 4 - 50　　　　　　　　　　　钢塑加强系列复合管规格尺寸　　　　　　　　　　（单位：mm）

公称直径	公称外径偏差	内层聚乙（丙）烯最小厚度	钢带最小厚度	外层聚乙（丙）烯最小厚度	壁厚	壁厚偏差
16	+0.3～0	0.8	0.3	0.4	2.0	+0.4～0
20	+0.3～0	0.8	0.3	0.4	2.0	+0.4～0
25	+0.3～0	1.0	0.4	0.6	2.5	+0.4～0
32	+0.3～0	1.2	0.4	0.7	3.0	+0.4～0
40	+0.4～0	1.3	0.5	0.8	3.5	+0.5～0
50	+0.5～0	1.4	0.6	1.5	4.5	+0.8～0
63	+0.6～0	1.7	0.5	1.7	5.0	+0.9～0
75	+0.7～0	1.9	0.6	1.9	5.5	+1.0～0
90	+0.8～0	2.0	0.8	2.0	6.0	+1.2～0
110	+0.9～0	2.0	1.0	2.2	6.5	+1.4～0
160	+1.6～0	2.0	1.7	2.2	7.0	+1.6～0
200	+2.0～0	2.0	2.2	2.2	7.5	+1.8～0
250	+2.4～0	2.0	2.8	2.3	8.5	+2.2～0
315	+2.6～0	2.0	3.5	2.3	9.0	+2.4～0
400	+3.0～0	2.0	4.5	2.3	10.0	+2.8～0

表 4 - 51　　　　　　　　　　普通系列复合管最大工作压力

用途符号	公称外径/mm									
	50	63	75	90	110	160	200	250	315	400
	最大工作压力/MPa									
L、R、T	1.25									
Q	0.5									

表 4 - 52　　　　　　　　　　普通系列复合管最大工作压力

用途符号	公称外径/mm													
	16	20	25	32	40	50	63	75	90	110	160	200	250	315	400
	最大工作压力/MPa													
L、R、T	2.5						2.0							
Q	1.0						0.8							

表 4 - 53　　　　　　　　　　薄壁不锈钢管的材料牌号

牌　　号	用　　途
0Cr18Ni9（304）	饮用净水、生活饮用水、空气、医用气体、热水等管道用
0Cr17Ni12Mo2（316）	耐腐蚀性比 0Cr18Ni9 更高的场合
00Cr17Ni11Mo2（316L）	海水

表 4-54　　　　　　　　　　　薄壁不锈钢管材的抗拉强度和伸长率

牌　　　号	抗拉强度/MPa	伸长率（%）
0Cr18Ni9（304）	≥520	≥35
0Cr17Ni12Mo2（316）	≥520	≥35
00Cr17Ni11Mo2（316L）	≥480	

表 4-55　　　　　　　　　　　　薄壁不锈钢水管的基本尺寸

公称直径 D_N/mm	水管外径/mm	外径允许偏差/mm	壁厚 S/mm		重量/(kg/m)	
					0Cr18Ni9	0Cr17Ni12Mo2、00Cr17Ni11Mo2
10	10	±0.10		0.8		
	12			0.8		
15	14		0.6	0.8		
	16		0.6			
20	20		0.6	1.0	$W=0.024\,91\times$	$W=0.025\,07\times$
	22			1.0	$(D_w-S)\times S$	$(D_w-S)\times S$
25	25.4		0.8	1.0		
	28			1.0		
32	35	±0.12	1.0	1.0		
	38		1.0			
40	40		1.0	1.2		
	42	±0.15		1.2		
50	50.8	±0.18		1.2		
	54					
65	67	±0.20	1.2	1.5		
	70			1.5		
80	76.1	±0.23	1.5	2.0		
	88.9	±0.25		2.0		
100	102			2.0	$W=0.024\,91\times$	$W=0.025\,07\times$
	108	±0.4%D_w		2.0	$(D_w-S)\times S$	$(D_w-S)\times S$
125	133		2.0			
150	159			3.0		

4.6.3　预应力钢筒混凝土管

　　预应力钢筒混凝土管是指带有钢筒的混凝土管芯外侧缠绕环向预应力钢丝并采用水泥砂浆保护层而制成的管子，预应力钢筒混凝土管（PCCP）按其结构分为内衬式预应力钢筒混凝土管（PCCPL）和埋置式预应力混凝土管（PCCPE）；按管子的接头密封类型又分为单胶圈预应力钢筒混凝土管（PCCPSL、PCCPSE）和双胶圈预应力钢筒混凝土管（PCCPDL、PCCPDE）。其各项指标见表 4-56～表 4-60。

表 4-56　　　　　内衬式预应力钢筒混凝土管（PCCPL）基本尺寸　　　　（单位：mm）

管子类型	公称内径 D_0	最小管芯厚度 t_c	保护层净厚度	钢筒厚度 t_y	承口深度 C	插口长度 E	承口工作面内径 B_b	承口工作面内径 B_s	接头内间隙 J	接头外间隙 K	胶圈直径 d	有效长度 L_0	管子长度 L	参考重量 /（t/m）
单胶圈	400	40	20	1.5	93	93	493	493	15	15	20	5000 6000	5078 6078	0.23
	500	40					593	593						0.28
	600	40					693	693						0.31
	700	45					803	803						0.41
	800	50					913	913						0.50
	900	55					1023	1023						0.60
	1000	60					1133	1133						0.70
	1200	70					1353	1353						0.94
	1400	90					1593	1593						1.35
双胶圈	1000	60	20	1.5	160	160	1133	1133	25	25	20	5000 6000	5135 6135	0.70
	1200	70					1353	1353						0.94
	1400	90					1593	1593						1.35

表 4-57　　　埋置式预应力钢管混凝土管（PCCPE）基本尺寸（单胶圈接头）　　（单位：mm）

公称内径 D_0	最小管芯厚度 t_c	保护层净厚度	钢筒厚度 t_y	承口深度 C	插口长度 E	承口工作面内径 B_b	承口工作面内径 B_s	接头内间隙 J	接头外间隙 K	胶圈直径 d	有效长度 L_0	管子长度 L	参考重量 /（t/m）
1400	100	20	1.5	108	108	1503	493	25	25	20	5000 6000	5083 6083	1.48
1600	100					1703	593						1.67
1800	115					1903	693						2.11
2000	125					2013	803						2.52
2200	140					2313	913						3.05
2400	150					2513	1023						3.53
2600	165					2713	1133						4.16
2800	175	20	1.5	150	150	2923	2923	25	25	20	5000 6000	5125 6125	4.72
3000	190					3143	3143						5.44
3200	200					3343	4333						6.07
3400	2200					3553	3553						7.06
3600	230					3763	3763						7.77
3800	245					3973	3973						8.69
4000	260					4183	4183						9.67

表 4-58　　　　埋置式预应力钢管混凝土管（PCCPE）基本尺寸（双胶圈接头）　　（单位：mm）

公称内径 D_0	最小管芯厚度 t_c	保护层净厚度	钢筒厚度 t_y	承口深度 C	插口长度 E	承口工作面内径 B_b	承口工作面内径 B_s	接头内间隙 J	接头外间隙 K	胶圈直径 d	有效长度 L_0	管子长度 L	参考重量 /(t/m)
1400	100					1503	493						1.48
1600	100					1703	593						1.67
1800	115					1903	693						2.11
2000	125	20	1.5	160	160	2013	803	25	25	20	5000 6000	5135 6135	2.52
2200	140					2313	913						3.05
2400	150					2513	1023						3.53
2600	165					2713	1133						4.16
2800	175					2923	2923						4.72
3000	190					3143	3143						5.44
3200	200					3343	4333						6.07
3400	220	20	1.5	160	160	3553	3553	25	25	20	5000 6000	5125 6125	7.06
3600	230					3763	3763						7.77
3800	245					3973	3973						8.69
4000	260					4183	4183						9.67

表 4-59　　　　　　　　　成 品 管 子 允 许 偏 差　　　　　　　　　（单位：mm）

公称内径	内径 D_0	管芯厚度 t_c	保护厚度 t_g	管子总长 L	承 口 内径 B_b	承 口 深度 C	插 口 外径 B_s	插 口 长度 E	承插口工作面	管子端面倾斜度 /(°)
400～1200	±5	±4		±6		±3		±3		≤6
1400～3000	±8	±6	−1	±6	+1.0 +0.2	±4	−0.2 −1.0	±4	0.5% 或 12.7mm（最小值）	≤9
3200～4000	±10	±8		±8		±5		±5		≤13

表 4-60　　　　　　　　配 件 用 钢 板 的 最 小 厚 度　　　　　　　（单位：mm）

公称直径范围	最小厚度	公称直径范围	最小厚度
400～500	4.0	1600～2000	10.0
500～900	5.0	2000～2200	12.0
1000～1200	6.0	2200～2400	14.0
1400～1600	8.0		

第 5 章   市 政 工 程 新 技 术

5.1   沥青玛蹄脂碎石混合料路面工程技术

5.1.1   概述

沥青玛蹄脂碎石混合料（Stone Matrix Asphalt，SMA）是一种由沥青、纤维稳定剂、矿粉和少量的细骨料组成的沥青玛蹄脂填充间断级配的粗骨料骨架间隙而组成的沥青混合料。

1. SMA 在中国的发展

（1）SMA 进入中国

1）中国第一个采用 SMA 路面的高速公路是广佛高速公路，并且使用了 PE 改性沥青，但没有使用纤维材料。该路完成于 1993 年 3 月，由于当时未能对 SMA 的特性予以充分的了解和研究，只是照搬国外的方法和标准，忽略了当地的气候特点，所铺的 SMA 路面未能收到好的效果。

2）"国门第一路"1993 年在首都机场高速公路上铺筑了 18km 的 SMA 路面，并且使用 PE 改性沥青和 PE＋SBS 复合改性沥青，在混合料中添加了石棉纤维。由于 PE 改性沥青低温性能不良，当年铺筑的路面很快就出现了裂缝。

3）1997 年，民用航空部门首次在北京机场东跑道使用木质纤维铺筑 SMA 道面，当时使用了 PE＋SBS 复合改性沥青，为 SMA 技术在中国机场道面上的应用开创了先例。

（2）SMA 融入中国

1）SMA 技术在我国各地引起广泛的兴趣。1998 年以来，在北京、辽宁、上海、广东、江苏、山东等许多地方得到了进一步的研究和应用。应当指出，在众多的工程实践中，一方面既取得了成功的经验，另一方面也有不少的教训。

2）经过 30 余年深入研究与推广，总结经验的基础上：SMA 技术正式纳入中国沥青路面设计与施工规范，作为一种常规的混合料类型和高等级沥青路面的实用型表面层，在全国很多地市已经开始使用。我省 SMA 路面有：郑州西南绕城高速公路（图 5-1）、焦郑高速公路、洛阳至三门峡至灵宝高速公路、济焦高速公路等。

2. 沥青玛蹄脂碎石混合料特点

沥青玛蹄脂碎石（SMA）是一种由沥青、纤维稳定剂、矿粉及少量的细骨料组成的沥青玛蹄脂填充间断级配的粗骨料骨架间隙组成一体的沥青混合料。它与我国现行规范规定的沥青混合料，如密级配沥青混凝土 AC Ⅰ 型、AC Ⅱ 型、沥青碎石混合料（AM）、抗滑表层混合料（AK），以及国外的一种大空隙排水性沥青混合料（OGFC）相比，各自具有不同的优点和缺点。普通的密级配沥青混凝土（以 AC Ⅰ 型为代表）的空隙率小，耐久性、水稳性、抗老化性能好。但其组成中细骨料以下的部分大体上占到一半，粗骨料实际上是悬浮在沥青砂浆中，故而交通荷载主要是由沥青砂浆承受着，在高温条件下，沥青砂浆的黏度变小，承受变形的能力急剧降低，容易产生永久变形，造成车辙、推拥，且表面构造深度小，抗滑等表面功能较差。

图 5-1 郑州西南绕城高速公路

沥青玛蹄脂碎石混合料有以下特点：

(1) 在 SMA 的组成中，矿料是间断级配，粗骨料占到 70％以上，粗骨料颗粒之间有良好的嵌挤作用，因而有较强的高温抗车辙能力。

(2) SMA 使用矿粉比例为 8％～12％，沥青比例为 5.5％～6.5％，同时使用纤维作稳定剂，使混合料有较好的低温变形性能。

(3) SMA 混合料的内部空隙率较小（4％左右），混合料的水稳定性有较多改善。

(4) SMA 构造深度大，使雨天高速行车下不易产生水漂，抗滑性能提高，较好地解决了抗滑与耐久的矛盾。同时，雨天交通不会产生大的水雾和溅水，路面噪声降低，从而可以全面提高路面的表面功能。

沥青玛蹄脂碎石路面剖面（SMA）与沥青混凝土路面剖面（AC）如图 5-2 所示。

图 5-2 沥青玛蹄脂碎石路面与沥青混凝土路面比较

（5）SMA 路面密水性好，使路面能保持较高的整体强度和稳定性。

由于以上种种因素的共同作用，SMA 结构能全面提高沥青混合料和沥青路面的使用性能，减少维修养护费用，延长使用寿命。尽管初期投资有所增加，但可以降低维修养护费用，延长使用寿命，总体上仍将产生重大的经济效益。但是 SMA 的施工工艺要求较高，与其他间断级配混合料一样，它对施工因素的敏感性较强，矿料级配及沥青用量的小的波动和变化，很容易造成路面质量的大的波动，也会造成局部泛油、油斑、透水等。SMA 适用于铺筑新建公路的抗滑表层或旧路面加铺磨耗层使用，特别适用于高速公路的维修罩面作为旧路面的磨耗层。

5.1.2　材料及配合比

1. 材料

（1）粗骨料。SMA 有较高的高温稳定性，是基于含量甚多的粗骨料之间的嵌挤作用。骨料嵌挤作用的好坏在很大程度上取决于骨料石质的坚韧性，骨料的颗粒形状和棱角性。粗骨料的这些性质是 SMA 成败与否的关键。因此，用于 SMA 的粗骨料必须符合抗滑表层混合料的技术要求，同时，SMA 对粗骨料的抗压碎要求高，粗骨料必须使用坚韧的、粗糙的、有棱角的优质石料，必须严格限制骨料的扁平颗粒含量；所使用的碎石不能用颚板式轧石机破碎，要用捶击式或者锥式碎石机破碎。

花岗石、石英石、砂石等酸性岩石往往具有这些性质，但是它们与沥青的粘附性很差，必须采用掺加石灰、水泥及抗剥离剂等措施。若 SMA 采用聚合物改性沥青，即使是酸性岩石，粘附性往往也能达到要求，这时也可不掺加抗剥离剂。

对采用石灰石骨料的混合料，无论沥青改性与否，SMA 与 AC 混合料的动稳定度几乎没有什么差别，根本看不出 SMA 混合料的优越性。由于骨料的质地不坚硬，在车辙试验的荷载反复作用下，骨料的棱角都被磨掉了，嵌挤作用根本就发挥不出来，SMA 未能通过粗骨料的嵌挤作用提高其高温抗车辙能力。所以像石灰石这样的非坚硬石料足不适用于 SMA 混合料的。

（2）细骨料。细骨料在 SMA 中只占很少的比例，往往不超过 10%，然而细骨料对 SMA 的性能影响也不小。细骨料宜采用专用的细料破碎机（制砂机）生产的机制砂。当采用普通石屑代替时，宜采用与沥青粘附性好的石灰石石屑，且不得含有泥土、杂物。与天然砂混用时，天然砂的用量不宜超过机制砂或石屑的用量。天然砂中水洗法小于 0.075mm 颗粒含量不得大于 5%。当采用砂作为细骨料使用时，必须测定其粗糙度指标，以表示砂粒的棱角性和表面构造状况

天然砂与人工砂、石屑在使用于沥青混合料时，使用性能有很大的差别。由于天然砂经过亿万年的风化、搬运，一般比较坚硬，尤其是海砂，大部分是石英颗粒，所以天然砂作为细骨料，往往有较好的耐久性。但是天然砂与沥青的粘附性往往较差，而且砂的颗粒基本上是球形颗粒，所以对高温抗车辙能力极为不利。而机制砂是采用坚硬岩石反复破碎制成，所以它有良好的棱角性和嵌挤性能，对提高混合料的高温稳定性有好处。

考虑机制砂的成本，可以使用石屑代替部分机制砂。石屑是破碎石料时的下脚料，基本上是石料中较为薄弱的部分先变成石屑剥落下来，所以石屑中扁平颗粒含量特别大，而且强度较差，所以对石屑的使用有所限制。

（3）填料。填料必须采用由石灰石等碱性岩石磨细的矿粉。矿粉必须保持干燥，能从石粉仓自由流出。为改善沥青结合料与骨料的粘附性，使用消石灰粉和水泥时，其用量不宜超过矿料总质量的 2%。粉煤灰不得作为 SMA 的填料使用。SMA 使用除尘装置回收的粉尘时，回收粉用量不得大于矿粉总量的 25%，混用回收粉后的 0.075mm 通过部分的塑性指数不得大于 4。

（4）沥青结合料。用于 SMA 的沥青结合料必须具有较高的黏度，与骨料有良好的粘附性，以保证有足够的高温稳定性和低温韧性。对高速公路等承受繁重交通的重大工程，夏季特别炎热或冬季特别寒冷的地区，宜采用改性沥青。当不使用改性沥青结合料时，沥青的质量必须符合"重交通道路沥青技术要求"，并采用比当地常用沥青标号稍硬 1 级或 2 级的沥青。当使用改性沥青时，用于改性沥青的基质沥青，必须符合"重交通道路沥青技术要求"。基质沥青的标号应通过试验确定，通常采用与普通沥青标号相当或针入度稍大的等级，沥青改性以后的针入度等级，在南方和中部地区宜为 40～60，北方地区宜为 40～80，东北寒冷地区宜为 60～100。

用于 SMA 的聚合物改性沥青的质量应符合《公路沥青路面施工技术规范》（JTG F40—2004）规定的技术要求。以提高沥青混合料的抗车辙能力作为主要目的时，宜要求改性沥青的软化点温度高于年最高路面温度。

（5）纤维稳定剂。用于 SMA 的纤维稳定剂包括木质素纤维、矿物纤维（图 5-3）、聚合物化学纤维等，以改善沥青混合料性能，吸附沥青，减少析漏。纤维的质量可参照国内外相关的技术要求执行，其长度不宜大于 6mm。纤维应能承受 250℃ 以上的环境温度不变质，且对环境不造成公害，不危害身体健康。纤维可采用松散的絮状纤维或预先与沥青混合制成的颗粒状纤维。施工过程中应保证纤维不受潮结块，并确认纤维能在沥青混合料拌和过程中均匀地分散开。

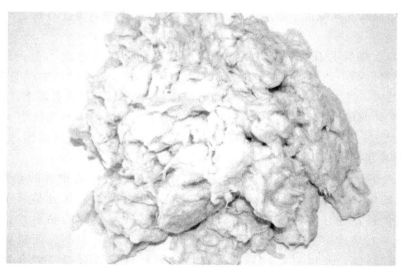

图 5-3 矿物纤维

纤维应存放在室内或有棚盖的地方，在运输及使用过程中应防止受潮、结团，已经受潮、结团不能在拌和时充分分散的纤维，不得使用。

纤维稳定剂的掺加比例，以沥青混合料总量的质量百分率计算，用量根据沥青混合料的种类由试验确定。通常情况下用于 SMA 路面的木质素纤维不宜少于 0.3%，矿物纤维不宜少于 0.4%，必要时可适当增加。掺加纤维的质量允许误差为 ±5%。

2. 配合比设计

（1）设计原则。SMA 混合料的配合比设计，应遵循现行规范关于热拌沥青混合料配合比设计的目标配合比、生产配合比及试拌试铺验证的三个阶段，确定矿料级配及最佳沥青用量。SMA 配合比设计采用马歇尔试件体积设计方法。

（2）设计标准。SMA 的矿料级配采用间断级配，其级配范围，应符合表 5-1 的要求。

表 5-1　　　　　　　　　　　　　SMA 混合料矿料级配范围

通过百分率　　筛孔/mm	规格（按公称最大粒径分）			
	SMA-20	SMA-16	SMA-13	SMA-10
26.5	100	100		
19	90～100	100		
16	72～92	90～100	100	
13.2	62～82	65～85	90～100	100
9.5	40～55	45～65	50～75	90～100
4.75	18～30	20～32	20～34	22～36
2.36	13～22	15～24	15～26	18～28
1.18	12～20	14～22	14～24	14～26
0.6	10～16	12～18	12～20	12～22
0.3	9～14	10～15	10～16	10～18
0.15	8～13	9～14	9～15	9～16
0.075	8～12	8～12	8～12	8～13
适用的层厚/mm	50～80	40～50	35～40	25～30

3. 施工工艺

（1）施工温度。SMA 路面宜在较高的温度条件下施工，当气温或下卧层表面温度低于 10℃时不得铺筑 SMA 路面。施工温度应根据沥青标号、黏度、改性剂的品种及剂量、气候条件及铺装层的厚度确定。通常对非改性沥青混合料应通过沥青结合料在 135℃ 及 175℃ 条件下测定的黏度—温度曲线按表 5-2 的规定确定。非改性沥青结合料缺乏黏度—温度曲线数据或采用改性沥青结合料时，可按表 5-3 规定的范围选择。但经试验段或施工实践证明，表中规定温度不符合实际情况时，容许作适当调整。较稠的沥青、改性剂剂量高、厚度较薄时，选用高值；反之选低值。气温或下卧层温度较低时，施工温度应适当提高。

表 5-2   适宜于沥青混合料拌和及压实的沥青黏度

黏度	适宜于拌和的沥青结合料黏度	适宜于压实的沥青结合料黏度	测定方法
表观黏度	$(0.17+0.02)Pa \cdot s$	$(0.28\pm0.03)Pa \cdot s$	T0625
运动黏度	$(170\pm20)mm^2/s$	$(280\pm30)mm^2/s$	T0619
赛波特黏度	$(85\pm10)s$	$(140\pm15)s$	T0623

沥青结合料（含改性沥青）的加热温度或改性沥青的加工温度不得超过175℃。沥青混合料的温度应采用具有金属探测针的插入式数显温度计测量，不得采用玻璃温度计测量。在运料车上测量时宜在车厢侧板下方打一个小孔插入不少于15cm量取。

（2）拌和

1）生产SMA应采用间隙式沥青拌和机拌和，且必须配备有材料配比和施工温度的自动检测和记录设备，逐盘打印各传感器的数据，每个台班作出统计，计算矿料级配、油石比、施工温度、铺装层厚度的平均值、标准差和变异系数，进行总量检验，并作为施工质量检测的依据。

表 5-3   SMA 路面的正常施工温度范围   （单位：℃）

工 序	不使用改性沥青	使用改性沥青			测量部位
		SBS 类	SBR 胶乳类	EVA、PE 类	
沥青加热温度	150～160	160～165			沥青加热罐
改性沥青现场制作温度	—	165～170	—	165～170	改性沥青车
改性沥青加工最高温度	—	175		175	改性沥青车或储油罐
骨料加热温度	180～190	190～200	200～210	185～195	热料提升斗
SMA 混合料出厂温度	155～170	170～185	160～180	165～180	运料车
混合料最高温度（废弃温度）	190	195			运料车
混合料储存温度	拌和出料后降低不超过 10				储存罐及运料车
摊铺温度	不低于 150	不低于 160			摊铺机
初压开始温度	不低于 140	不低于 150			摊铺层内部
复压开始温度	不低于 120	不低于 130			碾压层内部
开放交通时的路表温度	不高于 50	不高于 50			路表面

2）使用于SMA的改性沥青可以采用成品改性沥青或在现场制作改性沥青。

当使用成品改性沥青时，应经常检验改性沥青的离析情况，各项指标应符合相关规定的技术要求。

当为现场制作时，加工工艺根据改性剂的品种和基质沥青确定。改性剂必须存放在室内，不得受潮或老化变色。拌和厂的电力条件应满足现场制作改性沥青的生产需要。基质沥青的导热油加热炉应具有足够的功率。改性沥青生产后宜进入储存罐，经过不少于半小时的继续搅拌发育后使用，储存和运输过程中不得发生离析。

3）拌和机应配备专用的纤维稳定剂投料装置，直接将纤维自动加入拌和机的拌和锅或称量斗中。根据纤维的品种和形状的不同，可采取不同的添加方式。添加纤维应与拌和机的拌和周期同步进行。松散的絮状纤维应采用风送设备自动打散上料，并在矿料投入后干拌及喷入沥青的同时一次性喷入拌和机内。颗粒纤维宜在骨料投入后立即加入，经 5～8s 的干拌再投入矿粉，总的干拌时间应比普通沥青混合料增加 5～10s。

4）喷入沥青后的湿拌时间，应根据拌和情况适当增加，通常不得少于 5s，保证纤维能充分均匀地分散在混合料中。由于增加拌和时间，投放矿粉时间加长，废弃回收粉尘等等原因而降低拌和机生产率，应在计算拌和能力时充分考虑到，以保证不影响摊铺速度，造成停顿。

5）各种原材料都必须堆放在硬质地面上，在多雨潮湿地区，细骨料（含石屑）应堆放在有棚盖的干燥条件下，当细骨料潮湿使冷料仓供料困难时，应采取措施；

6）矿粉必须存放在室内，保持干燥，不结块，能自由流动。拌和时，矿粉投入能力应符合配合比设计数量的需要，原有矿粉仓能满足使用时，宜增加投入矿粉的设备，或将矿粉投料口扩大，以减少矿粉投入时间。

7）拌和过程中，回收粉尘的用量不得超过矿粉总用量的 25%。对逸出及废弃的粉尘，应添加矿粉补足，使 0.075mm 通过率达到配合比设计要求。当抽提筛分试验的 0.075mm 通过率由干筛得到时，与配合比设计时矿粉采用水洗法筛分有差别，此时应该通过比较试验进行调整。

8）拌和的 SMA 混合料应立即使用，需在储料仓中存放时，以不发生沥青析漏为度，且不得储存至第二天使用。

9）当采用直接投入法制作改性沥青混合料时，改性剂必须计量准确，拌和均匀分散。胶乳类改性剂必须采用专用的计量投料装置按使用比例在喷入沥青后 10s 内投入拌和锅中，供应胶乳的泵和管道、喷嘴必须经常检查，保持畅通。颗粒状改性剂可在投放矿料后直接投入拌和锅中。

10）沥青拌和厂宜设置专用的取样台，供在运料车上对混合料取样、测量温度、盖苫布使用。

（3）运输。SMA 宜采用大吨位运料车运输。运料车在开始运输前，应在车厢及底板上涂刷一层油水混合物，使混合料不致与车厢黏结。任何情况下，运料车在运输过程中都应加盖苫布，以防表面混合料降温结成硬壳。运料车在运输途中，不得随意停歇。运料车卸料必须倒净，如发现有剩余的残留物，应及时清除。运料车到达现场后，应严格检查 SMA 混合料的温度，不得低于摊铺温度的要求。

（4）摊铺

1）在铺筑 SMA 之前应对下层表面作以下处理：

用硬扫帚或电动工具清扫路面，有泥土等不洁物沾污时，应一边清扫一边用高压水冲洗干净，并待进入路面中水分蒸发后铺筑。

若旧路面表面不平整，应铣刨或用热拌沥青混合料铺筑整平层，恢复横断面。

必须喷洒符合要求的粘层油，用量宜为 0.3～0.4L/m²。

2）SMA 可采用常规的沥青混合料摊铺方法进行摊铺。一台摊铺机的摊铺宽度不宜超过 6m，最大不得超过 8m，高速公路的沥青面层应采用两台以上相同型号的摊铺机成梯队形式摊铺，相邻两台摊铺机应具有相同的压实能力，摊铺间距不超过 20m，保证纵向接缝为热接缝。改性沥青 SMA 混合料宜使用履带式摊铺机铺筑。

3）摊铺机开始铺筑前应对熨平板预热至 100℃ 以上，铺筑过程中应开劫熨平板的振动或捶击等夯实装置。

4）SMA 混合料的摊铺速度应调整到与供料速度平衡，必须缓慢、均匀、连续不间断地摊铺。摊铺过程中不得随意变换速度或中途停顿。由于改性沥青或 SMA 生产影响拌和机生产率，摊铺机的摊铺速度应放慢，通常不超过 3～4m/min，容许放慢到 1～2m/min。当供料不足时，宜采用运料车集中等候，集中摊铺的方式，尽量减少摊铺机的停顿次数。此时摊铺机每次均应将剩余的混合料铺完，做好临时接头。如等料时间过长，混合料温度降低，表面结硬成壳，影响继续摊铺时，必须将硬壳去除。

5）改性沥青 SMA 混合料的摊铺温度应比普通沥青混合料的摊铺温度高 10～20℃，混合料温度在卸料到摊铺机上时测量。当气温低于 15℃ 时，不得摊铺改性沥青 SMA 混合料。

6）SMA 混合料的松铺系数应通过试铺确定。SMA 混合料在运输、等候及铺筑过程中，应注意观察，如发现有沥青析漏情况，应停止卸料，分析原因，采取降低施工温度、减少沥青用量或增加纤维用量等措施。不得在雨天或下层潮湿的情况下铺筑 SMA 路面。SMA 表面层铺筑时宜采用平衡梁自动找平方式，平衡梁的橡胶轮应适当涂刷废机油等防黏结材料，在每次铺筑结束后必须清理干净。当同时使用改性沥青时宜采用非接触式平衡梁。

（5）压实

1）SMA 施工必须有足够数量的压路机，压路机的最少数量根据与铺筑速度匹配的原则，由压路机的碾压宽度、碾压速度、要求的碾压遍数计算配置。铺筑双车道高速公路沥青路面时，用于初压、复压和终压的各种压路机数量不得少于 4～5 台。

2）混合料摊铺后，必须紧跟着在尽可能高的温度状态下开始碾压，不得等候。除必要的加水等短暂歇息外，压路机在各阶段的碾压过程中应连续不间断地进行。同时也不得在低温度状态下反复碾压 SMA，以防止磨掉石料棱角或压碎石料，破坏骨料嵌挤，碾压温度应符合表 6-2 的要求。

3）SMA 路面的初压宜采用刚性碾静压。每次碾压应直至摊铺机跟前，初压区的长度通过计算确定以便与摊铺机的速度匹配，一般不宜大于 20m。高速公路宜采用两台压路机同时进行，初压遍数一般为 1 遍，以保证尽快进入复压。摊铺机的铺筑宽度越宽，摊铺机自身的碾压效果越差，初压的要求也越高。

4）SMA 路面的复压应紧跟在初压后进行，经试验证明直接使用振动压路机初碾不造成推拥，也可直接用振动压路机初压。如发现初压有明显推拥，应检查混合料的矿料级配及油石比是否合适。压路机的吨位以不压碎骨料，又能达到压度为度。复压宜采用重型的振动压路机进行，碾压遍数不少于 3～4 遍；也可用刚性碾静压，复压遍数不少于 6 遍。

5）终压采用刚性碾紧接在复压后进行，以消除轮迹，终压遍数通常为 1 遍。若复压后已无明显轮迹或终压看不出明显效果时可不再终压。即允许采用振动压路机同时进行初压、复压、终压一气呵成。

6）通常情况下 SMA 不宜采用轮胎压路机碾压，以防搓揉过度造成沥青玛蹄脂挤到表面而达不到压实效果。在极易造成车辙变形的路段等特殊情况下，由于减少沥青用量必须使用轮胎压路机碾压时，必须通过试验论证，确定压实工艺，但不得发生沥青玛蹄脂上浮或挤出等现象。

7）振动压路机碾压 SMA 应遵循"紧跟、慢压、高频、低幅"的原则。即压路机必须紧跟在摊铺机后面碾压，碾压速度要慢，要均匀，并采取高频率、低振幅的方式碾压。

8）压路机应该紧跟摊铺机向前推进地碾压，碾压段长度大体相同，每次碾压到摊铺机跟前后折返碾压。SMA 的碾压速度不得超过 5km/h。

9）SMA 路面应防止过度碾压，在压实度达到 98％以上或者现场取样的空隙率不大于 6％后，宜中止碾压。如碾压过程中发现有沥青玛蹄脂部分上浮或石料压碎、棱角明显磨损等过碾压的现象时，碾压即应停止，并分析原因。

10）为了防止混合料粘附在轮子上，应适当洒水使轮子保持湿润，水中可掺加少量的清洗剂。但应该严格控制水量以不粘轮为度，且喷水必须是雾状的，不得采用自流洒水的压路机。压路机碾压过程中不得在当天铺筑的路面上长时间停留或过夜。

（6）接缝

1）SMA 混合料的铺筑应避免产生纵向冷接缝，横向施工缝应采用平接缝。平接缝切缝应在混合料尚未完全冷却结硬之前进行，切缝后必须用水冲洗干净，待干燥后涂刷粘层油，才可铺筑新混合料。

2）应特别注意横向接缝处的平整度，刨除端部或切缝的位置应通过 3m 直尺测量确定。

5.2 旧沥青路面的再生技术

5.2.1 概述

随着我国高等级沥青路面维修养护量不断增加，迫切需要对沥青路面再生技术迫切需要加强应用技术研究，开发合适的再生剂和机械设备，为再生旧料在实际工程中的大量应用奠定基础。

1. 国内外沥青路面再生技术研究概况

国外发达国家对沥青路面再生利用的研究，最早从 20 世纪初就已经开始了，但真正成规模的应用始于 20 世纪 60、70 年代。

美国早在 1915 年开始了沥青路面再生利用的研究，20 世纪 80 年代末美国再生沥青混合料的用量几乎为全部路用沥青混合料的一半，并在再生剂开发、再生混合料的设计、施工设备等方面的研究也日趋深入。沥青路面的再生利用在美国已是常规工程应用，目前每年再生利用的沥青混合料约为 3 亿 t，可直接节省材料费 15 亿～20 亿美元，材料的重复利用率高达 80％。欧洲国家也十分重视这项技术，德国是最早将再生沥青混合料用于高速公路路面维修的国家，早在 1978 年就已实现了废弃沥青材料的全部回收利用。

我国的实际沥青路面再生起步于 20 世纪 80 年代初期，随着国民经济的迅速发展，沥青路面再生机械也逐步发展起来。经过多年努力，我国的沥青路面再生技术已逐步形成了自己特有的再生工艺。一些路面再生机械在我国已能够生产，有些机型已逐步形成系列。我国修筑的高等级路面大多为沥青路面，而且进口沥青占很大比例，价格昂贵，路用石料价格也日趋上升，原材料成本在整个路面工程所占的比例越来越大，对旧沥青混合料再生技术的研究和利用就显得尤为迫切。

我国已建成的高等级沥青路面逐渐进入大修期，沥青路面的再生利用必将引起重视，成为研究和应用的热点，采用沥青再生技术进行大面积公路维修是必然趋势。

2. 再生沥青分类

用机械设备对旧沥青路面或者回收沥青路面材料（RAP）进行处理，并掺加一定比例的新骨料、新沥青、再生剂（必要时）等形成路面结构层的技术。沥青路面再生利用包括：厂拌热再生、就地热再生、厂拌冷再生、就地冷再生 4 类技术。各类再生技术具有不同的适用范围，应用时应根据工程实际情况选择最适宜的再生技术种类。

厂拌热再生：将回收沥青路面材料（RAP）运至沥青拌和厂（场、站），经破碎、筛分，以一定的比例与新骨料、新沥青、再生剂（必要时）等拌制成热拌再生混合料铺筑路面的技术。

就地热再生：采用专用的就地热再生设备，对沥青路面进行加热、铣刨，就地掺入一定数量的新沥青、新沥青混合料、再生剂等，经热态拌和、摊铺、碾压等工序，一次性实现对表面一定深度范围内的旧沥青混凝土路面再生的技术。它可以分为复拌再生、加铺再生两种：复拌再生将旧沥青路面加热、铣刨，就地掺加一定数量的再生剂、新沥青、新沥青混合料，经热态拌和、摊铺、压实成型。掺加的新沥青混合料比例一般控制在 30% 以内；加铺再生将旧沥青路面加热、铣刨，就地掺加一定数量的新沥青混合料、再生剂，拌和形成再生混合料，利用再生复拌机的第一熨平板摊铺再生混合料，利用再生复拌机的第二熨平板同时将新沥青混合料摊铺于再生混合料之上，两层一起压实成型。

厂拌冷再生：将回收沥青路面材料（RAP）运至拌和厂（场、站），经破碎、筛分，以一定的比例与新骨料、沥青类再生结合料、活性填料（水泥、石灰等）、水进行常温拌和，常温铺筑形成路面结构层的沥青路面再生技术。

就地冷再生：采用专用的就地冷再生设备，对沥青路面进行现场冷铣刨，破碎和筛分（必要时），掺入一定数量的新骨料、再生结合料、活性填料（水泥、石灰等）、水，经过常温拌和、摊铺、碾压等工序，一次性实现旧沥青路面再生的技术，它包括沥青层就地冷再生和全深式就地冷再生两种方式。仅对沥青材料层进行的就地冷再生称为沥青层就地冷再生；再生层既包括沥青材料层又包括非沥青材料层的，称为全深式就地冷再生。

5.2.2 材料

沥青路面再生混合料使用的各种材料运至现场后应进行质量检验，经评定合格后方可使用。不同的回收沥青路面材料（RAP）应分开堆放，不得混杂，保证材料均匀一致；不同料源、品种、规格的新骨料不得混杂堆放。回收沥青路面材料（RAP）、新骨料应堆放在预先经过硬化处理且排水通畅的地面上，多雨地区宜采用防雨棚遮盖。

1. 道路石油沥青

（1）再生混合料使用的道路石油沥青，以及制作乳化沥青、泡沫沥青使用的道路石油沥青应符合现行《公路沥青路面施工技术规范》（JTG F40—2004）的规定。

（2）沥青必须按照品种、标号分开存放，在储运、使用和存放过程中应采取良好的防水措施，避免雨水或者加热管道蒸汽进入沥青中。

2. 乳化沥青

（1）厂拌冷再生、就地冷再生使用的乳化沥青材料性能应满足表 5-4 的质量要求。

（2）通常情况下，厂拌冷再生宜采用慢裂型乳化沥青，就地冷再生宜采用中裂型或者慢裂型乳化沥青。

（3）乳化沥青应在常温下使用，使用温度不应高于 60℃。

3. 泡沫沥青

厂拌冷再生、就地冷再生使用的泡沫沥青，应满足表 5-5 的要求。

表 5 - 4　　　　　　　　　　冷再生使用乳化沥青质量要求

试验项目		单位	质量要求	试验方法
破乳速度			慢裂或中裂	T0658
粒子电荷			阳离子（＋）	T0653
筛上残留物（1.18mm 筛）不大于		%	0.1	T0652
黏度	恩格拉黏度 E$_{25}$		2～30	T0622
	25℃赛波特黏度 Vs	s	7～100	T0623
蒸发残留物	残留分含量不小于	%	62	T0651
	溶解度不小于	%	97.5	T0607
	针入度（5℃）	0.1mm	50～300	T0604
	延度（15℃）不小于	cm	40	T0605
与粗骨料的粘附性，裹覆面积不小于			2/3	T0654
与粗、细粒式骨料拌和试验			均匀	T0659
常温储存稳定性	1d 不大于	%	1	T0655
	5d 不大于		5	

注：恩格拉黏度和赛波特黏度指标任选其一检测。

表 5 - 5　　　　　　　　　　泡 沫 沥 青 技 术 要 求

项目	技术要求	试验方法	项目	技术要求	试验方法
膨胀率不小于	10	JTG F41—2008	半衰期（s）不小于	8	JTG F41—2008

4．沥青再生剂

（1）沥青再生剂宜满足表 5 - 6 的要求。

（2）根据回收沥青路面材料（RAP）中沥青老化程度、沥青含量、回收沥青路面材料（RAP）掺配比例、再生剂与沥青的配伍性，综合选择再生剂品种。

表 5 - 6　　　　　　　　　　热拌沥青混合料再生剂质量要求

检验项目	RA-1	RA-5	RA-25	RA-75	RA-250	RA-500	试验方法
60℃黏度/（×10^{-6} m²/s）	50～175	176～900	901～4500	4501～12500	12501～37500	37501～60000	T0619
闪点/℃	≥220						T0633
饱和分含量（%）	≤30						T0618
芳香分含量（%）	实测记录						T0618
薄膜烘箱试验前后黏度比	≤3						T0619
薄膜烘箱试验前 T0609 或后质量变化（%）	[－4，4]	[－4，4]	[－3，3]	[－3，3]	[－3，3]	[－3，3]	T0610
15℃密度	实测记录						T0603

注：薄膜烘箱试验前后黏度比＝试样薄膜烘箱试验后黏度/试样薄膜烘箱试验前黏度。

5．骨料

（1）粗细骨料质量，应满足现行《公路沥青路面施工技术规范》（JTG F40—2004）的要求。单一粗细骨料质量不能满足要求，但骨料混合料性能满足要求的，可以使用。

（2）热再生混合料中新旧骨料混合后的骨料混合料质量，应满足现行《公路沥青路面施工技术规范》（JTG F40—2004）的要求。

6. 水泥、石灰、矿粉

（1）水泥作为再生结合料或者活性添加剂时，可以采用普通硅酸盐水泥、矿渣硅酸盐水泥、火山灰硅酸盐水泥。水泥的初凝时间应在 3h 以上，终凝时间宜在 6h 以上，不应使用快硬水泥、早强水泥。水泥应疏松、干燥，无聚团、结块、受潮变质。水泥强度等级可为 32.5 或 42.5。

（2）石灰作为再生结合料或者活性添加剂时，可以采用消石灰粉或者生石灰粉，石灰技术指标应符合现行《公路路面基层施工技术规范》（JTJ 034—2000）的规定。石灰在野外堆放时间较长时，应覆盖防潮。

（3）再生混合料中使用的填料的质量技术要求，应满足现行《公路沥青路面施工技术规范》（JTG F40—2004）的要求。

7. 水

制作乳化沥青、泡沫沥青用水，以及冷再生用水均应为可饮用水。使用非饮用水，应经试验验证，不影响产品和工程质量时方可使用。

8. 回收沥青路面材料（RAP）

厂拌再生时，回收沥青路面材料（RAP）必须经过预处理后才可使用。厂拌再生时经过预处理的回收沥青路面材料（RAP）以及就地再生时的回收沥青路面材料（RAP）样品。

5.2.3 沥青路面就地热再生施工工艺

就地热再生适用于仅存在浅层轻微病害的高速公路及一、二级公路沥青路面表面层的就地再生利用，再生层可用作上面层或者中面层。沥青路面就地热再生是一种预防性养护技术，再生时原路面应具备以下条件：

（1）原路面整体强度满足设计要求。

（2）原路面病害主要集中在表面层，通过再生施工可得到有效修复。

（3）原路面沥青的 25℃针入度不低于 20（0.1mm）。

沥青路面就地热再生，再生深度一般为 20～50mm。原路面上有稀浆封层、微表处、超薄罩面、碎石封层的，不宜直接进行就地热再生。就地热再生前，应先将其铣刨掉，或经充分试验分析后，做出针对性的材料设计和工艺设计。改性沥青路面的就地热再生，宜进行专门论证。

1. 施工准备

（1）就地热再生施工前应进行现场周边环境调查，对可能受到影响的植物隔离带、树木、加油站等提前采取隔离措施。

就地热再生施工前，必须对就地热再生无法修复的路面病害进行预处理。

1）破损松散类病害：破损松散类病害的深度超过就地热再生施工深度时，应予挖补。

2）变形类病害：根据再生设备的不同，变形深度为 30～50mm 时，再生前应进行铣刨处理。

3）裂缝类病害：分析裂缝类病害成因，影响热再生工程质量的裂缝应予处理。

（2）原路面特殊部位的预处理

1）宜用铣刨机沿行车方向将伸缩缝和井盖后端铣刨 2～5m，前端铣刨 1～2m，深度

30～50mm，再生施工时用新沥青混合料铺筑。

　　2）原路面上的突起路标应清除。

　　3）采用隔热板保护桥梁伸缩缝。

　　（4）铺筑试验路段。就地热再生正式施工前应铺筑试验路，从施工工艺、质量控制、施工管理、施工安全等各个方面进行检验。就地热再生试验路段的长度不宜小于 200m。

　　2. 再生

　　（1）清扫路面，画导向线。清扫路面，避免杂物混入混合料内。在路面再生宽度以外画导向线，也可将路面边缘线作为导向线，保证再生施工边缘顺直美观。

　　（2）路面加热

　　1）原路面必须充分加热。不得因加热温度不足造成铣刨时骨料破损，影响再生质量，也不得因加热温度过高造成沥青过度老化。

　　2）应减小再生列车各设备间距，减少热量散失。

　　3）原路面加热宽度比铣刨宽度每侧应至少宽出 200mm。

　　（3）路面铣刨

　　1）铣刨深度要均匀。铣刨深度变化时应缓慢渐变。

　　2）铣刨面应有较好的表面粗糙度。

　　3）铣刨面温度应高于 70℃。

　　（4）再生剂喷洒

　　1）再生剂喷洒装置应与再生复拌机行走速度联动并可自动控制，能准确按设计剂量喷洒。

　　2）再生剂应加热至不影响再生剂质量的最高温度，提高再生剂的流动性和与旧沥青的融合性。

　　3）再生剂应均匀喷入旧沥青混合料中。

　　4）再生剂用量应准确控制，施工过程中应根据铣刨深度的变化适时调整再生剂的用量。

　　（5）拌和。应保证再生沥青混合料拌和均匀。

　　3. 摊铺

　　（1）摊铺应匀速行进，施工速度宜为 1.5～5m/min。混合料摊铺应均匀，避免出现粗糙、拉毛、裂纹、离析等现象。

　　（2）应根据再生层厚度调整摊铺熨平板的振捣功率，提高混合料的初始密度，减少热量散失。

　　（3）再生混合料的摊铺温度宜控制在 120～150℃。

　　4. 压实

　　（1）就地热再生混合料的碾压应配套使用大吨位的振动双钢轮压路机、轮胎压路机等压实机具。

　　（2）碾压必须紧跟摊铺进行，使用双钢轮压路机时宜减少喷水，使用轮胎压路机时不宜喷水。

　　（3）对压路机无法压实的局部部位，应选用小型振动压路机或者振动夯板配合碾压。

　　5. 开放交通

　　就地热再生压实完成后，再生层路表温度低于 50℃后才可开放交通。

6. 施工质量管理

(1) 沥青路面就地热再生施工过程中的材料质量检查，应符合现行《公路沥青路面施工技术规范》(JTG F40—2004) 对热拌沥青混合料路面的有关规定。

表 5 - 7 就地热再生混合料施工过程中的工程质量控制标准

检查项目	检查频度	质量要求或允许偏差	试验方法
再生剂用量	随时	适时调整，总量控制	每天计算
压实度均值	每天 1～2 次	最大理论密度的 94%	T0924，JTG F40—2004
再生混合料摊铺温度	随时	>120℃	温度计测量

(2) 沥青路面就地热再生需要添加新沥青混合料时，新沥青混合料的质量应满足设计要求。再生混合料的质量控制应符合现行《公路沥青路面施工技术规范》(JTG F40—2004) 对热拌沥青混合料的有关规定。

(3) 沥青路面就地热再生施工过程中的工程质量控制应满足表 5 - 7 和表 5 - 8 的要求。

表 5 - 8 就地热再生外形尺寸现场质量检查的项目与频度

检查项目	检查频度	质量要求或允许偏差	试验方法
宽度/mm	每 100m	1 次	大于设计宽度
再生厚度/mm	随时	±5	T0912
加铺厚度/mm	随时	±3	T0912
平整度最大间隙/mm	随时	<3	T0931
横接缝高差/mm	随时	<3，必须压实	3m 直尺间隙
纵接缝高差/mm	随时	<3，必须压实	3m 直尺间隙
外观	随时	表面平整密实，无明显轮迹、裂痕、推挤、油包、离析等缺陷	目测

7. 检查验收

就地热再生工程的检查和验收应满足表 5-9 的要求。

表 5 - 9 就地热再生工程检查和验收的项目与频度

检查项目	检查频度	质量要求或允许偏差		试验方法
宽度/mm	每 1km 20 个断面	大于设计宽度		T0911
再生厚度/mm	每 1km 5 点	-5		T0912
加铺厚度/mm	每 1km 5 点	±3		T0912
平整 IRI/mm	全线连续	高速、一级公路	<3.0	T0933
		其他等级公路	<4.0	
外观	随时	表面平整密实，无明显轮迹、裂痕、推挤、油包、离析等缺陷		目测
压实度代表值	每 1km 5 点	最大理论密度的 94%		T0924

5.2.4　沥青路面就地冷再生施工工艺

1. 基本知识

（1）沥青路面就地冷再生，适用于一、二、三级公路沥青路面的就地再生利用，用于高速公路时应进行论证。沥青路面就地冷再生分为沥青层就地冷再生和全深式就地冷再生两种方式。对于一、二级公路，再生层可作为下面层、基层；对于三级公路，再生层可作为面层、基层，用作上面层时应采用稀浆封层、碎石封层、微表处等做上封层。沥青层就地冷再生应使用乳化沥青、泡沫沥青作为再生结合料；全深式就地冷再生既可使用乳化沥青、泡沫沥青等沥青类的再生结合料，也可使用水泥、石灰等无机结合料作为再生结合料。当使用水泥、石灰等作为再生结合料时，再生层只可作为基层。

（2）沥青路面就地冷再生时，再生层的下承层应完好，并满足所处结构层的强度要求。

（3）就地冷再生层的压实厚度，使用乳化沥青、泡沫沥青时不宜大于 160mm，且不宜小于 80mm；使用水泥、石灰时不宜大于 220mm，且不宜小于 150mm。

（4）使用水泥、石灰等无机结合料作为再生结合料时的全深式就地冷再生，沥青层厚度占再生厚度的比例不宜超过 50%。

2. 施工准备

（1）铺筑试验路段。铺筑试验路，长度不宜小于 200m。从施工工艺、工程质量、施工管理、施工安全等方面进行检验，确定工艺参数。

（2）就地冷再生机应满足以下要求：

1）工作装置的切削深度可精确控制。

2）工作宽度应不小于 2.0m。

3）喷洒计量精确可调，并与切削深度、施工速度、材料密度等联动；喷嘴在工作宽度范围内均匀分布，各喷嘴可独立开启与关闭。

4）使用泡沫沥青时，还应具备泡沫沥青装置。

（3）清除原路面上的杂物，根据再生厚度、宽度、干密度等计算每平方米新骨料、水泥等用量，均匀撒布。有条件的应优先采用水泥制浆车添加水泥。

3. 再生

（1）综合考虑施工季节、气候条件、再生作业段宽度、施工机械和运输车辆的效率和数量、操作熟练程度、水泥终凝时间等因素，综合确定每个作业段的长度。

（2）在施工起点处将各所需施工机具顺次首尾连接，连接相应管路。冷再生施工设备一般包括水罐车、乳化沥青罐车（使用泡沫沥青时为热沥青罐车）、水泥浆车（有条件时）、冷再生机、拾料机（必要时）、摊铺机（必要时）、压路机。

（3）启动施工设备，按照设定再生深度对路面进行铣刨、拌和。再生机组必须缓慢、均匀、连续地进行再生作业，不得随意变更速度或者中途停顿，再生施工速度宜为 4～10m/min。

（4）单幅再生至一个作业段终点后，将再生机和罐车等倒至施工起点，进行第二幅施工，直至完成全幅作业面的再生。

（5）纵向接缝的位置应避开快、慢车道上车辆行驶的轮迹。纵向接缝处相邻两幅作业面间的重叠量不宜小于 100mm。

4. 摊铺

（1）沥青层就地冷再生，摊铺出的混合料不能出现明显离析、波浪、裂缝、拖痕。

（2）采用摊铺机或者采用带有摊铺装置的再生机进行摊铺时，摊铺应符合《公路沥青路面再生技术规范》（JTG F41—2008）的规定。

（3）使用平地机进行摊铺时，应符合下列规定：

1）用轻型钢轮压路机紧跟再生机组初压 2～3 遍。

2）完成一个作业段的初压后，用平地机整平。

3）再次用轻型钢轮压路机在初平的路段碾压 1 遍，对发现的局部轮迹、凹陷进行人工修补。

4）用平地机整形，达到规定的坡度和路拱，整形后的再生层表面应无明显的再生机轮迹和骨料离析现象。

5. 压实

（1）根据再生层厚度、压实度等的需要，配备足够数量、吨位的钢轮压路机、轮胎压路机，按照试验段确定的压实工艺进行碾压，保证压实后的再生层符合压实度和平整度的要求。

（2）沥青路面就地冷再生施工必须采用流水作业法，使各工序紧密衔接，尽量缩短从拌和到完成碾压之间的延迟时间。

（3）初压时混合料的含水率应比最佳含水率大 1%～2%。碾压过程中，再生层表面应始终保持湿润，如水分蒸发过快，应及时洒水。

（4）碾压过程中出现弹簧、松散、起皮等现象时，应及时翻开重新拌和，使其达到质量要求。

（5）可在碾压结束前用平地机再终平一次，使其纵向顺适，路拱和超高符合设计要求。

6. 养生及开放交通

（1）使用乳化沥青、泡沫沥青的就地冷再生，养生和并放交通应符合《公路沥青路面再生技术规范》（JTG F41—2008）规定。

（2）使用无机结合料的全深式就地冷再生，养生和开放交通应满足下列要求：

1）碾压完成并经过压实度检查合格后的路段，应立即进行养生。养生可采用湿砂、覆盖、乳化沥青、洒水等方法。

2）养生时间不宜少于 7d，整个养生期内再生层表面应保持潮湿状态。养生期内禁止除洒水车辆以外的其他车辆通行。

3）后续施工前应将再生层清扫干净。如果再生层上为无机结合料稳定材料层，应洒少量水湿润表面；如果其上为沥青层，应立即实施透层和封层；如果其上是水泥混凝土层，应尽快铺设，避免再生层暴晒开裂。

7. 施工质量管理及检查验收

参见《公路沥青路面再生技术规范》（JTG F41—2008）。

5.3　彩色沥青技术

5.3.1　概述

1. 彩色沥青混凝土路面发展概况

彩色沥青混凝土路面的研究与应用可追溯到 20 世纪 50 年代，从欧洲、美国等开始研究，这种路面不仅可以与道路周围的建筑艺术更好地协调，而且还可以起到美化城市和诱导交通的作用，并且还能体现出一个国家或一个城市的特色和风格，提升整个城市的形象和功能，显示出现代化都市的气派和魅力。20 世纪 80 年代初我国开始了这方面的探讨，但在道路上应用尚少。近几年才作为一种新型的铺面技术，为营造交通的时代气息，在公路、道路或广场上等场所越来越多的使用。

2. 彩色沥青混凝土路面的定义

彩色沥青混凝土路面是指脱色沥青与各种颜色石料、色料和添加剂等材料在特定的温度下混合拌和，即可配置成各种彩色的沥青混合料，再经过摊铺、碾压而形成具有一定强度和路用性能的彩色沥青混凝土路面。

3. 彩色沥青路面的种类

(1) 沥青结合料着色。将无机金属盐类颜料代替同样体积的矿粉填入沥青或沥青混合料中，可以得到少量几种着色沥青路面材料。例如，将占骨料总重 5%～7% 的氧化铁加入沥青混合料中可以得到红色的沥青路面材料；加入 5%～10% 的氧化铬可以得到墨绿色沥青路面材料。采用这样的着色方法得到的沥青面层材料色调低、明度暗，通常需要利用缘石或栽植的映衬加以烘托才能得到较好的色彩效果。当沥青混合料中石料用量多、交通磨耗损失较大时不宜采用。

(2) 使用彩色骨料着色。在传统的热碾式路面工艺中，铺筑好沥青砂胶层之后，以彩色石料按照每平方米 5kg 以上的用量代替部分普通石料，在沥青砂胶层仍保持足够温度时散布碾压，使石料部分嵌入沥青砂胶层内，即可以形成彩色路面。彩色石料的用量决定了这种路面的彩度，近年来国外多用彩色的人工烧制陶粒来代替天然石料，使其色彩更为鲜明。

(3) 彩色沥青结合料。彩色沥青结合料是一种与道路石油沥青路用性能十分接近的人工合成树脂，多为乳灰色或乳黄色。为了生产方便，供货商可按要求供应掺配好颜料的彩色胶结料，将其与砂石材料按照级配要求混拌，即可得到色彩绚烂的彩色沥青路面。加热质量损失和长期使用后是否老化泛黄是判断彩色沥青结合料使用品质的主要指标。

(4) 无色沥青结合料。将几近透明的人工合成树脂称为无色沥青结合料。无色沥青可由设计者按照设计要求自行加入颜料或者染料使其着色，更多的情形是将其直接与天然砂砾拌和，得到具有类似砂石路般的自然色调、同时又有沥青路面使用功能的景观铺装材料。

(5) 表面涂敷着色材料。表面涂敷着色材料可以分为喷涂着色和涂敷着色两种工艺。喷涂着色是在沥青混合料表面喷涂彩色乳胶漆形成的景观铺装，表面质感和使用功能接近普通沥青混合料。为了防止沥青上色，基体沥青混合料一般使用热稳定性良好的改性沥青，喷涂时如果使用预先制作的模板，则可以令设计者像画家一样以铺装为画板自由地加以表现。涂敷着色铺装使用具有成层能力（如彩色聚氨酯）的涂料或乳剂，为了增加与沥青基层的连接，通常要求设置联结层和腻平层。使用目的不同时对于涂层材料的性能要求也不尽相同。例如，以人类活动和运动为主要目的的铺装需要使用弹性或柔性的涂层材料，要求表面抗滑的铺装甚至可以在涂层之上粘附一些小粒径彩色石料，此时涂层不仅要具有足够的强度，还要有足够的粘附力。涂层材料也可以使用模框施工。

4. 彩色沥青路面的应用

彩色沥青路面使用的材料、级配、结构和工艺都与普通沥青路面大致相同，其技术性能能够满足各种荷载与气候条件的要求。作为一种道路面层使用，与普通路面相比，因色彩变化可在促进道路交通安全和美化街路空间环境领域发挥重要作用。

(1) 划分不同性质的交通区间。城市道路的可辨识性会对人们的行为产生重要影响，可辨识性是城市道路交通安全的重要内容。彩色沥青路面可以通过色彩变化划分不同性质的交通区间，这对交通安全是非常有利的。

（2）警示。道路交通标志和交通信号其作用是让驾驶人员或行人很快地发现，正确地辨认之后进行准确驾驶，从而达到交通安全目的。因此，交通标志的设计必须鲜明突出，要有足够的注目性和良好的视认性，对此各国专家学者都做出了许多努力。近年来，为了适应现代交通快速行驶的特点，弥补现有交通标志在快速行使状态中的功能缺陷，根据驾驶人员的视觉特性，尤其是行驶过程中对路面的注视性和对色彩的敏感性，日本、美国、欧洲等纷纷将注意力转移到路面标示的研究中。在道路急弯陡坡处、分流合流处、十字路口、隧道入口、行人过街斑马线、儿童上学道路、桥面、加油站、收费站、甚至车辙较深处等特殊路段或场所采用彩色路面或亮色路面铺装，用来形成与普通沥青路面的对比路段，提示警告特殊的交通条件，使驾驶人员减速慢行，有效地避免交通事故发生。这种路面标示不会受到路旁建筑物、电线杆、树木、广告牌的影响，且与直接涂在路面上的标示相比，耐久性强，安全效果不会受到时间的影响，可以充分发挥高速交通的机能，保证车辆和行人交通安全，适应城市高速道路发展的要求。

（3）缓解疲劳。乏味单调的黑色或灰白色路面对人的神经系统有镇静作用，会减弱驾驶人员的注意力。尤其是沙漠、戈壁地区的公路，线型设计也无法改变沿线景观的单调性，驾驶人员在这样的公路上行驶，更加容易疲劳困倦、判断迟钝，导致交通事故发生。如果改变路面色彩则可以有效吸引驾驶人员的注意力，缓解疲劳。

（4）提高亮度。使用反光率较高的亮色骨料与无色沥青结合料形成的亮色沥青铺装可以有效增加路面亮度，提高夜间行车的安全性。

（5）美化空间环境。彩色沥青路面可以有效美化街路空间环境。例如在公园、风景区等道路铺装中，采用无色沥青直接与淡黄色的砂石混合而成的自然彩色路面，路面与园林气氛极为融洽，会给驾驶人员带来愉悦的心情，减少疲劳。

5.3.2 热拌彩色沥青材料及配合比

1. 胶结料

热拌彩色沥青混凝土使用的胶结料技术指标应符合表 5-10 的规定。

表 5-10　　　　　热拌彩色沥青公交专用道胶结料技术指标要求

技 术 指 标		技 术 要 求
针入度（25℃，100g，5s）（0.1mm）		50～70
延度（5cm/min，15℃）不小于/cm		100
软化点（环球法）不小于/℃		50
闪点（COC）不小于/℃		230
动力黏度（60℃）不小于/(Pa·s)		180
黏度（135℃）不大于/(Pa·s)		3
薄膜烘箱加热试验163℃，5h	质量损失不大于（%）	2
	针入度比不小于（%）	60
	软化点（环球法）/℃	原样±5
	延度（5cm/min，15℃）不小于（%）	15
	颜色	无明显变化

2. 骨料

（1）粗骨料。粗骨料应选用表面清洁、粗糙而富有棱角、质地坚硬、颗粒近似立方体的轧制碎石，其颜色应与路面颜色相近。为保证彩色路面颜色的耐久性，粗骨料必须选择与颜料颜色一致或尽可能接近的石料轧制而成。可以选择的石料有红色花岗石、红色砂石等。同时石料磨光值必须满足要求。考虑到彩色石料来源、性质、加工等方面的限制，适当放宽了压碎值、洛杉矶磨耗损失、磨光值等指标要求。粗骨料技术要求应满足表 5-11 的规定。

表 5-11　　　　　　　　　　粗骨料技术指标要求

技术指标	技术要求	技术指标	技术要求
压碎值不大于（%）	30	坚固性不大于（%）	12
洛杉矶磨耗损失不大于（%）	35	水洗法（小于 0.075mm 含量）不大于（%）	1
针片状颗粒含量不大于（%）	15	与胶结料的粘附性等级不小于（级）	4
表观相对密度不小于	2.45	磨光值不小于（PSV）	38
吸水率不大于（%）	3		

（2）细骨料。细骨料应采用与路面色彩相近的石料轧制而成的机制砂或石屑，细骨料技术要求应满足表 5-12 的规定。

表 5-12　　　　　　　　　　细骨料技术指标要求

技术指标	技术要求	技术指标	技术要求
表观相对密度不小于	2.45	砂当量不小于（%）	50
坚固性（≥0.3mm）不大于（%）	12	棱角性（流动时间）不小于/s	30
含泥量（小于 0.075mm 的含量）不大于（%）	5		

3. 填料

填料采用石灰石等碱性岩石磨细的矿粉，外观应呈白色。矿粉必须存放于室内干燥地方，在使用时必须保证干燥，不结团。在沥青混合料中，填料通常是指矿粉。由于红色石料通常为非碱性石料，考虑到彩色沥青混凝土的抗水损害能力，一般不采用由红色石料磨成的矿粉。为保证彩色路面的色彩鲜艳，应采用由石灰石等碱性岩石磨细的矿粉，同时要求其外观应呈白色。矿粉技术要求应满足表 5-13 的规定。

表 5-13　　　　　　　　　　矿粉技术指标要求

技术指标		技术要求
表观视密度不小于/(g/cm³)		2.5
含水量不大于（%）		1
亲水系数不大于（%）		1
塑性指数不大于		4
外观		无团粒结块
粒度范围（%）	不大于 0.6mm	100
	不大于 0.15mm	90～100
	不大于 0.075mm	75～100

4. 颜料

颜料宜选用氧化铁红系列无机颜料。氧化铁红颜料技术指标要求应满足表 5-14 要求。

表 5-14　　　　　　　　　氧化铁红颜料技术指标要求

技术指标	技术要求	技术指标	技术要求
铁含量（以 Fe_2O_3 或 Fe_3O_4 计）不小于（%）	95	筛余物（0.045mm 筛孔）不大于（%）	0.3
相对着色力（%）	95～105	水悬浮液 pH 值	5～7
色差不大于（%）	1	吸油量/（g/100g）	15～25
105℃挥发物不大于（%）	1	1000℃（0.5h）热损失不大于（%）	5
水溶物不大于（%）	0.5		

颜料是彩色沥青路面色彩的来源，因此必须重视颜料的选择。目前颜料主要有无机颜料和有机颜料两种。有机颜料色彩鲜艳，但是价格昂贵、耐久性差。无机颜料价格便宜，耐光、热老化能力强，在长期使用下不易褪色。红色无机颜料中氧化铁红颜料是价格最低、应用最为广泛的颜料，具有良好的耐光老化和耐酸碱腐蚀能力。氧化铁红颜料技术指标应满足《氧化铁颜料》（GB/T 1863—2008）国家标准。

氧化铁红颜料种类很多，虽然其主要成分都是以三价铁或二价铁为主的化合物，但是性能差异较大。对用于彩色沥青路面的氧化铁红颜料的要求，主要技术指标有色相和粒度，其次为着色力、遮盖力、亲油性、分散性和稳定性等。研究结果表面，色相与颜料粒子大小和形状有关。对于铁红颜料，其粒子尺寸增加，色相逐步由黄红相向红相变化至红紫相；粒子直径越大，着色能力越低；粒子直径在 $0.1\mu m$ 左右时，颜料遮盖能力最大。为此，在选择氧化铁红颜料时，应注意色相和粒子尺寸等关键指标。

5. 热拌彩色沥青混凝土配合比设计

（1）彩色沥青混凝土的矿料级配应符合工程设计规定的级配范围。彩色沥青公交专用道路面可选用 AC-13 或 AC-16 密级配类型矿料级配，级配范围见表 5-15。

表 5-15　　　　　彩色沥青公交专用道路面沥青混凝土矿料级配范围

级配类型	通过下列筛孔（mm）的质量百分率（%）										
	19	16	13.2	9.5	4.75	2.36	1.18	0.6	0.3	0.15	0.075
AC-13	—	100	90～100	68～85	38～68	24～50	15～38	10～28	7～20	5～15	4～8
AC-16	100	90～100	76～92	60～80	34～62	20～48	13～36	9～26	7～18	5～14	4～8

（2）采用马歇尔试验方法进行彩色沥青混凝土配合比设计，彩色沥青混凝土技术要求具有良好的施工性能。

（3）颜料可替代矿粉作为填料使用。颜料的用量可根据实际工程需要调整，用量为彩色沥青混合料重量的 1%～3%。

5.3.3　热拌彩色沥青混凝土路面的施工

1. 热拌彩色沥青混凝土的拌制

（1）热拌彩色沥青混凝土的拌制方法与技术要求与普通沥青混凝土基本相同。

（2）在生产彩色沥青混凝土之前，应将拌缸清洗干净，胶结料输送管线应另行设置，以防止原有黑色沥青污染。

（3）彩色沥青胶结料的施工温度宜通过在 135℃ 及 175℃ 条件下测定黏度—温度曲线确定。缺乏黏度温度曲线数据时，可参照以下范围选择：彩色沥青胶结料加热温度为 155～165℃，石料加热温度为 165～175℃，出料温度为 145～165℃。

（4）为使颜料分布均匀，应合理确定拌和时间。拌和时间一般要比普通沥青混凝土增加 10～15s。

（5）严格控制拌和温度和拌和时间。每盘料拌和温度差异小于 5℃，拌和时间差异小于 3s。

热拌彩色沥青混凝土的拌和采用与拌制普通沥青混凝土相同的设备及工艺。在热拌彩色沥青混凝土拌制过程需要注意的问题是：避免原有黑沥青的污染；严格控制加热温度和拌和时间。彩色沥青胶接料输送管线最好重新设置，并对计量装置进行标定。在生产前用热料冲刷拌缸，清除原有沥青混合料残留物。加热温度过高，容易造成材料沥青胶接料老化变黑。每盘料的拌和时间差异很大，也将导致沥青混合料的颜色不同。

2. 热拌彩色沥青混凝土的运输

（1）宜采用大吨位运料车，同时注意保温，运至施工现场的温度降低不超过 10℃。

（2）车辆事先应擦洗干净，避免原料黑色沥青混合料的污染。不能喷涂乳化沥青隔离油，而应采用菜籽油、豆油等食用油或由彩色沥青结合料配制而成的乳化沥青、稀释沥青。

3. 热拌彩色沥青混凝土路面的摊铺

热拌彩色沥青混凝土路面摊铺应满足普通沥青路面施工技术规范外，应满足以下要求：

（1）在摊铺之前应将摊铺机清理干净，防止原有黑色沥青的污染。

（2）彩色铺面的下承面应清洁平整，摊铺彩色沥青混凝土前洒布浅色胶结料配制的稀释油作为粘层油。

（3）在摊铺过程中如有严重污染、离析、色彩差异较大的混合料，应清除。

（4）彩色沥青混凝土的摊铺温度为 140～150℃，初压温度为 135～145℃，终压温度不小于 80℃。

（5）采用 10～12t 光轮压路机压实，碾压前将压路机光轮擦洗干净。

热拌彩色沥青混凝土的摊铺尽量采用摊铺机摊铺，摊铺前应对摊铺机料斗、熨平板清理干净。摊铺过程中尽量做到使摊铺机"缓慢、均匀、不停顿"，以保证路面的平整度和减少混合料的离析。同时尽量减少人工补料。采用光轮压路机进行碾压，碾压前应做好刚轮的清洁工作。在保证压实度的前提下，尽量采用静压。

4. 开放交通

（1）热拌彩色沥青混凝土路面应待摊铺层完全自然冷却，混凝土表面温度低于 50℃ 后方可开放交通。需要提早开放交通时，可洒水冷却降低混凝土温度。

（2）施工后通车前注意防止泥土、杂物等污染。如有发生，应立即清除。施工后宜封闭交通 2～6h，禁止一切车辆和行人通行。

由于彩色沥青胶结料中添加了聚合物，彩色沥青混凝土的强度形成需要一定的固化时间。为保证彩色沥青混凝土形成强度，应待彩色沥青混凝土完全冷却后开发交通。考虑到公交专用道路的特殊性，如必须尽快开放交通，可采用洒水冷却。当彩色沥青路面尚未完全冷却时，沥青胶结料还具有一定的粘附性，这时容易受到泥土、杂物等污染。因此在通车前应做好彩色沥青路面的早期养护。

5.4 聚合物基复合材料、再生树脂复合材料井盖

5.4.1 概述

井盖是通往地下设施的出入口顶部的封闭物，凡是安装自来水、电信、电力、燃气、热力、消防、环卫等公用设施的地方都需要安装井盖。

1. 井盖的作用及分类

根据管线工程的技术特点，为满足其安装设备、日常检修和维护的要求，工程中均沿管线埋设方向按一定间距设置检查井。检查井盖（即通常所说的井盖及各类地下管线检查井井盖和雨水口算子）是检查井的主要配套产品，其功能为承重、封闭、开启检查井，它既能承受交通车辆大流量高速行驶，也可以防止车辆、行人及异物的进入，保障地下管线和设备的正常运行。

按材质区分：

（1）金属井盖：铸铁、球墨铸铁、青铜井盖等。

（2）高强钢纤维水泥混凝土井盖（水泥基复合材料）。

（3）再生树脂复合井盖（再生树脂基复合材料）。

（4）聚合物基复合材料检查井盖等。

2. 井盖的应用范围

（1）排水工程，应用于雨水、污水管线。

（2）给水工程，应用于自来水、消防工程等。

（3）供热工程，应用于热力臂线。

（4）供电工程，应用于电力供应缆线、电信工程、电话、通信电缆管线。

（5）园林工程，应用于配套综合管线。

（6）燃气工程，应用于煤气工程、天然气管线等。

（7）路灯工程，应用于供电、照明、电缆管线。

3. 复合材料井盖概述

复合材料井盖有钢纤维混凝土检查井盖、再生树脂复合材料检查井盖、玻璃钢检查井盖三大类。

（1）钢纤维混凝土检查井盖是原钢筋混凝土检查井盖的改良产品。它是在混凝土中加入长约2厘米左右的钢纤维，大量的钢纤维分散在混凝土中。而形成不规则的放射状分布。从而使混凝土强度得到加强。大大提高了混凝土的韧性。其抗弯拉强度、抗疲劳开裂强度等都得到了很大的提高，同时可以减小裂缝宽度。为了减少钢纤维混凝土检查井盖在使用过程中崩边现象，一般在检查井盖外边加金属框。钢纤维混凝土检查井盖的强度要比同配比下的普通混凝土检查井盖提高了30%以上，各项性能接近了铸铁检查井盖。而且钢纤维混凝土检查井盖具有制作成本低、回收价值小、防盗等优势，因此其在市场上占有一定的分量，但是它最明显的缺陷是笨重、开启困难、承载能力不够。

（2）再生树脂复合材料检查井盖是以粉煤灰和废塑料为原料（图5-4），在熔融状态下混炼、通过压制成型的合成树脂基复合材料制品，这种复合材料检查井盖是利用废旧物质，没有任何钢材或其他可回收的材料，因此具有防盗功能。同时它在制造中可消化掉大量的粉

煤灰和废旧塑料，符合国家节能与环保政策要求。同时其抗压、抗弯、抗冲击强度等性能较好，且具有不腐蚀、不生锈等优点，其质量达到了同类铸铁产品的水平，在成本上比铸铁制品低30％左右。经济效益显著，因此具有很强的市场竞争力。

（3）聚合物基复合材料是利用聚合物和各种颗粒、纤维、金属等填充增强材料，通过少量添加剂及一定工艺的作用生产出的材料。具有优良的抗裂、抗冲击、抗疲劳和耐腐蚀、高强度等性能，配以无碱无捻玻璃纤维布，常温模压成型的检查井盖，用以代替钢纤维混凝土检查井盖、再生树脂检查井盖及大部分铸铁检查井盖，有效地解决了铸铁检查井盖丢失问题和其他检查井盖承载能力低的问题。

图 5-4　再生树脂复合材料井盖

（4）玻璃钢检查井盖，它是以不饱和聚酯树脂为原材料，以玻璃纤维为增强材料，并加入一定填料制成的检查井盖。

5.4.2　聚合物基复合材料检查井盖

聚合物基复合材料是利用聚合物和各种颗粒、纤维、金属等填充增强材料，通过少量添加剂及一定工艺的作用生产出的材料。聚合物基复合材料的主要原料也可用各种废弃聚合物及废弃的颗粒、纤维代替。

1. 产品规格、编号和承载等级说明

（1）产品规格

1）重型：D500、D600、D700。

2）普型：D500、D600、D700。

3）轻型：D500、D600、D700。

（2）产品编号。聚合物基复合材料检查井盖的编号由产品代号（JJG）；结构形式：单层（D）、双层（S）；主要参数：检查井盖净宽（mm）；承载等级：重型（Z）、普型（P）、型（Q），四部分组成。

承载等级:重型(Z)、普型(P)、轻型(Q)
主要参数:检查井盖净宽(mm)
结构形式:单层(D)、双层(S)
产品代号:(JJG)

＊标记示例

JJG-D-700-Z

JJG—产品代号；D—单层，700—检查井盖净宽（mm）；Z—重型。

（3）承载等级说明。聚合物基复合材料检查井盖按其承载能力不同主要分为重型（Z）、普型（P）、轻型（Q）三个等级，不同承载等级聚合物基复合材料检查井盖设置场合见表5-16。

表 5 - 16 不同承载等级聚合物基复合材料检查井盖设置场合

等级	标志	对应最高城市道路分类等级	参 考 设 置 场 合
重型	Z	快速路以上	货运站、码头等重型车较多的道路、场地
普型	P	快速路	车流量大的机动车行驶、停放的道路、场地
轻型	Q	次干路Ⅰ级	小型车慢速行走的道路、场地，居民小区，绿地等一般场所

2. 技术要求

(1) 原材料。聚合物基复合材料检查井盖主要使用聚合物和填充增强材料制作：①聚合物：各种高分子材料及其再生品；②填充增强材料：各种颗粒状、纤维状材料及其再生品，各种金属及构件。

(2) 聚合物基复合材料检查井盖的形状宜为圆形，也可以是矩形。

(3) 井盖与支座间的缝宽应符合表 5 - 17 的要求，井盖上沿尺寸大于下沿尺寸，锥度宜为 1∶20～1∶5。

表 5 - 17 井盖与支座间的缝宽

检查井盖净宽缝宽	$a=a_1+a_2$
D	$(1～2)\%D$

注：锥度较大时，a 值宜相对取小一些，锥度较小时，a 值宜取大些。

(4) 支座支承面的宽度应 $\geqslant 4\%D$（检查井盖净宽）且应不小于 10mm。

(5) 井盖的嵌入深度：重型检查井盖应不小于 70mm，普型、轻型检查井盖应不小于 50mm。

(6) 井盖的最小重量：每个井盖至少应达到下表所示的重量，见表 5 - 18。

(7) 井盖表面应有凸起的防滑花纹，凸起高度应不小于 3mm。

(8) 井盖与支座表面应压制平整，不应有裂纹、凹凸不平等影响井盖使用性能的缺陷。

(9) 检查井盖的承载能力和破坏载荷应符合表 5 - 19 的规定。

表 5 - 18 井 盖 的 最 小 重 量

检查井盖等级	D500	D600	D700
重型井盖最小重量/kg	30	35	40
普型井盖最小重量/kg	25	30	35
轻型井盖最小重量/kg	20	25	30

表 5 - 19 井 盖 的 承 载 能 力 和 破 坏 载 荷

检查井盖等级	试验载/kN	破坏载/kN	允许残留变形/mm
重型	270	$\geqslant 360$	$(1/500)D$
普型	180	$\geqslant 250$	$(1/500)D$
轻型	90	$\geqslant 130$	$(1/500)D$

5.4.3 再生树脂复合材料检查井盖

再生树脂复合材料是以再生的热塑性树脂（聚乙烯、聚丙烯、ABS 等）和粉煤灰为主要原料，在一定温度压力条件下，经助剂的理化作用形成的材料。

1. 圆形产品规格和型号

（1）产品规格

1）轻型：D500mm、D600mm、D700mm、D800mm。

2）普型：D500mm、D600mm、D700mm、D800mm。

3）重型：D500mm、D600mm、D700mm、D800mm。

（2）型号

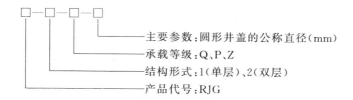

主要参数：圆形井盖的公称直径（mm）
承载等级：Q、P、Z
结构形式：1（单层）、2（双层）
产品代号：RJG

标记示例：

直径为 600mm 的单层重型再生树脂复合材料检查井盖标记为 RJG-1-Z-600。

2. 技术要求

（1）原材料

1）检查井盖使用下述主要材料制作：热塑性再生树脂、粉煤灰。

2）粉煤灰应符合相关规范的要求。

3）再生树脂复合材料主要性能指标见表 5-20。

表 5-20　　　　　　　　再生树脂复合材料主要性能指标

项　　　目	性能指标	试验方法	项　　　目	性能指标	试验方法
抗压强度/MPa	≥30	GBJ81	抗冻融性抗压强度损失率（%）	≤13	GBJ82
抗折强度/MPa	≥14	GBJ81	热老化抗折强度相对变化率（%）	≤0.4	CJT121
抗冲击韧性/(kJ/m²)	≥95	GB/T1043	人工老化抗折强度相对变化率（%）	≤3	CJT121

（2）井盖与支座间的缝宽应符合表 5-21 的要求。井盖锥度为 1∶5。

（3）支座支承面的宽度应符合表 5-22 的要求。

表 5-21　井盖与支座间的缝宽　（单位：mm）

检查井盖净尺寸	缝宽 a
≥600	7±3
<600	6±3

表 5-22　支座支承面的宽度　（单位：mm）

检查井盖净尺寸	支座支承面宽度 b
≥600	≥30
<600	≥20

（4）井盖的嵌入深度：重型井盖应不小于 70mm，普型井盖应不小于 50mm，轻型井盖应不小于 20mm。

（5）井盖表面应有凸起的防滑花纹，凸起高度应不小于 3mm。

（6）井盖与支座表面应压制平整，不得有裂纹以及有影响检查井盖使用性能的局部凸凹等缺陷。

（7）井盖接触面与支座支承面应保证接触平稳。

（8）承载等级：检查井盖按其承载能力不同分为轻型、普（通）型与重型三个等级，不同承载等级再生树脂复合井盖设置场合见表 5-23。

表 5 - 23		不同承载等级再生树脂复合井盖设置场合
等级	标志	设 置 场 合
轻型	Q	禁止机动车进入的绿地、甬道、自行车道或人行道
普通型	P	汽 10 级及其以下车辆通行的道路或停放场地
重型	Z	机动车通行的道路或停放场地

（9）检查井盖的承载能力应符合表 5 - 24 的规定。

表 5 - 24　　　　　　　　　　　　　　检查井盖的承载能力

检查井盖等级	试验荷载/kN	允许残留变形/mm	检查井盖等级	试验荷载/kN	允许残留变形/mm
轻型	20	(1/500)D	重型	240	(1/500)D
普型	100	(1/500)D			

5.5　顶管技术

5.5.1　概述

顶管法是非开挖技术的一种典型方法，不仅是一种具体的非开挖管道铺设方法，还是以顶管施工原理为基础的一些非开挖铺管技术的总称。随着我国国民经济的飞跃发展，顶管施工在工程建设中已广泛使用，顶管技术已处于国际先进水平。但是全国各地区技术差异明显，施工水平参差不齐，缺乏规范化，仍须进一步规范。

与盾构相比，顶管法一般用于修建中小型地下市政管道。顶管法解决了管道埋设施工中对城市建筑物的破坏和道路交通的堵塞等难题，在稳定土层和环境保护方面凸显其优势。这对交通繁忙、人口密集、地面建筑物众多、地下管线复杂的城市来说是非常重要的，它将为城市创造一个洁净、舒适和美好的环境，顶管施工示意图如图 5 - 5 所示。

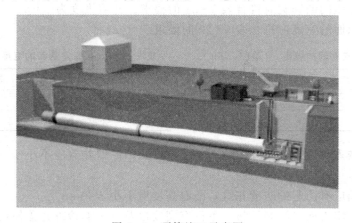

图 5 - 5　顶管施工示意图

顶管法施工过程如图 5 - 6 所示：先在管道设计路线上施工一定数量的小基坑作为顶管工作井（大多采用沉井），作为一段顶管的起点与终点，工作井的一面或两面侧壁设有圆孔作为预制管节的出口与入口。顶管出口孔壁对面侧墙为承压壁，其上安装液压千斤顶和承压垫板。

千斤顶将带有切口和支护开挖装置的工具管顶出工作井出口孔壁，然后以工具管为先导，将预制管节按设计轴线逐节顶入土层中，直至工具管后第一段管节的前端进入下一工作井的进口孔壁，这样就施工完一段管道，继续上一施工过程，一条管线就施工完毕。

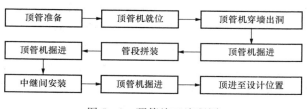

图 5-6　顶管施工流程图

对于长距离顶管，由于主油缸的顶力不足以克服管壁四周的土体摩阻力和迎面阻力，常将管道分段，在每段之间设置由一些中继油缸组成的移动式顶推站即中继环（中继间），且在管壁四周加注减摩剂以进行长距离管道的顶推。

顶管尤其是长距离顶管的主要技术关键为：

（1）方向控制。要有一套能准确控制管道顶进方向的导向机构。管道能否按设计轴线顶进，是长距离顶管成败的关键因素之一。顶进方向失去控制会导致管道弯曲，顶力急骤增加，工程无法正常进行。高精度的方向控制也是保证中继环正常工作的必要条件。

（2）顶力问题。顶管的顶推力是随着顶进长度的增加而增大的，但因受到顶推动力和管道强度的限制，顶推力不能无限度增大。所以仅采用管尾推进方式，管道顶进距离必受限制。一般采用中继环接力技术加以解决。另外顶力的偏心度控制也相当关键，能否保证顶进中顶推合力的方向与管道轴线方向一致是控制管道方向的关键所在。

（3）工具管开挖面的正面稳定问题。在开挖和顶进过程中，尽量使正面土体保持和接近原始应力状态是防坍塌、防涌水和确保正面土体稳定的关键。正面土体失稳会导致管道受力情况急剧变化、顶进方向失去控制，正面大量迅速涌水会带来不可估量的损失。

（4）承压壁的后靠结构及土体的稳定问题。顶管工作井一般采用沉井结构或钢板桩支护结构，除需验算结构的强度和刚度外，还应确保后靠土体的稳定性，可以注浆、增加后靠土体地面超载等方式限制后靠土体的滑动。若后靠土体产生滑动，不仅引起地面较大的位移严重影响周围环境，还会影响顶管的正常施工导致顶管顶进方向失去控制（图 5-7）。

5.5.2　顶管施工设计

顶管法施工一般在饱和软土地区进行，多为既有道路之下，旁邻各种地下管线，还需穿越防洪墙、铁路、江堤、建筑物和交通干线等，为减小顶管施工对周围环境的影响，先必须进行以下几方面的准备工作。

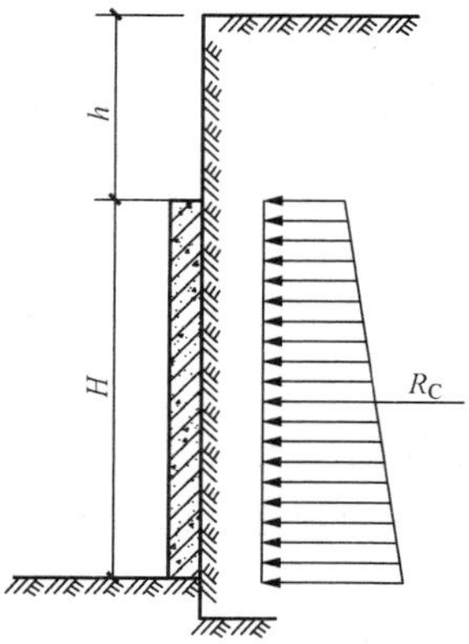

1. 地质与环境调查

（1）提供土层分类、分布的地质纵剖面图以及必要数量的勘探点地质柱状图。为取得准确的地质钻探资料，要以符合标准的仪器和方法采集原状土，必要时做原位测试并且取土深度必须达到覆土深度 H 加管道外径 D 再另加 3～5m（3m 适用于黏性土；5m 适用于含水砂性土）。

（2）提供足够的供地基稳定及变形计算分析的土性参数及现场测试资料。

（3）提供各层土的透水性，与附近大水体连通的透水层分布，各层砂性土层承压水压力和渗透系数，地下贮水层水流速

图 5-7　后靠土体示意图

度以及地下水位升降变化等水文地质资料。

（4）提供地基承载力和地基加固等方面的地质勘探及土工试验资料。

（5）提供各种类型的地上及地下建筑物、构筑物、地下管线、地下障碍物以及其使用状况及变形控制要求等方面的探查资料，然后对采用的顶管法施工引起的地层位移及对周围环境的影响程度作出充分估算。当预计影响难以确保建筑物、构筑物、管线和道路交通的正常使用时，应制订有效的技术措施进行监测与保护，必要时应采取拆除、搬迁和停用等措施。

2. 顶管机头选型

根据上述地质勘探和环境调查资料，结合本地区的顶管施工经验，合理选择顶管机头是保证顶管顺利施工的关键。应详细分析顶管机头所穿越土层的土壤参数。根据土壤参数、土层工程特性进行顶管机头选型，选择顶管机头可参考表 5-25。

表 5-25　　　　　　　　　　　顶管机选用参考表

序号	机头形式	适宜土层	可用土层	适应环境要求
1	大刀盘土压平衡式	淤泥质黏土，淤泥质粉质黏土，粉质黏土，黏质粉土，砂质粉土	粉砂，暗绿色黏土，粉细砂	高
2	土压、泥水平衡式	淤泥质黏土，淤泥质淤泥质黏土，淤泥质粉质黏土，粉质黏土，黏质粉土，砂质粉土，粉砂	暗绿色黏土，粉细砂	高
3	泥水平衡式	淤泥质黏土，淤泥质粉质黏土，粉质黏土，黏质粉土，砂质粉土	粉砂，暗绿色黏土，粉细砂	高
4	气压平衡式	淤泥质黏土，淤泥质粉质黏土，粉质黏土，黏质粉土，砂质粉土，粉砂，暗绿色黏土，粉细砂	—	一般
5	多刀盘土压式	淤泥质黏土，淤泥质粉质黏土，粉质黏土，黏质粉土	—	一般
6	挤压式	淤泥质黏土，淤泥质粉质黏土，粉质黏土，黏质粉土	—	低

3. 顶管工作井设置

顶管施工常需设置两种形式的工作井：首先是供顶管机头安装和出坑用的顶进工作井（称顶进井）；二是供机头进坑和拆卸用的接收工作井（称接收井）。

工作井实质上是一方形或圆形小基坑，其支护类型同普通基坑一样多种多样，包括地下连续墙、柱列式钻孔灌注桩、钢板桩、树根桩和搅拌桩等形式，与一般基坑不同的是因其平面尺寸较小，其支护还经常采用钢筋混凝土沉井。

在管径大于等于 1.8m 或顶管埋深大于等于 5.5m 时普遍采用钢筋混凝土沉井作为顶进工作井。采用沉井作为工作井时，为减少顶管设备的转移，一般采用双向顶进；而当采用钢板桩工作井时，为确保后座土体稳定，一般采用单向顶进。

当上下游管线的夹角大于 170°时，一般采用直线顶进工作井，即矩形工作井；当上下游管线的夹角不大于 170°时，一般采用圆形工作井。

　　工作井的平面位置应符合设计管位要求，尽量避让地下管线，减小施工扰动后的影响。工作井与周围建筑物及地下管线的最小平面距离应根据现场地质条件及工作井施工方法而定。采用钢板桩或沉井法施工的工作井，其地面影响范围一般按井深的 1.5 倍计算，在此范围内的建筑物和管线等应采取必要的技术措施加以保护。

　　顶管工作井的深度计算公式为

　　（1）顶进工作井

$$H_1 = h_1 + h_2 + h_3$$

式中　h_1——地面至导轨底高度（m）；

　　　h_2——导轨高度（m）；

　　　h_3——基础厚度（包括垫层）（m）；

　　　H_1——地面至基底高度（m）。

　　（2）接收工作井

$$H_2 = h_1 + h_3 + h_4 + t$$

式中　h_1——地面至导轨底高度（m）；

　　　h_4——顶管机头进坑后支承垫板厚度（m）；

　　　t——管壁厚度（m）；

　　　H_2——地面至基底高度（m）。

　　工作井的洞口应进行防水处理，设置挡水圈和封门板，进出井的一段距离内应进行井点降水或地基加固处理，以防土体流失，保持土体和附近建筑物的稳定。

　　4. 常用顶管工法

　　目前较常使用的顶管工具管有手掘式、挤压式、局部气压水力挖土式、泥水平衡式和多刀盘土压平衡式等几种。

　　手掘式顶管工具管为正面敞口，采用人工挖土。

　　挤压式顶管工具管正面有网格切土装置或将切口刃脚放大，由此减小开挖面采用挤土顶进。

　　局部气压水力挖土式顶管工具管正面设有网格并在其后设置密封舱，在密封舱中加适当气压以支承正面土体，密封舱中设置高压水枪和水力扬升机用以冲挖正面土体，将冲下的泥水吸出并送入通过密封舱隔墙的水力运泥管道排放至地面的贮泥水池。

　　泥水平衡式顶管工具管正面设置刮土刀盘，其后设置密封舱，在密封舱中注入稳定正面土体的护壁泥浆，刮土刀盘刮下的泥土沉入密封舱下部的泥水中并通过水力运输管道排放至地面的泥水处理装置。多刀盘直压平衡式顶管工具管头部设置密封舱，密封隔板上装设数个刀盘切土器，顶进时螺旋器出土速度与工具管推进速度相协调。近年来，顶管法已普遍用于建筑物密集市区和穿越江河、江堤及铁路。在合理的施工条件下，采用一般顶管工具引起的地表沉降量可控制在 5～10cm，而采用泥水平衡式顶管工具管引起的地表沉降量达 3cm 以下。但是若在施工前对地质条件及环境条件的调查不够详细，对工具管的工艺特点及流程不熟悉，技术方案不合理，施工操作不当，在施工中就可能引起破坏性的地面沉降。由此下面详细介绍常用的两类顶管工具管的施工工法。

　　（1）泥水加压平衡顶管施工工法

　　1）工法特点。泥水加压平衡顶管与其他顶管相比，具有平衡效果好，施工速度快、对土质的适应性强等特点，采用泥水加压平衡顶管工具管，施工控制得当，地表最大沉降量可小于 3cm，每昼夜顶进速度可达 20m 以上。它采用地面遥控操作，操作人员不必进入管道。管道轴线和标高的测量是用激光仪连续进行的。能做到及时纠偏，其顶进质量也容易控制。

2）适用范围。泥水加压平衡顶管适用于各种黏性土和砂性土的土层中直径 800～1200mm 管道。若有条件解决泥水排放问题或大量泥水分离问题，大口径管道同样适用。还适用于长距离顶管，特别是穿越地表沉降要求较高的地段可节约大量环境保护费用。所用管材可以是预制钢筋混凝土管，也可以是钢管。

3）工艺原理。泥水加压平衡顶管机机头设有可调整推力的浮动大刀盘进行切削和支撑土体。推力设定后，刀盘随土压力大小变化前后浮动，始终保持对土体的稳定支撑力使土体保持稳定。刀盘的顶推力与正面土压力保持平衡。机头密封舱中接入有一定含泥量的泥水，泥水也保持一定的压力，一方面对切削面的地下水起平衡作用，一方面又起运走刀盘切削下来的泥土的作用。进泥泵将泥水通过旁通阀送入密封舱内，排泥泵将密封舱内的泥浆抽排至地面的泥浆池或泥水分离装置内，通过调整进泥泵和排泥泵的流量来调整密封舱的泥水压力。

刀盘上承受的土压力和舱内泥水压力均由压力表反映，机械运转情况、各种压力值、激光量信息、纠偏油缸动作情况均通过摄像仪反映到地面操纵台的屏幕上，操作人员根据这些信息进行遥控操作。由于顶管机头操作反映正确，可及时调整操作，所以泥水平衡顶管平衡精度较高，顶进速度较快，且地表沉降量小。

4）施工工艺与流程。泥水加压平衡顶管由主机、纠偏系统、进排泥系统、主顶系统和压浆系统等组成。主机包括切削土体的刀盘、传动机构及动力机构；纠偏系统包括纠偏油缸、油泵、操纵阀和油管组成；进排泥系统由进泥泵、排泥泵、旁通阀、管路和沉淀池组成；主顶系统由主顶油缸、油泵、操纵阀及管路组成；操纵系统由操纵台、电器控制箱、液压控制箱、摄像仪和通信电缆组成；压浆系统由拌浆筒、储浆筒压泵和管路组成，其工艺流程如图 5-8 所示。

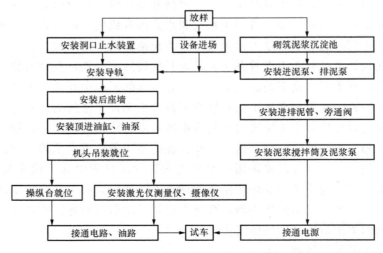

图 5-8　泥水加压平衡顶管工艺流程图

5）施工要点

①顶进。拆除洞口封门→推进机头，机头进入土体时开动大刀盘和进排泥泵→机头推进至能卸管节时停止推进，拆开动力电缆、进排泥管、控制电缆和摄像仪连线，缩回推进油缸→将事先安放好密封环的管节吊下，对准插入就位→接上动力电缆、控制电缆、摄像仪连线、进排泥管接通压浆管路→启动顶管机、进排泥泵、压浆泵、主顶油缸，推进管节→随着管节的推进，不断观察机关轴线位置和各种指示仪表，纠正管道轴线方法并根据土压力大小调整顶进速度→当一节管节推进结束后，重复以上第 2 至第 7 继续推进→长距离顶管时，在规定位置设置中继环。

②顶进到位。顶进即将到位时，放慢顶进速度，准确测量出机头位置，当机头到达接收井洞口封门时停止顶进→在接收井内安放好接引导轨→拆除接收井洞口封门→将机头送入接收井，此时刀盘的进排泥泵均不运转→拆除动力电缆、进排泥管、摄像仪及连线和压浆管路等→分离机头与管节，吊出机头→将管节顶到预定位置→按次序拆除中继环油缸并将管节靠拢→拆除主顶油缸、油泵、后座及导轨→清场。

（2）土压平衡顶管施工工法

1）工法特点。土压平衡顶管利用带面板的刀盘切削和支撑土体，对土体的扰动较小。采用干式排土，废弃泥土处理方便，对环境的影响和污染小。

2）适用范围。土压平衡顶管适用于饱和含水地层中的淤泥质黏土、黏土、粉砂或砂性土，运用管径为 D1650～D2400。适用于穿越建筑物密集闹市区、公路、铁路、河流特殊地段等地层位移限制要求较高的地区。顶管管材一般为钢筋混凝土，管节的接头形式可选用 T 型，F 型钢套环式和企口承插式等，也可以按工程的要求选用其他材质的管节和管口接扣形式。

3）工艺原理。土压平衡顶管是根据土压平衡的基本原理，利用顶管机的刀盘切削和支承机内土压舱的正面土体，抵抗开挖面的水土压力以达到土体稳定的目的。以顶管机的顶速即切削量为常量，螺旋输送机转速即排土量为变量进行控制，待到土压舱内的水土压力与切削面的水土压力保持平衡，由此减少对正面土体的扰动，减小地表的沉降与隆起。

4）施工工艺与流程

①施工准备。工作井的清理、测量及轴线放样；安装和布置地面顶进辅助设施；设置与安装井口龙门吊车；安装主顶设备后靠背；安装与调整主顶设备导向机架、主顶千斤顶；安装与布置工作井内的工作平台、辅助设备、控制操作台；实施出洞辅助技术措施井点降水、地基加固等；安装调试顶管机准备出洞。

②顶管顶进。安放管接口扣密封环，传力衬垫→下吊管节，调整管口中心，连接就位→电缆穿管道，接通总电源、轨道、注浆管及其他管线→启动顶管机主机土压平衡控制器，地面注浆机头顶进注水系统机头顶进→启动螺旋输送机排土→随着管节的推进，测量轴线偏差，调整顶进速度直至一节管节推进结束→主顶千斤顶回缩后位后主顶进装置停机，关闭所有顶进设备，拆除各种电缆与管线，清理现场→重复以上步骤继续顶进。

③顶进到位。顶进到位后的施工流程与泥水加压平衡顶管相仿。

5. 中继环（中继间）

（1）中继接力原理。解决长距离顶管的顶力问题主要是考虑如何克服管壁外周的摩阻力。当顶进阻力即顶管掘进迎面阻力和管壁外周摩擦阻力之和超过主顶千斤顶的容许总顶力或管节容许的极限压力或工作井后靠土体极限反推力，无法一次达到顶进距离要求时，应采用中继接力顶进技术，实行分段实施使每段管道的顶力降低到允许顶力范围内。采用中继接力技术时，将管道分成数段，在段与段之间设置中继环。中继环将管道分割成前后两个部分，中继油缸工作时，后面的管段成为后座，前面管段被推向前方。中继环按先后次序逐个启动，管道分段顶进由此达到减小顶力的目的。采用中继接力技术以后，管的顶进长度不再受后座顶力的限制，只要增加中继环的数量，就可延长管道顶进的长度。中继接力技术是长距离顶管不可缺少的技术措施。中继环安装的位置应通过顶力计算，其第一组中继环主要考虑工具管的迎面阻力和部分的管壁阻力，并应有较大安全系数。其他中继环则考虑克服管垫的摩阻力，可留有适当的安全系数。

（2）中继环构造。中继环必须具备足够的强度和刚度、良好的水密性，并且要加工精确、安装方便。其主体结构由以下几个部分组成：

1）短冲程千斤顶组（冲程为 15～30cm）规格，性能要求一致。

2）液压、电器与操纵系统。

3）壳体和千斤顶紧固件、止水密封圈。

4）承压法兰片。

液压操纵系统可按现场环境条件布置在管内分别控制或管外集中控制。中继环的壳体应和管道外径相同，并使壳体在管节上的移动有较好的水密性和润滑性，滑动的一端应与管道特殊管节相接。

6. 管道及其接口

顶管所用管道按其材质分为钢筋混凝土管和钢管两类，钢管接口一般采用焊接，钢筋混凝土管的接口有平口管、企口管、承口管三种形式。

5.5.3 顶管法施工主要技术措施

1. 穿墙出井

从打开穿墙管闷板，将工具管顶出工作井外到安装好穿墙止水，这一过程称为穿墙。穿墙是顶管施工最为重要的工序之一，穿墙后工具管方向的准确程度将会给管道轴线方向的控制和管道拼装以及顶进带来较大影响，因此对穿墙管的构造及穿墙的技术措施要有充分的认识。

穿墙止水构造主要由挡环、盘根、轧兰组成。轧兰将盘根压紧后起止水挡土作用。为避免地下水和泥土大量涌入工作井，一般应在穿墙管内事先填埋经夯实的黄黏土。打开穿墙管闷板，应立即将工具管顶进。此时穿墙管内的黄黏土受挤压，堵住穿墙管与工具管之间的环缝，起临时止水作用。当工具管尾部接近穿墙管而泥浆环尚未进洞时，停止顶进，绕盘根，表轧兰，再借助管道顶进的顶力，带动轧兰将盘根压入穿墙管环缝。盘根压得不宜过紧，以不漏浆为宜留下一定压缩量，以便盘根磨损后再次压紧止水。

钢板桩围护的工作井在工具管出井时根据施工组织设计要求采取拔桩或割洞的方法进行，在去除前应考虑去除过程中采取的加固措施，工作井顶部的支撑也应检查与加固。

2. 纠偏

管道偏离轴线主要是由于作用于工具管的外力不平衡造成的，外力不平衡的主要原因有：

（1）推进管线不可能绝对在一定直线上。

（2）管道截面不可能绝对垂直于管道轴线。

（3）管节之间垫板的压缩性不完全一致。

（4）顶管迎面阻力的合力不与顶管后端推进顶力的合力重合一致。

（5）推进的管道在发生挠曲时，沿管道纵向的一些地方会产生约束管道挠曲的附加抗力。

上述几条原因造成的直接结果就是顶管顶力产生偏心，要了解各接头上实际顶合力与管道轴线的偏心度，只能随时监测顶进中管节接缝上的不均匀压缩情况，从而推算接头端面上应力分布状况及顶推合力的偏心度，并以此调整纠偏幅度，防止因偏心度过大而使管节接头压损或管节中部出现环向裂缝。因为管节发生裂缝就无法保证管道外围泥浆环的支承和减摩作用，造成顶进困难和地表沉降。

为观测与分析顶管推进中处于最不利受力状况的管节接头端部及其中部的应力分布状况，可从接缝压缩变形观测值求得。如果接缝垫板均处于受压缩状态，采用薄的插片无法插入垫板与管端面之间的接缝中，就可知该接头上顶力的合力处于“断面核”之内，管节端面上的压应力不小于零。顶进纠偏普遍采用调整纠偏千斤顶的编组操作，若管道偏左则千斤顶采用左伸右缩方法，反之亦然。如同时有高程和方向偏差，先应纠正偏差大的一面。除此之外，若采用工具管或斗铲式顶管掘进机时，顶进纠偏可采用调整正面开挖部位、范围和深度的办法；采用封闭式顶管掘进机，有条件可用削土刀盘上可伸缩的超挖刀，超挖正面局部土体，以达到纠偏目的。顶进中发生顶管机头旋转时应采取措施防止偏转扩大，常用措施为改变切削刀盘的转动方向和在管内的相反方面增加压重块直至正常。

3. 触变泥浆减阻和长距离压浆

（1）原理及实施。长距离大直径管道的顶进过程中，有效降低顶进阻力是施工中必须解决的关键问题。顶进阻力主要由迎面阻力和管壁外周摩阻力两部分组成，在超长距离顶管工程中，迎面阻力占顶进总阻力的比例较小。为了充分发挥顶力的作用，达到尽可能长的顶进距离，除了在中间设置若干个中继环外，更为重要的是尽可能降低顶进中的管壁外周摩阻力。为了达到此目的，采用管壁外周加注触变泥浆，在土层与管道及工具管之间形成一定厚度的泥浆环，使工具管和顶进的管道在泥浆环中向前滑移，以达到减阻的目的。管道外周空隙的形成主要有三个因素：一是顶管工具管比管道外径略大；二是工具管纠偏；三是工具管及管道外周附着黏土而形成。必须要在管道外周孔隙形成后而土体落到管体上以及土压力增大至全值以前必须将触变泥浆填充于其中才能使其达到支承土体和减阻的目的。这不仅要求对顶管机头尾部的压浆要紧随管道顶进同步进行。在顶管顶进过程中为使管壁外周形成的泥浆环始终起到支撑土体和减阻的作用，在中继环和管道的适当点位还必须进行跟踪补浆，以补充在顶进过程中的触变泥浆损失量。一般压浆量为管道外周环形空隙的 $1.2 \sim 2.0$ 倍。

要达到以上的效果，压浆不仅要及时和适量，还必须在适当的压力下由适当的点位和正确的方法向管外压注。压浆压力应根据管道深度 H 和土的天然重度 γ 而定，一般为 $\gamma = (2 \sim 3)H$。

压浆设备主要包括：

1）浆泵，一般采用螺杆泵。

2）搅拌器，要求能充分拌和泥浆，并提供足够容量。

3）泥浆管道，总管一般用 $D40 \sim 50\text{mm}$ 钢管，支管用 $D25 \sim 30\text{mm}$ 管。

4）管路接头，要求装拆方便、密封可靠，在 1kPa 压力下无渗漏。

5）控制阀，每个注浆断面向上均加设一组。

6）压力表，在泥浆出口和顶管机头后的 1～2 个注浆断面上设置，补浆范围内适当设置，一般采用隔膜式压力表。顶进结束后，应对泥浆环的浆液进行置换。置换浆液一般用水泥砂浆掺加适量的粉煤灰以增加稠度，压浆体凝结后拆除管路换上闷盖，将孔口封堵。

（2）浆液配制及压浆系统。在长距离顶管施工中，一般须采用工具管压浆和中继环补浆的施工方案，但两者对浆液的要求却有所差异。对工具管的压浆是希望迅速向管道周围的环形间隙填充黏滞输送的要求。中继环补浆是在已有泥浆环的基础上改善泥浆性能。由于中继环补浆口一般在大约 10m 范围。所以要求补充的触变泥浆黏度低、流动性好，以达到大面积补浆的目的。为了满足上述要求，工程界进行了大量的科研工作，经试验确定，在长距离顶管施工中，在触变泥浆中选用 PHP、PAC-141、CPA、PAH 树脂作为泥浆处理剂，泥浆成分中包括有膨润土、纯碱、水、CMC 和 PHP 等。

4. 正面稳定

各种类型的工具管都要在顶进和开挖过程中，注意防坍塌、防涌水，确保正面土体稳定。保证正面稳定最关键的是尽量使正面土体保持和接近原始应力状态，对各种类型的工具管应根据其工作特点分别采取不同的技术措施。

（1）土压平衡式工具管。土压平衡式工具管施工中保证正面稳定最关键的是其密封土舱中的土压力值，一般该土压力值应为正面土体静止土压力的 1.0～1.1 倍。一般通过地面沉降和地区移动进行监测，根据量测反馈资料，调整和选定密封土压舱内的土压力值，只要保持合适的螺旋出土器转速、推进速度和顶管顶力就可达到上述目的，保证正面稳定。

（2）泥水平衡式工具管。使用泥水平衡式工具管进行顶管施工时，要注意根据土质特性在密封舱中施加性能适当的护壁泥浆，在黏性土中可采用就地取材的黏土作为护壁泥浆材料；在砂性土中则应按其渗透性大小采用密度适当的膨润土触变泥浆，以防开挖面坍塌。密封舱内的泥浆压力一般应保持为 1.0～1.1 倍的正面土体静止土压力。对泥水平衡式工具管尾部密封性要予以严格检查并采取有效措施封堵顶进路线中的漏浆通道。

5. 曲线顶进技术

在顶管设计与施工过程中，由于地质条件的差异性、地面建筑物的环境保护要求以及原有市政管道及其他地下构筑物的拥挤程度等原因，迫使工程的路线定为曲线，在此情况下，采用顶管和盾构机械设施沿曲线进行顶进施工的特殊技术即称曲线顶进技术。国内目前的曲线顶进工程实例不多，有的也大都是曲率半径较大的曲线，而一些发达国家已有了曲率半径为 15m 的曲线和曲率半径分别为 200m 和 80m 的 S 形曲线施工的实例。曲线顶进可分两种情况，一种是水平平面内的曲线顶进，另一种是在铅垂平面内的曲线顶进，这两种情况在本质上是一致的。曲线顶进与直线顶进主要有如下三个不同点：第一是曲线顶进采用的施工方法比直线顶进复杂；第二是曲线顶进时管节的排列形状问题；第三是曲线顶进时阻力与顶进管的强度问题。基于上述三个不同点，反映在曲线顶进施工技术上的问题有：主压千斤顶的顶推力计算和顶进推力的分布；具体施工时如何推进减阻；管节之间的接头处理与直线施工的差异；稳定土层的辅助工法和润滑材料的使用；曲线顶进施工中的方向控制问题等。

曲线顶进的施工方法：按照以往的经验和当地的实际情况来选择施工方法，常用的施工方法主要有蚯蚓式顶进方法、单元式顶进方法和半盾构法三种。

5.6　盾构法施工技术

5.6.1　概述

在城市中，为了解决日益拥挤的交通问题，需修建地铁、公路隧道、水底隧道、海底隧道等，常采用盾构法施工。采用盾构法施工可解决其他方法无法解决的工程问题。例如在城市中心区修建地铁时，可免拆大量的地面建筑；在河川、海底修建隧道时，可不受水文、气候、航运等条件的限制；采用盾构法施工还具有很大的隐蔽性。因此可应用于保密性要求高的国防工程。

盾构法施工技术在我国已近 50 年的历史。采用该施工方法修建的工程有上、下水道，电力通信隧道，水底隧道，地铁区间及车站，人防工事等。可以肯定，该施工方法将会在各市政工程中得到更广泛应用。

盾构是在钢壳体保护下掘进隧道的一种设备，按掘进方式分为人工、半机械和机械化形式；按切削面上的挡土方式，分为开放型和封闭型；按向开挖面施加压力的方式，分为气压、泥水加压、削土加压和加泥方式。目前机械化盾构发展较快，应用较多，它由刀盘、刀具旋转切割地层，采用螺旋输送机或泥水管道运送碴土，在壳体内拼装预制管片，依靠液压千斤顶推进，形成掘进隧道的机电一体化高科技设备，图 5-9 为广州地铁施工盾构机模型。

图 5-9　广州地铁施工使用盾构机模型

1. 盾构法施工的优点、缺点

盾构法施工的优点在于：具有良好的隐蔽性，噪声、振动引起的公害小，施工费用不受埋置深度大而影响，机械化及自动化程度高，劳动强度低，日本已能做到完全自动化施工；隧道穿越河底、海底及地面建筑群下部时，可完全不影响航道通行和地面建筑的正常使用；适宜在不同颗粒条件下的土层中施工；多车道的隧道可做到分期施工，分期运营，可减少一次性投资。

盾构法施工的缺点在于：不能完全防止盾构施工区域内的地表变形；当工程对象规模较小时，工程造价相对较高；盾构一次掘进的长度有限；盾构直径大小受限，一般认为：直径大于等于 12m 时为超大型盾构，目前世界上最大直径为 15.43m，如图5-10用于长江隧道盾构机。

2. 盾构选型及配套设施

盾构选型及配套设施应根据隧道

图 5-10　用于长江隧道直径 15.43m 盾构

功能、隧道外径、长度、埋深和地质条件、沿线地形、地面建筑物、地下构筑物、地下管线等环境条件及周围环境对地层变形的控制要求，结合开挖和衬砌等诸多因素，经综合分析后确定，盾构机型选择见表 5-26。选择盾构的种类一般要求掌握不同盾构的特征。同时，还要逐个研究以下几个项目：

（1）开挖面有无障碍物。

（2）气压施工时开挖面能否自立稳定。

（3）气压施工并用其他辅助施工法后开挖面能否稳定。

（4）挤压推进、切削土加压推进中，开挖面能否自立稳定。

（5）开挖面在加入水压、泥压、泥水压作用下，能否自立稳定。

（6）经济性。

表 5-26　　　　　　　　　　盾 构 机 型 选 择 表

项目＼机种	泥水加压盾构	土压平衡盾构		
		削土加压式	加水式	加泥式
工作面稳定	大刀盘、泥水压	大刀盘、切削土压	大刀盘、加水作用	加泥作用
工作面观察	泥水压、排泥水量	土压计、排土量	水压计、进土量	水压计、排土量
工作面防塌	泥水压、开闭板	大刀盘、土压	大刀盘、水土压	泥土压
工作面涌水	泥土压	排土机构	排土机械	泥土止水性
障碍物处理	非常困难	非常困难	非常困难	非常困难
砾石处理	砾石处理装置	困难	砾石取出装置	砾石取出装置
适用土质	软黏土、含水砂土	软黏土、粉砂	含水粉质黏土	软黏土含水砂土
与地质适应性	刀盘	排土机构	刀盘	刀头
问题	黏土不易分离	砂土进排困难水压过高封水困难	细颗粒少施工困难高水压需气压	取土量不足或超量地表隆起或沉降
基地周围的环境	泥水设备噪声	有噪声	有噪声	有噪声
经济性	泥水处理设备费昂贵	介于机械式和泥水式中间	比泥水式盾构经济	介于机械式和泥水式中间

3. 泥水加压盾构与土压平衡盾构的比较

20 世纪 80 年代初，泥水加压盾构及土压平衡盾构开始盛行。当时认为，泥水加压盾构对不同的土层均适应。而到了 1983 年初，认为至少该盾构不适应在未加辅助施工条件下的砾石层和含黏土极少的卵石层中施工。最后总结出：只有在以砂性土为主的洪积层中采用泥水加压盾构才较为有利，而在黏性土为主的冲积层中施工时，盾构性能虽然能适应无疑，但是需要较高的泥水处理费用。泥水加压盾构施工引起的地表沉降量可控制在 10mm 以内。

土压平衡盾构较适应于在软弱的冲积土层中掘进。但是在砾石层或者砂土层中，只要加入适当的黏土后，也能发挥出土压平衡盾构应有的特点。1984 年技术人员认识到，土压平衡盾构的地质条件的适应性比泥水加压盾构更强。土压平衡盾构施工引起的地表沉降量可控制在 20mm 以内。土压平衡盾构掘进时地表沉降量的控制与施工人员的施工经验有密切相关的联系。因此，沉降量的波动范围有时相对较大。

（1）泥水加压盾构的地质适应条件

1）细粒土（粒径 0.074mm 以下）含有率在粒径加积曲线的 10% 以上。

2）砾石（粒径 2mm 以上）含有率在粒径加积曲线的 60% 以上。

3）天然含水量为 18% 以上。

4）无 200～300mm 的粗砾石。

5）渗透系数 $k<10^{-2}$ cm/s。

（2）土压平衡盾构的地质适应条件

1）细粒土（粒径 0.074mm 以下）含有率在粒径加积曲线的 7% 以上。

2）砾石（粒径 2mm 以上）含有率在粒径加积曲线的 70% 以下。

3）黏性土（黏土粉砂土含有率 4% 以上）的 N 值在 15 以下。

4）天然含水量：砂为 18% 以上，黏性土为 25% 以上。

5）渗透系数 $k<5\times10^{-2}$ cm/s。

（3）泥水加压盾构与土压平衡盾构的选型条件。泥水加压盾构与土压平衡盾构是目前世界上最常用、最先进的二种盾构形式，它们各自代表了不同出土方式和不同工作面土体平衡方式的特点。因此，它们各自都有优点和缺点，不能简单地说哪一种盾构更先进。对该两种盾构进行选型时，工程师应根据工程的具体情况和要求加以评估，因为优点和缺点有时是可以转化的。例如，在以黏性土为主的冲积土层中，如果采用泥水加压盾构施工所产生的泥水可不作任何处理而直接送入江河与大海中时，宜选择泥水加压式盾构；在水头高度很高（大于 50m）的江川和海峡水底下施工时，即使土体条件更适合于土压平衡盾构但是当螺旋输送机筒体内的搅拌土难以起到封水作用，或者经过验算，螺旋机体内的螺旋土柱可能失稳（螺旋机停转状态下，土从口部流出）时，盾构选型需慎重对待，必要时拟作模型试验后再决定是否可采用土压平衡盾构。当盾构处在城市中心区域掘进，并且工作面的水压小于 0.4MPa，地质条件为冲积土层时，通常采用土压平衡盾构更经济合理。在沿海城市的软土地层中开挖隧道的机械较多采用土压平衡盾构。

（4）盾构法施工技术的选择依据。有时工程前期会遇到采用盾构法还是采用其他方法难以判断的情况，此时应作工程可行性调查研究。选择盾构法施工前，除需充分了解盾构施工法的特点之外，还应把该方法与其他方法作经济比较和技术可行性分析。通过比较认为：盾构法施工技术明显优于或略优于其他方法时，还应对盾构法作框架式经济分析。因目前尚无成熟的分析方法，只能采用工程类比的手段进行判断。通常以每台盾构的掘进总长度 500～1800m 作为经济掘进范围。当拟建隧道长度（盾构掘进长）$L_0<400$m 时，采用盾构法施工的工程每延米单价将会上升，长度越短，该方法的竞争优势越弱。当然，对于无法采用其他方法施工的特殊工程例外。反之，当盾构一次掘进的总长度 $L_n>2000$m/台时，盾构各部位将会导致严重的机械磨损，盾构的维修保养将变成主要矛盾。

5.6.2　管片

1. 管片的种类

最常用的管片有钢筋混凝土管片（RC 管片）、复合管片和铸铁管片（DC 管片）。

（1）钢筋混凝土管片又称隧道的一次衬砌，钢筋混凝土管片通常有两种形式，即箱型管片和平板型。箱型管片常用于大直径隧道施工，在等量材料条件下，箱型管片比平板型管片的抗弯刚度大，管片的背板厚度较薄，但是当管片的腔格偏大时，在千斤顶作用下，混凝土将易发生剥落、压碎等情况。实践证明，箱型管片形式在紧固螺栓时，扳手的扳子空间较宽裕，便于穿连接螺栓。平板型管片在中、小直径的隧道中，是常用的一种管片形式，在相等厚度条件下，其抗弯刚度及抗压条件均优于箱型管片。有时在大直径隧道内，也采用该形式的管片，它主要用于地面荷载大，或者穿越地面建筑群时的隧道区间，用于抵抗较大的外荷载。当管片采用钢盒子接头形式时，连接件的费用较高，在地铁工程中并非能大量推广应用，上海地铁一号线的管片设计中，吸收了箱型管片的特点，采用了具有箱型与平板型二种优点的改良型管片，实践证明效果较佳。

（2）复合管片。复合管片常用于区间隧道的特殊段，如隧道与工作井交界处，旁通道连接处，变形缝处，垂直顶升段以及有特殊要求的泵房交界和通风井交界处等。有时也用于高压水条件下的输水隧道中。它的构造形式是：外周、内弧面或外弧面采用钢板焊接，在钢壳内部用钢筋混凝土浇灌，形成由钢板和钢筋混凝土复合的管片。该管片强度比 RC 管片大，抗渗性好，与铸铁管片相比，它具有上马快，抗压性、韧性高等优点。但耐腐蚀性差，造价较高，无特殊要求时不宜大量采用。

（3）铸铁管片。现采用的是以镁作为球化剂的球墨铸铁管片。该管片重量轻，耐腐蚀性好，材质均匀，强度高，机械加工后的精度高，接头刚度大，拼装准确，防水效果也好；但成本高，金属消耗量大，机械加工量大。

（4）楔形管片。由楔形管片组成的楔形环有最大宽度和最小宽度，用于隧道的转弯和纠偏。用于隧道转弯的楔形管片由管的外径和相应的施工曲线半径而定。

2. 管片制作、储存、运输

管片制作常采用工厂化流水作业，管片制作需具备材料及产品堆场、钢筋笼生产车间、搅拌站（点）、试验室、管片浇捣车间、锅炉房（或蒸汽热网）、管片水中养护池、管片抗渗试验台架、管片精度测试台。

（1）钢筋骨架。钢筋骨架应在符合要求的胎具上制作。焊接应根据钢筋级别、直径及焊机性能合理选择焊接参数；钢筋应平直，端面整齐；焊接骨架的焊点设置，应符合设计要求；当设计无规定时，骨架的所有钢筋相交点必须焊接；钢筋骨架成型应对称跳点焊接。钢筋加工的形状、尺寸应符合设计要求，其偏差应符合表 5-27 的规定；钢筋骨架安装的偏差应符合表 5-28 的规定；焊接成型时，焊接前焊接处不应有水锈、油渍等；焊后焊接处不应有缺口、裂纹及较大的金属焊瘤。

表 5-27　　　　　　　　　　钢筋加工允许偏差和检验方法

序号	项　目	允许偏差/mm	检验方法	检查数量
1	主筋和构造筋长度	±10	尺量	抽检≥5件/班同类型、同设备
2	主筋折弯点位置	±10	尺量	抽检≥5件/班同类型、同设备
3	箍筋内净尺寸	±5	尺量	抽检≥5件/班同类型、同设备

表 5 - 28　　　　　　　　钢筋骨架安装位置的允许偏差和检验方法

序号	项　　目		允许偏差/mm	检验方法	检查数量
1	钢筋骨架宽	长	[-10, 5]	尺量	每片骨架检查 4 点
		宽	[-10, 5]	尺量	每片骨架检查 4 点
		高	[-10, 5]	尺量	每片骨架检查 4 点
2	受力主筋	间距	[-5, 5]	尺量	每片骨架检查 4 点
		层距	[-5, 5]	尺量	每片骨架检查 4 点
		保护层厚度	[-3, 5]	尺量	每片骨架检查 4 点
3	箍筋间距		[-10, 10]	尺量	每片骨架检查 4 点
4	分布筋间距		[-5, 5]	尺量	每片骨架检查 4 点
5	环、纵向螺栓孔和中心吊装孔		畅通、内圆面平整		

（2）混凝土

1）有抗渗要求的工程，混凝土配合比设计要满足下列要求：混凝土坍落度不宜大于 70mm；水泥用量不得少于 280kg/m³；混凝土中总的碱含量和最大氯离子含量应符合现行国家及地方有关标准；混凝土的抗渗等级应符合设计要求。

2）混凝土生产与运输应符合下列规定：首次使用的混凝土配合比应进行开盘鉴定，其工作性应满足设计配合比的要求；开始生产时应至少留置一组标准养护试件，作为验证配合比的依据；应严格按施工配合比投料。混凝土原材料计量偏差应符合 GB 50204 中的有关规定；每工作班至少测定一次砂石含水率，并据此提出施工配合比；混凝土应搅拌均匀、色泽一致，和易性良好。应在搅拌或浇筑地点检测坍落度，应逐盘做目测检查混凝土黏聚性和保水性；混凝土运输、浇筑及间歇的全部时间应不超过混凝土的初凝时间。

3）混凝土浇筑应符合下列规定：混凝土应连续浇筑成型；根据生产条件选择适当的振捣方式；振捣时间以混凝土表面停止沉落或沉落不明显、混凝土表面气泡不再显著发生、混凝土将模具边角部位充实并有灰浆出现时为宜，不得漏振或过振；浇筑混凝土时不得扰动预埋件；管片浇筑成型后，在初凝前应再次进行压面；浇筑混凝土的同时应留置试件，混凝土试件留置应具有代表性。

4）混凝土养护应符合下列规定：混凝土浇筑成型后至脱模前，应覆盖保湿，可采用蒸汽养护或自然养护方式进行养护；当采用蒸汽养护时，应经试验确定混凝土养护制度。管片混凝土预养护时间不宜少于 2h，升温速度不宜超过 15℃/h，降温速度不宜超过 10℃/h，恒温最高温度不宜超过 60℃。出模时管片温度与环境温度差不得超过 20℃；采用蒸汽养护时应监控温度变化并记录；管片在储存阶段宜采取适当的方式进行养护且养护周期不得少于 14d。非冬施期间生产的管片宜置于水中养护储存 7d 以上，冬期施工生产的管片宜涂刷养护剂。实践证明，采用喷淋法养护时，通过对喷淋时间间隔、喷淋方式等加强控制可以避免干湿交替养护，也可达到预期的养护效果。

（3）成型管片。混凝土管片标识：在管片的内弧面角部须喷涂标记，标记内容应包括：管片型号、模具编号、生产日期、生产厂家、合格状态如图 5-11 所示。每一片管片必须独立编号，便于其质量的可追溯性。每套钢模，每生产 200 环后应进行水平拼装检验一次，其结果应符合表 5-29 要求。

图 5-11　管片编号

表 5-29　　　　　　　　　　　　　　管片水平拼装检验允许偏差

序号	项目	允许偏差/mm	检验频率	检验方法
1	环向缝间隙	2	每环测 6 点	塞尺
2	纵向缝间隙	2	每条缝测 2 点	塞尺
3	成环后内径	[-2, 2]	测 4 条（不放衬垫）	用钢卷尺量
4	成环后外径	[-2, 6]	测 4 条（不放衬垫）	用钢卷尺量

　　预制钢筋混凝土管片，在进行吊装预埋件首次使用前必须进行抗拉拔试验，抗拉拔力应符合设计要求；管片混凝土外观质量不应有露筋、孔洞、疏松、夹渣、有害裂缝、棱角磕碰、飞边等缺陷；管片成品应定期进行检漏试验，检漏标准按设计抗渗压力恒压 2h，渗水深度不超过管片厚度的 1/5。

　　（4）管片储存与运输：管片储存场地必须坚实平整，雨期应加强储存管片的检查，防止地基出现不均匀沉降；管片应按适当的方式分别码放。采用内弧面向上的方法储存时，管片堆放高度不应超过六层，如图 5-12 所示；采用单片侧立方法储存时，管片堆放高度不得超过四层。不论何种方法储存，每层管片之间必须使用垫木，位置要正确。管片运输应采取适当的防护措施。

5.6.3　盾构施工

　　盾构施工必须根据隧道穿越的地质条件、地表环境情况，通过试掘进确定合理的掘进参数和碴土改良的方法，确保盾构刀盘前方开挖面的稳定，做好掘进方向的控制，确保隧道轴线符合设计要求，盾构施工时必须做到：盾构掘进中必须确保开挖面土体稳定；土压平衡盾构掘进速度应与进出土量、开挖面土压值及同步注浆等相协调；泥水平衡盾构掘进速度应与进排浆流量、开挖面泥水压力、进排泥浆、泥土量及同步注浆等相协调；当盾构停机时间较长时，必须有防止开挖面压力降低的技术措施，维持开挖面稳定；盾构掘进中应严格控制隧道轴线，发现偏离应逐步纠正，使其在允许值范围内。

　　盾构掘进遇到前方发生坍塌或遇有障碍、盾构自转角度过大、盾构位置偏离过大、盾构

图 5 - 12　管片储存放置

推力与预计值相差较大时、管片发生开裂或注浆发生故障无法注浆时、盾构掘进扭矩发生较大波动时等情况时，必须暂停施工，经处理后再继续。

1. 盾构的组装、调试

（1）盾构组装之前应根据盾构部件情况、现场场地条件，制定详细的盾构组装方案；根据最大部件尺寸和最重部件规格选择盾构组装设备，做好组装场地的准备工作、安装好盾构始发基座及井下的其他准备工作；根据盾构部件情况，准备好组装需用的吊装设备、工具、材料等。组装前，必须对主要部件及材料进行验收：所有购置的标准定型产品，具有制造厂的产品合格证书及测试报告单；对盾构制造中的关键部件的钢材（板材、型钢），查验生产厂的质保书。

（2）盾构组装完成后，应按设计的主要功能及使用要求提出验收大纲，按照验收大纲分系统逐项进行盾构的现场验收包括：盾构主机；切削刀盘；螺旋输送机；皮带运输机；泥水输送系统验收。

2. 盾构始发

盾构始发前，对洞口经改良后的土体做质量检查；制定洞口围护结构拆除方案，保证始发安全；盾构始发时必须做好盾构的防旋转和基座稳定措施，并对盾构姿态作复核、检查；负环管片定位时，管片横断面应与线路中线垂直；在始发阶段应控制盾构推进的初始推力；初始推进过程中，必须始终进行监测并对监测资料反馈分析，不断调整盾构掘进施工参数。

3. 盾构掘进

（1）土压平衡盾构的掘进，必须按以下要求进行：

1）施工前，必须根据隧道地质状况、埋深、地表环境、盾构姿态、施工监测结果制定当班盾构掘进施工指令，并准备好壁后注浆工作、管片拼装工作。

2）施工中必须严格按照盾构设备操作规程、安全操作规程以及当班的掘进指令控制盾构掘进参数与盾构姿态。

3）盾构施工过程必须做到注浆与掘进的同步进行，及时根据信息反馈情况调整注浆参数。

4）施工中必须设专人按规定进行监控量测，并及时反馈，指导施工。

5）盾构施工过程中必须经常进行盾构与管片姿态人工复核测量、跟踪与信息反馈。

6）施工过程中，严禁出现盾构姿态突变。应尽量防止横向偏差、纵向偏差和转动偏差的发生，用测量数据修正盾构姿态，尽早进行"蛇行"修正。

7）为了保持开挖面的稳定性，要根据地层条件适当注入添加剂，确保碴土的流动性和止水性，同时要慎重进行压力仓压力和排土量的管理。

8）碴土的处理，应适合开挖、排土的方法和碴土性质，配置满足计划掘进能力的排土设备，对污泥应选择适当的中间处理方法与设备。

9）盾构暂停施工时，应制定稳定开挖面的专项措施。

（2）泥水平衡盾构的掘进，必须按以下要求进行：

1）施工前，必须根据隧道地质状况、埋深、地表环境、盾构姿态、施工监测结果制定当班盾构掘进施工指令与泥浆性能参数设置指令，并准备好壁后注浆工作、管片拼管工作。

2）施工中必须严格按照盾构设备操作规程、安全操作规程以及当班的掘进指令控制盾构掘进参数与盾构姿态。

3）施工中必须设专人对泥水性能进行监控，根据泥浆性能参数设置指令进行泥水参数管理。

4）应严格进行开挖面泥浆压力和开挖土量的管理，确保开挖面的稳定。

5）施工过程出现大粒径石块时，必须采用破碎机破碎、砾石分离装置分离。

6）施工过程中，严禁出现盾构姿态突变，用测量数据修正盾构状态，尽早进行"蛇行"修正。

7）泥水管路延伸、更换，应在泥水管路完全卸压后进行。

8）盾构暂停施工时，应根据施工情况制定专项措施。

9）分离装置应适合开挖土砂粒度要求，进行碴土与泥浆、水的分离，并应尽量使分离出来的泥浆和水经过处理，循环到开挖面再利用。对碴土进行存放搬运处理，处理应符地方环境保护规定。

4. 轴线控制

盾构推进过程中必须严格控制推进轴线，使盾构的运动轨迹在设计轴线允许偏差范围内；盾构自转量应控制在盾构设计允许值范围内，并不得影响施工；在竖曲线与平曲线段施工应考虑已成环隧道管片竖、横向位移对轴线控制量的影响。

5. 盾构纠偏

当盾构轴线偏离设计位置时，必须进行纠偏。盾构纠偏采用千斤顶编组、区域油压、仿行刀进行，实施盾构纠偏不得损坏已安装的管片，并保证新一环管片的顺利拼装，必须防止盾尾漏浆而增大地面变形。

6. 盾构到达

（1）盾构到达前，应做好下列工作：

1）制订盾构到达方案，包括到达掘进、管片拼装、壁后注浆、洞口外土体加固、洞口围护拆除、洞圈密封等工作的安排。

2）对盾构接收井进行验收并做好接收盾构的准备工作。

（2）盾构到达前 100m，必须对盾构轴线进行测量、调整。

（3）盾构切口离到达接收井距离小于 10m 时，必须控制盾构推进速度、开挖面压力、排土量，以减小洞口地表变形。

（4）盾构到达时应按预定的拆除方法与步骤，拆除洞门。

（5）当盾构全部进入接收井内基座上后，应及时做好管片与洞圈间的密封；

7. 壁后注浆

壁后注浆为控制地层变形，盾构掘进过程中必须对成环管片与土体之间的建筑空隙进行充填注浆，充填注浆分为同步注浆、即时注浆和二次补强注浆，可根据工程地质、地表沉降情况和环境要求选择其中一种或多种并用，注浆过程中必须采取措施减少注浆施工对周围环境的影响。壁后注浆实施的好与坏，直接影响到隧道的施工质量，壁后注浆是隧道施工中不可缺少的重要环节之一。

（1）注浆参数的选择。注浆压力应根据地质条件、注浆方式、管片强度、设备性能、浆液特性和隧道埋深综合因素确定。同步注浆或即时注浆的注浆量，根据地层条件、施工状态和环境要求，其充填系数一般取 1.30～2.50。同步注浆的注浆速度应根据注浆量和掘进速度确定。当管片拼装成型后，根据隧道稳定、周边环境保护要求可进行二次补强注浆，二次补强注浆的注浆量和注浆速度应根据同步注浆或即时注浆效果确定。

（2）注浆前的准备工作。根据注浆要求进行注浆材料的试验和选择。可按盾构机型、地层条件、工程和环境要求合理选用单液或双液注浆材料。壁后注浆材料除应满足强度要求外，还应满足流动性、可填充性的要求。按照注浆施工要求准备拌浆、储浆、注浆设备，并进行试运转。安装连接注浆管路，并进行耐压试验。

（3）注浆作业。注浆作业应按规定连续进行，不得中途停止，并按规定标准结束。注浆施工时，要时刻观察压力及流量变化，并及时调整施工参数。注浆结束后应及时清洗注浆设备和管路。

（4）注浆质量控制。施工过程中必须对注浆量、注浆压力、注浆时间、注浆部位等参数进行记录并保存为注浆质量控制提供依据。

5.7　水平定向钻进技术

5.7.1　非开挖技术概述

现代非开挖施工技术于 20 世纪 60 年代末起源于日本、英国和美国，由于其技术上的优势，在世界各地广泛推广，于 1986 年在伦敦成立了国际非开挖技术协会（International Society for Trenchless Technology，ISTT）。非开挖施工技术主要有水平定向钻进施工和气动锤施工两种方法，并且两种施工方法又有相结合的趋势。而气动锤施工方法又可分为气动矛钻进、夯管法、碎管法等技术。

非开挖施工技术是在不开挖地表的条件下，进行地下管线铺设、更换和修复的一项施工方法，与传统的开挖方法相比，具有不影响交通、不破坏地表设施、施工周期短、施工成本低、操作方便、社会效益显著等优点，尤其对于需要在地下较深位置、地表有障碍物、地面附属物修复困难等情况更具优势，目前，广泛应用于穿越公路、铁路、建筑物、河流以及在城区、古迹保护区等进行市政、供水、煤气、电力、电信、石油、天然气等管线的铺设、更新和修复等工程。

我国非开挖施工技术与设备的开发和研究工作起步较晚，在20世纪80年代后期，由于不允许开挖铺设地下管线的工程日益增多，以及各大城市改扩建工程的开展，开始引进各类非开挖施工设备，并促进了我国非开挖施工技术和设备的开发和研究工作，并成立了中国非开挖技术协会。

在非开挖技术行业中，水平定向钻进是主要的增长领域之一。目前，在石油、天然气、自来水、电力和电信部门，水平定向钻进已是一种得到广泛认可的铺管施工技术，由于水平定向钻进施工精度的提高，也可用于污水管和其他重力管线的铺设，图5-13所示为水平定向钻机。

图 5-13 水平定向钻机

水平定向钻进穿越与其他施工方法相比，对环境的影响最小，能提供障碍物下管线覆盖的深度大，对管线的保护作用大，维修费用小，许多情况下费用更低。水平定向钻进穿越还有一个可预测的短期施工计划。

5.7.2 技术工艺

水平定向钻进是利用水平定向钻机以可控钻进轨迹的方式，在不同地层和深度进行钻进并通过定位仪导向抵达设计位置而铺设地下管线施工的施工方法。施工时，首先用导向钻具钻进小口径的导向孔；然后用回扩钻头将钻孔扩大至所需的口径；最后将生产管拉入孔内。

1. 施工场地及布置

（1）施工场地。水平定向钻进穿越工程需要两个分离的工作场地：设备场地（钻机的工作区）和管线场地（与设备场地相对的钻孔出土点工作区）。场地大小取决于设备类型、铺管直径和钻进穿越长度。

设备场地（图5-14）：安放设备、施工操作需要充足的工作面积。一般应保证钻进设备周围具有至少大于钻杆单根长度的操作空间，设备上方应无障碍以保证吊放和防止落物。如果设备是可分离的，摆放设备位置可由一些较小的、不规则的面积组成。

管线场地（图5-15）：应提供足够长的工作空间便于欲铺设管子的连接。穿越工程的设计，应尽量设法将欲铺设的管线做到全长度一次性拉入，并尽可能避免水平方向的弯曲。多次回拉连接管线会增加施工风险。

在城市市区施工时，由于受街道围墙的限制或必须在拥挤的小胡同、人行道、风景区或特殊的公共通道的地方工作，设备须线性排列，占据空间不超过单行道宽度。

施工场地还应考虑可能干扰钻架或起重机操作的空中设施，以及可能影响设计轨迹线和钻机布置的地下设施。交通高峰期对工作时间的限制也影响施工场地的充分利用。

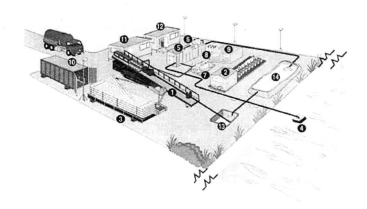

图 5 - 14　设备场地

1—水平定向钻机；2—电力供应设备；3—钻杆；4—水泵；5—泥浆搅拌池；
6—泥浆净化设备；7—泥浆泵；8—泥浆材料仓库；9—发电机；10—仓库；
11、12—现场办公室；13—入口坑；14—钻屑处理池

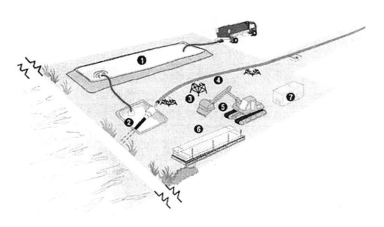

图 5 - 15　管线场地

1—钻屑处理池；2—出口坑；3—施工设备；4—管线导轮；
5—生产管线；6—钻杆；7—仓库

施工场地还须考虑开挖进、出口坑和泥浆循环池。尽管水平定向穿越对公共设施的破坏最小，但必须告知财产所有者或管理机关，这些坑是定向穿越施工的必要组成部分。

（2）工作坑。进、出口工作坑是非常重要的，进、出口工作坑可有以下作用：

1）兼作地层情况和地下管线及构筑物的探坑。

2）用作泥浆循环池的组成部分。

3）作为连接与拆卸钻具、钻杆、管线的工作坑。

4）坑内始钻式钻机的设备安放位置。

进、出口工作坑的大小，取决于其功能和深度，一般至少应为 1m×1m，当深度较深时，还必须考虑挖掘工作中稳定坑壁，形成坡度，坑口尺寸更大。在考虑坑的功用时，如欲用于接管工作的出口坑，须考虑焊接工作的操作空间；如果欲铺设的管线直径大，则出口坑

必须延长成适合管道平直回拖的长槽等。坑内始钻式钻机的工作坑，因需要利用坑的前、后壁承受钻进中的给进力和回拉力，则必须对坑壁进行加强和支护。

（3）泥浆循环池。泥浆循环池一般由返回池、沉淀池、供浆池三个以上的池组成。池之间由沟槽连接，其间还可有泥浆净化设备或装置。泥浆循环池的大小根据泥浆返回量的多少确定，一般至少应为 1m×1m×1m，为保证泥浆自由沉淀的效果，沉淀池可大一些或多个。

2. 钻进液

钻进液通常是钻进泥浆。钻进泥浆有许多功能，最基本的是维持钻孔的稳定性。另外，泥浆还有携带钻屑、冷却钻头、喷射钻进等功能。钻进液的成分根据底层条件、使用要求作调整。管道与孔壁环状空间里的钻进液还有悬浮和润滑作用，有利于管道的回拖，钻进液体系的特性及适用土层见表 5-30。

表 5-30 钻进液体系的特性及适用土层

钻进液体名称	特 点	适用土层
膨润土	造浆率高，触变性好，成浆迅速，成浆后不析水	粉黏土或粉土或局部粉土或细砂等土层
聚合物加膨润土	增粘效果好，浆液一直能力强，在淡水和盐水中降滤失能力强，形成的泥饼薄、韧、滑，用量少，成本低	护壁较为困难或含少量粉砂的粉土地层
化学浆液	凝固时间可调，可实现瞬间固化，渗透能力和流动性好	漏失较大的地层
脲醛树脂水泥球	强度可变，具有较好的可泵性	流砂层

钻进泥浆经泥浆泵泵入钻杆，从钻头喷射出来，在经钻杆与孔壁的环状间隙还回地面。钻进液是一种由清水＋优质黏土（膨润土）＋处理剂（若需要）或清水＋少量的聚合物＋处理剂（若需要）的混合物。膨润土是常用的泥浆材料，是一种无害材料。

钻进过程中，监控和维持黏度、密度、固相含量等技术参数是极为重要的。当孔内情况有所改变时，可以按需要调整这些参数。

钻进液应在专用的搅拌池中配制。从钻孔中返回的泥浆须经泥浆沉淀池或泥浆净化设备处理后，再送回供浆池，或与新泥浆混合后再使用。常用的泥浆净化方法是分级滤出不同粒径的土屑，如：从孔口返回的泥浆依次通过振动筛、除砂器、沉淀池处理。钻屑增加钻进液的固相含量，固相含量必须始终控制在 30% 以下，这样才能保证堵塞钻孔。

作为环保施工技术，对非开挖水平定向钻进的钻进液进行适当处理，可避免在地表不能存放钻进液的问题。使用后的膨润土泥浆（不含有害处理剂）最常用的处理方法是散布在田野里，用后的膨润土泥浆散布在田地、牧场或管线周围，对工程承包商和土地主人都是有利的。预先设计好泥浆处理技术可降低实际处理成本。

重复利用钻井液可减少购买和处理钻井液泥浆的费用。把返回的钻井液收集起来泵送到泥浆净化设备中，再把净化后的泥浆送回到钻井液储存或混合箱中反复使用。当然，有时大量的钻井液会从与钻机和钻井液循环系统所在河岸相对的另一岸上孔口返出，这时就要使用两套泥浆循环系统，或是把返出的泥浆运回到钻机所在的一端，可以使用卡车等工具运输；或是在地面上铺设临时管道来运输泥浆，使用哪种运输手段最佳，应根据施工现场的具体情况来决定。当使用临时管道时，应检查管道的设计方案，以保证管道的大小合适，防止管道损坏，泥浆流失。

3. 管线制作

（1）根据适用的规则和规范制作、装配管线。

（2）拉管前需用焊缝检测仪对管线进行连续检测，发现问题及时进行修理。

（3）控制最小允许弯曲半径和最大允许拉伸间距范围，可保证管线受力始终低于规定的最小屈服强度。

（4）对于大直径管线，为了控制拉力在所用钻机的允许范围之内，需进行减阻。减阻还有减少对涂覆层的磨损作用。

（5）回拖期间，钻机操作者必须监测和记录相关数据，如拉力、扭矩、拉管速度和钻井液流量等。应注意不超过管线的最大允许拉力。

（6）管线涂层保护层有抗腐蚀和抗磨蚀的作用。定向穿越往往会遇到不同的地层情况，管道回拉时经常受磨蚀，所以需要在管线外层涂保护层。涂层与管线应有很好的黏结力以抵抗地层的破坏，并且表面应光滑结实减少摩擦力。在管线施工中，推荐的保护层应与现场的接头保护层或内保护层一致。

4. 钻进过程

钻进过程分三步：导向孔、扩孔、拉管。

（1）导向孔钻进一般采用小直径全面钻头，进行全孔底破碎钻进。在钻头底唇面上或钻具上，安装有专门的控制钻进方向的机构。在钻具内或在紧接其后部位，安装有测量探头。钻进过程中，探头连续或间隔地测量钻孔位置参数，并通过无线或有线的方式实时地将测量数据发送到地表接收器。操作者根据这些数据及其处理这些数据得到的图表，采取适当的技术措施调整孔内控制钻进方向的机构，从而人工控制钻孔的轨迹，达到设计要求。

常用的孔内控制钻进方向的机构主要有两类：一类是钻头底唇面采用非平衡结构设计，如常钻头唇面是一个斜面，当钻头连续回转时钻进直孔，保持钻头不回转加压时，钻孔钻进偏斜。这类方法因需要在不回转的条件下破碎岩层，所以在软质的土层大多数采用钻进液喷射辅助破碎方式钻进。另一类是钻具采用弯外管或弯接头，其弯曲方向即决定了钻头的钻进方向。这类方法导向钻进钻杆是不回转的，钻头破碎岩石的扭矩，来自于钻头后部的孔底动力机，如螺杆马达或涡轮马达。这类方法通常用于钻进岩石等硬地层。

钻进导向孔是水平定向穿越施工的最重要阶段，它决定铺设的管线的最终位置。钻杆按设计的进入点以预先确定 $8°\sim12°$ 的角度钻入地层，在钻进液喷射钻进的辅助作用下，钻孔向前延伸。在坚硬的岩层中，需要泥浆马达钻进，钻杆的末端有一个弯接头控制轨迹的方向。在每一根钻杆钻入后，应利用手持式跟踪或有缆式定位仪测量钻头位置，推荐至少钻进每根钻杆应测量一次。对有地下管线、关键的出口点或调整钻孔轨迹时，应增加测量点。将测量数据与设计轨迹进行比较，确定下一段要钻进的方向。钻头在出口处露出地面，测量实际出口是否在误差范围之内。如果钻孔的一部分超出误差范围，可能要拉回钻杆，重新钻进钻孔的偏斜部分。当出口位置满足要求时，取下钻头和相关钻具，开始扩孔和回拉。

（2）扩孔。导向孔完成后，必须将钻孔扩大至适合成品管铺设的直径。一般，在钻机对面的出口坑将扩孔器连接于钻杆上，再回拉进行回扩，在其后不断地加接钻杆。根据导向孔与适合成品管铺设孔的直径大小和地层情况，扩孔可一次或多次进行。

同径铺设时，导向孔完成之后，可直接回拖铺管。但是，大多数导向孔需要扩孔，将孔径扩至能铺设管道。终孔孔径一般应为管线外径的 1.2～1.5 倍。地层情况复杂时，扩孔直径越大越好；但是，孔径越大，维持孔壁稳定越困难。应考虑钻进液和钻屑返回的环空间隙和铺设管线的弯曲半径。根据要求的终孔直径和土层条件，扩孔可一次或多次完成。

不同地层应采用不同的扩孔器。刮刀扩孔器用于软土层；筒形扩孔器用于混合土；镶嵌硬质合金块的牙轮扩孔器用于岩石层。扩孔器的类型和地层条件直接影响扩孔速度。采用与地层相匹配的扩孔器和适当的钻进液流量是扩孔施工的关键，可节约资金和时间。

（3）拉管。扩孔完成后，即可拉入需铺设的成品管。管子最好预先全部连接妥当，以利于一次拉入。当地层情况复杂，如：钻孔缩径或孔壁垮塌，可能对分段拉管造成困难。准备回拉的管线应在出口一侧连接并进行检测。如果铺设的是钢管，推荐将钢管放在滚筒上以减少摩擦力，保护管线的涂层。对于高强度聚乙烯管（HDPE 管）通常不需要这个工序。钻杆使用一个拉头或拉钩和一个单动接头与铺设管连接，单动接头用于防止管线回转，并拧坏管线。也可将扩孔器安装于拉头与钻杆之间，以确保钻孔畅通，回拉时，可向孔内泵入润滑液。拉管时，应将扩孔器接在钻杆上，然后通过单动接头连接到管子的拉头上，单动接头可防止管线与扩孔器一起回转，保证管线能够平滑地回拖成功。

5. 清理现场

拉管和其后的测试试验（静水压测试、定径清管器、密封测试）等工作完成后，应清理管线现场和设备现场。这项工作包括排除入口坑和出口坑中的钻进液，并回填这些工作坑。

6. 文件资料

（1）值班记录。值班记录和现场报告必须符合实施所在行业的语言习惯，应每天向委托方代表递交这些报告。对于每一道工序都应作现场记录，也包括对管道减阻或回填废弃钻孔的情况。

（2）原始资料。委托方需要的所有原始资料和记录应在全部工作结束后 4 周内提供，应提交一份原件和一份复印件。

5.8　新密市溱水路大桥工程介绍

5.8.1　溱水路大桥工程简介

溱水路大桥为河南省新密市溱水路东段跨越惠沟的一座大桥，所在区域规划为城市公园，沟内常年无积水，无通航要求。桥梁跨径布置为 3×30m+（30+70+30)m（图 5-16），主桥首次采用了无背索波形钢腹板部分斜拉桥，引桥采用先简支后连续预应力混凝土小箱梁结构。桥面中央为 24m 双向六车道机动车道，两侧各 7m 绿化带、6m 人行道，全宽 50m，设计荷载为公路—Ⅰ级，大桥全长为 227.96m。

5.8.2　主桥结构创新思路

随着我国城市化进程的大力推进和全面建设小康社会目标的积极实施，城市桥梁除了需要满足交通基本功能外，人们还对桥梁造型和文化内涵提出了更高要求，桥型结构不断创新。

图 5-16　溱水路大桥效果图

溱水路大桥桥宽 50m，主跨跨越长度要求 70m 以上，设计时考虑这样的跨径和桥宽对于普通的梁式结构而言，在结构体系上是不合理的，因此项目组对主桥结构展开了研究。

无背索斜拉桥是斜拉桥的一种，自 1992 年诞生于西班牙开始，此结构就以其巧妙的构思、优美的造型受到了全世界桥梁设计师的青睐，不到 20 年时间，国内外已建成的该类桥梁十余座，这些桥梁均成了当地的地标建筑。它在外形上利用索塔创建制高点，体现出桥梁气势和力度；同时由于塔身向岸侧倾斜，给人一种独特的不对称的稳定感；仅在主跨侧配置的拉索轻轻将桥面提起，更增添了惊险的感觉，形成了壮观的画面；桥梁纵立面的造型又类似扬帆远航的船只，象征一帆风顺、欣欣向荣的景象。其造型独特，可以满足城市桥梁景观要求。

在结构受力上，无背索斜拉桥和常规斜拉桥一样，拉索类似于梁的弹性支承，可以改善大跨梁式结构的受力和变形。与常规斜拉桥不同，无背索斜拉桥主塔倾斜，以桥塔自重来抵抗斜拉索传递的桥梁荷载，组成了梁塔的平衡体系，其受力体系也不尽合理。特别是溱水路大桥桥宽 50m，若自重完全由桥塔来平衡，桥塔高度、工程造价将较高。

针对如何减轻桥梁自重和如何使桥梁结构体系合理的问题，项目组开展科研攻关，创新出一种新型桥型结构——无背索波形钢腹板部分斜拉桥。

由于梁高在此桥位处不受限制，部分斜拉桥受力以梁为主，索为辅，这就成为了合理的桥型结构。无背索部分斜拉桥与常规部分斜拉桥相似，综合了斜拉桥和连续梁的力学特性，其箱梁为主要承重构件，斜拉索类似于体外预应力束，可改善梁体变形及应力分布，整体受力接近于预应力连续梁或连续刚构桥。

波形钢板具有较高的剪切屈曲强度，用它作为混凝土箱梁的腹板，可以充分满足腹板的力学性能要求，解决了混凝土箱梁腹板容易开裂的问题，还大幅度减轻了主梁自重，缩减了下部结构所承受的上部恒载，这对于桥幅很宽的桥梁其优势更加显著。同时，通过用波形钢腹板箱梁代替混凝土箱梁，可减轻桥梁自重 20%，采用部分斜拉桥使受力体系合理，工程造价降低 10％。另外，波形钢板纵向伸缩自由的特点使得其几乎不抵抗轴向力，能更有效地对混凝土桥面板施加预应力，提高了预应力效率。并且，波形钢腹板箱梁可以在施工中减少大量的支架、模板和混凝土浇筑工程，省去了施工时在腹板中布置钢筋、预埋管道、设置模板等繁杂工作，从而方便了施工，缩短了工期。正因为波形钢腹板箱梁桥具有如此优越的结构受力和施工性能，工程中可获得良好的经济效益，所以该桥型在国内外发展迅速，已由最初的简支梁桥发展到后来的连续梁桥、斜拉桥等。

基于上述设计创新思路，溱水路大桥主桥结构第一次采用了无背索波形钢腹板部分斜拉桥结构。

5.8.3 溱水路大桥主桥设计要点

主桥采用跨径为（30＋70＋30)m墩塔梁固结体系独塔双索面无背索波形钢腹板部分斜拉桥。满堂支架施工方法。主梁采用双箱双室波形钢腹板整体箱梁，C50 混凝土，体内和体外预应力混合配筋，拉索处设横梁，间距6m；波形钢腹板经工厂加工，运送到施工场地，波形钢腹板与混凝土顶板连接采用 T-PBL 连接件，底板连接采用焊钉；斜拉索从距 5 号主墩 16m 处开始设置，每 6m 设置 1 根，共设 8 根，平行布索；索塔采用预应力混凝土矩形截面，桥面上塔高为 54m，塔身水平角为 59°；主墩为宝瓶形，基础为群桩。

5.8.4 相关科研

作为第一座无背索波形钢腹板部分斜拉桥结构，还没有关于这种桥型应用及研究的文献报道，有必要对结构体系的合理性和可靠性进行深入研究。因此，在进行新密市溱水路大桥设计的同时，通过科研项目对无背索波形钢腹板部分斜拉桥的关键技术问题进行了深入的研究，主要内容如下：

（1）相关桥型建造情况。

（2）全桥空间力学性能分析（施工过程及成桥阶段）。

（3）索塔锚固区、索梁锚固区和墩塔梁固结区局部应力分布、预应力筋的合理布置、抗裂性能分析。

（4）全桥整体稳定性、波形钢腹板整体和局部稳定性分析。

（5）全桥动力特性和抗震性能特性分析。

5.8.5 经济与社会效益

该项目科研成果为大桥采用波形钢腹板代替传统的预应力混凝土腹板提供了理论支持，通过工程量对比表明，波形钢腹板组合箱梁混凝土减少约16％，桥梁下部混凝土数量减少约20％。综合经济效益比预应力混凝土箱梁斜拉桥节约5％，直接节约资金约360万元。此外，本项研究为无背索波形钢腹板部分斜拉桥的施工提供技术依据，对确保桥梁的受力状态以及成桥后的线形符合设计要求，保证桥梁设计质量和今后运营安全提供技术支持。

项目研究成果具有十分显著的社会效益：

（1）溱水路大桥的建设实施不仅方便河南省新密市溱水路东段跨越惠沟的车辆和行人，同时作为规划中的城市公园桥梁，大桥的建造可以成为当地一座新的地标性建筑，对于建设优美人居环境，提升城市形象，大桥的社会效益显著。

（2）确保桥梁设计文件质量，为大桥的实施提供可靠技术支持。大桥的设计选择波形钢腹板，可以减轻主梁重量，提高桥梁抗震性能和预应力效率和腹板抗裂能力；结构轻型化带来施工材料和设施的节省，工期的缩短确保工程早日投入运营，社会效益巨大。本课题以该桥型的基础力学理论研究为基础，可以使该桥型结构计算更为完善、精确，为今后同类桥的设计减小工作量，节省造价，产生直接和间接效益。

（3）用波形钢腹板代替箱梁混凝土腹板，从结构上看，波形钢腹板预应力混凝土组合箱梁充分利用了混凝土抗压，波形钢腹板抗剪屈服强度高的优点。由于波形钢腹板不抵抗轴向力的作用，所以能有效地对混凝土顶、底板施加预应力；波形钢腹板不约束箱梁顶板和底板由于混凝土徐变和干燥收缩所产生的变形，避免了由于钢腹板的约束作用所造成的箱梁截面预应力损失。本项目研究就局部结构的抗裂性和预应力束配置合理性提出检算结论和建议，对波形钢腹板厚度提出设计建议，通过项目研究找出了规律，为今后同类桥梁设计、科研积累了经验，并提高了桥梁理论水平。

（4）无背索波形钢腹板部分斜拉桥的主梁中体外预应力束可以方便替换，免除了在混凝土腹板内预埋管道的繁杂工艺，有利于桥梁维修和补强；波形钢腹板避免了箱梁常见的腹板开裂病害，有利于桥梁今后运营养护，大量节省桥梁养护费用。

（5）本项目的研究可提高河南省交通规划勘察设计院有限责任公司技术力量，提高桥梁理论水平，为类似桥梁的设计积累设计、科研经验，并提供参考借鉴，从而提高市场竞争能力。

（6）本课题是桥梁基础研究和应用研究的一部分，对无背索波形钢腹板部分斜拉桥结构作了一些基础研究工作，促进了桥梁技术科学水平的进步。

5.8.6　结构的创造性与先进性

项目组采用了 1 项波形钢腹板连接件的专利技术，具有结构体系先进、投资省、桥梁耐久性好，施工简便，外形美观等优点。

2010 年 6 月经河南省交通厅组织鉴定认为"该无背索波形钢腹板部分斜拉桥为国内首例，具有创新性。研究成果总体上达到了国际先进水平"，"本项目成果尽管是针对无背索波形钢腹板部分斜拉桥相关问题进行研究的，但项目研究的总体思路和原则也可推广应用于其他类型桥梁的研究中，如波形钢腹板连续梁桥的设计中，本项研究成果有着广阔的推广应用前景"，"作为国内首座无背索波形钢腹板部分斜拉桥，该桥横向宽度达到 50m，宽跨比较大，采用波形钢腹板可以减轻结构自重，在所分析工况中剪力滞效应较小，同时避免采用大箱梁的宽幅桥出现腹板开裂病害，溱水路大桥工程对类似桥梁有较大借鉴和指导意义"。

本项目科研成果被河南省科学技术厅评为 2010 年河南省科学技术成果。

项目组将创新成果应用于新密市溱水路大桥设计，通过采用波形钢腹板箱梁使桥梁自重减轻了 20%，节约投资 360 万元。我国钢年产量已超 6 亿吨，用钢替代混凝土，有利于保护环境和节能降耗，对我国桥梁建设可持续发展具有现实意义，具有广泛的推广应用前景。目前除新密市溱水路大桥外，我省还有 3 座波形钢腹板箱梁桥正在建设。

5.8.7　小结

溱水路大桥为第一座无背索波形钢腹板部分斜拉桥，结构体系新颖，造型独特，充分体现了大气、洋气、雅气的设计宗旨，既满足了大跨宽幅主梁的要求，又兼顾了城市桥梁景观的需要，融入汉风公园景观，为市民提供一个优雅的休闲环境，同时作为标志性建筑将成为新密新地标。

5.9 溱水路大桥主桥施工组织设计

5.9.1 总则

1. 编制依据

（1）溱水路大桥主梁设计结构形式为分离式单箱双室波形钢腹板整体箱梁，主塔为双索面无背索独塔斜拉。为了使溱水路大桥的施工符合技术先进、安全可靠、耐久适用、经济合理的要求，特制定本施工技术方案。

（2）本施工技术方案的主要依据：

《公路桥涵设计通用规范》（JTGD 60—2004）

《公路钢筋混凝土及预应力混凝土桥涵设计规范》（JTGD 62—2004）

《公路斜拉桥设计细则》（JTG/TD 65—01—2007）

新密市溱水路东段路桥工程 K0＋570～K1＋027（含桥梁）施工设计图（河南省交通规划勘察设计院）

《公路桥涵施工技术规范》（JTJ 041—2000）

《建筑钢结构焊接技术规程》（JGJ 81—2002）

《钢结构工程施工质量验收规范》（GB 50205—2001）

《公路桥梁钢结构防腐涂装技术条件》（JT/T 722—2008）

（3）本施工技术方案及时吸纳了最新工程实践和科研成果，对波形钢腹板箱梁桥的施工提出相应的措施要求，依此解决施工过程中的一些具体问题。

（4）本施工技术方案在符合国家相关标准规范基础上，从实践需要出发，提出施工的最佳方案，为溱水路大桥的施工建设服务。

2. 编制原则

（1）确保安全的原则。充分认识本工程地质、水文特点，结合本工程的施工特点，使用可靠成熟的工法、施工工艺，实行信息化施工，确保工程施工安全。

（2）确保工程质量的原则。建立完善的质量管理体系和控制程序，明确质量控制目标，结合本工程特点与实际情况制定切实可行的工程质量保证措施，施工过程严格进行质量管理与控制，精益求精，确保工程达到优良质量标准。施工过程按照 ISO 9001 标准进行质量管理。

（3）确保工期的原则。精心筹划组织，合理配置资源，选择可靠施工方法，使各项分部工程施工衔接有序，确保关键工期的实现，在确保安全和质量的前提下努力提前总工期。

（4）技术可靠性原则。根据本标段工程特点，利用我单位同类工程施工技术、管理方法等成熟经验，编制可靠性高、可操作性强的施工技术方案进行施工，确保安全、优质、按期地完成工程施工任务。

（5）经济合理性原则。针对本工程的实际情况，本着可靠、经济、合理的原则制定施工方案，并合理配备资源，施工过程实施动态管理，使工程施工达到既经济又优质的目标。

（6）注重文明施工，加强环保原则。施工过程中严格按照 ISO 14000 标准进行环境保护与管理，工程开工前充分调查了解工程周边环境情况，施工紧密结合环境保护进行。合理布置施工场地，加强施工过程环境控制，减少空气、噪声污染，杜绝排放污水、丢弃垃圾等对环境的污染，维护交通运输，确保文明施工与环保。

（7）注重人文施工，关爱职工健康原则。施工过程按照 GB/T 28001 标准进行施工管理，建立、健全消防、安全、保卫、健康体系，以人为本，维护和保障施工人员的安全与健康。

5.9.2　工程概况

1. 水文地质

新密市城区北高南低，坡度不大，东西向比较平缓，约有 1‰～2‰ 的自然坡度。北部为由清屏山、战鼓山等四座小山组成的山地。城区有楚沟、惠沟、周垌沟三条大冲沟，贯穿南北，宽度在 100～200m，深度 20～30m。

勘探深度内上部地基土为第四系中新统（Q3pl-e0）粉土及粉质黏土层，下部为青灰色灰岩。场地总体分布稳定。

经钻探揭露，场地内岩土层自上而下依次分别为：①层杂填土、素填土；②黄褐色粉土；③层黄褐色、棕红色粉质黏土；④层灰黑色、灰白色灰岩，全风化－强风化；⑤层灰黑色、灰白色灰岩，中风化－微风化。

新密市属暖温带大陆性气候，夏季炎热，冬季严寒，气候干燥，雨雪较少，四季分明，季风转换明显。年均降水量 658.4mm，多集中于夏季，降水日数 90d。

勘探深度内地下水属潜水类型，地表地基土以黏性土为主，主要为孔隙裂隙水，其补给来源主要为大气降水。地下水为 HCO_3-Ca.Mg 型水，根据地下水水质分析，地下水对混凝土不具腐蚀性。

2. 主要技术指标

（1）路线等级：城市主干道。

（2）红线宽度：起点至新惠街 35m，新惠街至终点 50m。

（3）设计速度：50km/h。

（4）路面设计标准轴载：BZZ-100kN。

（5）不设超高平曲线最小半径：直线。

（6）停车视距：60。

（7）最大纵坡：4.00%。

（8）最小坡长：250m。

（9）竖曲线半径：凸形 1000m，凹形 1500m。

（10）汽车荷载等级：公路—Ⅰ级。

（11）人行道荷载：$3.5kN/m^2$。

3. 主桥桥位与构造

拟建工程位于新密市东部边缘，溱水路大桥起于 K0+576.020，止于 K0+803.980，中心桩号 K0+690.000，桥梁全长 227.96m。下部结构引桥采用柱式桥墩（设桩间系梁），主墩采用空心薄壁宝瓶墩，群桩基础，肋板式桥台。主桥采用跨径为（30+70+30）m 墩塔梁固结体系独塔双索面无背索斜拉桥，其中引桥采用 3×30m 装配式后张预应力混凝土连续箱梁，主桥主梁采用分离式单箱双室波形钢腹板整体箱梁，索塔处为钢筋混凝土箱梁，梁宽为 50m，梁高为 2.5～3.5m。拉索锚固位置设横梁，间距为 6m。采用体内和体外预应力混合配筋。

（1）主梁构造。主桥主梁采用分离式单箱双室波形钢腹板整体箱梁，索塔处为钢筋混凝土箱梁，梁宽为50m，梁高为2.5～3.5m。拉索锚固位置设横梁，间距6m。采用体内和体外预应力混合配筋。桥梁箱梁底宽10.0m，翼缘悬长3.8m。顶板厚25cm，底板厚22cm，箱梁腹板采用波形钢腹板，箱梁截面如图5-17所示。钢材种类为Q345qC钢，抗拉强度200MPa、抗剪强度120MPa，波长1200mm，波高200mm，直板段水平长度为330mm，斜板段水平长度为270mm，水平折叠角度为36.5°，内径R为200mm，钢板厚度12mm，经工厂加工成型，运送到施工场地的波形钢腹板一个标准段长为3600mm。腹板平面如图5-18所示。

（2）主塔构造。本桥索塔采用预应力混凝土矩形截面，桥横向宽4m，桥纵向宽5m，桥面以上塔高54m，塔身水平倾角59°，塔高与主跨的高跨比H/L为1/3.1。塔及塔横梁预应力钢筋采用ϕ^s15.2低松弛高强度预应力钢绞线，塔顶设置避雷针及导航灯。主塔斜拉索采用ϕ7mm环氧涂层钢丝，双层热挤密护层防护，标准抗拉强度为1670MPa，弹性模量2.05×105MPa。锚具采用具有高疲劳强度，能承受高活载应力变幅的冷铸锚，斜拉索从距5号主墩16m处开始，每隔6m设置一根，共设8根，平行布索，索水平倾角30°。斜拉索为PES7-187类型。

（3）预应力钢束。预应力钢筋采用ϕ^s15.2mm低松弛高强度预应力钢绞线，在顶、底板内全桥通长布置19ϕ^s15.2mm型体内预应力钢绞线；体内预应力钢束应符合《预应力混凝土用钢绞线》（GB/T 5224—2003）规定的19ϕ^s15.2mm钢绞线。其标准抗拉强度f＝1860MPa，张拉控制应力1375MPa。体外钢绞线采用OVM.S619ϕ^s15.2环氧喷涂无黏结成品索。体外预应力索应符合《无黏结预应力钢绞线》（JG 161—2004）规定的19ϕ^s15.2mm钢绞线，外包HDPE护套。其标准抗拉强度f＝1860MPa，张拉控制应力1116MPa。体外预应力束锚具采用OVM.TT型锚具，锚具应满足整体换束及调整张拉力的要求，锚具其他性能应满足《预应力筋用锚具、夹具和连接器》（GB/T 14370—2007）的要求。锚具所用钢管均采用符合GB/T 8163—2008规定的无缝钢管。

顶板横向预应力钢束采用BM15-3扁锚体系，两端对称张拉；横梁横向预应力钢束采用OVM.M15-11、OVM.M15-14体系，两端对称张拉。其标准抗拉强度f＝1860MPa。

主塔及横梁预应力采用12ϕ^s15.2mm低松弛高强度预应力钢绞线，桥塔内预应力采用一端张拉，桥塔横梁横向预应力采用两端张拉。预应力张拉控制力为2326.8kN。张拉预应力采用张拉吨位与张拉伸长量双控。

（4）下部构造。溱水河大桥主墩采用宝瓶墩，辅助墩采用矩形墩。主桥主墩、辅助墩高均为26m，分左右布置。主墩为群桩基础，分左右布置，共计24根，辅助墩分两排布置，直径均为1.8m，桩长32m。主墩承台结构尺寸为12m×16.5m×4.5m，辅助墩承台结构尺寸为7.5m×7.5m×2.5m。主桥与引桥的连接墩采用直径1.6m六柱式桥墩，直径1.8m钻孔浇筑桩基础，桩长32m，在基桩顶设系梁。

5.9.3　总体施工方案

3号墩～6号台施工完成后，对3号～6号台间原地面进行碾压处理（必要时换填0.6m厚），浇筑15cm厚C25基础混凝土。搭设碗扣式钢管脚手架，5号墩～6号台之间支架采用钢管柱、贝雷梁及工字钢。模板采用1.2cm厚竹胶板，ϕ14mm拉杆，钢管支撑加固，铺设箱梁底模后在支架上超载预压，消除支架的非弹性变形并检测支架的稳定性。卸载后，安装

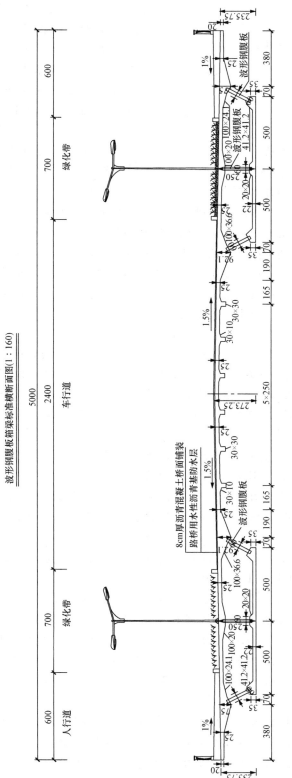

图 5 - 17　箱梁截面图（单位：cm）

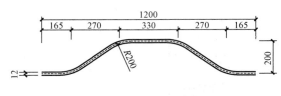

图 5-18 腹板平面图（单位：mm）

支座和箱梁模板。绑扎箱梁钢筋，安装波纹管、波形钢腹板等，浇筑箱梁混凝土及养护。箱梁混凝土达到设计强度的 95% 且龄期不小于 7d 后张拉预应力钢束、压浆封锚。主塔、横梁满堂架施工，拆除支架和模板，桥面系设施施工。

1. 梁体工程

（1）支架系统施工。本桥主梁采用支架施工。支架按桥梁所处位置及地质不同设计，5 号墩~6 号台之间支架采用钢管柱作临时支墩，工字钢作为横梁、贝雷桁架作为纵梁，再在贝雷桁架上搭设满堂支架和方木形成主梁混凝土施工底支撑体系，一般地段支架的基础采用铺筑混凝土。贝雷桁架的施工方法为基础施工采用条形混凝土基础，梁部贝雷桁架施工采用在场地内拼装成标准化模块，由汽车运输到位后利用履带吊机吊装架设。

（2）梁部施工。主梁利用搭设好的支架立模现浇分节段施工。主梁施工顺序以主跨跨中为对称轴向两侧按设计顺序推进。在每一节段中，如需锚固顶、底板束或腹板束或加连接器处，再另行增补节段。待现浇段混凝土达到设计强度后，张拉该节段所需锚固预应力束，然后施工下一节段，按此顺序直至主梁施工完毕。

2. 塔柱和拉索施工方案

本桥主塔为门型预应力钢筋混凝土倾斜结构，带有装饰性塔冠，塔冠上设避雷针，塔高（含避雷针）为 56.0m，塔身为矩形截面，塔柱倾角 59。塔的上部各设有一道横梁。本桥共 16 根斜拉索，PES7-187 类型。拉索在桥上的间距 6m，塔上间距 6.325m，均为 φ7 环氧涂层平行钢丝股索，外包 HDPE 护套，其标准抗拉强度为 1670MPa，索长最短约为 30.4m，最长的约为 105.0m。

主塔施工拟采用在边跨主梁上搭设支架，支架上立模，分节段浇筑和张拉预应力筋。混凝土采用泵送，垂直运输应用塔吊，塔吊设在 6 号台的前面，主梁翼缘板侧。主塔施工依据结构特点拟分 10 段，在主塔每一节段施工前，要根据施工阶段仿真计算分析的结果和已完成节段的监测成果，确定将施工节段的立模标高，保证主塔线形达到设计要求。

主塔支架设计为支撑在主梁上的满堂钢管脚手架，支架之间用横撑连接，增强支架的横向稳定性。主塔采用由下而上分段在支架上现浇施工，分段位置设于每根斜拉索锚固处和塔梁连接处预应束需锚固处。待该段主塔混凝土达到设计强度后，张拉该节段预应力筋，然后在主塔上安装、张拉该节段塔柱对应的斜拉索，监测主塔应力和线形，按此顺序向上施工。主塔横梁也是采用支架施工，当塔柱施工到横梁位置时，在支架上浇筑横梁。主塔内分段埋设钢弦式传感器，以斜拉索力控制主塔内力，控制主塔在恒载下不出现拉应力。主塔施工完毕，再拆除所有支点，施工桥面系，然后进行索力调整，将每根索的张力调整到计张力。

在主梁、主塔以及斜拉索施工过程中，应在主梁和主塔上设置线形观测点，对主梁和主塔的线形进行监测，结合主塔上埋设的应力测试元件的测试结果，并根据施工各阶段的仿真分析结果，对结构的线形和内力进行调整和控制，建立信息反馈系统，实现过程控制，达到设计的线形和恒载内力状态，实现设计意图。

5.9.4　总体施工组织

1. 项目部组织机构

针对本工程的工期紧，质量要求高，干扰因素多，专业技术强的现况。结合我公司多年积累的施工经验，在原组建的高素质，高水平的项目经理部中增加专业技术管理人员。项目部人员组成详见（项目部组织机构图本章附后）。

2. 队伍及劳力组织

本工程由项目部负责组织和施工，具体施工由桥梁专业施工队负责。根据工程数量和工期安排，计划上场人员 150 人，具体分布情况见表 5-31。

表 5-31　　　　　　　　　　上场人员分布情况明细

序号	工 种 名 称	数量	备 注
1	现场施工负责人	1	
2	现场技术负责人	1	
3	钢筋工	35	
4	模板工	50	
5	混凝土工	45	
6	机械工	12	
7	安全员	3	
8	电工	2	
	合计	150	

3. 机械设备配备

主要机械设备配备详见主要机械设备配备表 5-32。

表 5-32　　　　　　　　　　主 要 机 械 设 备 配 备

序号	设 备 名 称	规格型号	数量	备 注
1	振动压路机	YZT22	1	
2	自卸汽车	2630K	2	
3	轮胎式起重机	QY25	1	
4	波纹管卷制机		1	
5	电焊机	BX500	15	
6	对焊机	UN100	5	
7	钢筋切断机	GQ40A	6	
8	钢筋弯曲机	GW40	6	
9	钢筋调直机	TQ4-14	4	
10	直螺纹套丝机		2	
11	捣固棒	ZN30~70	40	
12	张拉千斤顶及油泵	YCW400B	12	
13	压浆机		10	
14	泵车	三一重工	5	47m
15	混凝土输送车	12m³	28	
16	发电机	240kW	4	
17	塔吊	UTZ80	2	

4. 工期计划安排

本项目主墩、主梁工程计划 125d 完成（天气影响未计，地基处理不占总工期），达到主塔施工条件，主塔及横梁施工预计须 90d 完成。依据本项目整体施工方案，其关键线路为 5 号主墩桩基→承台→主墩→主梁→主塔→其他工程。根据地质条件及目前实际施工情况，其分项工程具体工期计划安排如下：

（1）5 号主墩剩余 15 根桩基，由于地质复杂，原采取钻孔桩方案不能正常实施，于 2010 年 7 月 9 日开始变更为人工挖孔桩施工，剩余桩基浇筑成孔于 2010 年 9 月 21 日全部完成。

（2）5 号主墩承台开挖及浇筑，由于实际基坑开挖是岩石地基，需分层放炮开挖，开挖方量大约 3000 方，开挖，清渣运输预计 10d，绑扎承台钢筋，立模浇筑混凝土预计 5 天，经计算总须 15d 完成。

（3）5 号主墩浇筑，主墩为薄壁空心宝瓶墩，施工工艺复杂，采取分段施工方案，分节绑钢筋、立模、浇筑混凝土，经计算预计 30d 完成。

（4）地基处理（包括基础混凝土）：挖除钻孔桩泥浆池，采取含量 60％碎石土分层回填，压路机碾压密实，然后对于大面积原地面采取 30cm 后灰土回填，并浇筑 15cm 厚混凝土基础，支墩位置，采取浇筑 1.0m 厚混凝土条形基础，经计算地基处理全部完成须 15d 完成。

（5）满堂支架搭设、模板安装、支架预压：满堂碗口支架搭设大约需要 2000t 左右，碗口支架搭设每天完成量大约 60t，5 号墩与 6 号台之间采取贝雷梁支架结合碗扣架搭设，起吊设备吊放模板、砂袋、人工安装模板、人工堆码砂袋预压预计 10d，该工序经计算总需 40d 完成。

（6）波形钢腹板及底板钢筋安装：预压结束后，先进行箱梁底板钢筋现场焊接、绑扎安装预计 5d，然后进行波形钢腹板边腹板安装，最后进行中腹板安装，预计需 10d，材料垂直运输均采用吊车或塔吊，经计算须 15d 完成。

（7）混凝土浇筑及养生：箱梁混凝土施工先浇筑底板和钢腹板底板连接部位、横隔板，然后在底板上搭设支架，安装桥梁顶板、翼缘板模板、行车道桥面板，焊接、绑扎顶板钢筋、浇筑混凝土，经计算须 15d 完成。

（8）张拉、压浆及封锚：箱梁混凝土达到设计强度 95％时，按照设计张拉顺序依次对预应力筋进行张拉，经计算须 10d 完成。

（9）主塔施工分 10 段施工，最后施工塔顶段、横梁，根据计算支架搭设、混凝土强度龄期及预应力张拉、斜拉索张拉，大约需 90d 完成。见主桥总体施工进度计划横道图如图 5-19 所示。

5.9.5 波形钢腹板整体箱梁现浇施工

1. 施工准备

（1）材料要求

1）主桥施工所需材料（模板、支架、钢筋、混凝土原材料及钢绞线、斜拉索等），应符合设计要求及现行国家标准规定。进场需交验材料质量证明文件，并经抽样复验合格。

2）钢筋、钢绞线按不同钢种、等级、牌号、规格及生产厂家分批验收，分别存放。存放场地平整硬化，利于排水。钢材下垫方木，上盖隔雨帆布，保证干燥通风，并设立标志。运输加工过程也要避免锈蚀和污染。

新密市溱水路大桥主桥施工总体进度计划表

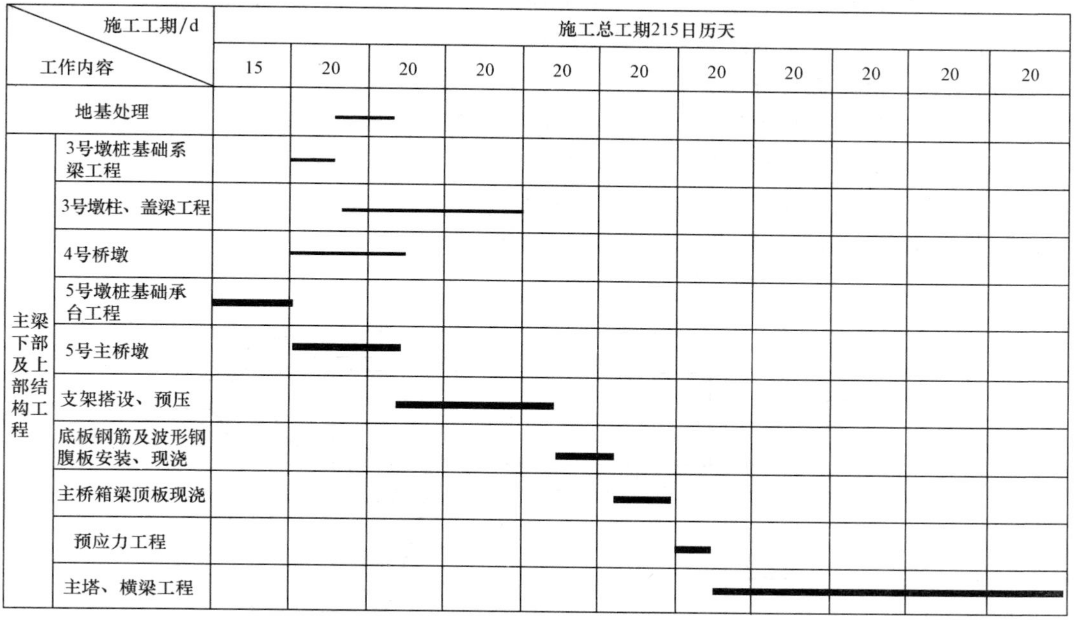

施工工期/d 工作内容	施工总工期215日历天										
	15	20	20	20	20	20	20	20	20	20	20
地基处理		▬									
3号墩桩基础系梁工程	▬										
3号墩柱、盖梁工程		▬▬▬									
4号桥墩		▬▬									
5号墩桩基础承台工程	▬										
5号主桥墩		▬▬									
支架搭设、预压			▬▬								
底板钢筋及波形钢腹板安装、现浇				▬							
主桥箱梁顶板现浇					▬						
预应力工程						▬					
主塔、横梁工程							▬▬▬▬				

（主梁下部及上部结构工程）

图 5-19　主桥总体施工进度计划横道

3）锚具、转向器置于干燥通风仓库内，专人管理，避免污染、锈蚀。

4）钢腹板存放场地平整硬化，利于排水。钢腹板下垫槽钢，上盖隔雨帆布，保证干燥通风，叠放高度不超过五层，搬运存放过程不得划破、碰撞。

5）成品索出场前需用设计索力的 1.3 倍预拉合格后，才可上桥安装。成品索根据所挂索的顺序，将待挂索用起重机起吊放置在索架上，专人管理，防止在运输、上梁、存放、展开时出差错。

（2）机具准备

1）预应力器材：锚具、夹具和连接器等，千斤顶及其配套工具、油泵、注浆机、手提砂轮切割机、卷扬机等。

2）钢筋施工机具：钢筋弯曲机、钢筋调直机、钢筋切断机、电焊机、砂轮切割机等。

3）模板施工机具：电锯、电刨、手电钻等。

4）混凝土施工机具：预拌混凝土强制式搅拌机、混凝土运输车、混凝土泵车、汽车起重机、混凝土振捣器等。

5）工具：扭力扳手、直尺、卡尺等。

（3）作业条件

1）墩柱、盖梁经验收合格。

2）支架作业面已满足施工要求。支架可以安置于可靠的基底上或牢固地固定在构筑物上，并有足够的支撑面积以及有防水、排水和保护地下管线的措施。

3）材料按需要已分批进场，并经检验合格，机械设备状况良好。

4）支架所占施工便道已完成交通导行，并有可靠的交通导行保证措施。

（4）技术准备

1）认真审核设计图纸、编制专项分项工程施工方案并报业主及监理审批。

2）进行钢筋的取样试验、钢筋放样及配料单编制工作。

3）对模板、支架进行进场验收。

4）对混凝土各种原材料进行取样试验及混凝土配合比设计。

5）对操作人员进行培训，向班组进行交底。

6）组织施工测量放线。

（5）场地准备。施工场地平面图如图 5-20 所示。

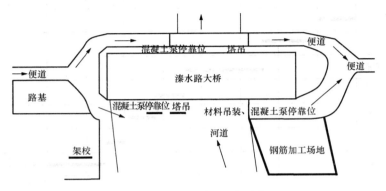

图 5-20　施工场地平面图

1）现场仓库、加工棚、塔吊、便道、水电管线合理布置。

2）行人、车辆、水电，专人管理。

3）塔吊位置合理布置，保证安全和使用效率。

2. 支架搭设方案

支架施工工艺流程：施工准备→测量放样→地基分类处理→支架搭设→支架加固→支架验收→支架预压→现浇箱梁→养护→预应力张拉压浆→支架搭设→支架加固→支架验收→支架预压→转至主塔、横梁施工。

（1）支架基础。现浇支架地基要求牢固、安全、有足够的承载力。浇筑混凝前按照设计要求的荷载对支架进行预压，消除支架非弹性变形及部分地基沉降。支架预压时间不得少于7d，且连续3天累计沉降不大于3mm才可视为稳定，支架位置处的地基应避免被水浸湿。

地基处理：由于主桥位是原惠沟河道回填坝体开挖，经钻探揭露，场地内岩土层自上而下依次分别为：①层杂填土、素填土；②黄褐色粉土；③层黄褐色、棕红色粉质黏土；④层灰黑色、灰白色灰岩，全风化—强风化；⑤层灰黑色、灰白色灰岩，中风化—微风化。

满堂架搭设位置土质主要为黄褐色粉土、棕红色粉质黏土；箱梁主体地基承载力要求大于 55kPa。钢管柱支墩条形基础地基承载力要求大于 129kPa。

支架基础处理方法：先推去杂质土，分层回填处理泥浆池，挖除松散土，原地进行整平、碾压；然后在其上再填2层4%石灰土，每一层厚20cm，整平、碾压密实，压实度不小于90%；密实度达到填方路基回填标准后，在其上浇筑15cm厚C25混凝土作为支架搭设基础，支架基础宽度根据桥梁全宽两侧各加1.0m工作面确定。在地面硬化后，加强箱梁施工内的排水工作，沿场地四周开挖30cm×30cm排水沟，并设置引水槽，将雨水、地面水引至惠沟既有排水沟，严禁在施工场地内形成积水，造成地基不均匀沉降，引起支架失稳，出现安全隐患和事故。

地基承载力检测方法：先根据地基处理范围进行土质试验，然后辅助静力触探检测。对于钢管柱条形基础下的地基承载力经检测确定，如达不到设计承载力要求，考虑采用钢筋混凝土墩基础。

模板和支架架设必须考虑预应力的施工及张拉空间。

（2）支架搭设

1）支架搭设前，必须进行认真的技术和安全作业交底，严格按照要求进行，支架、模板设计计算见《满堂支架、模板设计计算书》。同时对支架、配件、加固件按照要求进行检查、验收，严禁使用不合格的支架和配件。钢管应平直，平直度允许偏差为管长的 1/500；两端面应平整，不得有斜口、毛口；严禁使用有硬伤（硬弯、砸扁等）及严重锈蚀的钢管。钢管使用前应对其壁厚进行抽检，抽检比例不低于 30%，对于壁厚减小量超过 10% 的应予以报废，不合格比例大于 30% 的应扩大抽验比例。扣件使用前必须进行检查，有裂缝、变形的严禁使用，出现滑丝的螺栓必须更换。对周转使用的支架及配件要及时进行维修和保养。

2）测量放样：采用全站仪架设在附近的控制网点上，采用极坐标法，按施工图纸的要求放出箱梁支架的搭设控制线并及时进行复核。在搭设支架前，先在基础上按照测量控制线弹出支架立杆位置线，垫板和可调底座安放位置要准确，严格按照交底进行，保证支架搭设的位置准确性。

3）支架搭设：支架安装从一端向另一端进行，并逐层改变搭设方向，不得相对进行。搭设完一步架后，按照规范要求及时检查并调整支架的水平与垂直度，保证其位置的准确性。不配套的支架与配件不得混合使用于同一脚手架。交叉支撑、水平架或脚手板要紧随支架的安装同步设置。

加固杆件、剪刀撑必须与支架同步搭设，横向剪刀撑间距不超过 3.6m，纵向剪刀撑在支架外侧各设置一挡，腹板底各设一挡。剪刀撑的斜杆与地面倾角为 45°～60°。水平剪刀撑按每三层设置一道。每片支架设纵向扫地杆，两根通长设置，每层支架依此类推。连接采用扣件的规格应与所连钢管外径相匹配，扣件螺栓拧紧扭力矩宜为 50～60N·m，并不得小于 40N·m，各杆件端头伸出扣件盖板边缘长度应不小于 100mm。

满堂支架周围要设置栏杆，用安全网围护。四周设置 4 根接地装置，接地电阻不大于 10Ω。

支架的上下两端设有带调节杆的托架，用来按照实际需要调节支架的高度，实际使用时要注意调节杆外伸的长度不宜超过全长的二分之一。

支架托架上设置纵向分配梁，分配梁采用 10cm×15cm 的木方，以保证具有足够的强度和刚度，将上面传递来的荷载均匀地分配到支架的立杆。分配梁上设置格栅，格栅采用 10cm×10cm 的木方，间距 30cm。

箱梁底板采用大片的 12mm 厚的优质覆膜竹胶板，保证箱梁底板平整且具有很好的光洁度。

支架搭设完毕后进行预压、沉降观测记录和变形分析，根据测算的结果设置上层钢管的高度和底模的预拱度。

在搭设支架时，必须考虑人员上下的人行坡道，人行坡道的坡度为1：3，坡道采用钢管搭设，增设横杆及斜杆。坡道采用折线上升，折返处设平台。坡道及平台上设扶手栏杆，并加挂安全网。

4）支架验收：支架搭设完毕或分段搭设完毕，及时按照规范要求对支架的搭设质量进行检查，经检查合格后方可交付使用，由单位工程负责人组织有关人员进行检查验收，填写检查验收记录表。

检查验收：构配件和加固件是否齐全，质量是否合格，连接和挂扣是否紧固可靠；安全网的张挂及扶手的设置是否齐全；基础是否平整坚实、支垫是否符合规定；垂直度及水平度是否合格；扣件是否拧紧。

在浇筑混凝土的过程中，必须有专人负责检查支架。

（3）架体稳定控制。采用碗扣式多功能钢支架，必须有产品合格证。禁止使用有明显变形、裂纹和严重锈蚀的支架钢管。支架钢管应涂刷防锈漆作防腐处理，并定期复涂以保持其完好。

根据支架的荷载对支架杆件的各方向间距和搭设方案进行设计和验算，以确保支架的整体强度、刚度和稳定性。验算的内容包括杆件受力验算和支架稳定性验算。为保证整个支架的整体性，每间隔一定距离采用钢管支架或碗扣支架在纵、横方向与地平面成45度每隔4～6跨沿全高连续斜向布置钢管剪力撑进行加强，剪力撑必须上至底模板，下至地面，剪力撑每组跨越4～5根立杆，在地面处设置垫木。剪力撑与碗扣支架立杆、水平杆相交处，设置转扣使构件连接紧密，支架均设纵、横向扫地杆。支架安装完毕后，应由测量人员对支架托顶进行高程复测，确保误差在设计及规范容许范围之内。

依据《建筑施工碗扣式脚手架安全技术规范》，脚手架高度大于20m，每隔3跨设置一组竖向通高斜杆；斜杆必须内外排对称设置。

本桥模板支撑架高度超过4m，应在四周拐角处设置专用斜杆或四面设置八字斜杆，并在每排每列设置一组通高十字撑或专用斜杆。

（4）底模设置。底模采用高质量的覆膜桥梁专用竹胶板，根据抄好的标高调节托座高度和搭设最后一道横向钢管，复测托座标高后，铺设10cm×15cm木方，固定好，在纵向木方上铺设10cm×10cm木方，然后铺设厚12mm的覆膜竹胶板，接缝处用胶带粘好，防止漏浆，保证混凝土外观质量。

（5）模板设置。现浇箱梁的模板采用大型竹胶板（包括翼板的模板），所有模板均在施工现场组拼。为了保证箱梁混凝土表面平整、光滑，且具有相当好的光洁度，拟采用优质覆膜竹胶板，且保证每一次浇筑混凝土时，其竹胶板与混凝土的结合面都是崭新的。

按照确定的预拱值铺设底板，钢筋绑扎前，先将模板表面清理干净，并均匀地涂刷专用脱模剂，钢筋绑扎期间，模板上进行保护，以防止污物污染模板面，同时也可避免脱模剂污染钢筋。

（6）支架预压加载

1）支架的压载试验：支架的压载试验是一道非常重要的工序，其目的主要有两方面：一方面是进行一次承载模拟，检验支架及地基的强度和稳定性，确保施工安全；另一方面是消除施工前支架和地基的非弹性沉降变形，同时收集支架和地基的弹性变形和非弹性变形的数据，为箱梁底模施工标高控制和跨中预拱度设置提供准确依据，确保梁体几何线型的准确。

2）支架的加载：根据设计要求，本桥支架考虑按 1.2 系数进行加载预压，支架加载采用砂袋，加载的范围为箱梁全宽范围内，加载的总重量不小于箱梁总重的 1.2 倍。荷载分布位置要与箱梁自重荷载分布一致，加载时各点压重要均匀对称，防止出现异常情况。加载以每孔为单位，逐孔加载预压，一孔卸载后，荷载移至相邻孔。根据实际施工过程中箱梁混凝土浇筑程序方法的不同，本桥加载方案拟采取分级加载。分级加载：按 75%、100%、120%三个等级加载。整个加载过程模拟箱梁荷载分布，分别计算车行道、主梁体、翼缘板从第一级荷载开始持续进行沉降观测。

预压采用袋装砂进行，整体桥梁体重量为：$5541.6 \times 2.6t + 51.8t + 196.95t = 14\ 656t$，半幅梁体重量为：$14\ 656t/2 = 7328t$，主桥长度为 $30m + 70m + 30m = 130m$，主桥半幅纵向每米重量为 $7328t/130m = 56.4t/m$。箱梁底板宽为 10.0m，桥面宽为 50.0m，按均布荷载计算每延米砂袋高度为：$1.1 \times 56.4/(50.0 \times 1.35)m = 0.92m$。消除支架非弹性变形及部分地基沉降。预压时逐日对其进行沉降观测，做好记录，预压时首日每隔 4h 进行一次沉降观测，支架预压时间不少于 7d，以连续 3d 累计沉降不大于 3mm 视地基已经稳定。为防止污染或损坏竹胶板，在竹胶板上垫一层土工布。

预压前，在底板上每 5m 一个断面，每个断面的左、中、右设 3～5 个沉降观测点，做好记号，在压载前及压载后进行定期观测。沉降观测采用三等以上的精密水准测量的方法，通过观测，统计出精确的资料数据，最终绘制出支架各处的时间—沉降关系曲线，供施工技术分析判断之用。

压载试验注意事项：压载试验的主要目的之一是检验支撑体系在施工中的安全性，在压载过程中密切关注支架和地基的变形情况，如果发现地基出现明显下沉或产生裂缝，钢管发生严重位移、变形，方木发生裂缝或脆断等情况，立即停止预压并进行卸载，查明原因并采取措施后再施工。加载预压时支架下严禁站人。试验完成后，根据变形情况及地基沉降程度，采取必要的措施对薄弱环节予以加强，确保施工安全和工程质量。试验支架的搭设严格按设计要求施工，压载前一定要仔细检查支架各节点是否连接牢固可靠，试验时试验支架与相邻支架间的联结扣件松开，使其独立受力，以确保试验的安全性和结果的真实性。

加载变形观测：预压时主要观测的数据有：支架底座沉降（地基沉降）；顶板沉降（支架沉降）；卸载后顶板可恢复量以及支架的侧位移量和垂直度。沉降稳定卸载后算出地面沉降及弹性变形、支架的弹性和非弹性变形数值。根据以上各点对应的弹性变形数值及设计预拱度调整模板的高程。施工控制预拱度计算公式为

$$f = f_1 + f_2 + f_3$$

其中　f_1——地基弹性变形

f_2——支架弹性变形

f_3——梁体设计预拱度（设计提供）。

卸载后，按测得的沉降量及设计标高，重新调整支架和模板标高，以保证混凝土施工后，底模保持其设计标高。比较预压前后支架顶高，校验预拱值设置是否合理，若相差较大，则需调整底模高程。

进行浇梁前后的观测，并在浇筑后 3、7、15d 继续观测，及时地进行分析。

预应力箱梁线形受到不断增加的箱梁自重荷载、混凝土徐变、预应力作用以及日照引起

的温差等因素的影响，为控制好线形，施工中应会同设计、监理及监控单位做好施工的动态管理工作。

沉降观测：沉降观测点的布置应定点准确，点的位置和密度应该能够准确反映整个支架的位移和变形情况。本桥跨径大，断面宽，以每跨的 $L/2$ 处为中心线两边对称加密布置，每个断面分左、中、右三个观测点，以满足精度要求。每个观测断面布置模板底部和支架基底两层观测点。模板底部的观测点用铁钉钉入模板底部的方木加以定位，采用水准仪进行沉降观测，因为观测点在上部，所以需要倒尺观测。支架基底的观测点定位于支架底的垫板上，采用水准仪进行观测。

在加载之前，先测量各观测点的标高，加载之后每间隔一定的时间进行一次标高观测，认真记录观测结果。连续两次观测的时间间隔不宜过长，一般为 2～4h。对于分级加载方案，每一级荷载加载后，等到经观测沉降已稳定后，再进行下一级加载。加载到总荷载的100％后，持荷时间不得小于 24h。持荷 24h 后，如果每 2h 间隔测得的各点平均沉降小于0.1mm，表明地基及支架沉降已基本稳定，可以卸载，否则还须持荷进行预压，直到地基及支架沉降到位方可卸载。卸载后再测量一次各观测点的标高。

沉降观测完毕后，对观测结果进行分析整理，根据各个观测断面每个观测时点的沉降量平均值及与其对应的荷载和时间，绘制沉降—荷载关系图，沉降—时间关系图。压载时主要的观测数据有：支架底座沉降—地基沉降、顶板沉降—支架沉降、卸载后顶板和地基的可恢复量以及支架的侧位移量和垂直度，根据这些观测数据可以得到地基和支架的总沉降量、弹性变形数量和非弹性变形数量。弹性变形是卸载后可以恢复的沉降变形，是由于地基和支架的弹性变形造成的。非弹性变形是卸载后不可恢复的沉降变形，是由于地基和支架体系的非弹性变形和各接触点间隙的压密造成的。弹性变形量等于卸载后标高减去持荷后所测标高，总沉降量（支架持荷后稳定沉降量）减去弹性变形量为支架和地基的非弹性变形量。

卸载后，根据测得的各点对应的弹性变形数值及设计标高、设计预拱度，通过可调顶托重新调整模板标高和模板的施工预拱度，以保证混凝土施工后，底模仍保持其设计标高和线型。模板各断面施工时控制标高的计算公式为

$$H = h_1 + h_2 + f + H_3$$

式中　H——模板的施工控制标高；

　　　h_1——地基弹性变形；

　　　h_2——支架弹性变形；

　　　f——梁体挠度（设计提供）；

　　　H_3——梁底设计标高。

3. 支架安全管理与维护

（1）搭设拆除支架必须由专业架子工担任，并按照现行国家标准《特种作业人员安全技术考核管理规则》考核合格，持证上岗。上岗人员要定期进行体验，凡不适于高处作业者，不得上脚手架操作。

（2）所有支架搭设和支架计算严格按照《钢管扣件水平模板的支撑系统安全技术规程》（DG/T J08—016—2004）和建筑施工扣件式钢管脚手架安全技术规程》（JGJ 130—2001）。

（3）工人在搭设拆除支架时，必须佩戴安全帽，系好安全带，穿防滑鞋。

（4）操作层上施工荷载要符合设计要求，不得超载；不得在脚手架上集中堆放模板、钢

筋等物件。严禁在脚手架上拉缆风绳或固定、架设混凝土泵、泵管及起重设备等。

（5）在大风和雨雾天应停止脚手架的搭设、拆除和施工作业。

（6）对支架由专人负责经常检查和保修工作。拆下的支架及配件要清除杆件及螺纹上的沾污物，并按照规范进行分类检验和维修，按品种、规格分类整理存放，妥善保管。

（7）由于桥梁外侧仍要保证交通（包括便道通行、社会道路通行等），在支架上部两侧必须设置牢固规范的安全网，同时认真教育广大工人，防止重物下坠伤人。在桥梁外侧设置醒目的安全警示标志，并在支架外侧设置警示灯和照明灯，保证夜间的照明。

（8）对所用的设备进行认真地检查，保证规范安全使用，大型起重机必须由专人指挥，统一调度。

4. 钢筋、横隔板钢筋和各种预埋件的安装

钢筋、横隔板钢筋和各种预埋件的安装应符合《公路桥涵施工技术规范》（JTJ 041—2000）相关规定。

（1）钢筋制作安装要求

1）钢筋进场后应进行外观检查和工地试验室抽查、检查，各项指标均符合规范及监理工程师认可后才可使用。

2）钢筋下料前，所有钢筋必须经过调直，钢筋弯曲使用弯曲机在加工场地统一集中弯制，弯制后编号分类堆放。

3）钢筋的弯制和末端的弯钩应满足设计要求。

4）钢筋焊接前，必须根据施工条件进行试焊，合格后才可正式施焊。焊工必须持考试合格证上岗。

5）凡施焊的各种钢筋均应有材质证明书或试验报告单。焊条、焊剂应有合格证，各种焊接材料的性能应符合现行《钢筋焊接及验收规程》（JGJ 18—2003）的规定。各种焊接材料应分类存放和妥善管理，并应采取防止腐蚀、受潮变质的措施。

6）受力钢筋焊接或绑扎接头应设置在内力较小处，并错开布置，对于绑扎接头，两接头间距离不小于 1.3 倍搭接长度。对于焊接接头，在接头长度区段内，同一根钢筋不得有两个接头。同一截面内受拉钢筋接头面积占钢筋总截面积的最大百分率，焊接时 50%，绑扎时 25%。

7）电弧焊接和绑扎接头与钢筋弯曲处的距离应不小于 10 倍钢筋直径，也不宜位于构件的最大弯矩处。

8）焊接时，对施焊场地应有适当的防风、雨、雪、严寒设施。冬季施焊时应按《公路桥涵施工技术规范》（JTJ 041—2000）中冬期施工的要求进行，低于 −20℃ 时，不得施焊。

9）当钢筋和预应力管道或其他主要构件在空间上发生干扰时，可适当移动普通钢筋的位置，以保证钢束管道或其他主要构件位置的准确。钢束锚固处的普通钢筋如影响预应力施工时，可适当弯折，待预应力施工完毕时后及时恢复原位。施工中如发生钢筋空间位置冲突，可适当调整其布置，但应确保钢筋的净保护层厚度。

10）如锚下螺旋筋与分布钢筋相干扰时，可适当移动分布钢筋或调整分布钢筋的间距。

（2）钢筋安装

1）固定成型底板钢筋前，应在底模上刷隔离剂；绑扎成型后，垫好保护层混凝土垫块。横隔板、横隔梁钢筋就位并与底板钢筋绑扎，安装侧模保护层垫块。

2）底板下层钢筋形成整体后，应及时安装保护层垫块，以免到后期骨架重量增加而使其安装困难，用撬棍安装时撬棍下应垫以小木板以免损伤模板。

3）当底板的上下层钢筋之间未设计架立筋或架立筋不足以支撑施工荷载及上层钢筋自重时，上下层钢筋之间应设马凳或增加架立筋。

4）靠模板一侧所有绑螺纹应朝向箱梁混凝土内侧。

5）保护层垫块应具有足够的强度和刚度；使用混凝土预制垫块时，必须严格控制其配合比，配合比及组成材料应与梁体一致，保证垫块强度及色泽与梁体相同。

6）底板顶层钢筋安装时应预留好横隔板箍筋，以便横隔板与底板相连紧密。摆放底板上层钢筋支撑马凳，用粉笔模板上放出底板上层纵横向钢筋准确位置。将底板上层钢筋逐根就位并对所有交叉点进行绑扎，并将其与横隔梁及腹板钢筋绑扎。

（3）横隔板、横隔梁钢筋，转向器安装

1）横隔板钢筋要与底板预留钢筋连接可靠，横隔板钢筋布置按设计安装。

2）在绑扎箱梁两端横隔板钢筋时，要特别注意箱梁内端头钢筋成型，防止端横隔板、喇叭筒锚具和箱内端头钢筋三者交叉。

3）绑扎横隔板钢筋的同时，必须把箱梁端头喇叭筒锚具安装就位，利用转向器准确预留孔道。

4）安装锚具后，按箱梁的钢绞线设计坐标准确定位，并用钢筋固定。

5）转向器是影响钢绞索张拉和箱梁受力的重要部位。安装时按图纸设计高程和曲线准确定位，特别要注意转向器的安装方向。

6）各种预埋件上印有型号标记，根据箱梁位置和锚具规格对号安装。

7）在浇筑混凝土前，应对已安装好的钢筋及预埋件进行检查。

（4）波纹管安装。预应力管道采用卷制金属螺旋双波波纹管，施工时如漏浆则较难处理，特要求用厚 0.3mm 以上钢带轧制。卷制波纹管时，不得使用机油或其他油类作润滑剂、卷制好的波纹管应确保无油污，波纹管的外径要与锚具生产厂家的锚垫板匹配，进货后应按《预应力混凝土用金属玻纹管》（JG 225—2007）的规定检验其规格、外观、刚度、抗渗性能。

在安装波纹管前，应按设计规定的管道坐标进行放样，设置定位钢筋，波纹管按设计给定的曲线要素安设，采用"#"形钢筋（$\phi 12$ 筋）定位，定位筋在按 0.8m 的间距设置。波纹管安装过程中，当受到普通钢筋的影响时，适当地调整钢筋的位置。安放好的管道必须平顺、无折角。

波纹管之间的连接采用连接套对接，即使用大一号的波纹管套接，各接头处使用防水胶布缠裹严密，以防漏浆。在波纹管最高点必须设置排气孔，PVC 管与波纹管接头处应缠紧密封。

波纹管安装好后要注意保护，在钢筋绑扎、混凝土浇筑过程中，不得踏压波纹管；不得在没有防护的情况下在波纹管的上方或附近进行电焊或气割作业。

混凝土浇筑前，要仔细检查波纹管的位置、数量、接头质量及固定情况；检查直管是否顺直，弯管是否顺畅；检查波纹管是否已被破坏，发现问题要及时处理。

注意波纹管的保管，以防波纹管变形、开裂，并保持管道存放顺直，不可受潮和雨水锈蚀。波纹管在现场卷制，尽量缩短存放时间。

在浇筑混凝土之前应认真检查波纹管位置及有无破损情况，锚垫板与模板接触面应严密，锚垫板的喇叭口应与波纹管包裹严密。压浆孔口应用海绵填塞饱满，以防水泥浆掺入而引起堵塞。

（5）锚垫板的安装。锚垫板应在测量的配合下进行安装，当定位完成后，将其固定。安装好的锚垫板尾部与波纹管套接，波纹管套入锚垫板的深度不小于 10cm，并用防水胶布缠裹。锚垫板口及预留孔内应用棉纱或其他材料填塞，并用防水胶布封闭，以防止浇筑混凝土时水泥浆渗入管道内或压浆孔内。

5. 波形钢腹板的制作、定位、连接及存储、运输

（1）溱水路大桥波形钢腹板的制作

1）波形钢腹板的材料。溱水路大桥波形钢腹板选用 Q345qC 钢，钢材具有抗拉强度、抗剪强度、伸长率、屈服强度和氮、硫和磷含量的合格证书，并具有冷弯试验的合格证书。其技术条件符合《桥梁用结构钢》（GB/T 714—2000）的规定。

2）波形钢腹板的加工。波形钢腹板的几何控制参数主要有波形钢板高度 h，波形钢板波高 d，钢板厚度 t，直板段宽度 a_1，斜板段投影宽度 a_2，斜板段宽度 a_3 等（图 5 - 21）。

3）波形钢腹板的涂装。对波形钢腹板及翼缘板等与大气环境接触的内外表面均进行防腐涂装。对于嵌入到端横梁混凝土的钢腹板，涂漆表面应该埋入混凝土 3cm，并设置硅胶系止水材料进行封堵。

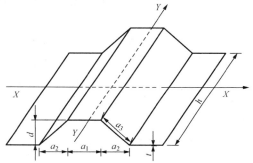

图 5 - 21　波形钢腹板实体构造

钢结构防腐涂装施工前，应有涂料供应商按照本设计及《铁路钢桥制造及验收规范》（TB 10212—2009）和《公路桥梁钢结构防腐涂装技术条件》（JT/T 722—2008）制订详细的钢结构防腐涂装工艺说明，并经设计单位、监理单位、设计单位认可。

（2）包装、存放及运输。

（3）波形钢腹板的现场安装。

6. 横隔板模板安装

横隔板模板安装应符合《公路桥涵施工技术规范》（JTJ 041—2000）第 9 章规定，模板安装偏差符合相关要求，并注意：

（1）横隔板模板制作和架立要牢固准确，箱梁翼板下横隔板底边要按图纸尺寸计算好横向斜坡。

（2）箱梁端头外侧模板要与喇叭筒锚具垂直，以便张拉时，千斤顶与锚具贴紧以保证受力均衡。

7. 拉索套筒

拉索套筒的制作及定位精度要求较高，施工时严格按设计要求准确下料、修理角度，将钢管焊接在锚板上，必须确保它们同心且相互垂直，满足加工精度要求。拉索套筒固定在刚性骨架上，刚性骨架由加劲钢板和圆钢组成，并用定位螺栓调节到设计位置，与刚性骨架焊接固定，确保拉索套筒不变位。拉索套筒定位包括套筒上、下口的空间位置，倾斜度及标高

等，采用经纬仪和水准仪定位，确保符合设计要求。

8. 混凝土浇筑

混凝土浇筑应符合《公路桥涵施工技术规范》（JTJ 041—2000）第 11 章规定。

（1）混凝土配合比的要求。根据设计的要求，采用低水灰比，其配合比须经严格试配，满足要求后才能进行混凝土浇筑。

一般要求为：混凝土的缓凝时间不小于 12h；坍落度为 16～18cm；5d 强度达到设计强度 90% 以上；拌制的混凝土应均匀，其流动性、和易性要好，以方便泵送。

混凝土采用商品混凝土，水胶比为 0.31，砂率为 35%，其配合比为：水：水泥：砂：碎石：粉煤灰：外加剂＝160：390：602：1118：52：10.1。

（2）梁体混凝土浇筑。根据各预应力筋锚固位置，梁体施工分 7 段完成，从主跨跨中开始向两端施工，其中 5 号墩顶横梁为箱形，分为两次施工，两边跨端部分两次施工。

混凝土浇筑前，对支架系统、模板、钢筋、波纹管及其他预埋件进行认真检查，混凝土浇筑过程中，还必须不断地进行检查观测。

浇筑时横向要两侧对称进行浇筑。纵向从梁跨中向墩顶方向对称浇筑，以防止在浇筑过程中墩顶位置出现裂缝，全部浇筑在混凝土初凝前完成。

混凝土分三次浇筑，先浇底板、端横梁、中横梁，后搭设支架，浇筑箱梁顶板混凝土，从主跨跨中开始对称分节段浇筑，其中墩塔梁固结段为混凝土箱梁，先浇底板、腹板，后浇顶板。

混凝土振捣采用插入式振捣器为主，浇筑顶板时辅以平板振捣器。振捣时，应避免振捣器碰撞模板、钢筋、波纹管及其他预埋件。混凝土振捣应密实，不漏振、欠振或过振。当混凝土浇筑临近结束时，严格控制其顶面的标高。箱梁顶表面的混凝土应压实抹平，并在其初凝前进行拉毛处理。

9. 箱梁顶板模板拼装及检查调整

箱梁顶板模板安装应符合《公路桥涵施工技术规范》（JTJ 041—2000）规定，并注意：

（1）在箱梁 1/4 处共预留两处拆模孔，拆完顶模时封孔。

（2）模板支撑，箱内支撑用钢管撑，外悬臂支撑用钢管架子上垫横方木，钢管纵向间距可设为 1.2m 左右，还要有相应的斜撑。钢管之间连接卡用死卡。

（3）顶板模板，特别注意波形钢腹板上连接件与模板的连接，防止混凝土浇筑过程中不漏浆，保证连接处混凝凝土质量。

10. 混凝土养护

混凝土养护应符合《公路桥涵施工技术规范》（JTJ 041—2000）第 11 章规定，并注意：

（1）混凝土浇筑完成并初凝后，应立即开始洒水养护。

（2）混凝土浇筑完成后，及时遮盖，使混凝土表面不受日晒、雨水、流水、温度变化、污染或机械撞击的影响。

（3）养护配专人负责，做到细水匀浇，保持表面湿润，混凝土养护时间，根据水泥品种，气温高低，结构类型，尺寸大小等条件确定。连续养护时间一般为 7～14d。

（4）梁体经养护后，随梁养护的试件强度达到设计强度的 90%，即可进行预应力施工。

11. 体内预应力施工

预应力施工应符合《公路桥涵施工技术规范》（JTJ 041—2000）第 12 章规定。

（1）预应力筋制作

1）预应力筋下料前，作业班组必须再次核对预应力筋的规格、验收记录，检查其外观质量。预应力筋的下料长度应经过计算确定。计算时应考虑下列因素：构件孔道的长度、锚夹具长度、千斤顶长度、张拉伸长值和外露长度等因素。

2）钢绞线下料应在特制的放盘筐中进行，防止钢绞线弹出伤人和扭绞。散盘后的钢绞线应细致检查外观，发现劈裂重皮、小刺、折弯、油污等需进行处理。

3）下料时用轻型变速砂轮机截断，严禁用电弧切割。钢绞线在切断前，在距切口50mm处用钢丝绑牢，以免散头，切断后的端头可用电焊焊牢。

4）钢绞线应根据各孔道的长度分别编束绑扎，将钢绞线理顺编成一束，编束后，应系上标签，注明束号、束长及钢绞线产地。束内每根两端均用白胶布缠贴编号，同根同号。分别存放在防雨棚内待用，对较长的钢绞线束，为便于存放运输，可将其盘成大盘，圈径宜为3m 左右。编束后的钢绞线应顺直不得扭结。

5）钢绞线束在储存运输制作安装过程中，应防止钢束锈蚀，沾上油污及损坏变形。搬运时支点距离不得大于3m，端部悬出长度不得大于1.5m。

（2）预应力穿束

1）为避免波纹管上浮，待钢筋绑扎及预应力管道安装完成后进行穿束作业。

2）穿束前应检查锚垫板和孔道，锚垫板应位置准确、孔道内应畅通，无水和其他杂物。垫板与孔道是否垂直，如果有问题应及时处理。

3）进行焊接操作之前必须采取防止电火花损伤波纹管及管内预应力筋的措施，焊接操作时派专人负责波纹管及管内预应力筋保护工作。

4）在浇筑混凝土之前，必须将管道上一切非有意留置的孔、开口或损坏之处修复，并检查力筋能否在管道内自由滑动。

（3）预应力设备安装及校验

1）张拉机具配套、组装及运转。

2）安装和拆除顺序：工作锚→夹片→限位板千斤顶工具锚夹片。

3）工具锚板及夹片使用注意事项。

（4）预应力钢绞线张拉

1）张拉程序：$0 \rightarrow$ 初应力 $0.2\sigma_k$（伸长值标记）$\rightarrow$ 张拉 σ_k（测伸长值）$\rightarrow$ 持荷 2min $\rightarrow$ 自锚（测回缩量）$\rightarrow$ 回油（测总回缩量及夹片外露量）$\rightarrow$ 退顶。

预施应力按照预张拉、初张拉和终张拉三个阶段进行，脱模时梁体强度达到设计强度的95％时，开始进行预应力筋张拉。

2）张拉作业

①0 阶段：千斤顶充油，活塞伸出 $2\sim3$cm。

②初张拉：初张拉前调整钢绞线束松紧，张拉设备与孔道轴线一致，均匀受力。到达吨位后，测油缸外露量及油顶外沿至锚下垫板的距离并作为初读数，两端每根钢绞线上做标记，记下数据，判断滑丝、滑移情况，同时丈量工具锚夹片外露量并做好记号，分析内缩量。

③分级加载：加载分为 4 级，即 0.4、0.6、0.8、$1\sigma_k$，每加载一次，测量一次伸长值。

④张拉吨位：张拉 $1\sigma_k$ 时，持荷 5min 并在张拉端补足吨位，测量伸长值，观察钢绞线

与夹片情况。

⑤自锚：张拉完成后，千斤顶回油，油缸回缩，工具锚后退，工作锚夹片便自动将钢绞线锚住，回油应缓慢进行，达到自锚的目的。

⑥回油：打开千斤顶回油和输油阀，千斤顶主油缸继续回缩，工具锚脱开油顶口，夹片陆续从锚孔脱离出来，详细检查钢绞线情况。

⑦退顶：相继拆出工具锚、千斤顶、限位器，用游标卡尺量取工作锚夹片外露量。

（5）预应力张拉后的检查

1）张拉预应力钢绞线时，应力应变双控制，预施应力值以油压表读数为主，以预应力筋伸长值进行校核。

2）每个张拉断面断丝、滑丝之和不超过总丝数的 0.5％，且每束断丝或滑丝不得超过 1 根，也不得在同一侧。否则应进行更换，重新张拉。

（6）锚固

1）张拉控制应力达到稳定后才可进行锚固，预应力筋锚固后的外露长度不宜小于 30mm，锚具用封端混凝土保护，当须较长时间外露时，应采取防锈蚀措施。

2）锚固完毕后、经检验合格后才可进行切割端头多余的预应力筋，严禁使用电弧焊切割，应采用砂轮机切割。

（7）孔道压浆、封锚

1）水泥技术要求

①孔道压浆采用纯水泥浆，强度不应低于设计规定，其采用水泥标号与梁体一致，要求水灰比为 0.40～0.45。3h 后泌水率不超过 2％，稠度宜控制在 14～18s。

②水泥浆应掺入减水剂，以提高其流动性和减少泌水率，掺量及减水剂品种由试验决定，水泥中不得使用含有氯盐的外加剂。

③不得使用过期或结块水泥，进入搅拌机的水泥应通过 2.5mm×2.5mm 的细筛。

④水泥浆自调制至压入孔道的延续时间视气温情况而定，一般不宜超过 30～45min，水泥在使用前和压注过程中应经常搅动。对于因延迟使用导致流动度降低的浆体，不得通过加水来增加其流动度。

2）压浆前的准备工作。压浆前，以压力水冲洗管道，并以压缩空气清除管道内积水及污物。将锚环与夹片间的空隙填实，防止孔道压浆时冒浆。

3）压浆方法及要求

①压浆宜采用活塞式压浆泵，不得使用压缩空气。压浆压力一般为 0.5～0.7MPa，压浆泵的输浆管长度不得超过 40m，长于 30m 时应提高压力 0.1～0.2MPa。

②压浆应缓慢均匀进行，不得中断并应排气顺畅。比较集中的相邻孔道，先灌注下层孔道并连续完成全部孔道的压浆，以免串孔的水泥浆凝固，堵塞孔道；不能连续压浆的，后压浆的孔道应及时用压力水冲洗通畅。在压满孔道封闭排气孔后，保持一定的稳压时间，稍后再封闭灌浆孔。压浆应从孔道的最低处的灌浆孔压入并应达到孔道的另一端饱满出浆，从排气孔流出与规定稠度相同的水泥浆为止。

③压浆后从检查孔抽查压浆的密实情况，如果有不实，应及时处理和纠正。

④压浆过程中及压浆后 48h 内梁体温度不得低于 5℃，否则应采取保温措施。当气温高于 35℃时，压浆宜在夜间进行。

4）封锚

①浇筑封端混凝土前，应对梁两端封锚处混凝土凿毛，检查确认无漏压的管道，铲除承压板表面的粘浆和锚具外部的灰浆，对锚具进行防锈处理，然后设置钢筋网浇筑封端混凝土。

②封锚时可利用一端带钩一端带有螺纹的短钢筋安装于锚垫板螺栓孔，与锚槽内钢筋网绑扎在一起。封端混凝土应采用无收缩混凝土，封锚后进行防水处理，锚槽外侧涂刷防水涂料。

12. 体外索施工

体外成品索施工工艺流程：施工机具准备→转向器、锚头区锚具定位安装→混凝土浇筑→全桥合拢→体外索穿索→混凝土强度达到 95％→张拉体外索（特殊过程）→索体与外套钢管间安装防损定位装置→锚头区预埋管内灌环氧砂浆→防松装置的安装→防腐装置的安装→安装减振器。

（1）体外索施工

1）施工机具的准备。

2）体外索穿索。在工厂内制作完成的成品索卷制成盘运抵工地就位，成品索的端头均设有便于与钢丝绳连接的连接装置——即"牵引头"，在墩端头放置放线架固定索盘，利用 5t 卷扬机牵引成品索缓慢解盘放索并穿过对应的预留索孔。牵引过程中，采用可靠的保护措施防止索体表面的 HDPE 护套受到机械损伤。具体的保护措施有：在地面铺垫一定厚度的软垫层，每隔一定距离设置支撑架。在体外索进入锚固端的预埋管之前，根据精确测量的索两端锚固的实际距离，剥除两端 PE 层，确保在张拉后索的 PE 层进入密封筒的长度在 200～400mm 之间。

3）体外索张拉。

（2）张拉准备：现场由具备预应力施工专业技术的施工人员来操作设备。将预埋管端部的密封装置及锚头内密封筒，锚垫板安装好，分别在体外索两端装上工作锚板及夹片。安装前用绵纱擦洗干净锚板孔和夹片外锥及夹片齿。专用千斤顶安装就位，上好工具锚，工具锚板孔和工具夹片表面均匀涂上退锚灵。工作锚板、千斤顶、工具锚安装要同轴紧贴，张拉面要平整。施工现场具备确保全体操作人员和设备安全的必要的预防措施。对体外索有刮伤的 PE 层，由专业人员用 PE 焊枪将其修补好。

（3）整体张拉：利用 YCW400B 千斤顶进行整体两端对称同时张拉，以 10MPa/min 的速度均匀加载，并量测每一级的伸长值。张拉控制程序为 $0 \rightarrow 10\% \delta_{con} \rightarrow 20\% \delta_{con} \rightarrow 100\% \delta_{con}$（持荷 2min）→锚固。在张拉到位后，随后千斤顶回油放张，使工作夹片锚固钢绞线，拆除千斤顶，旋紧专用压板的螺母，压紧夹片。由于体外索比较长，为防止反复张拉使夹片失效，采用"悬浮"张拉施工方案，在 YCW400B 千斤顶增加一套工具锚及支架，在千斤顶与锚板间设限位板。在每次张拉时后自动工具锚夹片处于放松状态，在完成一个行程回油时自动工具锚夹片锁紧钢绞线，多次倒顶，直到张拉到设计吨位。由于限位板的作用，在张拉过程中，工作夹片不至于退出锚孔，在回油倒顶时，工作夹片不会咬住钢绞线，工作夹片始终处于"悬浮"状态，在张拉到位后，旋紧定位板的螺母，压紧夹片，随后千斤顶回油放张，使工作夹片锚固钢绞线。

（4）张拉应力的控制：体外索的张拉控制应力要符合设计要求。当施工中体外索需要超张拉或计入锚圈口预应力损失时，可比设计要求提高5%，但在任何情况下不得超过设计规定的最大张拉控制应力。

（5）锚头封锚：按规定用手提砂轮机平整地切除锚头两端的多余钢绞线，钢绞线长出锚板端面的长度为300~500mm，禁止采用气割和电弧切割。安装防松装置。

5.9.6 索塔施工

主塔施工顺序如图5-22所示。

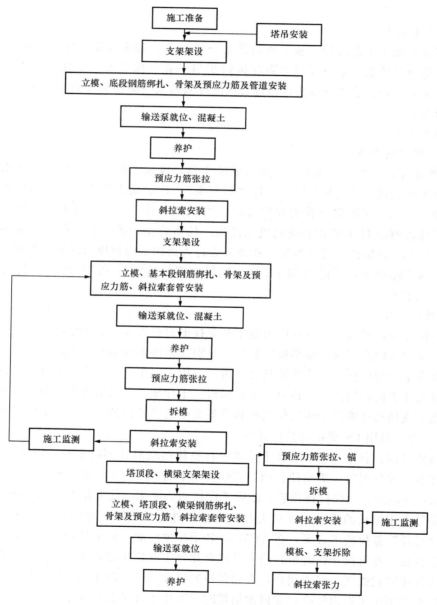

图5-22 主塔施工顺序图

1. 施工顺序与要点

本桥索塔采用预应力混凝土矩形截面，桥横向宽4m，桥纵向宽5m，桥面以上塔高54m，塔身水平倾角 59°，塔高与主跨的高跨比 H/L 为 1/3.1。塔及塔横梁预应力钢筋采用 ϕ15.2 低松弛高强度预应力钢绞线，塔顶设置避雷针及导航灯。主塔斜拉索采用 ϕ7mm 环氧涂层钢丝，双层热挤密护层防护，标准抗拉强度为 1670MPa，弹性模量 2.05×105MPa。锚具采用具有高疲劳强度，能承受高活载应力变幅的冷铸锚，斜拉索从距 5 号主墩 16m 处开始，每隔 6m 设置一根，共设 8 根，平行布索，索水平倾角 30°。斜拉索为 PES7-187 类型。

主塔施工拟采用钢模板辅以钢管支撑脚手架立模系统。在主梁右侧翼缘板开槽设置一台塔吊，进行构件和材料垂直运输，泵送混凝土浇筑。

顺序划分：从下而上依次为第 0 段，第 1～9 段。第 0 段施工主梁顶面至预应力张拉锚固面 5.0m 高，第 1 段施工两个预应力张拉锚固面之间 3.983m 高，采用钢管支架及特制大模板一次立模浇筑；再依次施工第 2～8 段主塔，最后施工第 9 段和横梁，横梁留 2m 后浇段，主塔施工完毕，浇筑横梁接头段。

主塔内有竖向预应力分段锚固，施工时先张拉上缘，后张拉下缘，或同时张拉，以免对塔身产生不利影响。8 根斜拉索为多次超静定结构，互相影响，施工前应进行结构分析，计算出合理的拉索张拉程序，使塔身和主梁受力最佳，同时对主塔和主梁进行应力和线型监测，及时反馈给设计单位和监理工程师，对拉索张拉程序进行修正，实现信息化施工。

主塔垂直运输以塔吊为主，操作人员上下采用爬梯。根据本工程的需要，选择 QTZ800 型塔吊一台，布置在 6 号台～5 号墩之间，横桥向布置在主梁翼缘板内，塔吊基础选用 3.5m 厚钢筋混凝土承台，承台顶标高与地面平齐。

2. 支架施工

（1）支架设计。在主梁上搭设满堂脚手架，按两段搭设，第一段搭设施工至第 7 段主塔监测稳定后，拆除塔身底部部分支架，搭设塔身第 7 段至第 9 段塔身支架、横梁施工支架。

悬臂内拉方案：主塔荷载通过模板传递到工字钢纵梁上。纵梁用工 40a 工字钢，横桥向设置 6 道，最大横向间距 750mm。每一道工字钢下设置一个型钢支架，一个型钢支架由两排碗扣架支撑。浇筑每一段主塔前，在下一段主塔内竖向预埋 2 道由扁钢（150×30）和钢板（锚固板，500×500×30）组焊成的锚固构件（以下称上、下锚固件），另一端与工40 纵梁焊接。每一道工字钢最下端用双槽 10 槽钢（以下称下支承件）预埋入下段塔内支撑工40 工字钢。

为保持满堂支架与塔柱下缘线型一致，在满堂架和塔柱底之间加设自制钢桁片，形成坡面，利用自制钢桁片作为底模支架。

脚手架步距为 0.6×0.6m，提高支架的横向稳定度，同时提供施工平台。脚手架内部设施工楼梯，供工作人员出入。在塔柱横梁对应位置加密至 0.3×0.6m，作为横梁模板支架。

（2）支架架立

1）钢管支架组拼应注意以下几点：采用枕木作为钢管支架基础，组拼前对支墩基础及顶面高程、中线、跨度进行复核。钢管支架架立前应选配好立柱钢管、水平钢管、天地托及扣件的规格及数量。搭设钢管支架时，严格按支架施工设计分层分块进行架立，主杆底部应设支撑垫板扩大支承面积，增加支架的整体性和刚度，所有纵横向连接扣件必须拧紧，要安排专职人员进行复查并验收签认。

2）堆载预压。支架搭设完成后，应对其进行预压，以消除塑性变形，量测弹性变形。同时检验其刚度、强度、稳定性。为减少支架预压后调整工作量，支架搭设过程中可预留

1～2cm 的下沉量。预压重量为混凝土重量的 1.2 倍，在对应位置桁片上搭设平台堆载，受平面尺寸限制，部分荷载可采用悬吊法加载，将砂袋悬吊固定在支架顶横梁上。测点布置为横桥向布置在塔柱边缘，顺桥向布置在每道施工缝对应位置。测量频率为加载前、加载过程中（每天一次）、卸载前、卸载后。根据测量记录，计算出各点位的弹性和非弹性变形。作为调节底模标高的依据。进行过预压的支架如因特殊情况未及时浇筑混凝土，停放时间过长后浇筑混凝土前须再次进行预压。

3. 模板工程

为高质量完成模板工程，模板结构要做到安全、可靠，具有足够的强度和刚度，施工中不变形、不错位、不漏浆，便于安装、调整定位、拆除和重复使用。

主塔模板分三种模板：主塔中段为等截面，设计二套钢模板，二侧主塔同时施工；主塔底端为与梁体连接顺接段，设计一套特制钢模；主塔顶端为不规则四边形，设计一套特制钢模。

等截面模板系统由自制桁片支撑架、工作平台、模板等几部分组成。本桥中段塔柱截面横桥向固定宽度为 4.0m，顺桥向宽度为 5.0m，根据塔柱结构尺寸的变化，设计制作一套等截面模板，它由底模板、侧模板、顶模板组成。模板详见塔柱模板构造图。

采用 5mm 厚钢板作为模板面板，50mm 槽钢做纵向肋条，50mm 槽钢间焊 50mm 扁钢做横向肋条，用两根 100mm 槽钢背靠背做横向大梁，在横梁之间对拉 ϕ20mm 圆钢拉杆固定模板相对位置。

模板采用塔吊进行安装。由侧模夹紧底模和顶模，用对拉杆固定，底模固定在自制桁片上，侧模和顶模支撑在辅助脚手架上。

塔柱侧模板在横梁位置采用特制模板，浇出横梁与塔柱接头段，留出接长钢筋，采用支架系统及设计的横梁大模板完成横梁结构混凝土浇筑，在横梁中部留出 2m 后浇段，待主塔施工完毕，主塔和横梁混凝土收缩完成部分后，浇筑后浇段混凝土。

模板使用前均涂脱模剂，外露面混凝土模板的脱模剂应采用同一品种，不得使用废机油等油料，且不得污染钢筋及混凝土的施工缝处。

模板安装应根据设计标高施工，充分考虑支架和模板下沉量，为确保梁体施工后线形符合设计，模板预抛高值取托架弹性变形量，以精确控制施工挠度。

浇筑混凝土时应对支架和模板进行观测，监测变形值。

承重模板待混凝土达到90%强度后才可拆除。底模待塔柱预应力张拉和挂索初张后拆除，不允许用猛烈地敲打和强扭等方法进行，模板、支架拆除后，应维修整理。

4. 刚性骨架和拉索套筒

（1）刚性骨架。根据设计方案，本桥主塔应增设刚性骨架，以增加梁体刚度、索管定位、钢筋定位、模板安装等。塔柱刚性骨架主要由角钢、方钢和圆钢焊接构成。

1）刚性骨架的制作。由于塔体分段施工，刚性骨架无法整体加工制作，只能采用分段制作加工，各段之间的连接采用焊接连接。

2）刚性骨架焊接。刚性骨架初安装调整完毕，立即焊接牢固，为防止焊接变形，影响刚性骨架安装尺寸，采用合理的焊接方法，焊接完毕，立刻复核其安装尺寸，以便安装下一节段刚性骨架。

刚性骨架与主梁刚性骨架焊接连接，更好地形成整体骨架。

（2）拉索套筒。拉索套筒的制作及定位精度要求较高，施工时严格按设计要求准确下料、修理角度，将钢管焊接在锚板上，必须确保它们同心且相互垂直，满足加工精度要求。拉索套筒固定在刚性骨架上，并用定位螺栓调节到设计位置，与刚性骨架焊接固定，确保拉索套筒不变位。套筒在塔身主筋绑扎完后安装、定位，采用空间坐标法定位测量。拉索套筒定位包括套筒上、下口的空间位置，倾斜度及标高等，采用经纬仪和水准仪定位，确保符合设计要求。

5. 钢筋工程

（1）钢筋进场。钢筋进场时应附带出厂质量证明书和试验报告单。并对每批进场钢筋（直径大于 12mm）进行抽检试验，选三根钢筋，各截取 3 个试件，一个用于拉力试验，一个用于冷弯试验，一个用于可焊性试验。抽检合格后可接收该批钢筋。

钢筋进场后，分别堆存，不得混杂，且应设立识别标志。储存于地面以上 0.5m 的平台、垫木或其他支撑上，并应使其不受机械损伤及由于暴露在大气中而产生锈蚀和表面破损。

（2）制作加工。钢筋在钢筋棚内加工，钢筋的表面应洁净，使用前应将表面油渍、漆皮、鳞锈等清除干净。

钢筋应平直，无局部弯折，成盘的钢筋和弯曲的钢筋均应调直。Ⅰ级钢筋的冷拉率不宜大于 2%，Ⅱ级钢筋的冷拉率不宜大于 1%。

钢筋的弯曲及弯钩应按《道路工程制图标准》（GB 50162—1992）的规定执行。

（3）钢筋安装。主塔钢筋密集，且种类繁多，为保证绑扎质量和进度，钢筋均在场外加工，模内绑扎成型。且主塔纵向预应力束中有多根为 P 锚束，因此，在浇筑混凝土前需预先穿埋相应的 P 锚束钢绞线，导致钢筋与预应力束安装相互影响，错综复杂，加之塔内索导管定位安装，横梁横向预应力束安装，更进一步加剧了各工序的交叉作业，其顺序稍有不慎就会给其他构件安装带来困难，甚至返工，因此需严格按工艺流程图作业。

主塔的钢筋数量较大，排列密集，种类繁多。为保证绑扎质量，施工前仔细校核设计图纸，防止差错。

根据施工顺序应先安装纵向钢筋，为保证钢筋连接质量，拟采取直螺纹机械连接，钢筋绑扎时应认真核定预应力管道、拉索张拉端套筒、加劲骨架等预埋件位置，确保准确无误。

钢筋集中制作，现场对接、绑扎。采用搭接或帮条电弧焊时，宜采用双面焊缝，长度不得小于 5d，采用单面焊缝长度不得小于 10d，焊缝宽度不小于 0.7d 且不小于 10mm，焊缝厚度不小于 0.3d 且不小于 4mm。

受力钢筋的接头位置设在内力较小处，并错开布置，两接头间距离不小于 1.3 倍搭接长度，且不小于 35d 和 500mm。有接头的受力钢筋截面面积占受力钢筋总截面面积的百分率不超过 50%。电弧焊接接头与钢筋弯曲处的距离应不小于 10 倍钢筋直径。

钢筋保护层用与塑料垫块交错布置来实现，垫块的间距按 0.5～1.0m 设置，垫块和钢筋之间用扎丝绑扎紧。混凝土垫块的种类和大小须经监理工程师批准后方可使用。

当非预应力钢筋与预应力钢筋位置发生矛盾时，确保预应力钢筋位置，适当调整非预应力钢筋位置。

6. 混凝土浇筑

主塔混凝土采用商品混凝土，泵车运输、地泵输送浇筑施工，选用 3 台 IPF-75B 型输送泵，两台分别浇筑主塔的两根塔柱，一台备用。混凝土输送泵的最大输送高度可达 95m，满足 54m 高塔的施工需要。

混凝土浇捣之前应对模板和支架、钢筋和预埋件、预应力筋、波纹管预留孔、隔离剂涂刷等进行检查验收，检查是否符合设计要求，并清理干净模板内的杂物，在自检合格的基础上，经监理工程师验收合格后才能浇筑混凝土。浇筑混凝土时应监测支架和模板的变形情况，避免出现事故。

主塔采用商品混凝土浇筑，混凝土的配合比应经过监理批准。严格控制石子的级配及最大粒径，防止因主塔顺桥向上下缘设有波纹管而导致混凝土被堆积产生不密实的现象发生。

为保证主塔混凝土质量，送至现场的商品混凝土均需进行坍落度检查。混凝土试件除按规范要求制作外，每节段增加两组试件，与主塔同条件养生，以便根据强度确定拆模和施加预应力的时间。

混凝土运输采用混凝土运输车，混凝土从加水搅拌至入模时间控制在 60min 内。采用混凝土泵将混凝土泵送入模，浇筑混凝土开始前，先泵送一部分水泥砂浆，以润滑管道，混凝土的泵送作业，应使混凝土连续不断地输出，且不产生气泡，泵送作业完成后，管道内残留的混凝土应及时排出，并将全部设备彻底进行清洗。

混凝土浇筑时，应避免混凝土直接冲击波纹管和各种预埋件，振捣时必须加强预应力锚固端、拉索套筒周围和钢筋密集部位的振捣，做好对波纹管、支座、预埋件等的保护。

主塔混凝土浇筑采用斜断面推进法，由底部往接头位置水平分层浇筑，每层厚度不超过 30cm。

混凝土振捣成型采用高频插入式振动器振动工艺。振捣棒插入混凝土内，插入式振捣器移动间距不大于振动器作用半径的 1.5 倍，以 30cm 为宜，与侧模保持 5~10cm 距离，插入到下层混凝土 5~10cm，循序渐进，不允许漏振，每一位置振动完毕后，边振动边慢慢拔出振动棒，避免振动棒碰撞模板、钢筋等。每一振动部位，须振捣到混凝土密实为止。其标志是混凝土停止下沉、不冒泡、表面平坦、泛浆。

自由倾落高度不得超过 2m，防止混凝土离析，当倾落高度超过 2m 时，设串筒下落，串筒出料口下混凝土堆积高度不得超过 1m。

每节段必须一次连续灌注完毕，中间不得停歇，如因故必须间歇（如断电等），间歇时间不得超过 30min，否则按施工缝处理方法进行处理。在浇捣过程中严禁在混凝土中随意加水。浇筑下一节段前，及时对已浇混凝土面进行凿毛处理，保证混凝土接合面密实。

混凝土养生：主塔混凝土浇筑完毕后，应覆盖并洒水养生，养生用水的技术条件与拌和用水相同。养生时间不得少于 7d，养生期延长至施加预应力完成为止。养生期间，混凝土强度达到 2.5MPa 之前，不得使其承受行人、运输工具、模板、支架及脚手架等荷载。气温低于 5℃时，应覆盖保温，不得洒水养生。

7. 预应力张拉

主塔及横梁预应力采用 12ϕ15.2mm 低松弛高强度预应力钢绞线，标准抗拉强度为 1860MPa，弹性模量为 1.95×105MPa。桥塔内预应力采用一端张拉，桥塔横梁横向预应力采用两端张拉。预应力张拉控制力为 2326.8kN。张拉预应力采用张拉吨位与张拉伸长量双控。锚具采用 OVM. M15-12 型、OVM. P15-12 型，连接器采用 L15-12 型。张拉千斤顶选用 YCW400B 穿心拉杆式千斤顶。

预应力施工为桥梁工程施工的关键工序之一，对此，我们将予以高度重视，并成立专门的预应力施工作业组，对预应力材料检验、张拉设备的校验、制孔、张拉过程等的质量控制做到严格把关。

（1）预应力材料检验。预应力钢绞线、粗钢筋、锚具、夹片等进场后，必须分批严格检验和验收，妥善保管。锚具除检查外观、精度、质量出厂证明书外，对锚具的强度、锚固能力应进行抽检。

预应力材料及锚具、夹具应具有生产厂家出厂合格证，并应具备达标资质的厂家产品。张拉设备购置时，选用配套产品，使用前按规定进行标定和校正，确保误差不超过允许范围。

（2）预应力束安装。钢绞线将在钢绞线下料场根据设计长度用圆盘切割机切割下料，制成施工需要的长度。钢绞线制好后，可由人工直接编束、穿束安装。

（3）预应力筋张拉。张拉前先用初应力（0.1～0.20σ_{con}）张拉一次。张拉程序如下：低松弛钢绞线 0→初应力→σ_{con}（持荷 2min，锚固）。

张拉时，油泵均匀加油，不得突然加载或突然卸载。在张拉时，千斤顶后面不能站人或从其后面穿过，千斤顶后设可靠挡板以防万一。张拉时如果锚头处出现滑丝、断丝或锚具损坏，立即停止操作进行检查，并作出详细记录。当滑丝、断丝数量超过容许值时，将抽换钢束，重新张拉。

预应力钢束采用两端张拉时，两端保持同步，张拉时发现问题及时分析，采取措施后重新张拉。对于冬期施工，当气温较低时，搭设暖棚将张拉环境温度保持在＋5℃以上。钢绞线张拉完毕，张拉力和伸长量符合设计要求后，即用砂轮机将多余部分切除，不允许用氧乙炔烧割或电焊烧割。

（4）质量控制。定位后管道轴线偏差：不大于 5mm。张拉应力值：符合设计要求。张拉伸长率：设计伸长量与实际伸长量之差±6％以内。断丝、滑丝数：每束钢绞线断丝、滑丝不得超过一根，不允许整根钢绞线拉断。

（5）预应力管道设置保证措施。成孔采用塑料波纹管，预应力管道的位置应安装准确。穿设波纹管前先检查外观，不得有破损、变形等现象。用"#"形定位筋固定管道，并与骨架钢筋焊接牢固，防止管道上浮。直线段 80cm 设置一道定位筋，使管节连接平顺，钢筋锚垫板位置尺寸要正确，与预应力管道安装垂直。

（6）张拉方法及质量保证措施。混凝土浇筑后检查锚垫板和孔道，孔道应畅通，无水分和杂物，锚具与锚垫板接触处平整，混凝土残碴应清除干净。

（7）预应力筋的连接。塔内预应力筋随塔体分段而分段锚固，并设 L15-12 型连接器精轧螺纹钢筋。

8. 孔道压浆

本桥预应力筋孔道均采用塑料波纹管，压浆采用真空压浆动技术。真空灌浆技术和塑料波纹管配套使用，可以为后张预应力体系提供一种更可靠的保护措施，从而提高预应力结构和构件的安全性和耐久性。真空灌浆技术施工快速，灌浆连续，可以有效地提高后张预力体系孔道灌浆饱满度和密实度，能切实改善预应力筋的防腐条件；塑料波纹管与金属波纹管相比，具有摩擦系数小、不怕酸碱盐腐蚀、密封性好等优点。同时还具有良好的绝缘性能，能有效地隔断杂散电流对预应力筋的腐蚀。

(1) 真空灌浆工作原理。真空灌浆是后张预应力混凝土结构施工中的一项新技术，其基本原理是：在孔道的一端采用真空泵对孔道进行抽真空，使之产生负压（-0.06~0.1）MPa，然后用灌浆泵将优化后的特种水泥浆从孔道的另一端灌入，直至充满整条孔道，并加以不大于0.7MPa的正压力，以提高预应力孔道灌浆的饱满度和密实度。

(2) 施工工艺

1) 准备工作

①真空灌浆施工前，应按照预应力孔道真空灌浆浆体的技术要求，根据现场的施工材料，进行配合比试验。

②检查确认材料数量、种类是否齐备、完好。

③检查供水、供电是否齐全、方便。

④张拉完毕后，观察钢绞线回缩，确定不超标并做好记录，用手持砂轮切割机割除钢绞线，锚具外钢绞线留3~5cm。采用保护罩进行封锚，（保护罩作为工具罩使用，在灌浆后10h内拆除）将锚垫板表面清理，保证平整，在灌浆保护罩底面和橡胶密封圈表面均匀涂上一层玻璃胶，装上橡胶密封圈，将保护罩与锚垫板上的安装孔对正，用螺栓拧紧，注意将排气口朝正上方。

2) 灌浆步骤

①清理锚垫板上的灌浆孔，保证灌浆通道通畅。

②确定抽真空端及灌浆端，安装引出管，球阀和接头，并检查其功能。

③按真空灌浆施工设备连接图将设备连接好。

④搅拌水泥浆使其水灰比、流动度、泌水性达到浆体技术要求指标。

⑤启动真空泵抽真空，使真空度达到（-0.06~0.1）MPa并保持稳定。

⑥启动灌浆泵，当灌浆泵输出的浆体达到要求稠度时，将泵上输送管接到锚垫板上的引出管上，开始灌浆。

⑦灌浆过程中，真空泵保持连续工作。

⑧待抽真空端的空气滤清器（或透明网纹管）中有浆体经过时，关闭抽真空端所有的阀。

⑨灌浆泵继续工作，压力达到0.7MPa左右，持压1~2min。

⑩关闭灌浆泵及灌浆端阀门，完成灌浆。

⑪拆卸外接管路、附件，清洗空气滤清器及阀等，接到另一孔道重复以上步骤继续压浆。

(3) 清洗

1) 压浆后，立即清洗混凝土结构表面的浆液，避免在混凝土结构面上留下污渍。

2) 完成当日灌浆后，必须将所有沾有水泥浆的设备清洗干净。

3) 安装在压浆端及出浆端的球阀，应在灌浆后6h内拆除并进行清理。

9. 斜拉索施工

(1) 施工步骤与要点。本桥共8根斜拉索，主塔斜拉索采用 $\phi 7mm$ 环氧涂层钢丝，双层热挤密护层防护，标准抗拉强度为1670MPa，弹性模量为 $2.05 \times 105MPa$。锚具采用具有高疲劳强度，能承受高活载应力变幅的冷铸锚 LZM7-187，斜拉索从距 5 号主墩 16m 处开始，每隔 6m 设置一根，共设 8 根，平行布索，索水平倾角 30°，索间距 3m。斜拉索为 PES7-187 类型。

每根拉索在相对应的塔柱节段混凝土浇筑，混凝土强度达到 100% 后，进行挂索，并进行初张，接着进行下一节段塔柱的施工，挂索初张拉下一根索，直到塔柱施工完毕，对所有拉索进行第一轮张拉调索，张拉至设计张力，桥面铺装施工完成，二期恒载加上后，进行第二轮张拉调索，张拉至设计张力。

斜拉索施工前，需进行详细的施工验算，制定出合理的加载程序，经设计单位和监理工程师批准后实施。斜拉索施工时，辅以应力和线型监测，对计算结果进行复核，检查实测数据与计算数据是否一致，并在必要时对加载程序进行修正，增强桥梁安全度。

（2）拉索的定制与验收

1）斜拉索及锚具的定制

①委托具有资质的厂家生产，制造质量必须符合设计要求。

②选用的原材料必须符合设计和有关标准的规定。

2）斜拉索及锚具的验收

①斜拉索和锚具均应按设计规格检验外形、尺寸、硬度、螺纹丝口和制作精度等，合格后才能出厂。

②出厂检验应按扭绞、绕包、挤包护层、斜拉索连接、预张拉等技术要求和相应试验方法对每根成品索进行检验。

③斜拉索成品的交货长度与设计长度偏差 ΔL 应符合下列规定：索长 $L \leqslant 100m$ 时，$\Delta L \leqslant 20mm$；索长 $L > 100m$ 时 $\Delta L \leqslant 0.0002L$。

④钢丝静载破断荷载不应小于斜拉索标称破断载荷的 95%。

⑤斜拉索搬运时不得折损或磨坏索的防护层，锚头应架空保护，不得生锈，斜拉索不得有错压、弯折变形，支点距不得大于 4m。

（3）斜拉索定位方法。本桥斜拉索穿挂顺序为从下向上，两排同时穿挂斜拉索。

（4）斜拉索张拉及索力的控制调整。

10. 施工监控

（1）施工监控的目的与目标值。斜拉桥属高次超静定柔性结构，其结构内力分配比较复杂，对施工过程和使用过程中各种影响因素的变化非常敏感，因此必须对斜拉桥的施工过程实施有效的施工监控，才能确保成桥后的结构内力变形状态符合设计期望值。

斜拉桥施工监控的目的，就是通过在施工过程中对结构状态施行实时监测，并根据监测结果对设计参数及施工过程进行相应调整，使建成的结构最大可能地接近设计的理想状态，具体是指两个方面，其一是使结构建成时达到设计的理想线形，其二是使结构在建成时达到合理的内力状态，同时确保施工过程中结构的安全。

本桥施工控制的主要目标值包括斜拉索索力，主梁目标线形（含竖曲线）、塔柱纵横向位移以及梁、塔控制截面应力等。

（2）信息化施工监控系统。实施测量数据的准确采集、及时传递和分析反馈是施工控制工作有效进行的保障，根据本桥的施工特点，将在施工开始便建立监测队，按照需要检测的项目布置监测点，采用全站仪、精密水准仪及应变片，应力计等进行监测，并选择在监测的最佳时期进行，及时将监测结果记录成表，计算数据，及时上报汇集于监控分析组进行分析，计算分析采用结构分析专业软件，分析成果及时反馈，同时提出建议，由施工单位会同设计、监理及专家组进行研究，定出下步施工指导方案，以此良性循环下去，让施工质量始终处于可控状态。

（3）监控项目与测点布置、监测频率。综合参考几座斜拉桥的施工及施工控制工作经验，结合本桥的实际施工特点，确定本桥施工控制的原则如下：对主塔标高和斜拉索索力实行双控，同时确保结构各部应力和塔柱位移控制在安全范围内，并在施工的不同阶段各有不同侧重。

索力的控制工作是张拉斜拉索阶段及后续施工阶段的施工控制重点，这主要包括主梁拆架前斜拉索初张拉时的索力控制以及拆架后的调索控制，本桥的特点是主塔在支架上进行各索的张拉，随着各索的逐步张拉，部分塔柱段将会脱离支架，已脱架的塔柱段也可能会回落至支架，而支架本身对塔柱的支撑属于多点（无限点）弹性支撑。因此在各索张拉过程中，塔柱内的应力变化将比较复杂，相应的施工模拟计算会十分困难。为此，这一阶段必须加强对塔柱应力、变形的实时监测，并将结果及时反馈到后续施工中，以确保结构安全。在塔柱拆架后的调索阶段，要综合考虑结构内力状态、主梁线形、塔柱倾斜度等，力争通过调索使全桥结构，尤其是主搭的内力接近设计的目标状态。

11. 模板拆除

模板拆除应符合《公路桥涵施工技术规范》（JTJ 041—2000）第9章规定。

12. 落架

本桥无背索斜拉桥是以主梁受压、斜拉索受拉、斜塔平衡部分主梁自重的结构体系。主梁采取满堂支架现浇施工，主梁施工完毕，预应力张拉、压浆后，支架待主塔施工完毕，先拆除主塔支架、模板，然后按顺序进行主梁支架卸架。现浇箱梁脱模及卸落支架应按设计程序规定进行，且应符合下列要求：

（1）主梁支架应在主塔施工完后按顺序进行卸架。拆除支架前，先清除脚手架上的材料、工具和杂物。拆除支架应设置警戒区和警戒标志，并由专职人员负责警戒。

（2）为防止混凝土裂缝和边棱破损，并满足局部强度要求。先拆中跨，再拆边跨。卸架时应先卸悬臂部分，再从跨中向两边对称卸架。支架卸除宜分两次进行，第一次先从跨中对称向两端松一次架，然后再从跨中对称向两端卸除，以防过大冲击。

（3）主塔支架应在主塔施工完后按安装相反顺序进行卸架。

（4）在统一指挥下，支架拆除一般按照预定的拆卸顺序进行。还应该按照从一端向另一端、自上而下逐层进行；同一层的构配件和加固件应按照先上后下、先外后里的顺序进行。同时在拆除过程中，支架的悬臂高度不得超过两步；水平杆和剪刀撑等必须在支架拆卸到相关支架时方可拆除。

（5）落架完成后洗净箱梁顶面，施工桥面工程。

13. 桥面铺装、伸缩缝、桥头搭板、人行道板及栏杆安装

（1）桥面铺装。主桥桥面铺装不设混凝土调平层，现浇箱梁顶绿化带和车行道38m宽范围内刷防水层后，车行道24m宽范围内铺设8cm厚沥青混凝土；引桥桥面设10cm厚调平层，绿化带和车行道38m宽范围内刷防水层后，车行道24m宽范围内铺设8cm厚沥青混凝土。绑扎桥面钢筋前将面层的杂物冲洗干净。钢筋网必须点焊成网，同时与主梁伸出的钢

筋就近点焊成一体。桥面铺装灌注混凝土时要注意控制桥面标高和平顺，用振动梁振捣，平板振动器配合，然后用木抹抹平。

桥面沥青混凝土施工同路面工程一并实施，在沥青混凝土铺装碾压前，主梁和桥台伸缩装置预留槽口处填充砂石，全桥沥青混凝土桥面铺装碾压完成后，切除槽口部分沥青混凝土，再进行伸缩缝安装。

桥面铺装时，预留泄水管安装孔，铺装时不得堵塞泄水管。

（2）伸缩缝。在桥台和梁端设伸缩缝，两端各一条，伸缩缝采用 D80 和 D160 伸缩缝。伸缩缝安装由专业施工单位施工。

桥台混凝土施工和梁端桥面铺装时均应预留伸缩缝工作槽，对预留伸缩缝工作槽进行检查，不符合要求时，进行处理，直到符合要求为止。先清理表面，冲洗干净，在预留槽内标出伸缩缝定位中心线，包括顺缝向中心线和横缝向中心线，测出标高，用起重机将伸缩缝吊入预留槽内，准确就位。将锚固钢筋与预埋钢筋焊接连接，使伸缩缝固定。

禁止在伸缩缝边梁上施焊，以免造成边梁局部变形。伸缩缝固定后方可松开夹具。监理工程师检查合格后，立模浇筑槽内混凝土，混凝土一定要振捣密实，并及时进行养生。

伸缩缝材料选购须有出厂合格证和相对应的资料。伸缩缝安装应在规定的温度下进行，若安装时的气温不等于规定安装温度时，须调整伸缩量及梁间距。安装完毕的伸缩缝须紧密牢固无空洞、松动现象。

（3）桥头搭板。桥头搭板施工前检测台后填料及压实情况，符合标准后方准进行下道工序施工。桥梁搭板下的垫层，采用路面基层、底基层相同结构，并同时一并施工。搭板结构厚度、标高与路面相对应，不允许使搭板出现坍塌、沉降断裂现象。

（4）人行道板及栏杆安装。本工程人行道面砖为 300mm 石材地砖。栏杆为 $\phi200$ 混凝土柱和 $75\times75\times5$、$30\times20\times3$ 的方钢结构。施工时焊接好栏杆底于梁体栏杆预埋件，栏杆安装完成后应按设计要求做涂刷防锈漆和面漆。

5.9.7　支架及模板体系结构检算

在施工中方木材用针叶材 A-3 类木材，一般为油松、广东松，根据《路桥施工计算手册》取值：顺纹弯应力 $\sigma_w=12MPa$，弹性模量 $E=9\times10^3MPa$。

模板选用厚度 12mm 防水竹胶板。

满堂支架的搭设采用 WDJ 碗扣式多功能钢管支架进行组合安装，同时根据支架的荷载对支架杆件的各方向间距和搭设方案进行设计和验算，以确保支架的整体强度、刚度和稳定性。验算的内容包括杆件受力验算和支架稳定性验算。为保证整个支架的整体性，每间隔一定距离采用钢管支架或碗扣支架在纵、横方向与地平面成 45°斜向布置通长钢管剪力撑进行加强，剪力撑必须上至底模板，下至地面，在地面处设置垫木。剪力撑与碗扣支架立杆、水平杆相交处，设置转扣使构件连接紧密。支架安装完毕后，应由测量人员对支架托顶进行高程复测，确保误差在设计及规范容许范围之内。

主梁、主塔支架及模板体系结构设计、验算由中铁十五局集团公司和石家庄铁道大学土木工程学院桥梁系有关专家共同完成。

5.9.8　雨期施工措施

（1）雨期及洪水期施工应根据当地气象预报及施工所在地的具体情况，做好施工期间的防洪排涝工作。利用既有排洪涵，并在支架周围挖设排水沟，支架外修筑拦洪坝，确保雨期河道中排水流入排洪涵及排水沟。

（2）在雨期施工时，施工现场应及时排除积水。脚手板、斜道板、跳板上应采取防滑措施。加强对支架、脚手架检查，防止倾倒。

（3）雨期施工时，处于洪水可能淹没地带的机械设备、材料等应做好防范措施，施工人员要提前做好安全撤离的准备工作。

（4）施工中遇有暴风雨应暂停施工。

5.9.9 冬期施工措施

1. 加强原材料的保温

（1）钢筋焊接最低温度不得低于 -20℃，焊接后的接头应自行冷却，严禁立刻接触冰雪。

（2）水泥存放于暖棚内保温，但不得加热。

（3）碎石、砂子必须覆盖保温，不得受冻结块。

2. 混凝土的拌和原材料加热

混凝土采用商品混凝土，冬期施工严格按照冬期施工办理，项目部向商混凝土站派驻试验员，加强所需商混凝土质量管理。

（1）配制混凝土时，水泥采用普通硅酸盐水泥，水泥强度等级不得低于 42.5，必要时加入适量的低温早强混凝土外加剂，水灰比不得大于 0.5。并加强混凝土的泌水性、坍落度和含气量及入模温度的现场监控。

（2）拌制混凝土各种原材料的温度，通过热工计算，必须满足混凝土入模温度要求。砂、石料入机温度为 5~60℃，水加热至 40~80℃，水泥不加热需保温。混凝土入模温度不低于 10℃。

（3）搅拌混凝土时，骨料不得带有冰雪和冻块。

（4）严格按照混凝土的施工配合比进行投料搅拌；投料前，应先用热水或蒸汽冲洗搅拌机，搅拌采用"二次投料"拌和工艺：即首先对水、砂、石料搅拌，然后加水泥进行搅拌，搅拌时间不能少于 3min。

（5）为防止混凝土因接触冷管而冻结，对输送管进行包裹保温，并预先加热，但预热温度不能超过 40℃。

3. 混凝土灌筑措施

（1）混凝土浇筑前应清除模板、钢筋上的冰雪和污垢。

（2）混凝土浇筑前，必须搭设保温暖棚，暖棚的温度不得低于 10℃。

（3）施工接缝混凝土时在新浇筑混凝土前对结合面进行预热，预热深度不小于 30cm，预热温度新旧混凝土温度差不大于 ±3℃。

4. 混凝土养护

（1）塑料薄膜覆盖，蒸汽养护。

（2）混凝土成型后开始养护的温度不得低于 10℃；

（3）混凝土在抗压强度达到设计强度的 40% 前，不得受冻。

5. 拆模要求

（1）混凝土达到抗冻强度及拆模强度后模板才可拆除。

（2）模板拆除时，保证混凝土与外界温差不得大于 15℃。

（3）养护完毕后，外界气温如尚在零下，应在混凝土冷却至 5℃ 以下才可拆除模板，拆除后混凝土表面应覆盖保温养护。

5.9.10　安全保证体系

1. 建立安全管理体系

本工程实施中将以健全安全生产管理体系，落实安全生产责任制为安全管理的主要保证手段，强化安全防范和施工过程控制，按照"以人为本，安全第一"的思想抓施工安全。建立健全党、政、工、团齐抓共管的安全生产保证体系，以施工安全、人身安全、财产安全为首要职责，层层签订安全生产责任状，对各参建单位安全生产领导小组成员实行安全风险抵押金制度。严格遵守有关安全生产和劳动保护方面的法律法规和技术标准，建立健全安全生产管理制度，定期检查召开安全工作会议，发现问题及时解决。制定好安全规划，搞好安全教育，消除事故隐患，把不安全的因素消灭在萌芽状态。

2. 安全管理要点

（1）坚持贯彻执行国家颁发的《建筑安全技术操作规程》确实做好现场管理，道路要畅通、材料构件堆放要整齐、平稳。

（2）夜间施工有足够的照明，一般高架灯 1～2 只，普通照明灯不少于 6 只，夜间施工配专职电工值班。

（3）所有机械设备定机定员，机械由专人操作指挥。

（4）施工区域划好安全警戒线，禁止无关人员入内，现场施工人员有责任制止违反操作规程的行为。

（5）严格遵守安全生产六大纪律，遵守安全技术和操作规程，遵守行业和国家有关安全规定。

（6）发现明火及时扑灭，并派专人监护。

（7）严格执行施工现场临时用电安全技术规范的要求。

（8）安装、维修或拆除临时用电工程，必须由电工完成。

（9）配电箱开关箱内的电器可靠完好，不准使用破损、不合格电器。

（10）每台用电设备有各自专用开关箱，一机一闸制。

（11）焊接机械防雨和放置通风良好的地方，焊接现场不堆放易燃爆物品。

（12）现场照明器具和器材的质量均符合有关规定，不得使用绝缘老化或破损的器具和器材。

（13）施工场地内"五牌一图"齐全，宿舍整齐、干净，食堂卫生。

（14）对现场施工的泥浆池进行围护，并在周围设置警示标志。

5.9.11　安全施工措施

1. 安全总则

（1）安全组织机构建全，人员到位。项目经理部成立安全领导小组，由分管领导具体抓这项工作，另外，项目经理部设专职安全员，队兼职安全员，并做到人员到位，上班要佩戴胸章、袖标。

（2）健全安全教育制度。新工人要进行"三级教育"和"三工"教育，单项工程开工要对员工进行一次安全教育。项目经理部每月要召开一次安全总结分析会，队每星期对员工进行一次安全教育，安全教育要做到人员、时间、教材和内容有保证，记录清楚。

（3）队在单项工程开工前，要对担负施工的员工进行一次技术交底，明确交代安全注意事项，使员工做到心中有数。

（4）凡是从事特种作业（起重、登高架设作业、电焊、电工和机动车辆驾驶）人员，必须经过劳动培训，考试合格持证上岗。

（5）凡是进入施工区域的人员，必须按工种规定配发和正确穿戴安全防护用品。

（6）各单位要按规定、建立五本安全台账，日安全上岗记录，做到记载清楚，查有依据。

（7）各类施工人员都熟悉本岗位的操作规程、规章制度和岗位责任制，无违章行为。

（8）单位制定有安全生产奖惩办法，明确各类人员的岗位责任制。

（9）现场有清晰、醒目的安全生产标语、口号、板报、墙报等宣传标志。

（10）施工场所设有安全标志，危险部位有安全警示牌，夜间设有红灯。

（11）施工人员严禁穿拖鞋、高跟鞋、易滑的硬底鞋上班和酒后上班。以及上班时嬉笑打闹。

（12）施工道路平整、排水畅通。机械设备停放有序，材料堆放整齐，标识清楚，并保证安全距离。

（13）项目经理部或队，年无重伤和因工以及非因工亡人事故，轻伤率和事故的直接经济损失，不超过公司的规定。

（14）张拉、压浆时严禁在张拉、压浆正前方站人，避免钢绞线断丝飞出、高压泥浆喷出伤人。同时注意检查油管接口严实，杜绝油泵送油时液压油喷射伤人。

2. 安全技术标准

（1）脚手架安全技术标准。

（2）施工机械安全技术标准。

（3）供电线路与"三电"施工安全技术标准。

（4）高处作业安全技术标准。

（5）电焊与气焊。

（6）预应力工程中的安全措施。

5.9.12 质量保证措施

1. 一般要求

（1）采用标准工法、实行规范化作业。梁部施工使用公路桥梁作业多年的专业队伍与技术管理人员。

（2）模型制作。

（3）钢筋加工。

（4）混凝土施工。

（5）预应力施工。

（6）压浆。

2. 质量要求

（1）施工所用材料必须检验合格后才能投入使用。所需材料应符合设计要求。

（2）施工中派专职施工技术人员，跟班检查材料的用量，及施工过程的技术参数进行检查并记录。

5.9.13 进度计划控制措施

施工进度控制以项目施工工期的总目标为据确定分目标，将目标层层分解、落实，从技术管理等方面采取措施，以保证分目标的实现来确保总目标。

（1）现场技术控制

1）组织有丰富类似工程施工的技术骨干编制实施性施组及施工技术方案，并聘请组建专家顾问组，对关键技术方案请专家进行咨询和评审。

2）施工方案充分利用现有成熟工法，积极推广应用"四新"技术；充分发挥设备优势和材料性能；结合工程实际适时调整施工工艺和技术，不断提高劳动生产率；把加快施工进度、确保工期，建立在先进技术、有效措施的推广基础上。

3）实施标准化管理，在施工中，做好技术交底、现场检测，确保正确施工，杜绝返工。

4）执行施工现场会议制度，每天由项目部工程部召开各作业班组工作会，总结当日计划完成情况及确定第二天工作计划，重大技术问题和技术重点、难点汇报项目经理。每周由项目经理部组织召开周例会，落实每周的计划完成情况及下达第二周的工作计划，重大问题及时报公司总部组织进行协调。

（2）进度计划动态管理

1）采用信息化施工技术、计算机辅助管理技术、网络计划技术等方法进行进度控制。认真分析进行施工进度计划的编排、调整，以关键工序为纲，点面结合，优化施工程序，合理确定并控制好关键线路。

2）根据施工完成情况，及时对网络计划进行修正和优化，采取有效措施调整工序，做到"以日保周，以周保旬，以旬保月"，动态管理各项工程，确保控制工期目标。

3）做好冬雨期施工的安排和管理，随时保持与气象部门的联系，掌握近一周气象预测结果，提前做好抵御灾害性天气的各种准备，抢晴天、战雨天，最大限度地减小天气变化对工期的影响。

4）如因特殊原因造成工期延误，将及时对工期延误原因进行分析，寻找切实可行的工期调整追赶措施，局部加快施工进度、备足必要的施工资源，循序渐进地赶回延误的工期。

5）实施里程碑管理，对业主的里程碑工期要求进行重点管理，确保按时保质保量完成。

6）积极做好节假日期间的工作安排，力保节假日期间施工正常进行。

5.9.14 环境保护措施

（1）严格遵守国家有关环境保护的法令。对合同规定施工活动界限内的植物、树木，尽力维持原状，维护生态平衡。

（2）在施工现场和生活区设置足够的废弃物临时存放点，委派专人定期清扫处理、消毒、灭鼠，保持清洁卫生。施工区和生活区产生的废弃物，按可回收利用和不可利用分类存放，并将不可回收利用的废弃物运至指定的地点进行掩埋或采取其他合法的方式处理。

（3）施工现场的固定噪声、振动源（如钢筋加工间）均布置在远离居民集中区域200m以上，必要时增设隔、挡噪声的板、墙等装置；合理安排施工作业，重型运输车辆运行的时间，减少或避开噪声敏感时间、地段；尽量在环境噪声背景值较高的时段内进行高噪声、高振动的施工作业；并教育施工人员在居民区附近和夜间施工时不能高声喧哗，避免人为噪声。

（4）在运输易飞扬物料时采用篷布覆盖，并装量适中，不超限运输，以防遗洒。配备专用洒水车，对施工现场和运输道路经常进行洒水湿润，减少扬尘产生。湿地用水尽量利用处理过的废水，以减少资源消耗。

（5）工程用料根据具体情况，堆放在施工场地和征地线内，不影响农田耕种和污染环境。每道工序施工时做到工完料清，并对场地进行及时清理，保证施工场地整洁。

（6）施工过程中产生的固体废弃物，采用车辆运输的方法，整齐合理地堆放在工程师指定的地方，以免危害农田、水利、饮水和影响排灌系统。

5.9.15 文明施工保证措施

（1）严格遵守《建设工程现场施工管理暂行规定》并积极争创文明施工工地。

（2）施工现场内的所有临时设施均按施工总平面图布置，施工现场处于有序状态，现场实行标示牌管理，标示牌标明：作业内容，简要施工工艺，质量要求，施工及质量负责人姓名等。

（3）施工现场设置的临时设备，包括办公室、宿舍、食堂、厕所等均采用砖砌墙体，防火材料盖顶；并建立住地文明、卫生、防火责任制，按规定布置防火设施，并落实相关负责人管理。

（4）工地的原材料和半成品不得堆放于围蔽外，材料及半成品的堆码严格按项目部《文明施工管理办法》要求分类堆放，并用标识牌标识清楚。

（5）施工现场内道路平整畅通，排水出口良好，无人作业的沟、井、坑均加设护盖和安全防护标志或回填平整。

（6）所有施工管理人员和操作人员都必须佩戴证明其身份的有效标识牌。

（7）施工机械、料具、设备、材料的管理和使用，堆码场地整齐有序。

（8）常对工人进行法纪和文明教育，严格在施工现场打架斗殴及进行"黄、赌、毒"等非法活动。

5.9.16 消防与治安保卫措施

（1）消防措施

1）严格执行新密市建设工程施工现场消防安全的有关管理规定，加强防火安全教育，制定施工现场的消防制度，建立健全消防管理机构，绘制消防平面图，明确各区域消防责任人。

2）按施工作业面和生活区的实际面积和需要，根据有关规定在施工现场油料储存区、易燃物品堆放区、生活住房区及施工机械、车辆上配备足够而有效的灭火器材和消防蓄水池。

3）挑选年富力强的人员组成义务消防队，对其进行必要的消防知识和技能培训，使其熟悉消防业务，做到训练有素。消防队员名单应上墙并建立消防档案。

4）与当地消防管理部门取得联系，必要时请求予以协助。

（2）治安保卫措施

1）施工现场安全、保卫工作是文明施工的一个重点，也是使工程施工能够正常进行的保证。现场配备足够的训练有素的专业保安人员和保安设备，实行24h的保安服务，防止未经批准的任何人员、材料和设备等进出场，防止现场材料、设备或其他物品被盗或被窃。

2）建立健全安全、保卫制度，落实治安、防火、计划生育管理责任人，现场设保安人员，负责工地的保卫和消防工作，计划生育管理由项目经理部党支部书记负责。

3）制定并实施严格的现场出入制度并报监理工程师审批，车辆的出入须有出入审批制度，并有指定的专人负责管理。人员出入现场应有出入证，出入证须以经过监理工程师批准的格式印制，其上应包括工程名称、证号、持有者姓名、性别、职务、所属公司名称和持有人照片等内容，出入证应加盖印章和做塑封，防止伪造。

4）施工现场生产及生活区大门设值班门卫，建立来访制度，施工现场不准留宿家属及闲杂人员。

5）经常对现场施工人员进行遵纪守法和加强文明意识的教育，严禁在施工现场打架斗殴及进行"黄、赌、毒"等非法活动。

5.9.17 应急预案

现场出现异常情况时现场负责人即为应急小组副组长，且在第一时间里向应急反应指挥部报告。应急反应指挥部组长应立即做出部署，采取措施，启动应急预案。应急预案具体流程详见专项应急预案。

1. 启动程序

工地发生安全事故时启动程序：

（1）应急反应指挥部负责指挥工地抢救工作，向各抢救小组下达抢救指令任务，协调各组之间的抢救工作，随时掌握各组最新动态并做出最新决策。

（2）在第一时间向 110、119、120 发出求救信号。

（3）向项目部报告事故情况及救援情况。

（4）向当地政府安监部门报告事故情况及救援情况。

（5）在事故发生时，施工现场负责人在项目部应急事故现场副组长没有抵达事故现场前，施工现场负责人即为临时现场副组长。

（6）项目部安质环保部是事故报告的应急反应指挥总部，当发生突发事件时，施工现场负责人必须在最短时间内报项目部安质环保部。

（7）安质环保部接到报告后及时向副组长报告，视情况同时报组长。组长按突发事故的性质决定小组成员按各自职能采取应急措施准备，及时赶赴事故现场，以防止事故进一步扩大。

2. 现场应急救援处理

（1）现场发生事故时，现场负责人及时向现场应急指挥小组，及相关部门汇报并寻求支援。有关部门接到事故报告后，立即赶赴现场，指挥抢险救灾，防止势态恶化，把损失降到最低限度。

（2）全体人员应按照应急疏散路线有序地撤离。

（3）遇有人员受伤，立即采取消毒、止血等临时急救措施，迅速向 120 求救，说明事故严重程度，联系电话等，并派人到路口接应。

（4）引起火灾时，立即向"119"求救。切忌盲目进入现场，防止有毒气体伤害，可进行必要的通风，降低毒气浓度，才可进入火场抢险，待消防人员赶到后，积极配合消防部门抢险救灾。

（5）现场应急指挥小组要保持清醒的头脑，沉着冷静，判断正确，防止二次爆炸，在确保安全情况下指挥抢险救灾，降低损失。

（6）现场应急指挥小组积极配合调查组开展事故调查，遵循"四不放过"的原则，查明事故原因，落实防范措施，防止类似事故再度发生。

3. 应急救援预案的启动、终止和终止后工作恢复

（1）当事故的评估预测达到起动应急救援预案条件时，由应急组长启动应急反应预案令。

（2）对事故现场经过应急救援预案实施后，引起事故的危险源得到有效控制、消除；所有现场人员均得到清点；不存在其他影响应急救援预案终止的因素；应急救援行动已完全转化为社会公共救援；应急组长认为事故的发展状态必须终止的；应急组长下达应急终止令。

（3）应急救援预案实施终止后，应采取有效措施防止事故扩大，保护事故现场和物证，经有关部门认可后可恢复施工生产。

（4）对应急救援预案实施的全过程，认真科学地作出总结，完善应急救援预案中的不足和缺陷，为今后的预案建立、制订、修改提供经验和完善的依据。

4. 应急救援组织机构情况

本项目部应急救援预案的应急反应组织机构分二级编制，具体组织框架图（见图 5 - 23）。

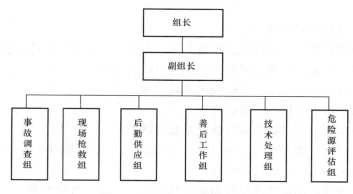

图 5 - 23 应急反应指挥部框架

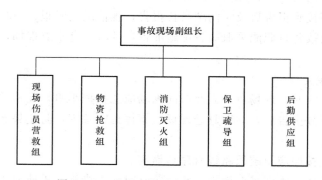

图 5 - 24 现场应急反应组织机构框架图

5. 应急救援组织机构的职责、分工、组成

（1）应急反应指挥部各部门：①技术处理组；②善后工作组；③事故调查组；④后勤供应组。

（2）应急反应组织机构各部门：①事故现场副组长；②现场伤员营救组；③物资抢救

组；④消防灭火组；⑤保卫疏导组；⑥后勤供应组。

（3）应急反应组织机构人员的构成。应急反应组织机构在应急组长、应急副组长的领导下由各职能部门、项目部的人员兼职构成。

6. 应急救援的培训与演练

（1）培训。应急预案和应急计划确立后，项目部的全体人员进行有效的培训，从而具备完成其应急任务所需的知识和技能。

（2）演练。应急预案和应急计划确立后，经过有效的培训，根据工程工期长短不定期举行演练，施工作业人员变动较大的应增加演练次数。每次演练结束，及时作出总结，对存有一定差距的在日后的工作中加以提高。

7. 救援器材、设备、车辆等落实

项目部设立安全专项基金账户，根据项目部施工生产的性质、特点以及应急救援工作的实际需要有针对、有选择地配备应急救援器材、设备，并对应急救援器材、设备进行经常性维护、保养，不得挪作他用。启动应急救援预案后，项目部的机械设备、运输车辆统一纳入应急救援工作之中。

第6章 安装工程新技术

6.1 管件新技术

6.1.1 住宅建筑水暖管道连接与管件的发展趋势

管道的躯干是由管材组成的，而管材是依赖管件连接而成的，因管件型式的多样，才有不同特色的连接方式。管道连接，由于生产工艺要求、管道材质、施工情况等多种因素的不同，出现了尽可能最佳应对的各种连接方式。最近十几年来我国的水暖管道系统在完成"以塑代钢"的升级换代过程中，由于连接技术不完善，管件、阀门等管道连接件结构不合理，"跑、冒、滴、漏"等问题大量存在，根据中国供水协会的统计，目前我国住宅供水管网漏失水率平均达20%左右，从管道系统在实际应用中看，管材本身质量出问题的案例极少，大部分是由于管道连接部分或其他因素引起，漏水的原因80%是由于水暖管道连接不可靠造成的。住宅建筑水暖管件的发展趋势。

管件的发展是建立在水暖管道系统整体发展的基础上，只有将管材、管件、阀门等部件整合后安全可靠才是合格的水暖管道系统。结构合理、安全可靠的连接技术是保证管道系统可靠性从而提高工程质量的保证手段，要达到这个目标，促使水暖管道系统不断采用新材料、研发新技术。

6.1.2 聚乙烯（PE-X）管用滑紧卡套冷扩式管件

（1）交联聚乙烯管及常用连接方式。交联聚乙烯管是以高密度聚乙烯为材料，将聚乙烯线性分子结构通过物理或化学的方式进行交联改性形成的管材。交联后的聚乙烯分子呈三维结构，从而改善了聚乙烯管的使用性能，特别是管材的耐热、耐压、耐化学腐蚀性能、耐环境应力及使用寿命等性能得到大大的提高，且有化学纯净度高、无毒、卫生、安装方便等诸多优点，是建筑给排水、地板采暖、冷热水供水系统、太阳能热水器，各种化学流体输送的理想材料。

交联聚乙烯管常用的螺纹卡套式、卡压式、滑紧式三种连接方式对比见表6-1。

表6-1　　　　　　　　　三种连接方式对比

螺纹卡套式连接	卡压式连接	滑紧式连接
优点：使用通用工具安装 缺点：浪费材料、密封性能差、螺帽因管道共振容易松动，需经常维护，仅适宜明装	优点：稳定性好、密封性好、安装效率高、使用寿命长、适宜明装和暗装 缺点：需专用工具安装	优点：稳定性好、密封性好、耐拉拔能力强、耐压性好、使用寿命长、节约材料、安装方便、适宜明装和暗装 缺点：需专用工具安装

其中卡压式、滑紧式连接方式突破了传统的螺纹卡套式连接使用密封圈实现密封和仅适用于明装系统的局限，有效解决了交联聚乙烯管、多层复合管的连接问题，已成为水暖管道系统最重要的连接方式。

（2）滑紧卡套冷扩式管件结构性能特点。滑紧冷扩式连接技术，采用独特的三凹槽设计，结构简捷，设计合理，利用 PEX 管的自塑性，无须攻螺纹和密封圈，使用配套的扩管器冷扩后，用压紧工具逐步箍紧，具有良好的耐循环压力冲击性能、耐拉拔能力和静压强度性能，质量稳定、连接可靠、密封性好，可在 95℃ 高温下长期使用不发生泄漏，同时具有良好的卫生性能和抗腐蚀能力，健康环保，并且比传统的螺纹卡套式管件节省材料 30％～70％，明装、暗装皆宜。

1）结构新颖：安装工具的结构仿造手枪的结构，外形流畅、结构紧凑。

2）可互换性：枪体上设计可变换卡套，可以适用安装多种规格的管件和管件。

3）扩管器的结构：采用二半式结构，扩管时可完全打开扩管器的手柄，将扩管器的头部完全插入管口，连续压紧。扩管后，松开扩管器，并不断旋转直至管子完全分离。

4）棘轮结构：通过棘轮结构将卡套压紧，具有压紧力大，操作省力的特点。

（3）滑紧卡套冷扩式管件施工方法

1）滑入卡套：将卡套滑入管材，卡套应距离管口一定距离，防止给扩管造成影响，如图 6-1 所示。

2）安装扩管头：将扩管器张开至 90°，选择与管材相匹配的扩管头，旋入扩管器的前端部分，如图 6-2 所示。

图 6-1　滑入卡套

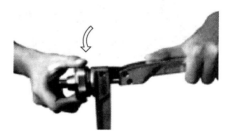

图 6-2　安装扩管头

3）扩张管口：将管口插入扩管器的头部，扳动扩管器手柄进行扩口，如图 6-3 所示。

4）压入管件：将管件连接部分压入经扩张的管口内，如图 6-4 所示。

图 6-3　扩张管口

图 6-4　压入管件

5）装载嵌件：根据管件的形状和规格，选择匹配嵌件旋转装入滑紧器卡座，如图 6-5 所示。

6）滑紧卡套：将预安装的管件插入到嵌件中，将液压钳开关打开，循环推动液压泵手柄，直到将管件安装到位置，关闭液压钳，使液压钳回到初始位置，如图 6-6 所示。

图 6-5　装载嵌件　　　　　　　　　　　图 6-6　滑紧卡套

7）安装完毕：确认卡套与本体完全滑紧，如图 6-7 所示。

6.1.3　薄壁不锈钢管管道连接技术

1. 薄壁不锈钢管的性能与特点

在建筑给水管道系统中，镀锌钢管已经结束了百年辉煌的历史，以铝塑管为代表的复合

图 6-7　安装完毕

管和 PE、PP-R 等塑料管发展迅猛，但该类管材存在着一些不足，远达不到国家对饮用水有关水品质的要求。薄壁不锈钢管具有产品使用寿命长；耐蚀性好；抗冲击性强；导热系数小，保温性能好；卫生性好，长期使用不易结垢；节约材料；施工简单，管网漏损率低，维修和更新方便；价格合理等优异的综合性能，已大量应用于建筑给水和直饮水管道。

薄壁不锈钢管有多种成熟的连接方式，安装简便，安全可靠，由于减少壁厚，降低了成本，所以目前广泛推广应用的时机已成熟。

2. 薄壁不锈管连接方法及优缺点

管道的躯干是由管材组成的，而管材是依赖管件连接而成的，由于生产工艺要求、管道材质、施工情况等多种因素的不同，出现了尽可能最佳应对的各种连接方式。目前薄壁不锈钢管常用连接方式，主要有机械连接和非机械连接两类，机械连接分为单卡压连接、双卡压连接和环压式连接三种；非机械连接分为对口焊接和承插焊接式连接两种。

单卡压式连接，配管插入管件承口（承口内带有 O 型橡胶密封圈），用专用工具压紧 O 型橡胶密封圈内侧而起密封和紧固作用的连接方式。双卡压式连接，配管插入管件承口（承口内带有 O 型橡胶密封圈），用专用工具压紧 O 型橡胶密封圈内、外两侧而起密封和紧固作用的连接方式。环压式连接（也称卡环式），将配管插入管件承口（承口内带有平面型橡胶密封圈），用专用工具压紧平面型橡胶密封圈而起密封和紧固作用的连接方式。以上三种连接方式具有小口径管（DN15～DN32）安装简单，安装速度快，抗振动、热胀冷缩，耐压高，杜绝漏水隐患，免维护更新，经济性能优越，对安装工人素质要求不高等优点，但在热水系统内使用，橡胶密封圈的使用寿命要比金属材料短，维修麻烦，若接口处出现漏水只能锯断后更换。

对口焊接，将配管与管件对接，用钨极氩弧焊熔接而成的连接方式。承插焊接式连接，承插式、焊接式都是管道常见的连接方式，在此基础上吸取传统的承插式管道连接和焊接式

管道连接的优点，进行有机的结合，形成承插焊接式连接，即将配管插入管件承口，用钨极氩弧熔焊成本体一色接头的连接方式，又称"无接头连接"。承插焊接式连接的优点为吸收了卡压式连接简便的同时，借鉴了塑料管与管件采用承口插入的优点，又吸取了传统的不锈钢氩弧焊接强度高；避免了不锈钢和橡胶圈不同寿命的问题。缺点为小口径规格 DN15～DN32 相比较机械连接速度慢，对安装工人技术素质要求较高，因此主要用于 DN32 以上管道安装。

3. 卡压式安装方法

（1）切断管子：使用专用切割设备切断管子，切口端面应与管材轴心垂直，如图 6-8 所示。

（2）清理毛刺：为避免刺伤密封圈，请使用专用除毛刺器或锉刀将毛刺完全除净，如图 6-9 所示。

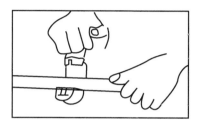

图 6-8　切断管子

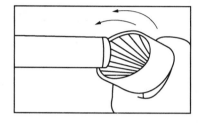

图 6-9　清理毛刺

（3）画线：使用画线器在管端画线作记号，以保证管子插入长度，避免造成脱管，如图 6-10 所示。

（4）检查密封圈：检查管件内密封圈是否安装，密封圈是否完好无损，如图 6-11 所示。

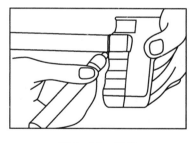

图 6-10　画线

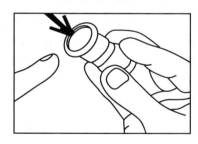

图 6-11　检查密封圈

（5）插入管子：将管子笔直地插入管件内，注意不要碰伤橡胶圈，并确认管件端部与画线位置距离 3mm 以内，如图 6-12 所示。

（6）卡压：把卡压工具钳口的环状凹部对准管件端部内装有橡胶圈的环状凸部进行卡压，如图 6-13 所示。

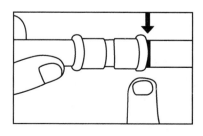

图 6-12　插入管子

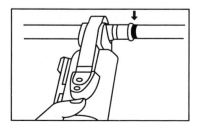

图 6-13　卡压

（7）确认卡压尺寸：用六角量规确认尺寸是否正确，卡压处完全插入六角量规即封压正确，避免卡压工具出现不良，如图 6-14 所示。

（8）管道系统试压：卡压完成后，将管道系统分区，并于保温施工前按规定进行试压，如图 6-15 所示。

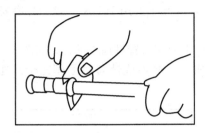

图 6-14　确认卡压尺寸

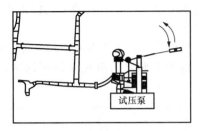

图 6-15　管道系统试压

6.2　同层排水系统

6.2.1　同层排水系统概述

同层排水是卫生间排水系统中的一个新颖技术，排水横管敷设在本层楼板上，采用了一个共用的水封配件代替诸多的 P 弯、S 弯，卫生器具排水管不穿楼板，使得本楼层污水及废弃物在楼层套内通过排水横管顺利排入排水立管，一旦发生需要疏通清理的情况，在本层套内就能解决问题的排水方式。

其优点是：房屋产权明晰，卫生间排水管路系统布置在本层（套）业主家中，管道检修可在本层（家中）内进行，不干扰下层住户；卫生器具的布置不受限制，楼板上没有卫生器具的排水管道预留孔，用户可自由布置卫生器具的位置，满足卫生洁具个性化的要求，提高了房屋的品味；排水管布置在楼板上，被回填垫层覆盖后有较好的隔声效果，从而排水噪声大大减小；卫生间楼板不被卫生器具管道穿越，减小了楼板渗水问题；共用的水封取代了传统排水方式中各个卫生器设置 P 弯或 S 弯，减少堵塞发生的概率。

6.2.2　同层排水系统分类与组成

（1）同层排水系统分类与组成。目前，国内同层排水系统按排水横管敷设位置和管件不同，分为墙体隐蔽式同层排水系统和集水器同层排水系统两种类型。

（2）墙体隐蔽式同层排水系统。墙体隐蔽式同层排水系统，卫生洁具布置在同一侧墙面或相邻墙面上，墙体内设置隐蔽式支架，卫生洁具固定在隐蔽式支架上，坐便器冲洗水箱采用隐蔽式冲洗水箱，坐便器采用悬挂式（或称挂壁式），排水立管采用苏维脱单立管排水系统，立管敷设在管道井内，排水横管充满度控制在 0.5 以内，坐便器排水管径为 $DN90$，卫生器具与支架固定处，支架与楼板固定处均采取防噪声传递措施。

（3）集水器同层排水系统。集水器同层排水系统主要由总管、多通道接头、支管、座便接入器、多功能地漏、多功能顺水三通等组成。排水集水器，卫生器具排水管的横管部分和集水器排水管均在楼板上架空层内敷设，排水立管敷设在管道井内，排水集水器为多段组合而成，每段可连接一个卫生器具排水管（不得在一段内连接两个卫生器具的排水管），在集水器的每段上方设置检查口；卫生器具排水管与排水集水器连接部位设置 U 型存水弯；卫生器具排水管与排水集水器的连接采用管顶平接方式，形成跌水，防止倒流。

6.2.3　同层排水系统安装方式

同层排水安装方式旨在同层排水的基础上，根据不同的卫生间布局，合理的敷设管道，达到有效的排水排污标准的安装方式。从结构安装方式上同层排水系统分为墙排；垫层式和降板三种方式。

（1）墙排。俗称"管道井"，墙体内管道排水是指卫生间洁具后方砌一堵假墙，形成一定的宽度的布置管道的专用空间，排水支管不穿越楼板在假墙内敷设、安装，在同一楼层内与主管相连接。墙排水方式要求卫生洁具选用悬挂式洗脸盆、后排水式坐便器。该方式达到了卫生、美观、整洁的要求。其不足之处是：卫生器具的选择余地比较小，地漏难以设置，造价高，管道维修比较困难，并且建筑投资大，穿墙管件多，无法解决卫生间的地表水，目前使用较少。

（2）垫层式。指垫高卫生间的垫层，这种方式采用的不多，原因是容易产生"内水外溢"。在老房改选中不得已的情况下偶尔采用。新的工程由于其施工难度大，费工费料，影响美观，增加楼体的承载负荷，目前已不再使用。

（3）降板（图 6-16）。卫生间下沉的排水方式参照《住宅卫生间》（01SJ914）。具体做法是卫生间的结构楼板下降（局部）300mm 作为管道敷设空间。下沉楼板采用现浇混凝土并做好防水层，按设计标高和坡度沿下层楼板敷设给、排水管道，并用水泥焦渣等轻质材料填实作为垫层，垫层上用水泥砂浆找平后再做层面。目前降板施工通常是指卫生间的楼层板面，低于客厅楼板层面 350、450mm 等。TTC 同层排水管件降板为 200mm，同比净空高度可提高 200～300mm，少回填 200～300mm。回填量小、密实度有保证，省工省料，土建综合成本小，堵漏维修方便，卫生间无须吊顶，增加了整体净空高度，更重要的是减少了楼体的承载负荷。

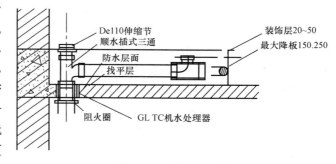

图 6-16　降板施工图

（4）降板法集水器同层排水施工工艺流程。安装集水处理器→连接下端立管→连接三通→定位、连接→填充孔→找平、防水→试水验收→去除防护罩→回填。

6.3　冷缩、热缩电缆头制作技术

6.3.1　冷缩电缆头制作技术

（1）概述。在电力系统施工中，冷缩电缆头由于现场施工简单方便，而得到了越来越广泛的应用。操作中，冷缩管具有弹性，只要抽出内芯尼龙支撑条，即可紧紧贴服在电缆上，不需要使用加热工具，克服了热缩材料在电缆运行时，因热胀冷缩而产生的热缩材料与电缆本体之间的间隙，提高了系统的可靠性。

（2）冷缩电缆头制作的基本工艺原理。利用冷缩管的收缩性，使冷缩管与电缆完全紧贴，同时用半导体自粘带密封端口，使其具有良好的绝缘和防水防潮效果。

(3) 冷缩电缆头制作的基本工艺流程

1) 剥外护套。将电缆校直、擦净，剥去从安装位置到接线端子的外护套。

2) 锯钢铠。暂用恒力弹簧顺钢铠将钢铠扎住，然后顺钢铠包紧方向锯一环形深痕，用一字螺丝刀撬起，再用钳子拉下并转松钢铠，脱出钢铠带，处理好锯断处的毛刺。整个过程都要顺钢铠包紧方向，不能让电缆上的钢铠松脱。

3) 剥内护套。留钢铠 30mm、内护套 10mm，并用扎丝或 PVC 带缠绕钢铠以防松散。铜屏蔽端头用 PVC 带缠紧，以防松散和划伤冷缩管。

4) 安装钢铠接地线。将三角垫锥用力塞入电缆分岔处，除去钢铠上的油漆、铁锈，用大恒力弹簧将钢铠地线固定在钢铠上。为固定牢固，地线应预留 10～20mm，恒力弹簧缠绕一圈后，把预留部分反折，再用恒力弹簧缠绕。

5) 缠填充胶。自断口以下 50mm 至整个恒力弹簧、钢铠及内护层，用填充胶缠绕两层，三岔口处多缠一层，这样做出的冷缩指套饱满充实。

6) 固定铜屏蔽接地线。将一端分成三股的地线分别用三个小恒力弹簧固定在三相铜屏蔽上，缠好后尽量把弹簧往里推。将钢铠地线与铜屏蔽地线分开，不要短接。

7) 安装冷缩 3 芯分支、套装冷缩护套管。可在填充胶及小恒力弹簧外缠一层黑色自粘带，使冷缩指套内的塑料条易于抽出。将指端的三个小支撑管略微拽出一点（从里看和指根对齐），再将指套套入尽量下压，逆时针将端塑料条抽出。清洁屏蔽层后，在指套端头往上 100mm 之内缠绕 PVC 带，将冷缩管套至指套根部，逆时针抽出塑料条，抽时用手扶着冷缩管末端，定位后松开，不要一直攥着未收缩的冷缩管，根据冷缩管端头到接线端子的距离切除或加长冷缩管或切除多余的线芯。

8) 剥铜屏蔽层。在电缆芯线分叉处做好色相标记，按电缆附件说明书，正确测量好铜屏蔽层切断处位置，(用 PVC 带包一下，防止铜屏蔽层松开)，或在切断处内侧用铜丝扎紧，顺铜带扎紧方向沿铜丝用刀划一浅痕（注意：不能划破半导体层），慢慢将铜屏蔽带撕下，最后顺铜带扎紧方向解掉铜丝。

9) 剥外半导电层。在离铜带断口 10～20mm 处为外半导电层断口，断口内侧包一圈胶带作标记。

10) 安装接线端子。测量好电缆固定位置和各相引线所需长度，锯掉多余的引线。测量接线端子压接芯线的长度，按尺寸剥去主绝缘层，压接线端子。锉除接线端子压接毛刺、棱角，并清洗干净。

最后进行主绝缘层表面清洁、安装冷缩电缆终端管、密封端口工作。

6.3.2 热缩电缆头制作技术

(1) 概述。热缩电缆终端头是一种新的电缆头制作方法，这种方法是把一种用热缩材料制成的电缆头附件套入电缆终端的指定位置上，然后进行加热，加热后的附件可自动收缩，并紧箍在电缆终端上，从而起到绝缘、密封的作用。热缩电缆头制作适用于低压交联聚乙烯电缆、乙丙橡胶电缆和聚氯乙烯电缆的终端头处理，具有体积小，重量轻，结构简单，密封性能好、绝缘能力强和操作简单等特点。

(2) 冷缩电缆头制作的基本工艺原理。利用聚乙烯材料的热缩性能，通过对终端附件再次加热，自然收缩，达到电缆接头的目的。

（3）冷缩电缆头制作的基本工艺流程

1）电缆终端剖塑。首先依据电缆固定点及电缆头的安装位置及电缆头到设备接线端子的距离确定电缆长度锯断电缆。于电缆头的电缆终端开始剖除塑料外护层，裸露出钢铠保护层。剖塑角度核电缆头制作的护套长度确定，一般创塑长度不超过 700mm，剖塑口要割整齐。

2）焊接地线。在剖塑口以外留 20mm 长度钢铠焊口，焊接地线。用细挫对接地线焊口挫除钢铠上的杂质和锈斑。再用细铜线将编织软铜线缠绕绑扎加以锡焊焊接。

3）剥除钢铠及内护层。在距剖塑口 30mm 处，锯断钢铠，将其漏头部分剥除，然后距钢铠断口处保留 10mm，将端头内护层切断，并将端头部分剥除，然后，将裸露的电缆芯线分叉，使分叉角度与热塑分支护套的分叉一致。

4）包缆整形。用白布醒丙酮清洗芯线分支的根部，除去污物及杂质，然后，包绕热溶胶带，使芯线分支根部稍呈苹果形，此处包绕只有整形和保护热塑套免被地线刺破的作用，并无电气要求。

5）套热塑手套。在热溶胶带包绕完毕后，先用清洗剂清洗芯线的根部。清洗范围应大于套进热塑手套的面积，然后从指部套进热塑手套，套进热缩手套后用喷灯火焰加热。加热时喷灯火焰温度不宜于过高，火焰要柔和，火焰调成黄蓝相间的颜色为最好，加热时，应先从手套中部开始，然后再加热手套的"根部"和"指部"，这样有利于空气的排出。热塑手套受热后会随即自行收缩。收缩完毕的热缩手套，其密封部件会有少量胶液被挤出。

6）套热塑套管。清除芯线绝缘和手套分支上的污物和火焰烟碳的沉积物。将热塑套管会在绝芯线上，并与"手套指部"搭接，加热顺序可以从管的中部开始逐次向两端延伸，或者从一端向另一端延伸，以利于管内收缩时排出空气。

7）压（焊）接线端子。首先按与接线端子连接所需的引线长度锯断芯线，再按接线端子的孔深加 5mm 的长皮剥去芯线绝缘。并在绝终端部削成"铅笔"状，压（焊）接线端子，用纱布或细锉锉平，并清洗表面。在芯线绝缘端部被削部分与接线端子之间，用热溶胶带缠绕、填充，使之与芯线绝缘同径。

8）套热缩密封套。清洗套管两头端部的填充胶带和接线端子表面，套入热缩密封套，并与套管和接线端子搭接，从一端加热、收缩。热缩密封套分"黄"、"绿"、"红"、"黑"等颜色，套入热缩密封套时，要注意其颜色与电缆相序的一致。

6.4 塔吊液压顶升技术

6.4.1 塔机液压顶升系统工作原理

从图 6-17 可见，塔机液压顶升系统的主要元器件是液压泵、液压油缸、控制元件、油管和管接头、油箱和液压油滤清器等。

液压泵和液压马达是液压系统中最为复杂的部分，液压泵把油吸入并通过管道输送给液压缸或液压马达，从而使液压缸或马达得以进行正常运作。液压泵可以看成是液压和心脏，是液压的能量来源，液压缸是液压系统的执行元件。从功能上来看，液压缸与液压马达同是所工作油流的压力能转变为机械能的转换装置。不同的是液压马达是用于旋转运动，而液压是用于直线运动。

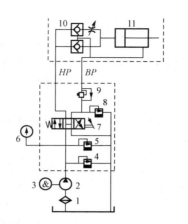

图 6-17 塔机顶升系统液压原理图

1—滤油器；2—柱塞泵；3—电动机；

4—安全阀；5—溢流阀；6—压力表；

7—手动换向阀；8—低压溢流阀；

9—内部式平衡阀；10—带节流

阀的双液控单向阀；11—油缸

一个液压顶升接高的全过程是：①移动平衡重，使塔身不受不平衡力矩，起重臂就位，朝向与引进轨道方位相同并加以锁定，吊运一个塔身标准节安放在摆渡小车上；②顶升；③定位销就位并锁定，提起活塞杆，在套架中形成引进空间；④引进标准节；⑤提起标准节，推出摆渡小车；⑥使标准节就位，安装连接螺栓；⑦微微向上顶升，拔出定位锁使过渡节与已接高的塔身连固成一体。

6.4.2 塔机液压顶升系统的常见故障及分析

由于塔吊的液压顶升系统属于密封带压的管路循环系统，管路中油液的流动情况，液压元件内部的零件动作和密封是否损坏都不易察觉到，因此分析故障的原因和判断故障的部位都比较困难。有众多塔吊事故中，半数是因为系统出现故障后处置不当而引发的，为避免重大设备事故发生，如何预防液压顶升系统故障就成了一个亟待解决的的问题。

（1）常见故障产生原因。通过对液压顶升系统故障的综合统计，发现系统故障大多属于突发性故障和磨损性故障，而引发这些故障的原因主要是液压油污染所造成的。

造成液压油污染的原因主要有以下几点：液压油在使用、维修过程中混入的水分、灰尘、空气等；液压元件在制造过程中残留在系统中的金属屑、砂粒等杂质；液压元件在使用中因磨损而产生的金属磨粒及油箱产生的铁锈。

液压顶升系统是个封闭循环系统，液压油受到污染后，通过齿轮泵时，其硬质粒状污物会使相对滑动零件增加磨损，磨损产生的金属屑又随系统回油进入油箱，随着油液的不断循环，进入到泵中的污物越来越多，污物粒径越来越细，给液压元件带来的磨损也就越来越严重，相对运动零件的间隙逐步增大，产生内泄漏，导致系统工作效率降低，油温不断升高。

液压油是液压顶升系统的动力传递介质，在受到温度、压力及污染的影响之后，容易氧化变质，液压油一旦氧化变质，不但减低了密封件与油的相容性，加速其老化，丧失密封性能；而且氧化后油膜不起润滑作用，使相对运动零件的金属表面相互接触，加速零件的磨损，最终因内泄漏使系统工作效率下降，达不到工作压力。

另外，在液压顶升系统中的溢流阀、锁阀等部件均是受油压力控制而动作的，一旦污物卡在阀芯与阀体之间或堵住阀芯阻尼孔时，都会使阀动作不灵而引起系统不能正常工作，造成系统的突发性故障。

（2）控制措施。防止液压油受到污染是防止液压顶升系统故障的关键。因此，要切断污染的途径，首先要控制液压油箱进水。通过多年观察，虽然液压泵站备有防雨装置，但使用时间一长，雨水还是通过螺栓孔、电动机连接部位等处渗入油箱；所以需要对这些容易进水的部位采用组合垫片、专用密封胶等形式进行密封处理，并及时修补损坏的防雨装置；每次系统工作前需从油箱底部放出分离的水。

其次，控制液压油质量。除了按使用要求定期更换规定牌号液压油外，还需经常检查液压油质量，如果发现油液中出现水珠、泡沫或变成乳白色时，需及时更换液压油，包括液压缸中的剩余油液，避免重复污染；在加注液压油时要进行严格过滤，使用的器具应保持清洁，避免细小颗粒物进入液压系统。

最后，是在工作中防止油温过高。一是在液压顶升系统工作前，检查油位，并适时添加液压油，保持油箱的正常油位，使系统有足够的循环冷却条件，并可防止因油液面过低而使空气进入系统；二是及时更换造成系统效率下降的液压元件。

6.5　焊接新技术

6.5.1　摩擦焊

连续驱动摩擦焊接时，通常将待焊工件两端分别固定在旋转夹具和移动夹具内，工件被夹紧后，位于滑台上的移动夹具随滑台一起向旋转端移动，移动至一定距离后，旋转端工件开始旋转，工件接触后开始摩擦加热。此后，则可进行不同的控制，如时间控制或摩擦缩短量（又称摩擦变形量）控制。当达到设定值时，旋转停止，顶锻开始，通常施加较大的顶锻力并维持一段时间，然后，旋转夹具松开，滑台后退，当滑台退到原位置时，移动夹具松开，取出工件，至此，焊接过程结束。

6.5.2　超声波金属焊

超声波金属焊接机是通过高频的机械振动对非铁磁性的金属物料工件进行焊接。在焊接过程中，将其中一个工件固定，另一个工件以 20/40kHz 的频率在其表面进行循环往复的振动，同时对工件施加压力，使工件间形成一种牢固地结合，从而达到焊接的效果。整个焊接过程可以被精确地控制，同时不会在金属表面产生多余的热量，焊接牢度强。

超声波金属焊接具有以下优点，适用于金属管的封尾、切断可水、气密：

（1）焊接材料不熔融，不脆弱金属特性。

（2）焊接后导电性好，电阻系数极低或近乎零。

（3）对焊接金属表面要求低，氧化或电镀均可焊接。

（4）焊接时间短，不需任何助焊剂、气体、焊料。

（5）焊接无火花，环保安全。

6.5.3　爆炸焊

爆炸焊是一个动态焊接过程，图 6-18 是典型的爆炸焊过程示意图。在爆炸前覆板与基板有一预置角 α，炸药用雷管引爆后，以恒定的速度 v_d（一般为 1500～3500m/s）自左向右爆轰。炸药在爆炸瞬时释放的化学能量将产生一高压（高达 700MPa）、高温（局部瞬时温度高达 3000℃）和高速（500～1000m/s）冲击波，该冲击波作用到覆板上，使覆板产生变形，并猛烈撞击基板，其斜碰撞速度可达 200～500m/s（冲击角 β 保持在

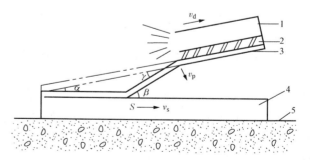

图 6-18　爆炸焊过程示意图

1—炸药；2—缓冲层；3—覆板；4—基板；5—地面；

v_d—炸药的爆轰速度；v_p—覆板向基层的运动速度；

v_c—撞击点 S 的移动速度（焊接速度）

α—安装角；β—撞击角；γ—弯折角

7°～25°）。在碰撞作用下，撞击点处的金属可看作无黏性的流体，在基板与覆板接触点的前方形成射流，射流的冲刷作用清除了焊件表面的杂质和污物，去除了金属表面的氧化膜和吸附层，使洁净的表面相互接触。在界面两侧纯净金属发生塑性变形的过程中，冲击功能转换成热能，使界面附近的薄层金属温度升高并熔化，同时在高温高压作用下这一薄层内的金属原子相互扩散，形成金属键，冷却后形成牢固的接头。

6.5.4　电渣焊

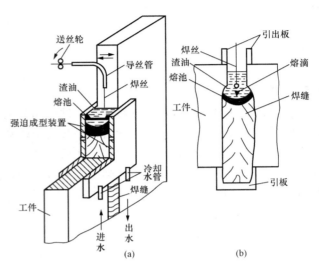

　　电渣焊是利用电流通过液态熔渣所产生的电阻热来进行焊接的一种熔焊方法。焊接过程如图 6-19 所示，电源的一端接在电极上，另一端接在焊件上，电流通过电极和熔渣后再到焊件。由于渣池中的液态熔渣电阻较大，产生大量的电阻热，将渣池加热到很高的温度，高温的渣池把热量传递给电极与焊件，使其熔化，熔化金属的密度比熔渣大，故下沉到底部形成金属熔池，而熔渣始终浮于金属熔池上部。随着焊接过程的连续进行，温度逐渐降低的熔池金属在冷却滑块的作用下，强迫凝固形成焊缝。

图 6-19　电渣焊过程示意图

　　为保证焊接过程稳定，要求渣池有一定的容积和深度，焊缝原则上处于垂直位置，焊件两侧装有强迫成形装置，为了防止开始造渣处产生未焊透、夹渣等缺陷，必须装引弧板。为了防止焊缝终止处产生缩孔、裂纹等缺陷，必须装引出板。

6.5.5　激光焊

　　激光焊接可以采用连续或脉冲激光束加以实现，激光焊接的原理可分为热传导型焊接和激光深熔焊接。

　　热传导型激光焊接原理为：激光辐射加热待加工表面，表面热量通过热传导向内部扩散，通过控制激光脉冲的宽度、能量、峰功率和重复频率等激光参数，使工件熔化，形成特定的熔池。

　　激光深熔焊接一般采用连续激光光束完成材料的连接，其冶金物理过程与电子束焊接极为相似，即能量转换机制是通过"小孔"结构来完成的。在足够高的功率密度激光照射下，材料产生蒸发并形成小孔。这个充满蒸气的小孔犹如一个黑体，几乎吸收全部的入射光束能量，孔腔内平衡温度达 2500℃ 左右，热量从这个高温孔腔外壁传递出来，使包围着这个孔腔四周的金属熔化。小孔内充满在光束照射下壁体材料连续蒸发产生的高温蒸汽，小孔四壁包围着熔融金属，液态金属四周包围着固体材料。孔壁外液体流动和壁层表面张力与孔腔内连续产生的蒸汽压力相持并保持着动态平衡。光束不断进入小孔，小孔外的材料在连续流动，随着光束移动，小孔始终处于流动的稳定状态。就是说，小孔和围着孔壁的熔融金属随着前导光束前进速度向前移动，熔融金属充填着小孔移开后留下的空隙并随之冷凝，焊缝于是形成。上述过程的所有这一切发生得如此快，使焊接速度很容易达到每分钟数米。

6.6　金属薄钢板矩形风管共板复合法兰连接技术

6.6.1　金属薄钢板矩形风管无法兰连接技术概述

随着我国改革开放政策不断深入和国民经济的飞速发展，建筑通风空调工程不但在数量上增加很快，而且在施工工艺上也有较大的发展。

传统的通风空调工程风管横向连接均采用角钢或扁钢制成成对法兰，分别铆在风管两端，并利用风管的这两对法兰，中间加上密封垫用螺栓把它们连接起来。由于受材料、机具和施工场地的限制，风管不可能为减少接头数量做得很长，由于一个工程风管接口多达成千上万，也就需要成千上万对法兰、密封垫、连接螺栓。风管采用共板复合法兰连接技术就是把连接风管的法兰及附件取消掉，代之以加中间件、辅助夹紧件直接咬合，完成风管的横向连接。

金属矩形风管薄钢板风管无法兰连接技术的风管与法兰同为一体（或镀锌板制作的法兰条），风管间的连接采用弹簧夹式、插接式或顶丝卡紧固方式。与传统角钢法兰连接相比，具有制作简单、安装生产效率高，操作劳动强度降低，产品质量易于控制等优点。薄钢板法兰风管的制作，根据施工实际情况可采用单机设备分工序完成风管制作，也可在流水线上使用计算机控制，将下料、风管管板及法兰成形一次完成。流水线使用镀锌板卷材，风管连续进料到半成品加工完成，全部工序只需 30s，实现了直风管加工和风管配件下料的自动化。异形风管可采用数控等离子切割设备下料，有效节省传统展开下料繁琐操作所耗费的时间。由于薄钢板法兰连接接头一般均比法兰连接简单，而且连同接头辅助件重量较轻，可以采用标准件成批生产，从而大大简化了施工工艺，提高了生产力。风管无法兰接形式有多种，《通风与空调施工质量验收规范》（GB 50243—2002）上已列入 15 种，按其结构原理可分为承插连接、插条连接、咬合、铁皮法兰和混合式连接 5 种。TDF 共板复合法兰连接技术就是在此基础上产生的又一新型连接方法。

6.6.2　薄钢板风管无法兰连接工法特点

（1）生产线机械化、自动化程度高，大大提高了制作效率以及风管的制作精度，降低工程造价。

（2）风管自成法兰，减轻风管重量，与传统角铁法兰比较，节约了法兰型钢及连接螺栓，降低材料损耗。

（3）风管密封性好，显著降低漏风量，节约能源，降低主机运行成本。

（4）风管自动压筋，强度高且外形美观整洁，无锌层破损。

（5）生产安装快捷，减轻劳动强度，提高劳动效率，满足现代化工程需要，提高安装单位竞争优势。

6.6.3　TDF 共板复合法兰施工工艺

1. TDF 共板复合法兰钢板风管简介

TDF 共板复合法兰钢板风管工艺作为快速法兰风管工艺的一种在世界各地得到大量推广，它兼具角钢法兰风管的优点，结构强度更强，无焊接、无铆接，全镀锌板制造，耐腐蚀性好，连接严密，漏风率低。

TDF 共板法兰是非型钢连接，由镀锌钢板制作的风管其连接形式可用钢板直接压制使风管与法兰一体成形。制作工艺先进，下料准确，材料消耗低，产品质量稳定，品种多，外形线条流畅，漏风量远低于国家标准，有利于通风管道的生产呈现工厂化，规模化，标准化，自动化。

2. TDF 共板法兰钢板风管与型钢法兰风管的对比

型钢法兰的制作步骤：下料→打孔→焊接→钻螺孔→上漆防腐。以上工艺制作的法兰盘仍然存在着互换性差的问题，现象有：法兰表面不平整，矩形法兰旋转180°后，与同规格的法兰螺孔不重合，内边尺寸或两对角线的尺寸不相等超过允许的偏差等，影响风管部件在施工现场的正常组装。偏差小的造成在安装过程中的不必要的修改、打孔；偏差过大造成返工和浪费。

TDF 法兰风管的制作步骤：标准直管由流水线上直接压制成连体法兰。非标直管、弯头、三通、四通、配件等下料后，在单机设备上完成 TDF 法兰成型。法兰角由模具直接冲压成型，安装时卡在四个角即可。法兰间的连接用法兰卡，由镀锌钢板制作，经法兰卡成型机成型后切割成统一的尺寸供安装连接使用。TDF 法兰因与管道钢板连成一体，不必像角钢法兰般打孔铆接，在两节管道的连接上用专用法兰卡，四角加 90°法兰角后用螺栓连接。操作简单，提高了效率，外观平整，光滑，尺寸准确，互换性强，产品的质量稳定。

3. 共板法兰风管安装工艺（图 6-20）

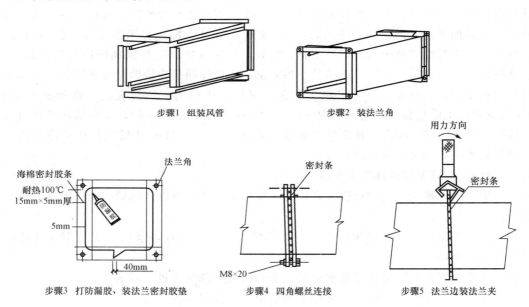

图 6-20　共板法兰风管安装工艺

6.7　回转窑传动安装施工工法简介

6.7.1　回转窑简介

在建材、冶金、化工、环保等许多生产行业中，广泛地使用回转圆备对固体物料进行机械、物理或化学处理，这类设备被称为回转窑。

回转窑的筒体由钢板卷制而成，周内镶砌耐火衬，且与水平线成规定的斜度，由 3 个轮带支撑在各档支撑装置上，在入料端轮带附近的跨内筒体上用切向弹簧钢板固定一个大齿圈，其下有一个小齿轮与其啮合，如图 6-21 所示。正常运转的，由主传动电动机经主减速器向该开式齿轮装置传递动力，驱动回转窑。

物料从窑尾进入窑内煅烧。由于筒体的倾斜和缓慢回转作用，物料既沿圆周方向翻滚又沿轴向移动，继续完成分解和烧成的工艺过程，最后，生会专业成熟料经窑头罩进入冷却机冷却。

图 6-21　回转窑

6.7.2　回转窑传动安装施工

回转窑的安装流程如图 6-22 所示。

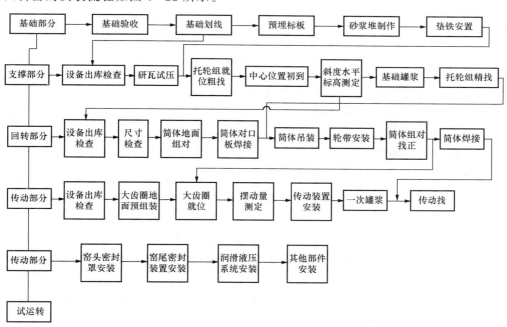

图 6-22　回转窑的安装流程

1. 施工准备

（1）组织施工人员熟悉图纸、安装说明书等技术资料，做好技术交底工作。

（2）了解设备到货及设备存放位置等现场情况。

（3）准备施工工机具及材料，接通施工电源。

2. 传动装置及大齿圈检查

水泥回转窑的转速较慢，一般在 0.5～1.5r/min。因此，要满足速比大的要求，必须有一套减速传动装置。它们是主减速装置（包括开式大小齿轮）；辅助传动装置（包括离器、防倒转装置等）；各种联轴器等安装前对它们均应清点和检查，特别是传动底座与基础地脚螺栓位置等的装配尺寸检查。

　　大齿圈应预组装检查。用枕木垫平拧紧两半接口螺栓，找出中心，用地规检查齿顶圆直径，其圆度公差值为 0.004D（D 为大齿轮直径，标出实际速比）。校对大齿圈—弹簧钢板有无变形、损伤等情况。大齿圈内径应比窑体外径与弹簧板的高度尺寸之和大于 3～5mm。

　　3. 传动装置安装

　　（1）传动大齿轮安装前，应清洗干净，不得有油污和杂物。

　　（2）大齿轮应在地面进行预组对，检查两半圈接口处间隙，应保证其贴合紧密。还应检查齿圈圆度偏差。检查方法：用 0.04mm 厚塞尺。

　　（3）在地面上应将弹簧板安装在大齿轮上。如分体吊装应注意将弹簧板和齿圈上的螺栓孔编号对好。

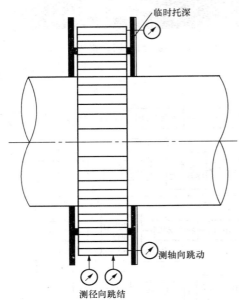

图 6-23　大齿圈跳动量测量示意图

　　（4）拆下两半齿圈，先吊了半齿圈，临时放在基础墩上。

　　（5）吊装上半齿圈，安装在筒体上半圆上。

　　（6）连接两个半圆齿轮的接口螺栓，并检查接口间隙。

　　（7）用专用工具将大齿圈临时固定在筒体上，开始找正：检查大齿轮水平度。检查方法：转窑找正，工具为斜度规和框式水平仪。检查大齿圈跳动量。径向跳动允许偏差不大于 1.5mm，端面跳动允许偏差不大于 1mm，测量方法：百分表。具体测量方法如图 6-23 所示，大齿圈与相邻轮带的横向中心线偏差不大于 3mm。

　　（8）当大齿圈找正完毕，应会同监理、业主方代表进行中间验收，合格后，双方签证。然后用铆钉或埋头螺栓将大齿轮固定在筒体上，完成弹簧板的铆接工作。最后复查齿圈的径向、端面偏差。

　　（9）安装传动装置：根据基础划线，逐次安装小齿轮、主减速机、辅助传动装置，应注意以下几点：

　　1）找正小齿轮中心位置，与中心标板偏差不大于 2mm。小齿轮轴向中心线与窑的纵向中心线应平行。

　　2）调整大齿圈与小齿轮的接触情况和齿顶间隙。一般规定顶间隙为 0.25m＋(2～3)mm，m 为齿轮模数。

　　3）大小齿轮齿面的接触斑点，沿齿向应不少于 40%，沿齿长应不少于 50%。

　　4）小齿轮轴和减速器连接，应根据小齿轮的位置安装，各传动轴应平行。主电机输出轴与减速机输入轴同轴度达到 φ0.1mm，其余联轴器同轴度均须达到 φ0.2mm。

6.8　干挂石材墙面上的电气安装

　　传统的电气安装工程中，开关、插座、壁灯、配电箱等均安装于砌块墙、砖墙、混凝土墙等实体墙上。在装饰要求较高的工程当中，如办公楼和商场的大堂、电梯厅、走廊及高档会所、酒店等，常采用干挂石材墙面。干挂石材墙面与结构墙面之间往往有十几厘米的距离，就是这十多厘米的距离给开关、插座、壁灯、配电箱等的安装及维护带来了不小的麻烦。遇到这种问题该如何解决呢？笔者翻阅了相关专业图集，但未找到确切的做法。干挂石材在实际工程中的应用已不罕见，为什么没有相关的标准来指导施工呢？现实中又是怎样做的呢？下面就介绍一下实际工程中的做法，供大家参考。

6.8.1 暗装墙壁开关、插座的安装

1. 角钢支架安装法（图 6-24）

在结构墙体上预埋穿线管、角钢支架，并引出墙体。将金属接线盒安装到角钢支架上，并将预埋的穿线管顺势引入接线盒内，用锁紧螺母锁住。利用接线盒安装孔固定墙壁开关、插座面板，面板四周应紧贴石材墙壁。接线盒内增加 PE 保护线。

2. 固定底盒安装法（图 6-25）

在结构墙体上预埋穿线管，并引出墙体。根据接线盒的安装位置，用膨胀螺栓把固定底盒固定在结构墙体上。将接线盒安装在固定底盒内，并将预埋的穿线管顺势引入接线盒，调

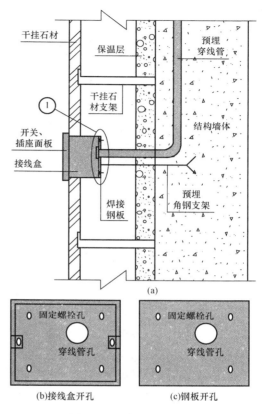

图 6-24 角钢支架安装

整好固定底盒内活动挡板及接线盒的位置后，灌入砂浆，待砂浆凝固后，接线盒即可固定，此时利用接线盒安装孔固定墙壁开关、插座面板，面板四周应紧贴石材墙壁。

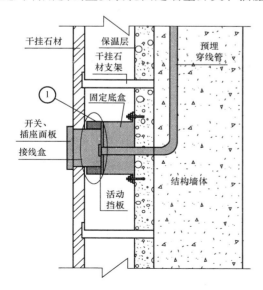

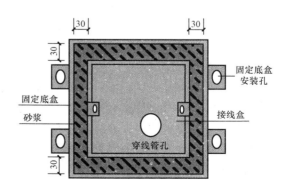

图 6-25 固定底盒安装法

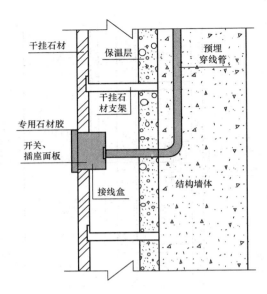

图 6-26 胶粘固定安装法

3. 胶粘固定安装法（图 6-26）

根据所选接线盒的规格尺寸，用切割机在石材上开孔，开孔尺寸要比接线盒外形尺寸略大，以方便涂抹专用石材胶，但又不能过大，否则开关、插座的面板将无法盖住石材孔口。

自结构墙体内引出穿线管，并顺势接人接线盒，用锁紧螺母将线管锁住。引入线管的长度及方向应结合接线盒安装位置确定，并确保接线盒不受其他外应力作用，以免影响其安装的稳固性。

将石材开孔的四周及接线盒与石材接触的部位均匀涂抹专用石材胶，然后将接线盒缓慢推入石材开孔，并调整水平、垂直度及出墙尺寸，调整后须待 48h 胶干稳固。

利用接线盒安装孔固定墙壁开关、插座面板，并保证面板四周紧贴石材墙壁。

以上三种做法，各有优缺点。第一种做法的优点是安装牢固可靠，缺点是接线盒出墙尺寸不易掌握，且仅适用于金属接线盒，有一定的局限性；第二种做法的优点是安装牢固可靠，接线盒出墙尺寸可灵活调节，缺点是固定底盒必须特殊定做，且造价相对较高；第三种做法的优点是程序简单，施工方便，造价低廉，缺点是对石材开孔尺寸的精确度要求较高。总体来说，第三种做法比较合理，其一不会增加工程造价，其二简化了工序，缩短了工期。可能会有人对此种做法中接线盒的牢固性担心，我们对此做了专门的试验，实践证明只要采用合格的专用石材胶即可粘接牢固。

6.8.2 壁装电气设备的安装

常见的壁装电气设备包括壁灯、壁挂时钟、壁装消防疏散指示灯、壁挂干手机、壁挂电铃等。由于壁装电气设备的种类较多，在此仅对壁灯的安装做法举例说明，其他电气设备可参照此做法进行安装。

1. 明装壁灯的安装（图 6-27）

首先采用胶粘固定安装法将接线盒固定在干挂石材墙体上。利用拉线钢丝完成壁灯穿线，并将电源线与壁灯压接。

当灯具重量不大于 0.5kg 时，可利用接线盒安装孔固定壁灯；当灯具重量大于 0.5kg 时，接线盒安装孔已不能承受壁灯的重量，此时可在干挂石材墙面上另行钻孔固定灯具。

2. 嵌入式壁灯的安装（图 6-28）

首先将嵌入式壁灯的安装底盒用专用石材胶固定在干挂石材墙面上。同时将电源穿线管引至

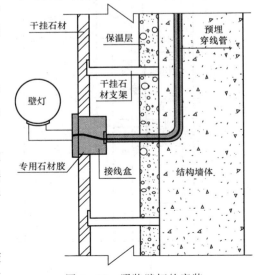

图 6-27 明装壁灯的安装

安装底盒内，并用锁紧螺母将其锁住。利用拉线钢丝完成壁灯穿线，并将电源线与壁灯压接。利用底盒内的安装孔固定壁灯。

6.8.3　强弱电箱体的墙上安装

明装箱体的安装如图 6-29 所示。将明装箱体的底箱用专用石材胶粘接在石材墙上。固定箱体底箱的同时将穿线管引入，并用锁紧螺母将穿线管锁住。采用螺栓将明装箱体固定在干挂石材墙面上。

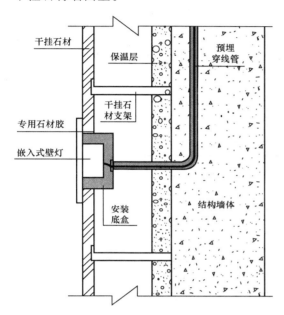

图 6-28　嵌入式壁灯的安装

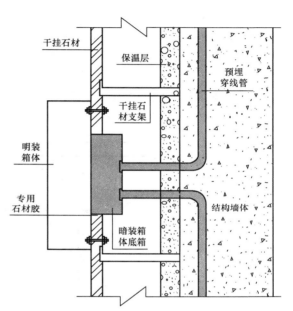

图 6-29　明装箱体的安装

由于此种做法将箱体直接暴露在石材墙面之外，不但占用了墙面空间，而且也影响了墙面的整体效果，故在实际工程当中很少使用。

6.8.4　暗装箱体的安装（图 6-30）

将箱体按明装方式固定在结构墙面上，并将穿线管用锁紧螺母锁住。箱体安装完成后，应保证箱体面板与干挂石材墙面的净距不小于 50mm，以便后期安装装饰格栅门。当箱体厚度偏大，不能满足此净距要求时，可将箱体局部嵌入结构墙体内。根据装饰要求，在箱体前面封装装饰格栅门，格栅门每边比箱体尺寸大 100mm，以便于箱体安装及后期维护。

此种做法虽然称之为暗装，实际为明装箱体，这里所说的暗装是相对于干挂石材墙面而言的，实际生产箱体时，还应该按明装箱体进行开孔及外壳处理。此种做法在实际工程中比

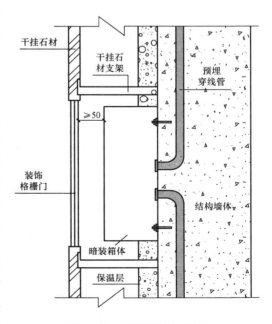

图 6-30　暗装箱体的安装

较常见，因为隐藏了箱体，保证了石材墙面的整体效果，所以符合当今建筑装饰的高标准要求，在实际工程中也得到了广泛应用。

6.9 智能照明在建筑节能中的应用

6.9.1 智能照明定义

智能照明是指利用计算机、无线通信数据传输、扩频电力载波通信、总线控制及节能型电器控制等技术组成的分布式无线遥测、遥控、遥信控制系统，来实现对照明设备的智能化控制。该系统能完成灯光亮度的强弱调节、灯光软启动、定时控制、场景设置等功能，具有到安全、节能、舒适、高效的特点。

6.9.2 智能照明系统组成与工作原理

常见总线型智能照明系统的组成如图 6-31 所示。

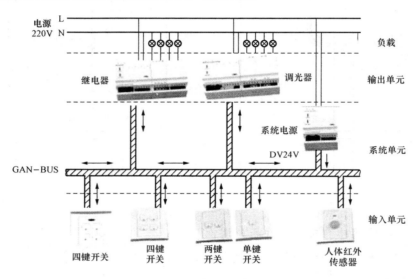

图 6-31 常见总线型智能照明系统的组成

由上图可看出，一个总线型智能照明是由系统单元、输出单元、输入单元三部分组成，各部分通过总线同控制管理计算机相连。系统单元的作用是提供工作电源、系统时钟以及各种系统的接口，常见的有电源模块、总线模块等；输入单元可以将外界提供的控制信号转变为总线信号在总线上传播，常见的有输入开关、遥控场景控制器、照度传感器、人体红外传感器等；输出单元则负责接收总线上的信号，并控制相应的回路输出实现对负载的控制，常见的有智能继电器、调光器等。

遥控场景控制器可同时控制其所在区域内多路调光光源或开关光源任意组合，可以预置不同的灯光场景，符合人们对同一场所在不同功能时灯光的不同的需要。人体红外探测器用于探测人体移动时发出的红外线，去感知周围环境是否有人在活动，从而实现"人来灯亮，人走灯灭"的功能。也可以通过探测到人的活动根据要求控制其他电气如空调等的开关。智能继电器可以进行多路独立光源的开关控制，调光器可以控制多路光源的照度调整和控制。

在上述系统中，智能面板开关替代了传统的面板开关，智能面板开关通过总线发送信号控制相关的驱动器即执行器（调光器、继电器等），从而实现对灯光、电动窗、电器设备、插座电源等设备的综合控制。此种智能照明系统的结构是全分散型的结构，每个模块具有独立的微处理器和存储器可以和总线独立进行数据交换，不需要任何中央控制器之类的设备，对灯光等设备的控制是通过软件编程实现的，故控制功能和面板控制内容可以进行灵活修改，增加功能仅需灵活地搭积木般选择相应功能模块即可完成。

6.9.3　智能照明与传统照明控制系统比较

（1）控制方式比较。传统控制采用手动开关，必须一路一路地开或关；智能照明控制采用数字信号控制，控制功能强、方式多、范围广、自动化程度高，操作时只需按一下控制面板上某一个键即可启动一个灯光场景（各照明回路不同的亮暗搭配组成一种灯光效果），各照明回路随即自动变换到相应的状态。上述功能也可以通过其他界面如遥控器等实现。

（2）照明方式比较。传统控制方式单一，只有开和关，即使有调光功能也只能对某些小区域简单回路单一调光；智能照明控制系统采用"调光模块"，通过灯光的调光在不同使用场合产生不同灯光效果，营造出不同的舒适氛围。

（3）管理方式比较。传统控制对照明的管理是人为化的管理；智能控制系统可实现能源管理自动化，通过分布式网络，只需一台计算机就可实现对整幢大楼的管理。

6.9.4　智能照明系统在智能建筑中的应用优势

（1）实现照明控制智能化。采用智能照明控制系统，可以使照明系统工作在全自动状态，系统将按预先设定的若干基本状态进行工作，这些状态会按预先设定的时间相互自动地切换。例如，当一个工作日结束后，系统将自动进入晚上的工作状态，自动并极其缓慢地调暗各区域的灯光，同时系统的探测功能也将自动生效，将无人区域的灯自动关闭，并将有人区域的灯光调至最合适的亮度。此外，不可以通过编程器随意改变各区域的光照度，以适应各种场合的不同场景要求。

（2）改善工作环境，提高工作效率。传统照明控制系统中，配有传统镇流器的日光灯以100Hz的频率闪动，这种频闪使工作人员头脑发胀、眼睛疲劳，降低了工作效率。而智能照明系统中的可调光电子镇流器则工作在很高的频率，不仅克服了频闪，而且消除了起辉时的亮度不稳定，在为人们提供健康、舒适环境的同时，也提高了工作效率。

（3）可观的节能效果。智能照明控制系统使用了先进的电力电子技术，能对大多数灯具进行智能调光，当室外光较强时，室内照度自动调暗，室外光较弱时，室内照度则自动调亮，使室内的照度始终保持在恒定值附近，从而能够充分利用自然光实现节能的目的。

（4）提高管理水平，减少维护费用。智能照明控制系统，将普通照明人为的开与关转换成智能化管理，不仅使大楼的管理者能将其高素质的管理意识运用于照明控制系统中去，而且同时将大大减少大楼的运行维护费用，并带来极大的投资回报。

6.10　三网融合技术

6.10.1　三网融合定义

三网融合是指电信网、计算机网和有线电视网三大网络通过技术改造，能够提供包括语音、数据、图像等综合多媒体的通信业务。三合是一种广义的、社会化的说法，在现阶段它是指在信息传递中，把广播传输中的"点"对"面"，通信传输中的"点"对"点"，计算机中的存储时移融合在一起，更好为人类服务，并不意味着电信网、计算机网和有线电视网三大网络的物理合一，而主要是指高层业务应用的融合。"三网融合"后，民众可随需选择网络和终端，只要拉一条线、或无线接入即完成通信、电视、上网等。

6.10.2 三网融合方案

三网融合在世界上已推动数年，并取得长足进展，在我国则处于起步阶段。2010 年 7 月 1 日，国务院办公厅公布了我国第一批三网融合试点地区（城市）名单，北京市、大连市、等 12 个城市或地区入选，目前 12 个入选的城市和地区已经基本完成了 IPTV 集成播控平台的建设进程。

IPTV（Internet Protocol Television），也叫网络电视，是指基于 IP 协议的电视广播服务。该业务将电视机或个人计算机作为显示终端，通过宽带网络向用户提供数字广播电视、视频服务、信息服务、互动社区、互动休闲娱乐、电子商务等宽带业务。

用户在家中可以有两种方式享受 IPTV 服务：①计算机；②网络机顶盒＋普通电视机）。它能够很好地适应当今网络飞速发展的趋势，充分有效地利用网络资源。IPTV 既不同于传统的模拟式有线电视，也不同于经典的数字电视。因为，传统的和经典的数字电视都具有频分制、定时、单向广播等特点；尽管经典的数字电视相对于模拟电视有许多技术革新，但只是信号形式的改变，而没有触及媒体内容的传播方式。

IPTV 实际系统组成如图 6-32 所示。

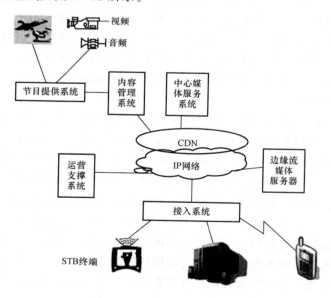

图 6-32　IPTV 实际系统组成

由上图可见，IPTV 系统主要由节目提供系统、内容管理系统、流媒体传送系统、接入系统、IPTV 终端和运营支撑系统组成。

（1）节目提供系统。该部分主要完成节目的数字化，使原始节目成为能够在 IP 网络上传输的数字节目。其主要功能是直播节目的编码压缩、转换和传送。

（2）内容管理系统。内容管理系统主要功能是对 IPTV 的节目和内容进行管理，其主要是内容管理和用户管理，功能包括内容审核、内容发布、内容下载、用户管理以及用户认证计费等。

（3）流媒体传送系统。流媒体传送系统主要包括的设备是中心/边缘流媒体服务器和存储分发网络。存储分发网络可以由多个服务器组成，它们之间通过负载均衡来实现大规模组网，如 CDN。流媒体服务器是提供流式传输的核心设备。要求有很高的稳定性，同时能满足支持多个并发流和直播流的应用需求。

（4）接入系统。接入系统主要为 IPTV 终端提供接入功能，使 STB 能够顺利接入到 IP 网络，目前常见的接入方式为 IDSL 和 LAN 方式。

（5）IPTV 终端。目前的 IPTV 可根据终端分为三种形式，即 PC 平台终端、IP-STB 平台终端和手机平台（移动网络）终端。其中，图 6-33 所示的 IP-STB 终端是 IPTV 的用户最常见的消费终端。

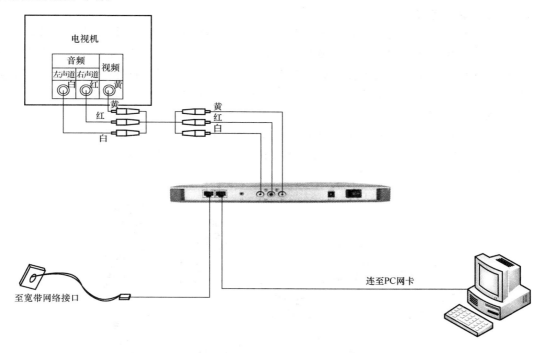

图 6-33 IP-STB 终端

（6）运营支撑系统。运营支撑系统完成 IPTV 的营业受理、用户管理、计费管理、账务管理、资源管理、ICP 管理、产品管理、工单管理以及内容服务访问控制等功能，是 IPTV 系统实现"可运营、可管理"的关键。

6.10.3 三网融合的优势

（1）三网融合将打破垄断，给消费者带来更大的社会福利。在三网融合时代，消费者不仅可通过网络虚拟运营商，如 SKPE、谷歌、腾讯等，也可通过广电企业享受相同服务。市场竞争的良性结果将使社会福利最大化，消费者通过市场化竞争获得更多、更好的服务。

（2）三网融合提供了更为丰富的产品和服务，满足了社会大众的深层次需求。三网融合最大的特征是融合，这不仅包含网络融合，更包含业务和产品的融合。随着社会大众对电子商务、娱乐和生活信息化的需求，三网融合将进一步提供相关产品融合业务种类涉及通信、资讯、娱乐、家政和商务等多个层面。不仅满足个人客户需求，更能满足家庭客户和集团客户的深层次需求。

（3）三网融合降低了消费成本，使消费者便利性大大提高。以往一个家庭要面对移动运营商、固定运营商、广电企业等。三网融合后，一家企业将会提供一系列家庭一站式解决方案，如统一账单、统一服务等，这都有利于降低顾客消费成本；同时，随着网络融合，消费者通过融合产品和服务，进行远程家庭智能网关控制，在家享受医疗、购物等服务，这都极大地便利了消费者。

6.11 视频会议系统

6.11.1 视频会议定义

视频会议系统，又称会议电视系统，是指两个或两个以上不同地方的个人或群体，通过传输线路及多媒体设备，将声音、影像及文件资料互传，实现即时且互动的沟通，以实现会议目的的系统设备。视频会议的使用有点像电话，除了能看到与你通话的人并进行语言交流外，还能看到他们的表情和动作，使处于不同地方的人就像在同一房间内沟通。

6.11.2 视频会议方案

目前市场上的视频会议系统可以分为：软件视频会议系统及硬件视频会议系统。

如图 6-34 所示，软件视频会议系统主要由位于现场的主机、摄像机、麦克风、调音台、视频会议软件和互联网络组成。

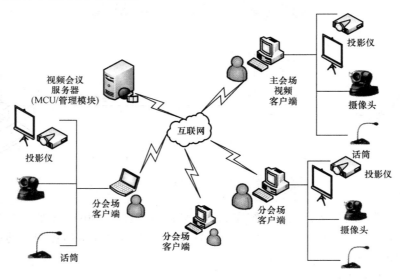

图 6-34 软件视频会议系统组成

软件视频会议是基于 PC 架构的视频通信方式，主要依靠 CPU 处理视、音频编解码工作，其最大的特点是廉价，且开放性好，软件集成方便。但软件视频在稳定性、可靠性方面还有待提高，视频质量普遍无法超越硬件视频系统，它当前的市场主要集中在个人和小型企业中。

如图 6-35 所示，硬件视频会议系统主要包括嵌入式 MCU、会议室终端等设备。其中 MCU 部署在网络中心，负责流码的处理和转发；视频录像点播服务器负责对会议进行录像和点播。会议室终端部署在会议室，与摄像头、话筒、电视机等外围设备互联；桌面终端集成了小型摄像头和 LCD 显示器，可安放在办公桌上作为专用视频通信工具。

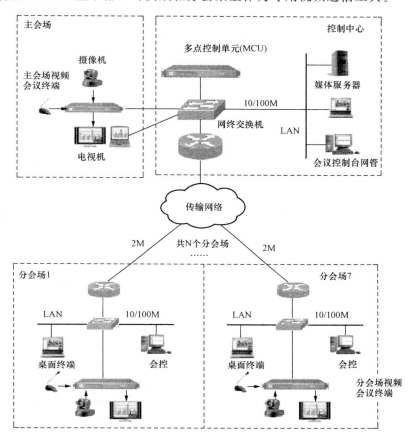

图 6-35　硬件视频会议系统组成

硬件视频会议是基于嵌入式架构的视频通信方式，依靠 DSP＋嵌入式软件实现视音频处理、网络通信和各项会议功能。其最大的特点是性能高、可靠性好，大部分中高端视讯应用中都采用了硬件视频方式。

6.11.3　视频会议功能

（1）可召开全网会议。系统可以召开主会场和所有分会场参加的全网视频会议，可用于整个单位或某个部门的全区域会议。如经验推广和工作汇报会议等。

（2）可召开分组会议。视频会议系统的组织形式灵活多样，可根据需要进行设置，各个会议间互不干扰。

（3）可召开自助式会议。在分会场中，仅需对终端进行操作即可招集会议，无需中心管理员干预。即几个用户可不经过 MCU 召开点对点会议，方便相互之间的学习和交流。

6.12 智能家居系统

6.12.1 智能家居定义

智能家居是利用先进的计算机技术、网络通信技术、综合布线技术、依照人体工程学原理，融合个性需求，将与家居生活有关的各个子系统如安防、灯光控制、窗帘控制、煤气阀控制、信息家电、场景联动、地板采暖等有机地结合在一起，通过网络化综合智能控制和管理，实现"以人为本"的全新家居生活体验。

6.12.2 智能家居功能

1. 遥控功能

不论在家里的哪个房间，用一个遥控器便可控制家中所有的照明、窗帘、空调、音响等电器。例如，看电视时，不用因开关灯和拉窗帘而错过关键的剧情；卫生间的换气扇没关，按一下遥控器就可以了。遥控灯光时可以调亮度，遥控音响时可以调音量，遥控拉帘或卷帘时，可以调行程，遥控百叶帘时可以调角度。

2. 集中控制功能

使用集中控制器，不必专门布线，只要将插头插在 220V 电源插座上，就可控制家里所有的灯光和电器，一般放在床头和客厅。可以在家里不同的房间有多个集中控制器。躺在床上，就可控制卧室的窗帘、灯光、音响及全家的电器。控制灯光时可以调亮度，控制音响时可以调音量，控制拉帘或卷帘时，可以调行程，控制百叶帘时可以调角度。

3. 感应开关

在卫生间、壁橱装感应开关，有人灯开，无人灯灭。

4. 网络开关的网络功能和本地控制功能

一个开关可以控制整个网络，整个网络也可以控制任意一个（组）灯或电器。其控制对象可以任意设置和改变，轻松实现全开全关，场景设置，多控开关等复杂的网络操作功能。所有的灯和电器还可使用墙上的网络开关进行本地开关控制。既实现了智能化，又考虑到多数人在墙上找开关的习惯。

5. 电话远程控制功能

电话应答机将家里和外界连成了网络，在任何地方，都可以使用电话远程控制家中的电器产品，例如，开启空调、关闭热水器，甚至在度假时，将家中的灯或窗帘打开和关闭，让外人觉得家中有人。电话应答机本身也是一个 8 位的集中控制器，放在床头柜上，只要将插头插在 220V 电源插座上，就可已在床上控制家里所有的灯光、电器和窗帘等等，也有调光功能。

6. 可编程定时控制

定时控制器可以对家中的固定事件进行编程，例如，定时开关窗帘，定时开关热水器等，电视、音响、照明、喂宠物等均可设定定时控制。定时控制器本身也是一个 8 位的集中控制器，放在床头柜上，只要将插头插在 220V 电源插座上，就可已在床上控制家里所有的灯光、电器和窗帘等，也有调光功能。同时它还有时间显示和闹表的功能。

6.12.3　智能家居组成及工作原理

　　由图 6-36 可见，系统采用总线方式，所有的智能灯光控制模块、智能开关模块、红外遥控模块、智能终端挂接在总线上，智能终端通过网关挂接在互联网上，使用中，通过无线遥控器可以完成红外控制；可以通过智能终端完成本地控制，还可以通过互联网络进行远程控制。

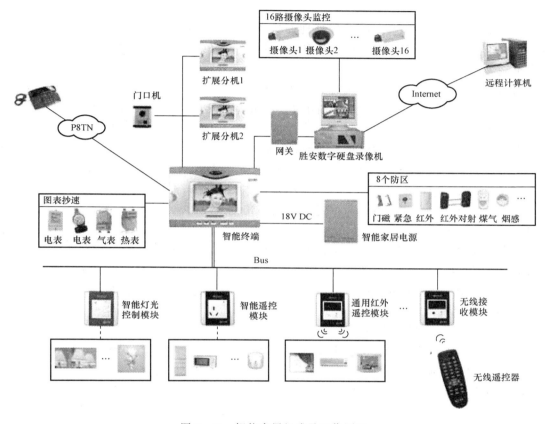

图 6-36　智能家居组成及工作原理

6.13　废水处理新技术

6.13.1　水污染现状

　　水是生命的源泉，人和水是分不开的。成年人体内含水量约占体重的 65%。人体血液中 80% 是水，每人每日的用水量为 2～3L。人体一切生理活动，如体温调节、营养输送、废物排泄都需要水来完成。如果人体减少水分 10%，便会引起疾病，减少 20%～22% 就要死亡。生活中人们一天也离不开水。水对生命来说是必需的，然而，水也是疾病传播的重要媒介。

　　水污染对人体的危害是多方面的，当人体受到化学有毒物质污染后（如 666），会引起人的急性或慢性中毒。如果汞、镉、砷、氰化物、农药、多氯联苯等侵入人体后，都可以引起人体中毒。污水中有害物质在土壤中积累并被植物吸收，加上不适当地使用化学农药，会使大量残留的有害物质散布到田间，继而污染粮食、蔬菜、烟叶等农副产品，引起疾病。另外，水污染还会引起水媒介的传染病，如人畜粪便等生物性污染，可以引起细菌性肠道传染病，如伤寒、痢疾、霍乱等。

总之，水污染已成为人类自己的大敌，如果忽视了对水污染的防治，终有一日人将难以在地球上生存。保护水资源、防止病从口入，人人尽一份力，我国的水环境一定会好起来。

污染水的污染物主要有：①未经处理而排放的工业废水；②未经处理而排放的生活污水；③大量使用化肥、农药、除草剂的农田污水；④堆放在河边的工业废弃物和生活垃圾；⑤水土流失；⑥矿山污水。

水的污染有两类：一类是自然污染；另一类是人为污染。当前对水体危害较大的是人为污染。水污染可根据污染杂质的不同而主要分为化学性污染、物理性污染和生物性污染三大类。有关污水的数字

据环境部门监测，全国城镇每天至少有1亿吨污水未经处理直接排入水体。全国七大水系中一半以上河段水质受到污染，全国1/3的水体不适于鱼类生存，1/4的水体不适于灌溉，90%的城市水域污染严重，50%的城镇水源不符合饮用水标准，40%的水源已不能饮用，南方城市总缺水量的60%～70%是由于水源污染造成的。

6.13.2 废水处理

废水加药中和调节pH值进入调节池，废水处理的新技术加助浊剂，废水处理的新技术进入沉淀池加助凝剂，再入沉淀池进入砂过滤，废水处理的新技术最后进EO膜过滤排放或回收再用，新型工业污水处理设备带式压滤机泥水分离，达国家排放标准。

1. 常见的污水处理工艺

（1）一般化工厂COD含量较高污水。

（2）城市污水、高浓度有机废水生物转盘法处理工艺。工艺（1）如图6-37所示；工艺（2）如图6-38所示。

（3）重金属含量较高污水处理工艺（图6-39）。

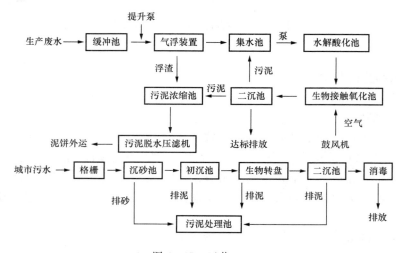

图6-37 工艺（1）

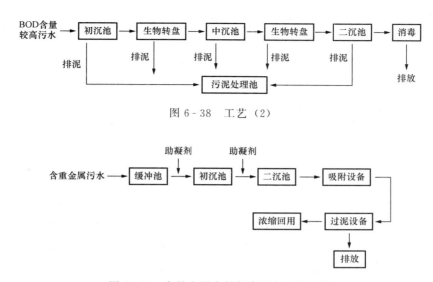

图 6-38　工艺（2）

图 6-39　含量金属含量较高污水处理工艺

2. 污水处理新技术

1）"FILTER"（非尔脱）污水处理系统（图 6-40）。这是一种"过滤、土地处理与暗管排水相结合的污水再利用系统"，称之为"非尔脱"高效、持续性污水灌溉新技术，其目的主要是利用污水进行农作物灌溉，通过灌溉土地处理后，再用地下暗管将其汇集和排出。该系统一方面可以满足农作物对水分和养分的要求，同时降低污水中的氮、磷等元素的含量，使之达到污水排放标准。其特点是过滤后的污水都汇集到地下暗管排水系统中，并设有水泵，可以控制排水暗管以上的地下水位以及处理后污水的排出量。

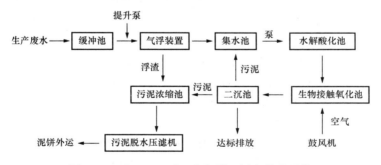

图 6-40　"FILTER"（非尔脱）污水处理系统

澳大利亚 CSIRO 与我国水利水电科学院和天津市水利科学研究所合作，曾在天津市武清县建立试验区，试验总面积 2hm²，暗管埋深 1.2m，两种处理的暗管间距为 5m 和 10m，引取北京市初级处理后的污水和沿程汇集的乡镇生活污水，灌溉小麦。试验表明，97%～99%的磷通过土壤及农作物的吸收而被除去，总氮的去除率达 82%～86%，生物耗氧量的去除率为 93%，化学耗氧量的去除率为 75%～86%，排水暗管的间距小，则去污效率高。上述中澳双方试验研究成果，在澳大利亚农业研究中心的主持下，于 2000 年 12 月在北京通过鉴定。

"非而脱"系统对生活污水的处理效果好，其运行费用低，特别适用于土地资源丰富、可以轮作休耕的地区，或是以种植牧草为主的地区。该系统实质上是以土地处理系统为基础，结合污水灌溉农作物。人们担心长期使用污水灌溉后污水中的病原体进入土壤，污染农作物。但根据大量调查和试验表明，土壤—植物系统可以去除城市污水中的病原体。为慎重起见，国内外一致认为，处理后的城市污水适宜灌溉大田作物（旱作和水稻）。因为大田作物的生长期长，光照时间长，病原体难以生存；而蔬菜等食用作物，生长期短，有的还供人们生食，则不宜采用污水灌溉。此外，这种处理方法受作物生长季节的限制，非生长季节作物不灌溉，污水处理系统就不能工作。暗管排水系统在我国多用于改良盐碱地和农田渍害，一般造价较高，若用于处理生活污水还需修建控制排水量的泵站，则造价更高，推广应用有一定困难。

2）湿地污水处理系统。这种污水处理系统，使污水中的污染物质经湿地过滤后或被土壤吸收，或被微生物转变成无害物。这种方法需要的能源少，维护的成本低。实验为容器长8m，宽2m，高0.9m，用混凝土制成。容器内填沙并种植芦苇，未经处理的生活污水从一端引入，又从另一端卵石层中排出。生活污水是从一个学校收集而来，其年平均水质指标为：pH值为7.85，溶解氧（DO）为0.23mg/L，生化需氧量（BOD）为24.35mg/L，悬浮固体物（SS）为52.36mg/L，全氮量浓度（TN）为121.13mg/L，全磷量浓度（TP）为24.23mg/L。用经过湿地系统处理后的污水灌溉水稻。

污水灌溉水稻试验是在用聚氯乙烯板制成的盆内进行。盆宽90cm，长110cm，高70cm，表面积为$1.0m^2$，底部铺一层10cm厚的卵石，上盖过滤布，然后用水稻土填满。在盆底安装排水管，控制渗漏水。盆外为用混凝土做成的大坑，坑与盆之间填满土壤，以便消除温度对作物生长和微气候的影响。试验设计有四种处理，分别按污水浓度、施肥和不施肥等，与常规处理（用自来水灌溉并施肥）进行对比。试验对水稻的生长过程（稻株高度、分蘖数目、叶面积、叶面积指数、总干物质等）进行了详细观测和分析。主要结论：①利用处理过的污水灌溉，对水稻的生长和产量无负面影响；②利用处理过的污水灌溉，并加施肥料，水稻产量达$5730.38kg/hm^2$，比常规对比田高约10%。

3）生物膜处理技术。该技术设计了JARUS模式的15种不同型号污水处理装置，主要采用物理、化学与生物措施相结合的处理过程，取得了很好效果。这15种不同型号的处理装置可分为两大类。一类采用生物膜法，污水通过塑料制成的滤层，上面附有微生物。通过生物膜后可使污水中的生物耗氧量下降到20mg/L以下，悬浮固体物下降到50mg/L以下，总氮含量在20mg/L以下。另一类是采用浮游生物法，通过漂浮在污水中的微生物氧化作用，可使BOD下降到10～20mg/L，SS下降到15～50mg/L，COD下降到15mg/L以下，TN下降到10～15mg/L以下，TP下降到1～3mg/L以下。

生物膜是近几十年来得到迅速发展的污水处理方法。众所周知，在自然界中存在着大量靠有机物生活的微生物，它们具有氧化分解有机物并将其转化为无机物的功能。生物膜法就是利用微生物的这一功能，采取人工措施来创造更有利于微生物生长和繁殖的环境，使微生物大量繁殖，以提高对污水中有机物的氧化降解效率。生物膜主要依靠固着于载体表面的微生物来生长繁殖，在载体表面形成一层黏液状的生物膜。这层生物膜具有生物化学活性，又进一步吸附、分解污水中呈悬浮、胶体和溶解状态的污染物，使污水得以净化。同时，生物膜上的微生物也不断生长与繁殖，生物膜的厚度也随着增加。当生物膜达到一定厚度时，氧气不能透入到底层，这时在靠近载体表面就形成厌氧膜层，其附着力减低，生物膜呈现老化状态，最后被水流冲刷而脱落。接着新的生物膜又开始生长形成，具有较强的净化能力。生物膜法的设备类型很多，按生物膜与污水的接触方式，有填充式和淹没式两大类。日本农村污水处理协会采用的是生物接触氧化法，属于淹没式生物滤池类。生物滤池是由池体、滤料、布水装置和排水系统四部分组成。滤料是生物膜的载体，对净化作用的影响较大。常用的滤料有沙子、碎石、卵石、炉渣、陶粒和红杉板条等。

（4）高效藻类塘系统。高效藻类塘是对传统稳定塘的改进，其充分利用菌藻共生关系，对污染物进行处理。正因其最大限度地利用了藻类产生的氧气，塘内的一级降解动力学常数值比较大，故称之为高效藻类塘。

高效藻类塘较传统的稳定塘停留时间短，占地面积少；建设容易，维护简便，基建投资少，运行费用低；BOD5、NH4＋，－N、病原体等去除效率高；若高效藻类塘后接的是高等水生生物塘，则其中的水生生物不但可以除藻，降低出水的 SS，而且能进一步去除水中的氮磷，同时收割的高等水生植物可以作为优良的饲料和肥料。缺点：它受环境因素影响明显，温度影响生物的组成，营养物的需求，新陈代谢的特点和反应速率；pH 影响生物的适应能力，离子输送和新陈代谢的速率；水体对光的吸收特性取决于 4 个方面：水体特性，腐殖质，藻类和非生物性的悬浮物；气温过高或较低时，藻类的生长受到抑制从而影响处理效果。高效藻类塘 COD 平均去除率为 75％，BOD 去除率在 60％左右，氨氮平均去除率高达91.6％，凯氏氮平均去除率为 75％，总磷平均去除率为 50％左右，藻类塘出水经过水生生物塘处理后，COD 的总去除率可达 87.5％，氨氮的总去除率可达 97.48％，总磷的总去除率能达到 80％左右。

（5）土壤毛细管渗滤净化系统。毛细管土壤渗滤处理系统特别适用于污水管网不完备的地区，是一项处理分散排放的污水的实用技术。被输送到渗滤场的污水先经布水管分配到每条渗滤沟，渗滤沟中的污水通过砾石层的再分布，在土壤毛细管的作用下上升至植物根区，通过土壤的物理、化学、微生物的生化作用和植物的吸收和利用得到处理和净化。

该系统运行稳定，可靠，抗冲击负荷能力强，对 BOD5、氮、磷去除率大；维护简便，基建投资少，运行费用低；整个系统在地下，不会散发臭味，地面草坪还可美化环境；大肠杆菌去除率高；污水的储存、输送等过程均在地下进行，热损失较少，在冬季仍能保持一定温度，维持基本的生化反应，保证较稳定的去除效果。但其对总氮的去除效果不显著；占地面积大；有可能污染地下水。田宁宁等研究发现：该系统对生活污水中的有机物和氮、磷等具有较高去除率和稳定性，COD 去除率大于 80％，B005 去除率大于 90％，NH3，－N 去除率大于 90％，TP 去除率大于 98％。

6.14　纳米无水超导取暖

6.14.1　概述

纳米无水超导取暖（图 6-41）改变了传统采暖传热速度慢、热效率低、成本高。纳米无水超导取暖的实质性突破，其实就是对水暖系统的一次革命，它不仅克服了水暖系统无法克服的弱点，而且它近乎完美的取暖效果，使采暖变成了无界限自由导热，零下 40℃也可正常运转，安全可靠，并且终生不用维修，使用寿命可以超过 50 年，这使得超导取暖取代水暖取热走向千家万户成为现实。其社会意义是无法估量的。

图 6-41　纳米无水超导取暖

超导取暖技术起源于航天、军工等领域的快速传热散热系统，是一种超导传热和高效换热的新技术。无毒、无味、不腐蚀、不爆炸，本技术利用单管封闭超导液循环传热的工作原理，改变了旧式水锅炉的气阻、腐蚀水管、传递效率低的三大难题。

6.14.2　特点

（1）传热速度快。它不是用水作为导热介质，而是利用复合化学超导液循环转换导热。超导液具有汽化潜热大（是水的 1.5 倍），当超导液受热汽化产生高能物理变化时，可导致热气迅速升温。

（2）启动温度极低。只需 30℃ 即可开始传温。而水的传递温度必须超过或达到 100℃，水升温很慢，传递更慢。一般水暖的起动升温必须经过 1～2h 才能达到室温。超导采暖只要点燃一张报纸就可以使散热器烧暖，它的传递速度是水暖的 20 倍，每分钟可传递 20m。

（3）零下 40℃ 不会结冰。超导采暖系统在零下 40℃ 都不会结冰，没有冰结之隐患，可正常运行。水暖设备在寒冷的北方，只要停一天供暖就会冻裂水管或散热片。超导介质采暖只需将介质暖炉用单管或双管和多组散热器连接不用任何阀门接头。散热器可利用市场上现有的铸铁、铝合金、钢板式暖器片也可自制绕片式散热片。

（4）终生不用维修。水暖设备每年都要维修检修，并且还有漏水、冒水、滴水现象，保养的再好，水暖设备的寿命也只有六至七年。但超导采暖系统一次装成之后，只要不是人为的破坏就可终身不用维修，使用寿命长达 50 年。

（5）结构简单，安装方便。家庭取暖只需普通取暖炉简单改制就可利用，不用散热片和使用散热片均可，一根导管或二根导管都可导传热源。如果散热器导管上传上绕片，成本低，而且采暖效果不变。

（6）节省能源。比水暖设备节煤 50%，节省油、汽 40% 以上，可降低综合使用费 50%，但热效率提高 30%，5～8min 即可将散热器表面温度达到 70～90℃ 以上。

（7）节水 100%。超导采暖是用超导液代替水，每 50m² 房间只使用 1kg 左右超导液，一次灌装终身使用。

6.14.3　产生的经济效益

以普通的 100m² 住房为例，若安装普通水暖各种管件，仅散热片等就需几千元，而无水超导系统单管即可传热，仅此一项便可节省各种管件费用上千元，如给客户安装，按普通水暖收费，可多获利千元以上。如客户原有水暖系统，只需稍作改造即可利用，把水全部放掉就后加入超导液即可。10m² 需要超导液 1kg（成本不足 1 元，市场售价 50 元以上），一般家庭需用 10kg 左右，单售超导液利润甚丰，对于客户来讲，一次加入超导液就可使用 50 年以上，而节省能源在 50% 以上，以煤为例，1 年用 2t 可以节省 1t 多，其经济效益可想而知。

6.14.4　前景

由于无水超导采暖系统应用面极广，它不仅用于采暖，而且还可用于暖棚、花窖、养殖场、热水、食品烘箱、陶瓷隧道加热等用途。用于木材、粮食、烟草、茶叶、纸张、皮革、果品的烘干成本可降低一半以上。该技术还可直接用于各种传热、热交换器、电暖气、淋浴器、热风机、节能茶炉、水暖炉、暖气片、油田储油槽、油田井口加热、汽车尾气热利用；发电厂、炼油厂、化工厂、钢铁厂的余热利用。因此，高效无水传热系统不仅是对现有采暖方式的一场革命，而且是在热传导、热利用、热转化领域中可以开发出许许多多节能产品。

6.15　太阳能沼气罐

6.15.1　概述

作为一种清洁能源，我国把发展农村沼气作为实现农村可持续发展，改善农村人居环境和实现农业增效的一项重要举措。

太阳能沼气是目前沼气发生技术最先进的新能源技术。它与传统沼气罐、沼气池相比有多种优势。在以往，建造混凝土沼气池施工周期长，质量难以得到保证，漏气、漏水等现象经常发生，冬天气温低时，更是难以正常产气，在一定程度上影响了农民建池的积极性。新超小型可移动式太阳能沼气罐（图 6-42）的发明，很好地解决了建造混凝土沼气池施工周期长，质量难以得到保证，漏气、漏水等问题，并在冬天气温低时，仍能正常产气供气，在一定程度上增长了农民发展沼气事业的积极性。

图 6-42　新超小型可移动式太阳能沼气罐

新型沼气罐体按工业化生产，可以达到快速生产，迅速推广普及的目的，也可采用手工生产成本更低。采用干发酵（超干发酵）大大缩小了体积，提高了产气量同时也方便安置，中、低温范围高效启动发酵，所产沼气甲烷含量高、产气量大，超低压工作方式，使用完沼气后的沼渣、沼液完全发透了，二次利用质量特高、效果特好，这就是我研究所近期研发的太阳能沼气罐干发酵技术，地面安放式，完全避免了传统沼气池的"大开挖"方式。装料后当天就可以产气，3～6 月左右换料 1 次，四季可用，全自动型，有自行研制的"防腐自动减压阀"，使用中不必进行任何管理十分安全和液化气一样方便，小型塑料沼气罐 1m³ 罐，每天产气 1.2～1.8m³，能够供 3～4 口之家 1 天做饭和烧水用。

6.15.2　特点

（1）干发酵技术，改变了传统的地下池水压式发酵，只能靠增加池的体积来提高产气量的缺点。

（2）传统的沼气池由于埋在地下，靠地温产生的热能，因而造成夏季产气用不完，冬季产气不够用的现象。而我们的干发酵技术一年四季产气平衡，使用正常罐内温度平均比地下池高出 15℃ 左右，自然产气就高。

（3）自动稳压低压安全储气技术，传统的沼气池由于设计上的原因，在夏季温度高时易涨坏池子，而我们的储气罐是分离装置，并具有自动排气功能，使用十分安全。

（4）干发酵技术提高甲烷纯度，使热值增高（约 8000cal/m³，纯甲烷 8625～9500cal，1cal=4.2J），比液化气的热值还要高。

（5）精密配方技术，这是一项关键的技术革新，沼气快速高效产气与配方有关。

6.15.3 系统创新

1. 硬件部分

（1）利用塑料制品或者玻璃钢制品的特强耐腐蚀性能，解决了长期困扰传统沼气池的腐蚀漏气、损坏开裂问题。低成本、快速大量普及沼气事业的目的。

（2）使用最低成本、最普通的材料达到安全、低价、效果好的目的，1m³ 罐全套成本在 200 元左右。

（3）采用玻璃钢结构建造的沼气罐，具有强度高、耐酸碱、抗老化、重量轻、无渗漏、施工简单等优点。太阳能系统结合玻璃钢沼气罐增加温度，即使在北方的冬季，它也能保证发酵所需的温度，正常产生沼气，这就是太阳能沼气。

2. 软件部分

（1）原料配方特点：根据用户的当地条件可以使用农作物秸秆树叶杂草或者动物的粪便及各种有机质废渣等，按不同的方法配制，也可以使用纯秸秆，一般在 24h 左右即可产气；具体操作技术程序有详细介绍；沼气使用完后的剩余物如沼渣等可再次利用。

（2）干发酵不结壳特点：这是在历经多年的推广、普及沼气工作中积累的经验进行创新的技术，近期在干发酵不结壳基础上使沼气产量更大，使用时间更长。

6.16 新型地源热泵系统

6.16.1 系统概述

1. 传统地源热泵系统

地源热泵（GSHP）是一个广义的术语，是通过输入少量的高品位能源（如电能），实现低品位热能向高品位转移，包括使用土壤、地下水和地表水等为热源和冷源的高效节能热泵系统。地源热泵系统可分为三种类型：地下水热泵系统，地表水热泵系统和地埋管热泵系统。其中地下水热泵系统和地表水热泵系统统称为水源热泵。

地源热泵空调系统的工作原理如下：夏季在制冷工况时，利用地下（或地表）冷源与冷凝器进行热交换，把冷凝器的热量带走，取代了普通制冷循环的冷却塔；冬季在制热工况时，利用地下（或地表）热源与蒸发器进行热交换，把蒸发器的冷量带走，从而实现了热泵系统的正常运转。

2. 新型地源热泵系统

地源热泵系统根据室外温度和室内温度要求分为五种循环，针对一年四季不同的气温变化，五种循环之间适当的切换，能够达到大幅节能的目的，而且还保证了取冷、取热的平衡，不会对地下整体环境造成破坏，实现了对地下能源的循环利用。

地源热泵遵循逆卡诺原理，即从外部供给热泵较小的耗功 W，同时从低温环境 TL 中吸收大量的低温热 QL，热泵就可以输出温度高得多的热能 QH，并送到高温环境 TH 中去，从而达到不能直接利用的低温热回收利用起来。地源热泵根据地下换热器的形式不同可以分为开式和闭式。闭式循环系统有水平埋管和直埋式两种，其循环介质完全被封闭在管路中，

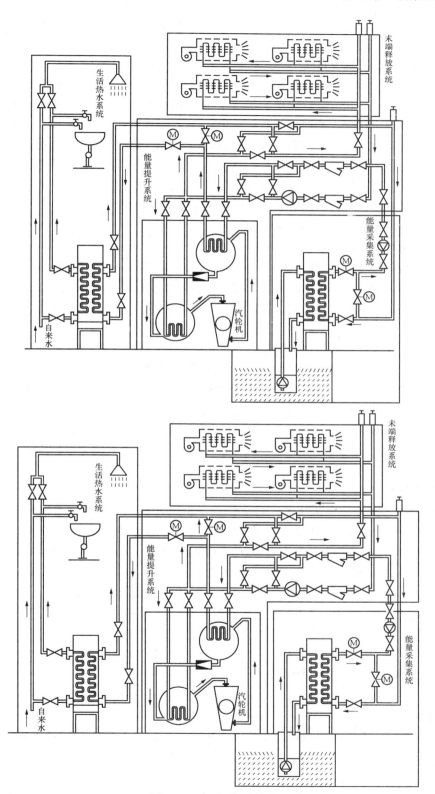

图 6-43　地源热泵系统

不受外界环境干扰。垂直埋管式地源热泵适合于用地比较紧张的城市地区，而且恒温效果好，维护费用少。一般采用 $\phi100\sim\phi150$ 的孔径，孔深为 $100\sim300m$，空间距为 $4\sim10m$。地下管线采用高密度聚乙烯（HDPE）管或聚丁烯（PB）管，管线口径 $\phi25\sim\phi35mm$，钻孔总长度由建筑面积大小而定。正常是每平方米建筑面积钻孔 $1m$ 左右。各孔内管线的连接方式有并联和串联。每一钻孔内可以放单 U 形管，也可以放双 U 形管。孔内用与地层岩土成分相近的材料（一般为膨润土水泥或硅砂）充填。

埋入地下钻孔中的地下换热器一进一回形成回路与大地进行换热。地源热泵在于夏季利用冬季蓄存的冷量供冷，同时蓄存热量，以备冬用；冬季利用夏季蓄存的热量供热，同时蓄存冷量，以备夏用。夏热冬冷地区供冷和供暖天数大致相同，冷暖负荷基本相当，可用同一地下埋管换热器实现建筑的冷暖联供，实属一种节能又保护环境的绿色空调。通常地源热泵消耗 $1kW$ 的能量，用户可以得到 $4kW$ 左右的热量或冷量。

6.16.2　地源热泵技术的特点

（1）可再生能源利用。地表浅层是一个巨大的太阳能集热器，收集了 47% 的太阳所散发的到地球上的能量，同时还是一个巨大的动态能量平衡系统。此外，由于地源热泵还将作为一个蓄能系统，夏存冬取。所以，该系统是一种可再生的利用能源新技术。

（2）经济有效节能。由于地能或地表浅层地热资源的温度相对稳定，这种温度特性使地源热泵比传统空调系统运行效率要高 40%，运行费用可节约 $30\%\sim40\%$。

（3）显著的环境效益。地源热泵的污染物排放，与空气源热泵相比，相当于减少 70% 以上，如果结合其他节能措施，节能减排会更明显。

（4）不占用地面土地。地源热泵的换热器埋在地下，可环绕建筑物布置；可布置在花园、草坪、农田下面或湖泊、水池内；也可布置在土壤、岩石或地下水层内，还可在混凝土基础桩内埋管，不占用地表面积。

6.16.3　发展前景

地源热泵系统作为一项新技术，目前已取得很大发展，虽然有许多问题亟待解决，但应用前景广泛，因为中国是世界上直接利用地热潜力最大的国家。中国国土辽阔，近地表低温地热资源丰富，并且中国人口众多，采暖和制冷工业的基础相对薄弱，将来需求量无可比拟。地源热泵技术的推广离不开岩土钻掘工程，特别是直埋式地源热泵系统，其岩土钻掘工作量更大，其钻孔长度与供暖/制冷建筑面积的比为 $1\sim2$ 倍，地下系统的投资约与地上系统相平。这既为岩土工程开辟了一个新领域，也提供了一次发展的机遇。

6.17　低温辐射电热膜地板采暖

6.17.1　背景

发展低碳经济，倡导节能减排。随着生活水平的不断提高，人们的环保意识也在增强，对居住环境有了更高的要求：健康、节能、环保、舒适、便捷。

6.17.2　特点

相对于其他传统供暖方式耗能较多、舒适性差、占用空间大、维修费用高、难以分户计量等弊端，电热膜地板采暖符合人体对热量的感应规律，有效降低了能耗，扩大了房屋的使用面积，把用热多少的选择权交给了消费者，因而备受推崇。核心材料经过独特技术的高科技处理，使电热膜具有耐高压、抗老化、防潮湿、性能稳定等 8 大特性。据悉，戴姆特远红外线碳素发热板、电热膜产品先后通过国内外及北京产品质量监督检验所等多项权威机构的检测认证。与此同时，由于低温辐射电热膜市场的快速发展，引起了国家有关部门的高度重视，并开始着手制定行业标准，以促进电热膜行业发展和住宅采暖节能减排的需要。

6.17.3 产品性能

1. 耐高压

电热膜可承受高达 3750V 以上的测试电压，而无破损。

2. 抗老化

制造电热膜的材料均为特制专用材质，具有良好的特性，抗老化、不变质、性能稳定、使用年限与建筑物同龄。

3. 耐潮湿

电热膜整体是防水的，经浸水 48h 耐 3750V 以上高压测试，其工作性能正常，无漏电现象。因此可以在潮湿状态环境中使用，但要注意做好连接部分和剪裁部分的绝缘防水处理。

4. 韧度高

根据测试，电热膜的抗拉力为 200kN。

5. 收缩小

在 2100h 的老化测试中，收缩率小于 2%。

6. 性能稳定

经测试，电热膜在表面温度达到 40°C 状态下，连续运行 26 000h，性能和尺寸不变。

7. 热合充分

先进的热合工艺，使膜片之间充分聚合，无气泡、不起层，保证发热体与载流条的紧密结合。

8. 承受度广

电热膜可以在 −20°C ～80°C 的环境下安全运行。经测试：电热膜在 −20°C 的环境中进行反复弯折以及拉伸实验，没有断裂现象，仍保持其柔软，耐用的性能。

工艺先进：航天科技工艺。

9. 安全性好

通电后的电热膜，表面温度最高不超过 40～50°C，不自燃、不自爆、不漏电。

有益人体：辐射供暖系列产品经国家权威部门红外应用专家检测，波长为 8.97 微米，是一种对人体健康有益的红外线，被科学家称为"生命光波"。它可以迅速被人体吸收，使微血管扩张，促进血液循环和新陈代谢，活化组织细胞，增强人体免疫力，对健康十分有益。

10. 使用期长

国外已有 30 多年运行史，如无人为损坏，使用寿命长于 30 年，实验寿命超过 50 年，与建筑同寿。

6.17.4 影响耗电量的因素

系统的耗电量取决于安装功率、建筑物本身隔热性能、以及房间保温性能（如地暖系统是否有边角一体化保温、是否进行墙体保温）等多种因素。保温性越好的房间越省电，外界温度越高也越省电，使用者个人习惯也决定用电量的大小。凯乐公司会按照业主的使用面积、房间南北朝向、保温情况、使用者的个人习惯及地面辅材等综合因素，来决定每个房间所需要的地热供暖功率，不至于造成能源的浪费或工作功率的不足。一般来说，在室内场所的安装功率为 $110\sim120\mathrm{W/m^2}$ 左右，多数情况在 $110\mathrm{W/m^2}$ 左右，达到设定的温度时会自动停止加热，进入保温节能状态。

6.17.5 相应政策及节能效果

国务院提出"深化供热体制改革，实行供热计量收费的要求，为落实国家节能减排战略目标，在住宅中推广电热膜产品有利于住宅节能，有利于实现住宅采暖供热计量收费。"林润泉说，尽快建立和完善电热膜产品的相关技术标准体系，为建筑供热计量提供技术支撑，就成为一个关键性问题。编制电热膜的建设部行业标准，将有利于企业规范生产，确保产品质量；也有利于生产企业在此基础上进一步编制符合建筑行业要求的住宅建筑设计、施工、验收工程规范，使电热膜产品能够大规模进入住宅建筑市场，促进电热膜行业的产业升级同时也使我们的生活更经济。

据统计，在全国的 320 亿 $\mathrm{m^2}$ 存量建筑中只有 1% 属于节能建筑，自 2003 年后每年 20 亿平米的新建建筑中有仅有 5% 的节能建筑。住宅对采暖系统的需求很大，电力的发展促使各种电采暖系统成为新型供暖设备。

在建筑隔热保温措施良好且 24h 不间断供暖的情况下，各地区在采暖季使用电地暖系统的耗电量比传统的空调将节能 10%～30%，因为电地暖的运行和冰箱的运行原理相似，间接式供热，当您房间的温度达到了预设温度就会自动停止运行。

6.17.6 施工结构图（图 6 - 44）

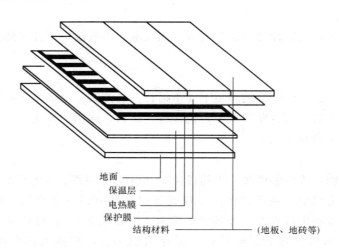

地面
保温层
电热膜
保护膜
结构材料 —— (地板、地砖等)

图 6 - 44 施工结构图

6.17.7 施工过程（图 6 - 45）

（a）清扫地面

（b）铺设保温层

（c）铺设电热膜

（d）连接电热膜

（e）安装温控阀

（f）通电仪器检测

（g）铺设保护层

（h）铺设地面

图 6 - 45 施工过程

附　　录

附录1　建筑节能工程施工质量验收规范（GB 50411—2007）

自2007年10月1日起实施，其中第1.0.5\3.1.2\3.3.1\4.2.2\4.2.7\4.2.15\5.2.2\6.2.2\7.2.2\8.2.2\9.2.3\9.2.10\10.2.3\10.2.14\11.2.3\11.2.5\11.2.11\12.2.2\13.2.5\15.0.5，共20条为强制性条文，必须严格执行。

1　总　　则

1.0.1　为了加强建筑节能工程的施工管理，统一建筑节能工程施工质量验收，提高建筑工程节能效果，依据现行国家有关工程质量和建筑节能的法律、法规、管理要求和相关技术标准，制定本规范。

1.0.2　本规范适用于新建、改建和扩建的民用建筑工程中的墙体、幕墙、门窗、屋面、地面、采暖、通风与空调、空调与采暖系统的冷热源及管网、配电与照明、监测与监控等建筑节能工程施工质量的验收。

1.0.3　建筑节能工程中采用的工程技术文件、承包合同文件对工程质量的要求不得低于本规范的规定。

1.0.4　建筑节能工程施工质量验收除应执行本规范外，也应遵守《建筑工程施工质量验收统一标准》（GB 50300）、各专业工程施工质量验收规范和国家现行有关标准的规定。

1.0.5　单位工程竣工验收应在建筑节能分部工程验收合格后进行。

2　术　　语

2.0.1　保温浆料　insulating　mortar
由胶粉料与聚苯颗粒或其他保温轻骨料组配，使用时按比例加水搅拌混合而成的浆料。

2.0.2　凸窗　bay　window
位置凸出外墙外侧的窗。

2.0.3　外门窗　outside　doors　and　windows
建筑围护结构上有一个面与室外空气接触的门或窗。

2.0.4　玻璃遮阳系数　shading　coefficient
透过窗玻璃的太阳辐射得热与透过标准3mm透明窗玻璃的太阳辐射得热的比值。

2.0.5　透明幕墙　transparent　curtain　wall
可见光能直接透射入室内的幕墙。

2.0.6　灯具效率　luminaire　efficiency
在相同的使用条件下，灯具发出的总通光量与灯具内所有光源发出的总通光量之比。

2.0.7　总谐波畸变率（THD）　total　harmonic　distortion
周期性交流量中的谐波含量的方均根值与其基波分量的方均根值之比（用百分数表示）。

2.0.8 不平衡度（ε） unbalance factor（ε）

指三相电力系统中三相不平衡的程度，用电压或电流负序分量与正序分量的方均根值百分比表示。

2.0.9 进场验收　site acceptance

对进入施工现场的材料、设备等进行外观质量检查和规格、型号、技术参数及质量证明文件核查并形成相应验收记录的活动。

2.0.10 进场复验　site reinspection

进入施工现场的材料、设备等在进场验收合格的基础上，按照有关规定从施工现场抽取试样送至试验室进行部分或全部性能参数检验的活动。

2.0.11 见证取样送检　evidential test

施工单位在监理工程师或建设单位代表见证下，按照有关规定从施工现场随即抽取试样，送至有见证检测资质的检测机构进行检测的活动。

2.0.12 现场/实体检验　in-situ inspection

在监理工程师或建设单位代表见证下，对已经完成施工作业的分项或分部工程，按照有关规定在工程实体上抽取试样，在现场进行检验或送至有见证检测资质的检测机构进行检验的活动。简称实体检验或现场检验。

2.0.13 质量证明文件　quality proof document

随同进场材料、设备等一同提供的能够证明其质量状况的文件。通常包括出厂合格证、中文说明书、型式检验报告及相关性能检测报告等。进口产品应包括出入境商品检验合格证明。使用时，也可包括进场验收、进场复验、见证取样检验和现场实体检验等资料。

2.0.14 核查　check

对技术资料的检查及资料与实物的核对。包括对技术资料的完整性、内容的正确性、与其他相关资料的一致性及整理归档情况的检查，以及将技术资料中的技术参数等与相应的材料、构件、设备或产品实物进行核对、确认。

2.0.15 型式检验　type inspection

由生产厂家委托有资质的检测机构，对定型产品或成套技术的全部性能及其适用性所作的检验。其报告称型式检验报告。通常在工艺参数改变、达到预定生产周期或产品生产数量时进行。

3　基　本　规　定

3.1　技术与管理

3.1.1　承担建筑节能工程的施工企业应具备相应的资质；施工现场应建立相应的质量管理体系、施工质量控制和检验制度，具有相应的施工技术标准。

3.1.2　设计变更不得降低建筑节能效果。当设计变更涉及建筑节能效果时，应经原施工图设计审查机构审查，在实施前应办理设计变更手续，并获得监理或建设单位的确认。

3.1.3　建筑节能工程采用的新技术、新设备、新材料、新工艺，应按照有关规定进行评审、鉴定及备案。施工前应对新的或首次采用的施工工艺进行评价，并制订专门的施工技术方案。

3.1.4　单位工程的施工组织设计应包括建筑节能工程施工内容。建筑节能工程施工前，施工单位应编制建筑节能工程施工方案并经监理（建设）单位审查批准。施工单位应对从事建筑节能工程施工作业的人员进行技术交底和必要的实际操作培训。

3.1.5 建筑节能工程的质量检测，除本规范 14.1.5 条规定的以外，应由具备资质的检测机构承担。

3.2 材料与设备

3.2.1 建筑节能工程使用的材料、设备等，必须符合设计要求及国家有关标准的规定。严禁使用国家明令禁止使用与淘汰的材料和设备。

3.2.2 材料和设备进场应遵守下列规定：

1 对材料和设备的品种、规格、包装、外观和尺寸等进行检查验收，并应经监理工程师（建设单位代表）确认，形成相应的验收记录。

2 对材料和设备的质量证明文件进行核查，并应经监理工程师（建设单位代表）确认，纳入工程技术档案。进入施工现场用于节能工程的材料和设备均应具有出厂合格证、中文说明书及相关性能检测报告；定型产品和成套技术应有型式检验报告，进口材料和设备应按规定进行出入境商品检验。

3 对材料和设备应按照本规范附录 A 及各章的规定在施工现场抽样复验。复验应为见证取样送检。

3.2.3 建筑节能工程使用材料的燃烧性能等级和阻燃处理，应符合设计要求和现行国家标准《高层民用建筑设计防火规范》（GB 50045）、《建筑内部装修设计防火规范》（GB 50222）和《建筑设计防火规范》（GB 50016）等的规定。

3.2.4 建筑节能工程使用的材料应符合国家现行有关标准对材料有害物质限量的规定，不得对室内外环境造成污染。

3.2.5 现场配置的材料如保温砂浆、聚合物砂浆等，应按设计要求或试验室给出的配合比配制。当未给出要求时，应按照施工方案和产品说明书配制。

3.2.6 节能保温材料在施工使用时的含水率应符合设计要求、工艺要求及施工技术方案要求。当无上述要求时，节能保温材料在施工使用时的含水率不应大于正常施工环境湿度下的自然含水率，否则应采取降低含水率的措施。

3.3 施工与控制

3.3.1 建筑节能工程应按照经审查合格的设计文件和经审查批准的施工方案施工。

3.3.2 建筑节能工程施工前，对于采用相同建筑节能设计的房间和构造做法，应在现场采用相同材料和工艺制作样板间或样板件，经有关各方确认后方可进行施工。

3.3.3 建筑节能工程的施工作业环境和条件，应满足相关标准和施工工艺的要求。节能保温材料不宜在雨雪天气中露天施工。

3.4 验收的划分

3.4.1 建筑节能工程为单位建筑工程的一个分部工程。其分项工程和检验批的划分，应符合下列规定：

1 建筑节能分项工程应按照表 3.4.1 划分。

2 建筑节能工程应按照分项工程进行验收。当建筑节能分项工程的工程量较大时，可以将分项工程划分为若干个检验批进行验收。

3 当建筑节能工程验收无法按照上述要求划分分项工程或检验批时，可由建设、监理、施工等各方协商进行划分。但验收项目、验收内容、验收标准和验收记录均应遵守本规范的规定。

4　建筑节能分项工程和检验批的验收应单独填写验收记录，节能验收资料应单独组卷。

表 3.4.1　　　　　　　　　　建筑节能分项工程划分

序号	分项工程	主 要 验 收 内 容
1	墙体节能工程	主体结构基层；保温材料；饰面层等
2	幕墙节能工程	主体结构基层；隔热材料；保温材料；隔汽层；幕墙玻璃；单元式幕墙板块；通风换气系统；遮阳设施；冷凝水收集排放系统等
3	门窗节能工程	门；窗；玻璃；遮阳设施等
4	屋面节能工程	基层；保温隔热层；保护层；防水层；面层等
5	地面节能工程	基层；保温层；保护层；面层等
6	采暖节能工程	系统制式；散热器；阀门与仪表；热力入口装置；保温材料；调试等
7	通风与空气调节节能工程	系统制式；通风与空调设备；阀门与仪表；绝热材料；调试等
8	空调与采暖系统冷热源及管网节能工程	系统制式；冷热源设备；辅助设备；管网；阀门与仪表；绝热、保温材料；调试等
9	配电与照明节能工程	低压配电电源；照明光源、灯具；附属装置；控制功能；调试等
10	监测与控制节能工程	冷、热原系统的监测控制系统；空调水系统的监测控制系统；通风与空调系统的监测控制系统；监测与计量装置；供配电的监测控制系统；照明自动控制系统；综合控制系统等

4　墙 体 节 能 工 程

4.1　一般规定

4.1.1　本章适用于板材、浆料、块材及预制复合墙板等墙体保温材料或构件的建筑墙体节能工程质量验收。

4.1.2　主体结构完成后进行施工的墙体节能工程，应在基层质量验收合格后施工，施工过程中应及时进行质量检查、隐蔽工程验收和检验批验收，施工完成后应进行墙体节能分项工程验收。与主体结构同时施工的墙体节能工程，应与主体结构一同验收。

4.1.3　墙体节能工程当采用外保温定型产品或成套技术时，其型式检验报告中应包括安全性和耐候性检验。

4.1.4　墙体节能工程应对下列部位或内容进行隐蔽工程验收，并应有详细的文字记录和必要的图像资料：

1　保温层附着的基层及其表面处理；

2　保温层黏结或固定；

3　锚固件；

4　增强网铺设；

5　墙体热桥部位处理；

6　预制保温板或预制保温墙板的板缝及构造节点；

7　现场喷涂或浇筑有机类保温材料的界面；

8 被封闭的保温材料厚度；

9 保温隔热砌块填充墙体。

4.1.5 墙体节能工程的保温材料在施工过程中应采取防潮、防水等保护措施。

4.1.6 墙体节能工程验收的检验批划分应符合下列规定：

1 采用相同材料、工艺和施工做法的墙面，每500～1000m² 面积划分为一个检验批，不足500m² 也为一个检验批。

2 检验批的划分也可根据与施工流程相一致且方便施工与验收的原则，由施工单位与监理（建设）单位共同商定。

4.2 主控项目

4.2.1 用于墙体节能工程的材料、构件等，其品种、规格应符合设计要求和相关标准的规定。

检验方法：观察、尺量检查；核查质量证明文件。

检查数量：按进场批次，每批随机抽取3个试样进行检查；质量证明文件应按照其出厂检验批进行核查。

4.2.2 墙体节能工程使用的保温隔热材料，其导热系数、密度、抗压强度或压缩强度、燃烧性能应符合设计要求。

检验方法：核查质量证明文件及进场复验报告。

检查数量：全数检查。

4.2.3 墙体节能工程采用的保温材料和黏结材料等，进场时应对其下列性能进行复验，复验应为见证取样送检：

1 保温材料的导热系数、密度、抗压强度或压缩强度；

2 黏结材料的黏结强度；

3 增强网的力学性能、抗腐蚀性能。

检验方法：随机抽样送检，核查复验报告。

检查数量：同一厂家同一品种的产品，当单位工程建筑面积在20 000m² 以下时各抽查不少于3次；当单位工程建筑面积在20 000m² 以上时各抽查不少于6次。

4.2.4 严寒和寒冷地区外保温使用的黏结材料，其冻融试验结果应符合该地区最低气温环境的使用要求。

检验方法：核查质量证明文件。

检查数量：全数检查。

4.2.5 墙体节能工程施工前应按照设计和施工方案的要求对基层进行处理，处理后的基层应符合保温层施工方案的要求。

检验方法：对照设计和施工方案观察检查；核查隐蔽工程验收记录。

检查数量：全数检查。

4.2.6 墙体节能工程各构造层做法应符合设计要求，并应按照经过审批的施工方案施工。

检验方法：对照设计和施工方案观察检查；核查隐蔽工程验收记录。

检查数量：全数检查。

4.2.7 墙体节能工程的施工，应符合下列规定：

1　保温隔热材料的厚度必须符合设计要求。

2　保温板材与基层及各构造层之间的黏结或连接必须牢固。黏结强度和连接方式应符合设计要求。保温板材与基层的黏结强度应作现场拉拔试验。

3　保温浆料应分层施工。当采用保温浆料做外保温时，保温层与基层及各层之间的黏结必须牢固，不应脱层、空鼓和开裂。

4　当墙体节能工程的保温层采用预埋或后置锚固件固定时，锚固件数量、位置、锚固深度和拉拔力应符合设计要求。后置锚固件应进行锚固力现场拉拔试验。

检验方法：观察；手扳检查；保温材料厚度采用钢针插入或剖开尺量检查；黏结强度和锚固力核查试验报告；核查隐蔽工程验收记录。

检查数量：每个检验批抽查不少于3处。

4.2.8　外墙采用预置保温板现场浇筑混凝土墙体时，保温板的验收应符合本规范第4.2.2条的规定；保温板的安装位置应正确、接缝严密，保温板在浇筑混凝土过程中不得移位、变形，保温板表面应采取界面处理措施，与混凝土黏结应牢固。

混凝土和模板的验收，应按《混凝土结构工程施工质量验收规范》GB 50204的相关规定执行。

检验方法：观察检查；核查隐蔽工程验收记录。

检查数量：全数检查。

4.2.9　当外墙采用保温浆料作保温层时，应在施工中制作同条件养护试件，检测其导热系数、干密度和压缩强度。保温浆料的同条件养护试件应见证取样送检。

检验方法：核查试验报告。

检查数量：每个检验批应抽样制作同条件养护试块不少于3组。

4.2.10　墙体节能工程各类饰面层的基层及面层施工，应符合设计和《建筑装饰装修工程质量验收规范》（GB 50210）的要求，并应符合下列规定：

1　饰面层施工的基层应无脱层、空鼓和裂缝，基层应平整、洁净，含水率应符合饰面层施工的要求。

2　外墙外保温工程不宜采用粘贴饰面砖做饰面层；当采用时，其安全性与耐久性必须符合设计要求。饰面砖应作黏结强度拉拔试验，试验结果应符合设计和有关标准的规定。

3　外墙外保温工程的饰面层不得渗漏。当外墙外保温工程的饰面层采用饰面板开缝安装时，保温层表面应具有防水功能或采取其他防水措施。

4　外墙外保温层及饰面层与其他部位交接的收口处，应采取密封措施。

检验方法：观察检查；核查试验报告和隐蔽工程验收记录。

检查数量：全数检查。

4.2.11　保温砌块砌筑的墙体，应采用具有保温功能的砂浆砌筑。砌筑砂浆的强度等级应符合设计要求。砌体的水平灰缝饱满度不应低于90%，竖直灰缝饱满度不应低于80%。

检验方法：对照设计核查施工方案和砌筑砂浆强度试验报告。用百格网检查灰缝砂浆饱满度。

检查数量：每楼层的每个施工段至少抽查一次，每次抽查5处，每处不少于3个砌块。

4.2.12　采用预制保温墙板现场安装的墙体，应符合下列规定：

1　保温板应有型式检验报告，型式检验报告中应包含安装性能的检验；

　　2 保温墙板的结构性能、热工性能及与主体结构的连接方法应符合设计要求，与主体结构连接必须牢固；

　　3 保温墙板的板缝处理、构造节点及嵌缝做法应符合设计要求；

　　4 保温墙板板缝不得渗漏。

　　检验方法：核查型式检验报告、出厂检验报告、对照设计观察和淋水试验检查；核查隐蔽工程验收记录。

　　检查数量：型式检验报告、出厂检验报告全数核查；其他项目每个检验批抽查5%，并不少于3块（处）。

　　4.2.13 当设计要求在墙体内设置隔汽层时，隔汽层的位置、使用的材料及构造做法应符合设计要求和相关标准的规定。隔汽层应完整、严密，穿透隔汽层处应采取密封措施。隔汽层冷凝水排水构造应符合设计要求。

　　检验方法：对照设计观察检查；核查质量证明文件和隐蔽工程验收记录。

　　检查数量：每个检验批抽查5%，并不少于3处。

　　4.2.14 外墙或毗邻不采暖空间墙体上的门窗洞口四周的侧面，墙体上凸窗四周的侧面，应按设计要求采取节能保温措施。

　　检验方法：对照设计观察检查，必要时抽样剖开检查；核查隐蔽工程验收记录。

　　检查数量：每个检验批抽查5%，并不少于5个洞口。

　　4.2.15 严寒和寒冷地区外墙热桥部位，应按设计要求采取节能保温等隔断热桥措施。

　　检验方法：对照设计和施工方案观察检查；核查隐蔽工程验收记录。

　　检查数量：按不同热桥种类，每种抽查20%，并不少于5处。

4.3 一般项目

　　4.3.1 进场节能保温材料与构件的外观和包装应完整无破损，符合设计要求和产品标准的规定。

　　检验方法：观察检查。

　　检查数量：全数检查。

　　4.3.2 当采用加强网作为防止开裂的措施时，加强网的铺贴和搭接应符合设计和施工方案的要求。砂浆抹压应密实，不得空鼓，加强网不得皱褶、外露。

　　检验方法：观察检查；核查隐蔽工程验收记录。

　　检查数量：每个检验批抽查不少于5处，每处不少于2m²。

　　4.3.3 设置空调的房间，其外墙热桥部位应按设计要求采取隔断热桥措施。

　　检验方法：对照设计和施工方案观察检查；核查隐蔽工程验收记录。

　　检查数量：按不同热桥种类，每种抽查10%，并不少于5处。

　　4.3.4 施工产生的墙体缺陷，如穿墙套管、脚手眼、孔洞等，应按照施工方案采取隔断热桥措施，不得影响墙体热工性能。

　　检验方法：对照施工方案观察检查。

　　检查数量：全数检查。

　　4.3.5 墙体保温板材接缝方法应符合施工方案要求。保温板接缝应平整严密。

　　检验方法：观察检查。

　　检查数量：每个检验批抽查10%，并不少于5处。

4.3.6 墙体采用保温浆料时，保温浆料层宜连续施工；保温浆料厚度应均匀、接槎应平顺密实。

　　检验方法：观察、尺量检查。

　　检查数量：每个检验批抽查 10%，并不少于 10 处。

4.3.7 墙体上容易碰撞的阳角、门窗洞口及不同材料基体的交接处等特殊部位，其保温层应采取防止开裂和破损的加强措施。

　　检验方法：观察检查；核查隐蔽工程验收记录。

　　检查数量：按不同部位，每类抽查 10%，并不少于 5 处。

4.3.8 采用现场喷涂或模板浇筑的有机类保温材料做外保温时，有机类保温材料应达到陈化时间后方可进行下道工序施工。

　　检验方法：对照施工方案和产品说明书进行检查。

　　检查数量：全数检查。

5　幕 墙 节 能 工 程

5.1　一般规定

5.1.1 本章适用于透明或非透明的各类建筑幕墙的节能工程质量验收。

5.1.2 附着于主体结构上的隔汽层、保温层应在主体结构工程质量验收合格后施工。施工过程中应及时进行质量检查、隐蔽工程验收和检验批验收，施工完成后应进行幕墙节能分项工程验收。

5.1.3 当幕墙节能工程采用隔热型材时，隔热型材生产厂家应提供型材所使用的隔热材料的力学性能和热变性性能试验报告。

5.1.4 幕墙节能工程施工中应对下列部位或项目进行隐蔽工程验收，并应有详细的文字记录和必要的图像资料：

　1　被封闭的保温材料厚度和保温材料的固定；

　2　幕墙周边与墙体的接缝处保温材料的填充；

　3　构造缝、结构缝；

　4　隔汽层；

　5　热桥部位、断热接点；

　6　单元式幕墙板块间的接缝构造；

　7　冷凝水收集和排放构造；

　8　幕墙的通风换气装置。

5.1.5 幕墙节能工程使用的保温材料在安装过程中应采取防潮、防水等保护措施。

5.1.6 幕墙节能工程检验批划分，可按照《建筑装饰装修工程质量验收规范》（GB 50210）的规定执行。

5.2　主控项目

5.2.1 用于幕墙节能工程的材料、构件等，其品种、规格应符合设计要求和相关标准的规定。

　　检验方法：观察、尺量检查；核查质量证明文件。

　　检查数量：按进场批次，每批随机抽取 3 个试样进行检查；质量证明文件应按照其出厂检验批进行核查。

5.2.2 幕墙节能工程使用的保温隔热材料,其导热系数、密度、燃烧性能应符合设计要求。幕墙玻璃的传热系数、遮阳系数、可见光透射比、中空玻璃露点应符合设计要求。

检验方法:核查质量证明文件和复验报告。

检查数量:全数核查。

5.2.3 幕墙节能工程使用的材料、构件等进场时,应对其下列性能进行复验,复验应为见证取样送检:

1 保温材料:导热系数、密度;

2 幕墙玻璃:可见光透射比、传热系数、遮阳系数、中空玻璃露点;

3 隔热型材:抗拉强度、抗剪强度。

检验方法:进场时抽样复验,验收时核查复验报告。

检查数量:同一厂家的同一种产品抽查不少于一组。

5.2.4 幕墙的气密性能应符合设计规定的等级要求。当幕墙面积大于 3000m² 或大于建筑外墙面积 50% 时,应现场抽取材料和配件,在检测试验室安装制作试件进行气密性能检测,检测结果应符合设计规定的等级要求。

密封条应镶嵌牢固、位置正确、对接严密。单元幕墙板块之间的密封应符合设计要求。开启扇应关闭严密。

检验方法:观察及启闭检查;核查隐蔽工程验收记录、幕墙气密性能检测报告、见证记录。

气密性能检测试件应包括幕墙的典型单元、典型拼缝、典型可开启部分。试件应按照幕墙工程施工图进行设计。试件设计应经建筑设计单位项目负责人、监理工程师同意并确认。气密性能的检测应按照国家现行有关标准的规定执行。

检查数量:核查全部质量证明文件和性能检测报告。现场观察及启闭检查按检验批抽查 30%,并不少于 5 件(处)。气密性能检测应对一个单位工程中面积超过 1000m² 的每一种幕墙均抽取一个试件进行检测。

5.2.5 幕墙节能工程使用的保温材料,其厚度应符合设计要求,安装牢固,且不得松脱。

检验方法:对保温板或保温层采取针插法或剖开法,尺量厚度;手扳检查。

检查数量:按检验批抽查 10%,并不少于 5 处。

5.2.6 遮阳设施的安装位置应满足设计要求。遮阳设施的安装应牢固。

检验方法:观察;尺量;手扳检查。

检查数量:检查全数的 10%,并不少于 5 处;牢固程度全数检查。

5.2.7 幕墙工程热桥部位的隔断热桥措施应符合设计要求,断热节点的连接应牢固。

检验方法:对照幕墙节能设计文件,观察检查。

检查数量:按检验批抽查 10%,并不少于 5 处。

5.2.8 幕墙隔汽层应完整、严密、位置正确,穿透隔汽层处的节点构造应采取密封措施。

检验方法:观察检查。

检查数量:按检验批抽查 10%,并不少于 5 处。

5.2.9　冷凝水的收集和排放应畅通，并不得渗漏。

检验方法：通水试验、观察检查。

检查数量：按检验批抽查 10％，并不少于 5 处。

5.3　一般项目

5.3.1　镀（贴）膜玻璃的安装方向、位置应正确。中空玻璃应采用双道密封。中空玻璃的均压管应密封处理。

检验方法：观察；检查施工记录。

检查数量：每个检验批抽查 10％，并不少于 5 件（处）。

5.3.2　单元式幕墙板块组装应符合下列要求：

1　密封条：规格正确，长度无负偏差，接缝的搭接符合设计要求；

2　保温材料：固定牢固，厚度符合设计要求；

3　隔汽层：密封完整、严密。

检验方法：观察检查；手扳检查；尺量；通水试验。

检查数量：每个检验批抽查 10％，并不少于 5 件（处）。

5.3.3　幕墙与周边墙体间的接缝处应采用弹性闭孔材料填充饱满，并应采用耐候密封胶密封。

检验方法：观察检查。

检查数量：每个检验批抽查 10％，并不少于 5 件（处）。

5.3.4　伸缩缝、沉降缝、防震缝的保温或密封做法应符合设计要求。

检验方法：对照设计文件观察检查。

检查数量：每个检验批抽查 10％，并不少于 10 件（处）。

5.3.5　活动遮阳设施的调节机构应灵活，并应能调节到位。

检验方法：现场调节试验，观察检查。

检查数量：每个检验批抽查 10％，并不少于 10 件（处）。

6　门　窗　节　能　工　程

6.1　一般规定

6.1.1　本章适用于建筑外门窗节能工程的质量验收，包括金属门窗、塑料门窗、木质门窗、各种复合门窗、特种门窗、天窗以及门窗玻璃安装等节能工程。

6.1.2　建筑门窗进场后，应对其外观、品种、规格及附件等进行检查验收，对质量证明文件进行核查。

6.1.3　建筑外门窗工程施工中，应对门窗框与墙体接缝处的保温填充做法进行隐蔽工程验收，并应有隐蔽工程验收记录和必要的图像资料。

6.1.4　建筑外门窗工程的检验批应按下列规定划分：

1　同一厂家的同一品种、类型、规格的门窗及门窗玻璃每 100 樘划分为一个检验批，不足 100 樘也为一个检验批。

2　同一厂家的同一品种、类型和规格的特种门每 50 樘划分为一个检验批，不足 50 樘也为一个检验批。

3　对于异形或有特殊要求的门窗，检验批的划分应根据其特点和数量，由监理（建设）

单位和施工单位协商确定。

6.1.5 建筑外门窗工程的检查数量应符合下列规定：

1 建筑门窗每个检验批应抽查 5％，并不少于 3 樘，不足 3 樘时应全数检查；高层建筑的外窗，每个检验批应抽查 10％，并不少于 6 樘，不足 6 樘时应全数检查。

2 特种门每个检验批应抽查 50％，并不少于 10 樘，不足 10 樘时应全数检查。

6.2 主控项目

6.2.1 建筑外门窗的品种、规格应符合设计要求和相关标准的规定。

检验方法：观察、尺量检查；核查质量证明文件。

检查数量：按本规范第 6.1.5 条执行；质量证明文件应按照其出厂检验批进行核查。

6.2.2 建筑外窗的气密性、保温性能、中空玻璃露点、玻璃遮阳系数和可见光透射比应符合设计要求。

检验方法：核查质量证明文件和复验报告。

检查数量：全数核查。

6.2.3 建筑外窗进入施工现场时，应按地区类别对其下列性能进行复验，复验应为见证取样送检：

1 严寒、寒冷地区：气密性、传热系数和中空玻璃露点；

2 夏热冬冷地区：气密性、传热系数、玻璃遮阳系数、可见光透射比、中空玻璃露点；

3 夏热冬暖地区：气密性、玻璃遮阳系数、可见光透射比、中空玻璃露点。

检验方法：随机抽样送检；核查复验报告。

检查数量：同一厂家同一品种同一类型的产品各抽查不少于 3 樘（件）。

6.2.4 建筑门窗采用的玻璃品种应符合设计要求。中空玻璃应采用双道密封。

检验方法：观察检查；核查质量证明文件。

检查数量：按本规范第 6.1.5 条执行。

6.2.5 金属外门窗隔断热桥措施应符合设计要求和产品标准的规定，金属副框的隔断热桥措施应与门窗框的隔断热桥措施相当。

检验方法：随机抽样，对照产品设计图纸，剖开或拆开检查。

检查数量：同一厂家同一品种、类型的产品各抽查不少于 1 樘。金属副框的隔断热桥措施按检验批抽查 30％。

6.2.6 严寒、寒冷、夏热冬冷地区的建筑外窗，应对其气密性作现场实体检验，检测结果应满足设计要求。

检验方法：随机抽样现场检验。

检查数量：同一厂家同一品种、类型的产品各抽查不少于 3 樘。

6.2.7 外门窗框或副框与洞口之间的间隙应采用弹性闭孔材料填充饱满，并使用密封胶密封；外门窗框与副框之间的缝隙应使用密封胶密封。

检验方法：观察检查；核查隐蔽工程验收记录。

检查数量：全数检查。

6.2.8 严寒、寒冷地区的外门安装，应按照设计要求采取保温、密封等节能措施。

检验方法：观察检查。

检查数量：全数检查。

6.2.9 外窗遮阳设施的性能、尺寸应符合设计和产品标准要求；遮阳设施的安装应位置正确、牢固，满足安全和使用功能的要求。

检验方法：核查质量证明文件；观察、尺量、手扳检查。

检查数量：按本规范第 6.1.5 条执行；安装牢固程度全数检查。

6.2.10 特种门的性能应符合设计和产品标准要求；特种门安装中的节能措施，应符合设计要求。

检验方法：核查质量证明文件；观察、尺量检查。

检查数量：全数检查。

6.2.11 天窗安装的位置、坡度应正确，封闭严密，嵌缝处不得渗漏。

检验方法：观察、尺量检查；淋水检查。

检查数量：按本规范第 6.1.5 条执行。

6.3　一般项目

6.3.1 门窗扇密封条和玻璃镶嵌的密封条，其物理性能应符合相关标准的规定。密封条安装位置应正确，镶嵌牢固，不得脱槽，接头处不得开裂。关闭门窗时密封条应接触严密。

检验方法：观察检查。

检查数量：全数检查。

6.3.2 门窗镀（贴）膜玻璃的安装方向应正确，中空玻璃的均压管应密封处理。

检验方法：观察检查。

检查数量：全数检查。

6.3.3 外门窗遮阳设施调节应灵活，能调节到位。

检验方法：现场调节试验检查。

检查数量：全数检查。

7　屋　面　节　能　工　程

7.1　一般规定

7.1.1 本章适用于建筑屋面节能工程，包括采用松散保温材料、现浇保温材料、喷涂保温材料、板材、块材等保温隔热材料的屋面节能工程的质量验收。

7.1.2 屋面保温隔热工程的施工，应在基层质量验收合格后进行。施工过程中应及时进行质量检查、隐蔽工程验收和检验批验收，施工完成后应进行屋面节能分项工程验收。

7.1.3 屋面保温隔热工程应对下列部位进行隐蔽工程验收，并有详细的文字记录和必要的图像资料：

1　基层；

2　保温层的敷设方式、厚度；板材的缝隙填充质量；

3　屋面热桥部位；

4　隔汽层。

7.1.4 屋面保温隔热层施工完成后，应及时进行找平层和防水层的施工，避免保温隔热层受潮、浸泡或受损。

7.2 主控项目

7.2.1 用于屋面节能工程的保温隔热材料，其品种、规格应符合设计要求和相关标准的规定。

检验方法：观察，尺量检查；核查质量证明文件。

检查数量：按进场批次，每批随机抽取3个试样进行检查；质量证明文件应按照其出厂检验批进行核查。

7.2.2 屋面节能工程使用的保温隔热材料，其导热系数、密度、抗压强度或压缩强度、燃烧性能应符合设计要求。

检验方法：核查质量证明文件及进场复验报告。

检查数量：全数检查。

7.2.3 屋面节能工程使用的保温隔热材料，进场时应对其导热系数、密度、抗压强度或压缩强度、燃烧性能进行复验，复验应为见证取样送检。

检验方法：随机抽样送检，核查复验报告。

检查数量：同一厂家同一品种的产品各抽查不少于3组。

7.2.4 屋面保温隔热层的敷设方式、厚度、缝隙填充质量及屋面热桥部位的保温隔热做法，必须符合设计要求和有关标准的规定。

检验方法：观察、尺量检查。

检查数量：每100m²抽查一处，每处10m²，整个屋面抽查不得少于3处。

7.2.5 屋面的通风隔热架空层，其架空高度、安装方式、通风口位置及尺寸应符合设计及有关标准要求。架空层内不得有杂物。架空面层应完整，不得有断裂和露筋等缺陷。

检验方法：观察、尺量检查。

检查数量：每100m²抽查一处，每处10m²，整个屋面抽查不得少于3处。

7.2.6 采光屋面的传热系数、遮阳系数、可见光透射比、气密性应符合设计要求。节点的构造做法应符合设计和相关标准的要求。采光屋面的可开启部分应按本规范第6章的要求验收。

检验方法：观察检查，核查质量证明文件。

检查数量：全数检查。

7.2.7 采光屋面的安装应牢固，坡度正确，封闭严密，嵌缝处不得渗漏。

检验方法：观察、尺量检查；淋水检查；核查隐蔽工程验收记录。

检查数量：全数检查。

7.2.8 屋面的隔汽层位置应符合设计要求，隔汽层应完整、严密。

检验方法：对照设计观察检查；核查隐蔽工程验收记录。

检查数量：每100m²抽查一处，每处10m²，整个屋面抽查不得少于3处。

7.3 一般项目

7.3.1 屋面保温隔热层应按施工方案施工，并应符合下列规定：

1 松散材料应分层敷设、按要求压实、表面平整、坡向正确；

2 现场采用喷、浇、抹等工艺施工的保温层，其配合比应计量正确，搅拌均匀、分层连续施工，表面平整，坡向正确。

3 板材应粘贴牢固、缝隙严密、平整。

检验方法：观察、尺量、称重检查。

检查数量：每 100m² 抽查一处，每处 10m²，整个屋面抽查不得少于 3 处。

7.3.2 金属板保温夹芯屋面应铺装牢固、接口严密、表面洁净、坡向正确。

检验方法：观察、尺量检查；核查隐蔽工程验收记录。

检查数量：全数检查。

7.3.3 坡屋面、内架空屋面当采用敷设于屋面内侧的保温材料作保温隔热层时，保温隔热层应有防潮措施，其表面应有保护层，保护层的做法应符合设计要求。

检验方法：观察检查；核查隐蔽工程验收记录。

检查数量：每 100m² 抽查一处，每处 10m²，整个屋面抽查不得少于 3 处。

8　地　面　节　能　工　程

8.1　一般规定

8.1.1 本章适用于建筑地面节能工程的质量验收。包括底面接触室外空气、土壤或毗邻不采暖空间的地面节能工程。

8.1.2 地面节能工程的施工，应在主体或基层质量验收合格后进行。施工过程中应及时进行质量检查、隐蔽工程验收和检验批验收，施工完成后应进行地面节能分项工程验收。

8.1.3 地面节能工程应对下列部位进行隐蔽工程验收，并应有详细的文字记录和必要的图像资料：

1　基层；

2　被封闭的保温材料厚度；

3　保温材料黏结；

4　隔断热桥部位。

8.1.4 地面节能分项工程检验批划分应符合下列规定：

1　检验批可按施工段或变形缝划分；

2　当面积超过 200m² 时，每 200m² 可划分为一个检验批，不足 200m² 也为一个检验批；

3　不同构造做法的地面节能工程应单独划分检验批。

8.2　主控项目

8.2.1 用于地面节能工程的保温材料，其品种、规格应符合设计要求和相关标准的规定。

检验方法：观察、尺量或称重检查；核查质量证明文件。

检查数量：按进场批次，每批随机抽取 3 个试样进行检查；质量证明文件应按照其出厂检验批进行核查。

8.2.2 地面节能工程使用的保温材料，其导热系数、密度、抗压强度或压缩强度、燃烧性能应符合设计要求。

检验方法：核查质量证明文件和复验报告。

检查数量：全数检查。

8.2.3 地面节能工程采用的保温材料，进场时应对其导热系数、密度、抗压强度或压缩强度、燃烧性能进行复验，复验应为见证取样送样。

检验方法：随机抽样送检，核查复验报告。

检查数量：同一厂家同一品种的产品各抽查不少于 3 组。

8.2.4 地面节能工程施工前，应对基层进行处理，使其达到设计和施工方案的要求。

检验方法：对照设计和施工方案观察检查。

检查数量：全数检查。

8.2.5 地面保温层、隔离层、保护层等各层的设置和构造做法以及保温层的厚度应符合设计要求，并应按施工方案施工。

检验方法：对照设计和施工方案观察检查；尺量检查。

检查数量：全数检查。

8.2.6 地面节能工程的施工质量应符合下列规定：

1　保温板与基层之间、各构造层之间的黏结应牢固，缝隙应严密；

2　保温浆料应分层施工；

3　穿越地面直接接触室外空气的各种金属管道应按设计要求，采取隔断热桥的保温措施。

检验方法：观察检查；核查隐蔽工程验收记录。

检查数量：每个检验批抽查两处，每处 10㎡；穿越地面的金属管道处全数检查。

8.2.7 有防水要求的地面，其节能保温做法不得影响地面排水坡度，保温层面层不得渗漏。

检验方法：用长度 500mm 水平尺检查；观察检查。

检查数量：全数检查。

8.2.8 严寒、寒冷地区的建筑首层直接与土壤接触的地面、采暖地下室与土壤接触的外墙、毗邻不采暖空间的地面以及底面直接接触室外空气的地面应按设计要求采取保温措施。

检验方法：对照设计观察检查。

检查数量：全数检查。

8.2.9 保温层的表面防潮层、保护层应符合设计要求。

检验方法：观察检查。

检查数量：全数检查。

8.3　一般项目

8.3.1 采用地面辐射采暖的工程，其地面节能做法应符合设计要求，并应符合《地面辐射供暖技术规程》（JGJ 142）的规定。

检验方法：观察检查。

检查数量：全数检查。

9　采 暖 节 能 工 程

9.1　一般规定

9.1.1 本章适用于热水温度不超过 95℃室内采暖系统节能工程施工质量的验收。

9.1.2 采暖系统节能工程的验收可按照系统、楼层等进行，并应符合本规范第 3.4.1 条的规定。

9.2　主控项目

9.2.1　采暖系统节能工程采用的散热设备、阀门、仪表、管材、保温材料等产品进场时，应按照施工图设计要求对其类型、材质、规格及外观等进行验收，并应经监理工程师（建设单位代表）检查认可，且应形成相应的质量记录。各种产品和设备的质量证明文件和相关技术资料应齐全，并应符合国家有关标准和规定。

检验方法：观察检查；对照施工图设计要求核查质量证明文件和相关技术资料。

检验数量：按批次全数检查。

9.2.2　采暖系统节能工程采用的散热器和保温材料等进场时，应对其下列技术性能参数进行复验，复验应为见证取样送检：

1　散热器的单位散热量、金属热强度；

2　保温材料的导热系数、密度、吸水率。

检验方法：现场随机抽样送检；核查复验报告。

检查数量：同一厂家同一规格的散热器按其数量的1%进行见证取样送检，但不得少于2组；同一厂家同材质的保温材料见证取样送检的次数不得少于2次。

9.2.3　采暖系统的安装应符合下列规定：

1　采暖系统的制式，应符合设计要求；

2　散热设备、阀门、过滤器、温度计及仪表应按设计要求安装齐全，不得随意增减和更换；

3　室内温度调控装置、热计量装置、水力平衡装置以及热力入口装置的安装位置和方向应符合设计要求，并便于观察、操作和调试；

4　温度调控装置和热计量装置安装后，采暖系统应能实现设计要求的分室（区）温度调控、分栋热计量和分户或分室（区）热量分摊的功能。

检验方法：观察检查。

检验数量：全数检查。

9.2.4　散热器及其安装应符合下列规定：

1　每组散热器的规格、数量及安装方式应符合设计要求；

2　散热器外表面应刷非金属性涂料。

检验方法：观察检查。

检验数量：按散热器组数抽查5%，不得少于5组。

9.2.5　散热器恒温阀及其安装应符合下列规定：

1　恒温阀的规格、数量应符合施工图设计要求；

2　明装散热器恒温阀不应安装在狭小和封闭的空间，其恒温阀阀头应水平安装，且不应被散热器、窗帘或其他障碍物遮挡；

3　暗装散热器的恒温阀应采用外置式温度传感器，并应安装在空气流通且能正确反映房间温度的位置上。

检验方法：观察检查。

检验数量：按总数抽查5%，不得少于5个。

9.2.6　低温热水地面辐射供暖系统的安装除了应符合本规范第9.2.3条的规定外，尚应应符合下列规定：

    1 防潮层和绝热层的做法及绝热层的厚度应符合设计要求；

    2 室内温控装置的传感器应安装在避开阳光直射和有发热设备且距地 1.4m 处的内墙面上。

    检验方法：防潮层和绝热层隐蔽前观察检查，用钢针刺入绝热层、尺量；观察检查、尺量室内温控装置传感器的安装高度。

    检验数量：防潮层和绝热层按检验批抽查 5 处，每处检查不少于 5 点；温控装置按每个检验批抽查 10 个。

    9.2.7 采暖系统热力入口装置的安装应符合下列规定：

    1 热力入口装置中各种部件的规格、数量，应符合设计要求；

    2 热计量装置、过滤器、压力表、温度计的安装位置、方向应正确，并便于观察、维护；

    3 水力平衡装置及各类阀门的安装位置、方向应正确，并便于操作和调试。安装完毕后，应根据系统水力平衡要求进行调试并做出标志。

    检验方法：观察检查，核查进场验收记录和调试报告。

    检验数量：全数检查。

    9.2.8 采暖管道保温层和防潮层的施工应符合下列规定：

    1 保温层应采用不燃或难燃材料，其材质、规格与厚度等应符合设计要求。

    2 保温管壳的粘贴应牢固、铺设应平整。硬质或半硬质的保温管壳每节至少应用防腐金属丝或难腐织带或专用胶带捆扎、粘贴 2 道，其间距为 300～350mm，且捆扎、粘贴应紧密，无滑动、松弛及断裂现象。

    3 硬质或半硬质保温管壳的拼接缝隙应不大于 5mm，并用黏结材料勾缝填满；纵缝应错开，外层的水平接缝应设在侧下方。

    4 松散或软质保温材料应按规定的密度压缩其体积，疏密应均匀。毡类材料在管道上包扎时，搭接处不应有空隙。

    5 防潮层应紧密粘贴在保温层上，封闭良好，不得有虚粘、气泡、褶皱、裂缝等缺陷，防潮层的敷设应有防止水、汽侵入的措施。

    6 防潮层的立管应由管道的低端向高端敷设，环向搭接缝应朝向低端；纵向搭接缝应位于管道的侧面，并顺水。

    7 卷材防潮层采用螺旋形缠绕的方式施工时，卷材的搭接宽度宜为 30～50mm。

    8 阀门及法兰部位的保温层结构应严密，且能单独拆卸并不得影响其操作功能。

    检验方法：观察检查、用钢针刺入保温层、尺量。

    检验数量：按数量抽查 10%，且保温层不得小于 10 段、防潮层不得少于 10m、阀门等配件不得小于 5 个。

    9.2.9 采暖系统应随施工进度对与节能有关的隐蔽部位或内容进行验收，并应有详细的文字记录和必要的图像资料。

    检验方法：观察检查；核查隐蔽工程验收记录。

    检验数量：全数检查。

    9.2.10 采暖系统安装完成后，必须在采暖期内与热源进行联合试运转和调试。试运转和调试结果应符合设计要求，采暖房间温度相对于设计计算温度不得低于 2℃，且不高于 1℃。

　　检验方法：检查室内采暖系统试运转和调试记录。

　　检验数量：全数检查。

9.3　一般项目

　　9.3.1　采暖系统过滤器等配件的保温层应密实、无空隙，且不得影响其操作功能。

　　检验方法：观察检查。

　　检验数量：按类别数量抽查 10%，且均不得少于 2 件。

10　通风与空调节能工程

10.1　一般规定

　　10.1.1　本章适用于通风与空调系统节能工程施工质量的验收。

　　10.1.2　通风与空调系统节能工程的验收，当需要重新划分检验批时，可按系统、楼层等进行，并应符合本规范第 3.4.1 条的规定。

10.2　主控项目

　　10.2.1　通风与空调系统节能工程所使用的设备、管道、阀门、仪表、绝热材料等产品进场时，应按照施工图设计要求对其类型、材质、规格及外观等进行验收，并应对下列产品的技术性能参数进行核查。验收与核查的结果应经监理工程师（建设单位代表）检查认可，并应形成相应的验收、核查记录。各种产品和设备的质量证明文件和相关技术资料应齐全，并应符合国家现行标准和规定。

　　1　组合式空调机组、柜式空调机组、新风机组、单元式空调机组、热回收装置等设备的制冷量、热量、风量、风压、功率及额定热回收效率；

　　2　风机的风量、风压、功率及其单位风量耗功率；

　　3　成品风管的技术性能参数；

　　4　自控阀门与仪表的技术性能参数。

　　检验方法：观察检查；技术资料和性能检测报告等质量证明文件与实物核对。

　　检验数量：全数检查。

　　10.2.2　风机盘管机组和绝热材料进场时，应对其下列技术性能参数进行复验，复验应为见证取样送检。

　　1　风机盘管机组的供冷量、供热量、风量、出口静压、噪声及功率；

　　2　绝热材料的导热系数、密度、吸水率。

　　检验方法：现场随机抽样送检；核查复验报告。

　　检查数量：同一厂家的风机盘管机组按数量复验 2%，但不得少于 2 台；同一厂家同材质的绝热材料复验次数不得少于 2 次。

　　10.2.3　通风与空调节能工程中的送、排风系统及空调风系统、空调水系统的安装，应符合下列规定：

　　1　各系统的制式，应符合设计要求；

　　2　各种设备、自控阀门与仪表应按设计要求安装齐全，不得随意增减和更换；

　　3　水系统各分支管路水力平衡装置、温控装置与仪表的安装位置、方向应符合设计要求，并便于观察、操作和调试；

4 空调系统安装完毕后应能进行分室（区）温度调控功能。对设计要求分栋、分区或分户（室）冷、热计量的建筑物，空调系统应能实现相应的计量功能。

检验方法：观察检查。

检验数量：全数检查。

10.2.4 风管的制作与安装应符合下列规定：

1 风管的材质、断面尺寸及厚度应符合设计要求；

2 风管与部件、风管与土建风道及风管间的连接应严密、牢固；

3 风管的严密性及风管系统的严密性检验和漏风量，应符合设计要求和现行国家标准《通风与空调工程施工质量验收规范》（GB 50243）的有关规定；

4 需要绝热的风管与金属支架的接触处、复合风管及需要绝热的非金属风管的连接和内部支撑加固等处，应有防热桥的措施，并应符合设计要求。

检验方法：观察、尺量、观察检查，核查风管及风管系统严密性检验记录。

检验数量：按数量抽查10%，且不得少于1个系统。

10.2.5 组合式空调机组、柜式空调机组、新风机组、单元式空调机组的安装应符合下列规定：

1 各种空调机组的规格、数量应符合设计要求；

2 安装位置和方向应正确，且与风管、送风静压箱、回风箱的连接应严密可靠；

3 现场组装的组合式空调机组各功能段之间连接应严密，并应做漏风量的检测；其漏风量必须符合现行国家标准《组合式空调机组》（GB/T 14294）的规定；

4 机组内的空气热交换器翅片和空气过滤器应清洁、完好，且安装位置和方向必须正确，并便于维护和清理。当设计未注明过滤器的阻力时，应满足粗效过滤器的初阻力≤50Pa（粒径≥5.0μm，效率：80%＞E≥20%）；中效过滤器的初阻力≤80Pa（粒径≥1.0μm，效率：70%＞E≥20%）的要求。

检验方法：观察检查，核查漏风量测试记录。

检验数量：按同类产品的数量抽查20%，且不得少于1台。

10.2.6 风机盘管机组的安装应符合下列规定：

1 规格、数量应符合设计要求；

2 位置、高度、方向应正确，并便于维护、保养；

3 机组与风管、回风箱及风口的连接应严密、可靠；

4 空气过滤器的安装应便于拆卸和清理。

检验方法：观察检查。

检验数量：按总数抽查10%，且不得少于5台。

10.2.7 通风与空调系统中风机的安装应符合下列规定：

1 规格、数量应符合设计要求；

2 安装位置及进、出口方向应正确，与风管的连接应严密、可靠。

检验方法：观察检查。

检验数量：全数检查。

10.2.8 带热回收功能的双向换气装置和集中排风系统中的排风热回收装置的安装应符合下列规定：

1　规格、数量及安装位置应符合设计要求；

2　进、排风管的连接应正确、严密、可靠；

3　室外进、排风口的安装位置、高度及水平距离应符合设计要求。

检验方法：观察检查。

检验数量：按总数抽检 20％，且不得少于 1 台。

10.2.9　空调机组回水管上的电动两通调节阀、风机盘管机组回水管上的电动两通（调节）阀、空调冷热水系统中的水力平衡阀、冷（热）量计量装置等自控阀门与仪表的安装应符合下列规定：

1　规格、数量应符合设计要求；

2　方向应正确，位置应便于操作和观察。

检验方法：观察检查。

检验数量：按类别数量抽查 10％，且均不得少于 1 个。

10.2.10　空调风管系统及部件绝热层和防潮层的施工应符合下列规定：

1　绝热层应采用不燃或难燃材料，其材质、规格及厚度等应符合设计要求；

2　绝热层与风管、部件及设备应紧密贴合，无裂缝、空隙等缺陷，且纵、横向的接缝应错开；

3　绝热层表面应平整，当采用卷材或板材时，其厚度允许偏差为 5mm；采用涂抹或其他方式时，其厚度允许偏差为 10mm；

4　风管法兰部位绝热层的厚度，应不低于风管绝热层厚度的 80％；

5　风管穿楼板和穿墙处的绝热层应连续不间断；

6　防潮层（包括绝热层的端部）应完整，且封闭良好，其搭接缝应顺水；

5　风管穿楼板和穿墙处的绝热层应连续不间断；

6　防潮层（包括绝热层的端部）应完整，且封闭良好，其搭接缝应顺水；

7　带有防潮层隔汽层绝热材料的拼缝处，应用胶带封严，粘胶带的宽度不应小于 50mm；

8　风管系统部件的绝热，不得影响其操作功能。

检验方法：观察检查、用钢针刺入绝热层、尺量检查。

检验数量：管道按轴线长度抽查 10％；风管穿楼板和穿墙处及阀门等配件抽查 10％，且不得小于 2 个。

10.2.11　空调水系统管道及配件绝热层和防潮层的施工，应符合下列规定：

1　绝热层应采用不燃或难燃材料，其材质、规格及厚度等应符合设计要求。

2　绝热管壳的粘贴应牢固、铺设应平整。硬质或半硬质的绝热管壳每节至少应用防腐金属丝或难腐织带或专用胶带捆扎或粘贴 2 道，其间距为 300～350mm，且捆扎、粘贴应紧密，无滑动、松弛与断裂现象。

3　硬质或半硬质绝热管壳的拼接缝隙，保温时不应大于 5mm、保冷时应不大于 2mm，并用黏结材料勾缝填满；纵缝应错开，外层的水平接缝应设在侧下方。

4　松散或软质保温材料应按规定的密度压缩其体积，疏密应均匀；毡类材料在管道上包扎时，搭接处不应有空隙。

5　防潮层与绝热层应结合紧密，封闭良好，不得有虚粘、气泡、褶皱、裂缝等缺陷。

6 防潮层的立管应由管道的低端向高端敷设，环向搭接缝应朝向低端；纵向搭接缝应位于管道的侧面，并顺水。

7 卷材防潮层采用螺旋形缠绕的方式施工时，卷材的搭接宽度宜为 30～50mm。

8 空调冷热水管与穿楼板和穿墙处的绝热层应连续不间断，且绝热层与穿楼板和穿墙处的套管之间应用不燃材料填实不得有空隙，套管两端应进行密封封堵。

9 管道阀门、过滤器及法兰部位的绝热结构应能单独拆卸，且不得影响其操作功能。

检验方法：观察检查、用钢针刺入绝热层、尺量。

检验数量：按数量抽查 10%，且绝热层不得小于 10 段、防潮层不得小于 10m、阀门等配件不得小于 5 个。

10.2.12 空调水系统的冷热水管道与支、吊架之间应设置绝热衬垫，其厚度不应小于绝热层厚度，宽度应大于支、吊架支撑面的宽度。衬垫的表面应平整，衬垫与绝热材料间应填实无空隙。

检验方法：观察、尺量检查。

检验数量：按数量抽检 5%，且不得少于 5 处。

10.2.13 通风与空调系统应随施工进度对与节能有关的隐蔽部位或内容进行验收，并应有详细的文字和必要的图像资料。

检验方法：观察检查；核查隐蔽工程验收记录。

检验数量：全数检查。

10.2.14 通风与空调系统安装完毕，必须进行通风机和空调机组等设备的单机试运转和调试和调试，并应进行系统的风量平衡调试。单机试运转和调试结果应符合设计要求；系统的总风量与设计风量试运转和调试结果应满足施工图设计要求和国家《通风与空调工程施工质量验收规范》（GB 50243）的有关规定，且应经有检测资质的第三方检测并出具报告，合格后方可通过验收。

检验方法：观察、旁站、查阅试运转和调试记录。

检验数量：全数检查。

10.3 一般项目

10.3.1 空气风幕机的型号、规格和技术性能参数应符合施工图设计要求，安装位置和方向应正确，纵向垂直度与横向水平度的偏差均不应大于 2/1000。

检验方法：观察检查。

检验数量：按总数量抽查 10%，且不得少于 1 台。

10.3.2 变风量末端装置的型号、规格和技术性能参数应符合施工图设计要求，与风管连接前宜做动作试验，确认运行正常后再封口。

检验方法：观察检查，查阅产品进场验收记录。

检验数量：按总数量抽查 10%，且不得少于 2 台。

11 空调与采暖系统冷热源及管网节能工程

11.1 一般规定

11.1.1 本章适用于空调与采暖系统中冷热源设备、辅助设备及其管道和室外管网系统节能工程施工质量的验收。

11.1.2　空调与采暖系统冷热源设备、辅助设备及其管道和管网系统节能工程的验收，可分别按冷源和热源系统及室外管网进行，并应符合本规范第3.4.1条的规定。

11.2　主控项目

11.2.1　空调与采暖系统冷热源设备及其辅助设备、阀门、仪表、绝热材料等产品进场时，应按照施工图设计要求对其类型、规格和外观等进行检查验收，并应对下列产品的技术性能参数进行核查。验收与核查的结果应经监理工程师（建设单位代表）检查认可，并应形成相应的验收、核查记录。各种产品和设备的质量证明文件和相关技术资料应齐全，并应符合国家现行有关标准和规定。

1　锅炉的单台容量及其额定热效率；

2　热交换器的单台换热量；

3　电机驱动压缩机的蒸汽压缩循环冷水（热泵）机组的额定制冷量（制热量）、输入功率、性能系数（COP）及综合部分负荷性能系数（IPLV）；

4　电机驱动压缩机的单元式空气调节机、风管送风式和屋顶式空气调节机组的名义制冷量、输入功率及能效比（EER）；

5　蒸汽和热水型溴化锂吸收式机组及直燃型溴化锂吸收式冷（温）水机组的名义制冷量、供热量、输入功率及性能系数；

6　集中采暖系统热水循环水泵的流量、扬程、电机功率及耗电输热化（EHR）；

7　空调冷热水系统循环水泵的流量、扬程、电机功率及输送能比（ER）；

8　冷却塔的流量及电机功率；

9　自控阀门与仪表的技术性能参数。

检验方法：观察检查；技术资料和性能检测报告等质量证明文件与实物核对。

检验数量：全数核查。

11.2.2　空调与采暖系统冷热源及管网节能工程的绝热管道、绝热材料进场时，应对绝热材料的导热系数、密度、吸水率等技术性能参数进行复验，复验应为见证取样送检。

检验方法：现场随机抽样送检；核查复验报告。

检查数量：同一厂家同材质的绝热材料复验次数不得少于2次。

11.2.3　空调与采暖系统冷热源设备和辅助设备及其管网系统的安装，应符合下列规定：

1　管道系统的制式及其安装，应符合设计要求；

2　各种设备、自控阀门与仪表应安装齐全，不得随意增减和更换；

3　空调冷（热）水系统，应能实现设计要求的变流量或定流量运行；

4　供热系统应能根据热负荷及室外温度的变化实现设计要求的集中质调节、量调节或质—量调节相结合的运行。

检验方法：观察检查。

检验数量：全数检查。

11.2.4　空调与采暖系统冷热源和辅助设备及其管道和室外管网系统，应随施工进度对与节能有关的隐蔽部位或内容进行验收，并应有详细的文字记录和必要的图像资料。

检验方法：观察检查；核查隐蔽工程验收记录。

检验数量：全数检查。

11.2.5 冷热源侧的电动两通调节阀、水力平衡阀及冷（热）量计量装置等自控阀门与仪表的安装，应符合下列规定：

1 规格、数量应符合设计要求；

2 方向应正确，位置应便于操作和观察。

检验方法：观察检查。

检验数量：全数检查。

11.2.6 锅炉、热交换器、电机驱动压缩机的蒸气压缩循环冷水（热泵）机组、蒸汽或热水型溴化锂吸收式冷水机组及直燃型溴化锂吸收式冷（温）水机组等设备的安装，应符合下列要求：

1 规格、数量应符合设计要求；

2 安装位置及管道连接应正确。

检验方法：观察检查。

检验数量：全数检查。

11.2.7 冷却塔、水泵等辅助设备的安装应符合下列要求：

1 规格、数量应符合设计要求；

2 冷却塔设置位置应通风良好，并应远离厨房排风等高温气体；

3 管道连接应正确。

检验方法：观察检查。

检验数量：全数检查。

11.2.8 空调冷热源水系统管道及配件绝热层和防潮层的施工要求，可按照本规范第10.2.11条的规定执行。

11.2.9 当输送介质温度低于周围空气露点温度的管道，当采用非闭孔性绝热材料绝热时，其防潮层和保护层必须完整，且封闭良好。

检验方法：观察检查。

检验数量：全数检查。

11.2.10 冷热源机房、换热站内部空调冷热水管道与支、吊架之间绝热衬垫的施工可按照本规范第10.2.12条执行。

11.2.11 空调与采暖系统的冷热源和辅助设备及其管网系统安装完毕后，系统试运转及调试必须符合下列规定：

1 冷热源和辅助设备必须进行单机试运转及调试；

2 冷热源和辅助设备必须同建筑物室内空调或采暖系统进行联合试运转及调试。

3 联合试运转及调试结果应符合设计要求，且允许偏差或规定值应符合表11.2.11的有关规定。当联合试运转及调试不在制冷期或采暖期时，应先对表11.2.11中序号2、3、5、6四个项目进行检测，并在第一个制冷期或采暖期内，带冷（热）源补做序号1、4两个项目的检测。

表 11. 2. 11　　　　　联合试运转及调试检测项目与允许偏差或规定值

序号	检测项目	允许偏差或规定值
1	室内温度	冬季不得低于设计计算温度2℃，且不应高于1℃ 夏季不得高于设计计算温度2℃，且不应低于1℃
2	供热系统室外管网的水力平衡度	0.9～1.2
3	供热系统的补水率	≤0.5%
4	室外管网的热输送效率	≥0.92
5	空调机组的水流量	≤20%
6	空调系统冷热水、冷却水总流量	≤10%

检验方法：观察检查；核查试运转和调试记录。

检验数量：全数检查。

11.3　一般项目

11.3.1　空调与采暖系统的冷热源设备及其辅助设备、配件的绝热，不得影响其操作功能。

检验方法：观察检查。

检验数量：全数检查。

12　配电与照明节能工程

12.1　一般规定

12.1.1　本章适用于建筑节能工程配电与照明的施工质量验收。

12.1.2　建筑配电与照明节能工程验收的检验批划分应按本规范第3.4.1条的规定执行。当需要重新划分检验批时，可按照系统、楼层、建筑分区划分为若干个检验批。

12.1.3　建筑配电与照明节能工程的施工质量验收，除应符合本规范和《建筑电气工程施工质量验收规范》（GB 50303）的有关规定、已批准的设计图纸，相关技术规定和合同约定的内容的要求。

12.2　主控项目

12.2.1　照明光源、灯具及其附属装置的选择必须符合设计要求，进场验收时应对下列技术性能进行核查，并经监理工程师（建设单位代表）检查认可，形成相应的验收、核查记录。质量证明文件和相关技术资料应齐全，并应符合国家现行有关标准和规定。

　　1　荧光灯灯具和高强度气体放电灯灯具的效率应不低于表12.2.1-1的规定。

表 12.2.1-1　　　荧光灯灯具和高强度气体放电灯灯具的效率允许值

灯具出光口形式	开敞式	保护罩（玻璃或塑料）		格栅	格栅或透光罩
		透明	磨砂、棱镜		
荧光灯灯具	75%	65%	55%	60%	—
高强度气体放电灯灯具	75%	—	—	60%	60%

2 管型荧光灯镇流器能效限定值应不小于表12.2.1-2的规定。

表 12.2.1-2 镇 流 器 能 效 限 定 值

标称功率/W		18	20	22	30	32	36	40
镇流器能效因数 （BEF）	电感型	3.154	2.952	2.770	2.232	2.146	2.030	1.992
	电子型	4.778	4.370	3.998	2.870	2.678	2.402	2.270

3 照明设备谐波含量限值应符合表12.2.1-3的规定。

表 12.2.1-3 照明设备谐波含量的限值

谐波次数 n	基波频率下输入电流百分比数表示的最大允许谐波电流 （%）
2	2
3	$30 \times \lambda^{注}$
5	10
7	7
9	5
$11 \leqslant n \leqslant 39$ （仅有奇次谐波）	3

注：λ 是电路功率因数。

检验方法：观察检查；技术资料和性能检测报告等质量证明文件与实物核对。

检验数量：全数核查。

12.2.2 低压配电系统选择的电缆、电线截面不得低于设计值，进场时应对其截面和每芯导体电阻值进行见证取样送检。每芯导体电阻值应符合表12.2.2的规定。

表 12.2.2 不同标称截面的电缆、电线每芯导体最大电阻值

标称截面/mm²	20℃时导体最大电阻/（Ω/km）圆铜导体（不镀金属）
0.5	36.0
0.75	24.5
1.0	18.1
1.5	12.1
2.5	7.41
4	4.61
6	3.08
10	1.83
16	1.15
25	0.727
35	0.524
50	0.387
70	0.268

续表

标称截面/mm²	20℃时导体最大电阻/(Ω/km) 圆铜导体（不镀金属）
95	0.193
120	0.153
150	0.124
185	0.0991
240	0.0754
300	0.0601

检验方法：进场时抽样送检，验收时核查检验报告。

检验数量：同厂家各种规格总数的 10%，且不少于 2 个规格。

12.2.3 工程安装完成后应对低压配电系统进行调试，调试合格后应对低压配电电源质量进行检测。其中：

1　供电电压允许偏差：三相供电电压允许偏差为标称系统电压的±7%；单相 220V 为 +7%、−10%。

2　公共电网谐波电压限值为：380V 的电网标称电压，电压总谐波畸变率（THDu）为 5%，奇次（1～25 次）谐波含有率为 4%，偶次（2～24 次）谐波含有率为 2%。

3　谐波电流不应超过表 12.2.3 中规定的允许值。

表 12.2.3　　　　　谐 波 电 流 允 许 值

标准电压 /kV	基准短路容量 /MVA	谐波次数及谐波电流允许值/A											
		2	3	4	5	6	7	8	9	10	11	12	13
0.38	10	78	62	39	62	26	44	19	21	16	28	13	24
		谐波次数及谐波电流允许值/A											
		14	15	16	17	18	19	20	21	22	23	24	25
		11	12	9.7	18	8.6	16	7.8	8.9	7.1	14	6.5	12

4　三相电压不平衡度允许值为 2%，短时不得超过 4%。

检验方法：在已安装的变频和照明等可产生谐波的用电设备均可投入的情况下，使用三相下电能质量分析仪在变压器的低压侧测量。

检验数量：全部检测

12.2.4　在通电试运行中，应测试并记录照明系统的照度和功率密度值。

1　照度值不得小于设计值的 90%。

2　功率密度值应符合《建筑照明设计标准》（GB 50034）中的规定。

检验方法：在无外界光源的情况下，检测被检区域内平均照度和功率密度。

检验数量：每种功能区检查不少于两处。

12.3　一般项目

12.3.1　母线与母线或母线与电器接线端子，当采用螺栓搭接连接时，应采用力矩扳手拧紧，制作应符合《建筑电气工程施工质量验收规范》（GB 50303）标准中有关规定。

检验方法：使用力矩扳手对压接螺栓进行力矩检测。

检验数量：母线按检验批抽查 10%。

12.3.2 交流单芯电缆或分相后的每相电缆宜品字形（三叶形）敷设，且不得形成闭合铁磁回路。

检验方法：观察检查。

检验数量：全数检查。

12.3.3 三相照明配电干线的各相负荷宜分配平衡，其最大相负荷不宜超过三相负荷平均值的 115%，最小相负荷不宜小于三相负荷平均值的 85%。

检验方法：在建筑物照明通电试运行时开启全部照明负荷，使用三相功率计检测各相负载电流、电压和功率。

检验数量：全部检查。

13 监测与控制节能工程

13.1 一般规定

13.1.1 本章适用于建筑节能工程监测与控制系统的施工质量验收。

13.1.2 监测与控制系统施工质量的验收应执行《智能建筑工程质量验收规范》（GB 50339）相关章节的规定和本规范的规定。

13.1.3 监测与控制系统验收的主要对象应为采暖、通风与空气调节和配电与照明所采用的监测与控制系统，能耗计量系统以及建筑能源管理系统。

建筑节能工程所涉及的可再生能源利用、建筑冷热电联供系统、能源回收利用以及其他与节能有关的建筑设备监控部分的验收，应参照本章的规定执行。

13.1.4 监测与控制系统的施工单位应依据国家相关标准的规定，对施工图设计进行复核。当复核结果不能满足节能要求时，应向设计单位提出修改建议，由设计单位进行设计变更，并经原节能设计审查机构批准。

13.1.5 施工单位应依据设计文件制订系统控制流程图和节能工程施工验收大纲。

13.1.6 监测与控制系统的验收分为工程实施和系统检测两个阶段。

13.1.7 工程实施由施工单位和监理单位随工程实施过程进行，分别对施工质量管理文件、设计符合性、产品质量、安装质量进行检查，及时对隐蔽工程和相关接口进行检查，同时，应有详细的文字和图像资料，并对监测与控制系统进行不少于 168h 的不间断试运行。

13.1.8 系统检测内容应包括对工程实施文件和系统自检文件进行复核，对监测与控制系统的安装质量、系统节能监控功能、能源计量及建筑能源管理等进行检查和检测。

系统检测内容分为主控项目和一般项目，系统检测结果是监测与控制系统的验收依据。

13.1.9 对不具备试运行条件的项目，应在审核调试记录的基础上进行模拟检测，以检测监测与控制系统的节能监控功能。

13.2 主控项目

13.2.1 监测与控制系统采用的设备、材料及附属产品进场时，应按照设计要求对其品种、规格、型号、外观和性能等进行检查验收，并应经监理工程师（建设单位代表）检查认可，且应形成相应的质量记录。各种设备、材料和产品附带的质量证明文件和相关技术资料应齐全，并应符合国家有关标准和规定。

检验方法：进行外观检查；对照设计要求核查质量证明文件和相关技术资料。

检验数量：全数检查。

13.2.2 监测与控制系统安装质量应符合以下规定：

1　传感器的安装质量应符合《自动化仪表工程施工及验收规范》（GB 50093—2002）的有关规定；

2　阀门型号和参数应符合设计要求，其安装位置、阀前后直管段长度、流体方向等应符合产品安装要求；

3　压力和差压仪表的取压点、仪表配套的阀门安装应符合产品要求；

4　流量仪表的型号和参数、仪表前后的直管段长度等应符合产品要求；

5　温度传感器的安装位置、插入深度应符合产品要求；

6　变频器安装位置、电源回路敷设、控制回路敷设应符合设计要求；

7　智能化变风量末端装置的温度设定器安装位置应符合产品要求；

8　涉及节能控制的关键传感器应预留检测孔或检测位置，管道保温时应做明显标注。

检验方法：对照图纸或产品说明书目测和尺量检查。

检验数量：每种仪表按20％抽检，不足10台全部检查。

13.2.3　对经过试运行的项目，其系统的投放情况、监控功能故障报警连锁控制及数据采集等功能，应符合设计要求。

检验方法：调用节能监控系统的历史数据、控制流程图和试运行记录，对数据进行分析。

检验数量：检查全部进行过试运行的系统。

13.2.4　空调与采暖的冷热源、空调水系统的监测控制系统应成功运行，控制及故障报警功能应符合设计要求。

检验方法：在中央工作站使用检测系统软件，或采用在直接数字控制器或冷/热源系统自带控制器上改变参数设定值和输入参数值，检测控制系统的投入情况及控制功能；在工作站或现场模拟故障，检测故障监视、记录和报警功能。

检验数量：全部检测。

13.2.5　通风与空调的监测控制系统的控制功能及故障报警功能应符合设计要求。

检验方法：在中央工作站使用检测系统功能，或采用在直接数字控制器或通风与空调系统自带控制器上改变参数设定值和输入参数值，检测控制系统的投入情况及控制功能；在工作站或现场模拟故障，检测故障监视、记录和报警功能。

检验数量：按总数的20％抽样检测，不足5台则全部检测。

13.2.6　监测与计量装置的检测计量数据应准确，并符合系统对测量准确度的要求。

检验方法：用标准仪器仪表在现场实测数据，将此数据分别与直接数字控制器和中央工作站显示数据进行比对。

检验数量：按20％抽样检测，不足10台则全部检测。

13.2.7　供配电的监测与数据采集系统应符合设计要求。

检验方法：试运行时，监测供配电系统的运行工况，在中央工作站检查运行数据和报警功能。

检验数量：全部检测。

13.2.8　照明自动控制系统的功能应符合设计要求，当设计无要求时应实现下列控制功能：

1 大型公共建筑的公用照明区应采用集中控制并应按照建筑使用条件和天然采光状况采取分区、分组控制措施，并按需要采取调光或降低照度的控制措施；

2 旅馆的每间（套）客房应设置节能控制型开关；

3 居住建筑有天然采光的楼梯间、走道的一般照明，应采用节能自熄开关；

4 房间或场所设有两列或多列灯具时，应按下列方式控制：

1）所控灯列与侧窗平行；

2）电教室、会议室、多功能厅、报告厅等场所，按靠近或远离讲台分组。

检验方法：

1 现场操作检查控制方式。

2 依据施工图，按回路分组，在中央工作站上进行被检回路的开关控制，观察相应回路的动作情况。

3 在中央工作站改变时间表控制程序的设定，观察相应回路的动作情况。

4 在中央工作站采用改变光照度设定值、室内人员分布等方式，观察相应回路的控制情况。

5 在中央工作站改变场景控制方式，观察相应的控制情况。

检验数量：现场操作检查为全数检查，在中央工作站上检查按照明控制箱总数的 5% 检测，不足 5 台则全部检测。

13.2.9 综合控制系统应对以下项目进行功能检测，检测结果应满足设计要求：

1 建筑能源系统的协调控制；

2 采暖、通风与空调系统的优化监控。

检验方法：采用人为输入数据的方法进行模拟测试，按不同的运行工况检测协调控制和优化监控功能。

检验数量：全部检测。

13.2.10 建筑能源管理系统的能耗数据采集与分析功能，设管理和运行管理功能，优化能源调度功能，数据集成功能应符合设计要求。

检验方法：对管理软件进行功能检测。

检验数量：全部检查。

13.3 一般项目

13.3.1 检测监测与控制系统的可靠性、实时性、可维护性等系统性能，主要包括下列内容：

1 控制设备的有效性，执行器动作应与控制系统的指令一致，控制系统性能稳定符合设计要求；

2 控制系统的采样速度、操作响应时间、报警信号响应速度应符合设计要求；

3 冗余设备的故障检测正确性及其切换时间和切换功能应符合设计要求；

4 应用软件的在线编程（组态）、参数修改、下载功能、设备及网络通信故障自检测功能应符合设计要求；

5 控制器的数据存贮能力和所占存储容量应符合设计要求；

6 故障检测与诊断系统的报警和显示功能应符合设计要求；

7　设备启动和停止功能及状态显示正确；

8　被控设备的顺序控制和连锁功能应可靠；

9　具备自动控制/远程控制/现场控制模式下的命令冲突检测功能；

10　人机界面及可视化检查。

检验方法：分别在中央工作站、现场控制器和现场利用参数设定、程序下载、故障设定、数据修改和事件设定等方法，通过与设定的显示要求对照，进行上述系统的性能检测。

检验数量：全部检测。

14　建筑节能工程现场检验

14.1　围护结构现场实体检验

14.1.1　建筑围护结构施工完成后，应对围护结构的外墙节能构造和严寒、寒冷、夏热冬冷地区的外窗气密性进行现场实体检测。当条件具备时，也可直接对围护结构的传热系数进行检测。

14.1.2　外墙节能构造的现场实体检验方法见本规范附录C。其检验目的是：

1　验证墙体保温材料的种类是否符合设计要求；

2　验证保温层厚度是否符合设计要求；

3　检查保温层构造做法是否符合设计和施工方案要求。

14.1.3　严寒、寒冷、夏热冬冷地区的外窗现场实体检测应按照国家现行有关标准的规定执行。其检验目的是验证建筑外窗气密性是否符合节能设计要求和国家有关标准的规定。

14.1.4　外墙节能构造和外窗气密性的现场实体检验，其抽样数量可以在合同中约定，但合同中约定的数量不应低于本规范的要求。当无合同约定时应按照下列规定抽样：

1　每个单位工程的外墙至少抽查3处，每处一个检查点；当一个单位工程外墙有两种以上节能保温做法时，每种节能做法的外墙应抽查不少于3处。

2　每个单位工程的外窗至少抽查3樘。当一个单位工程外窗有两种以上品种、类型和开启方式时，每种品种、类型和开启方式的外窗应抽查不少于3樘。

14.1.5　外墙节能构造的现场实体检验应在监理（建设）人员见证下实施，可委托有资质的检测机构实施，也可由施工单位实施。

14.1.6　外窗气密性的现场实体检测应在监理（建设）人员见证下抽样，委托有资质的检测机构实施。

14.1.7　当对围护结构的传热系数进行检测时，应由建设单位委托具备检测资质的检测机构承担；其监测方法、抽样数量、检测部位和合格判定标准等可在合同中约定。

14.1.8　当外墙节能构造或外窗气密性现场实体检验出现不符合设计要求和标准规定的情况时，应委托有资质的检测机构扩大一倍数量抽样，对不符合要求的项目或参数再次检验。仍然不符合要求时应给出"不符合设计要求"的结论。

对于不符合设计要求的围护结构节能构造应查找原因，对因此造成的对建筑节能的影响程度进行计算或评估，采取技术措施予以弥补或消除后重新进行检测，合格后方可通过验收。

对于建筑外窗气密性不符合设计要求和国家现行标准规定的，应查找原因进行修理，使其达到要求后重新进行检测，合格后方可通过验收。

15 建筑节能分部工程质量验收

15.0.1 建筑节能分部工程的质量验收，应在检验批、分项工程全部验收合格的基础上，进行外墙节能构造实体检验，严寒、寒冷和夏热冬冷地区的外窗气密性现场检测，以及系统节能性能检测和系统联合试运转与调试，确认建筑节能工程质量达到验收条件后方可进行。

15.0.2 建筑节能工程验收的程序和组织应遵守《建筑工程施工质量验收统一标准》（GB 50300）的要求，并应符合下列规定：

1 节能工程的检验批验收和隐蔽工程验收应由监理工程师主持，施工单位相关专业的质量检查员与施工员参加；

2 节能分项工程验收应由监理工程师主持，施工单位项目技术负责人和相关专业的质量检查员、施工员参加；必要时可邀请设计单位相关专业的人员参加；

3 节能分部工程验收应由总监理工程师（建设单位项目负责人）主持，施工单位项目经理、项目技术负责人和相关专业的质量检查员、施工员参加；施工单位的质量或技术负责人应参加；设计单位节能设计人员应参加。

15.0.3 建筑节能工程的检验批质量验收合格，应符合下列规定：

1 检验批应按主控项目和一般项目验收；

2 主控项目应全部合格；

3 一般项目应合格；当采用计数检验时，至少应有90%以上的检查点合格，且其余检查点不得有严重缺陷；

4 应具有完整的施工操作依据和质量验收记录。

15.0.4 建筑节能分项工程质量验收合格，应符合下列规定：

1 分项工程所含的检验批均应合格；

2 分项工程所含检验批的质量验收记录应完整。

15.0.5 建筑节能分部工程质量验收合格，应符合下列规定：

1 分项工程应全部合格；

2 质量控制资料应完整；

3 外墙节能构造现场实体检验结果应符合设计要求；

4 严寒、寒冷和夏热冬冷地区的外窗气密性现场实体检测结果应合格；

5 建筑设备工程系统节能性能检测结果应合格。

15.0.6 建筑节能工程验收时应对下列资料核查，并纳入竣工技术档案：

1 设计文件、图纸会审记录、设计变更和洽商；

2 主要材料、设备和构件的质量证明文件、进场检验记录、进场核查记录、进场复验报告、见证试验报告；

3 隐蔽工程验收记录和相关图像资料；

4 分项工程质量验收记录；必要时应核查检验批验收记录；

5 建筑围护结构节能构造现场实体检验记录；

6 严寒、寒冷和夏热冬冷地区外窗气密性现场检测报告；

7 风管及系统严密性检验记录；

8　现场组装的组合式空调机组的漏风量测试记录；

9　设备单机试运转及调试记录；

10　系统联合试运转及调试记录；

11　系统节能性能检验报告；

12　其他对工程质量有影响的重要技术资料。

15.0.7　建筑节能工程分部、分项工程和检验批的质量验收表见本规范附录 B。

1　分部工程质量验收表见本规范附录 B 中表 B.0.1；

2　分项工程质量验收表见本规范附录 B 中表 B.0.2；

3　检验批质量验收表见本规范附录 B 中表 B.0.3。

附录 A　建筑节能工程进场材料和设备的复验项目

A.0.1　建筑节能工程进场材料和设备的复验项目应符合表 A.0.1 的规定。

表 A.0.1　　　　　　　建筑节能工程进场材料和设备的复验项目

序号	分项工程	复　验　项　目
4	墙体节能工程	1. 保温材料的导热系数、密度、抗压强度或压缩强度 2. 黏结材料的黏结强度 3. 增强网的力学性能、抗腐蚀性能
5	幕墙节能工程	1. 保温材料：导热系数、密度 2. 幕墙玻璃：可见光透射比、传热系数、遮阳系数、中空玻璃露点 3. 隔热型材：抗拉强度、抗剪强度
6	门窗节能工程	1. 严寒、寒冷地区：气密性、传热系数和中空玻璃露点 2. 夏热冬冷地区：气密性、传热系数、玻璃遮阳系数、可见光透射比、中空玻璃露点 3. 夏热冬暖地区：气密性、玻璃遮阳系数、可见光透射比、中空玻璃露点
7	屋面节能工程	保温隔热材料的导热系数、密度、抗压强度或压缩强度
8	地面节能工程	保温材料的导热系数、密度、抗压强度或压缩强度
9	采暖节能工程	1. 散热器的单位散热量、金属热强度 2. 保温材料的导热系数、密度、吸水率
10	通风与空调节能工程	1. 风机盘管机组的供冷量、供热量、风量、出口静压、噪声及功率 2. 绝热材料的导热系数、密度、吸水率
11	空调与采暖系统冷、热源及管网节能工程	绝热材料的导热系数、密度、吸水率
12	配电与照明节能工程	电缆、电线截面和每芯导体电阻值

附录 B　建筑节能分部、分项工程和检验批的质量验收表

B.0.1　建筑节能分部工程质量验收应按表 B.0.1 的规定填写。

表 B.0.1   建筑节能分部工程质量验收表

工程名称		结构类型		层数	
施工单位		技术部门负责人		质量部门负责人	
分包单位		分包单位负责人		分包技术负责人	

序号	分项工程名称	验收结论	监理工程师签字	备注
1	墙体节能工程			
2	幕墙节能工程			
3	门窗节能工程			
4	屋面节能工程			
5	地面节能工程			
6	采暖节能工程			
7	通风与空调节能工程			
8	空调与采暖系统的冷热源及管网节能工程			
9	配电与照明节能工程			
10	监测与控制节能工程			
质量控制资料				
外墙节能构造现场实体检验				
外窗气密性现场实体检测				
系统节能性能检测				
验收结论				
其他参加验收人员				

验收单位	分包单位：		项目经理：	年 月 日
	施工单位：		项目经理：	年 月 日
	设计单位：		项目负责人：	年 月 日
	监理（建设）单位：		总监理工程师： （建设单位项目负责人）	年 月 日

B.0.2　建筑节能分项工程质量验收汇总应按表 B.0.2 的规定填写。

表 B.0.2　　　　　　　　　　　　分项工程质量验收汇总表

工程名称			检验批数量	
设计单位			监理单位	
施工单位		项目经理		项目技术负责人
分包单位		分包单位负责人		分包项目经理

序号	检验批部位、区段、系统	施工单位检查评定结果	监理（建设）单位验收结论
1			
2			
3			
4			
5			
6			
7			
8			
9			
10			
11			
12			
13			
14			
15			

施工单位检查结论： 项目专业质量（技术）负责人：　　　年　月　日	验收结论： 监理工程师： （建设单位项目专业技术负责人）　　　年　月　日

B.0.3 建筑节能工程检验批/分项工程质量验收应按表 B.0.3 的规定填写。

表 B.0.3   _____检验批/分项工程质量验收表   编号：

工程名称			分项工程名称		验收部位	
施工单位			专业工长		项目经理	
施工执行标准 名称及编号						
分包单位			分包项目经理		施工班组长	
验收规范规定				施工单位检查评定记录	监理（建设）单位验收记录	
主控项目	1		第　条			
	2		第　条			
	3		第　条			
	4		第　条			
	5		第　条			
	6		第　条			
	7		第　条			
	8		第　条			
	9		第　条			
	10		第　条			
一般项目	1		第　条			
	2		第　条			
	3		第　条			
	4		第　条			
施工单位检查评定结果		项目专业质量检查员： （项目技术负责人）　　　　　　　　　　　年　月　日				
监理（建设）单位验收结论		监理工程师： （建设单位项目专业技术负责人）　　　　　　年　月　日				

附录 C　外墙节能构造钻芯检验方法

C.0.1　本方法适用于检验带有保温层的建筑外墙其节能构造是否符合设计要求。

C.0.2　钻芯检验外墙节能构造应在外墙施工完工后、节能分部工程验收前进行。

C.0.3　钻芯检验外墙节能构造的取样部位和数量，应遵守下列规定：

1　取样部位应由监理（建设）与施工双方共同确定，不得在外墙施工前预先确定；

2　取样部位应选取节能构造有代表性的外墙上相对隐蔽的部位，并宜兼顾不同朝向和楼层；取样部位必须确保钻芯操作安全，且应方便操作。

3　外墙取样数量为一个单位工程每种节能保温做法至少取 3 个芯样。取样部位宜均匀分布，不宜在同一个房间外墙上取 2 个或 2 个以上芯样。

C.0.4　钻芯检验外墙节能构造应在监理（建设）人员见证下实施。

C.0.5　钻芯检验外墙节能构造可采用空心钻头，从保温层一侧钻取直径 70mm 的芯样。钻取芯样深度为钻透保温层到达结构层或基层表面，必要时也可钻透墙体。

当外墙的表层坚硬不易钻透时，也可局部剔除坚硬的面层后钻取芯样。但钻取芯样后应恢复原有外墙的表面装饰层。

C.0.6　钻取芯样时应尽量避免冷却水流入墙体内及污染墙面。从空芯钻头中取出芯样时应谨慎操作，以保持芯样完整。当芯样严重破损难以准确判断节能构造或保温层厚度时，应重新取样检验。

C.0.7　对钻取的芯样，应按照下列规定进行检查：

1　对照设计图纸观察、判断保温材料种类是否符合设计要求；必要时也可采用其他方法加以判断；

2　用分度值为 1mm 的钢尺，在垂直于芯样表面（外墙面）的方向上量取保温层厚度，精确到 1mm；

3　观察或剖开检查保温层构造做法是否符合设计和施工方案要求。

C.0.8　在垂直于芯样表面（外墙面）的方向上实测芯样保温层厚度，当实测芯样厚度的平均值达到设计厚度的 95％ 及以上且最小值不低于设计厚度的 90％ 时，应判定保温层厚度符合设计要求；否则，应判定保温层厚度不符合设计要求。

C.0.9　实施钻芯检验外墙节能构造的机构应出具检验报告。检验报告的格式可参照表 C.0.9 样式。检验报告至少应包括下列内容：

1　抽样方法、抽样数量与抽样部位；

2　芯样状态的描述；

3　实测保温层厚度，设计要求厚度；

4　按照本规范 14.1.2 条的检验目的给出是否符合设计要求的检验结论；

5　附有带标尺的芯样照片并在照片上注明每个芯样的取样部位；

6　监理（建设）单位取样见证人的见证意见；

7　参加现场检验的人员及现场检验时间；

8　检测发现的其他情况和相关信息。

C.0.10　当取样检验结果不符合设计要求时，应委托具备检测资质的见证检测机构增加一倍数量再次取样检验。仍不符合设计要求时应判断围护结构节能构造不符合设计要求。此时应根据检验结果委托原设计单位或其他有资质的单位重新验算房屋的热工性能，提出技术处理方案。

C. 0. 11 外墙取样部位的修补，可采用聚苯板或其他保温材料制成的圆柱形塞填充并用建筑密封胶密封。修补后宜在取样部位挂贴注有"外墙节能构造检验点"的标志牌。

表 C. 0. 9　　　　　　　　　　外墙节能构造钻芯检验报告

			报告编号		
			委托编号		
			检测日期		
工程名称					
建设单位			委托人/联系电话		
监理单位			检测依据		
施工单位			设计保温材料		
节能设计单位			设计保温层厚度		
检验结果	检验项目	芯样 1	芯样 2	芯样 3	
	取样部位	轴线/层	轴线/层	轴线/层	
	芯样外观	完整/基本完整/破碎	完整/基本完整/破碎	完整/基本完整/破碎	
	保温材料种类				
	保温层厚度	mm	mm	mm	
	平均厚度	mm			
	围护结构分层做法	1 基层： 2 3 4 5	1 基层： 2 3 4 5	1 基层： 2 3 4 5	
	照片编号				
结论：				见证意见： 1. 抽样方法符合规定； 2. 现场钻芯真实； 3. 芯样照片真实； 4. 其他： 见证人：	
批准		审核		检验	
检验单位	（印章）			报告日期	

附录2　建筑工程资料管理规程（JGJ/T 185—2009）

1　总　　则

1.0.1　为提高建筑程管理水平，规范建筑程资料管理，制定本规程。

1.0.2　本工规程适用于新建、改建、扩建建筑程的资料管理。

1.0.3　本工规程规定了建筑程资料管理的基本要求。当规程与国家法律、行政法规相抵触时，应按国家法律、行政法规的规定执行。

1.0.4　建筑工程资料管理除应符合本规程规定外，尚应符合国家现行有关标准的规定。

2　术　　语

2.0.1　建筑工程资料　engineering document
建筑工程在建设过程中形成的各种形式信息记录的统称，简称工程资料。

2.0.2　建筑工程资料管理
建筑工程资料的填写、编制、审核、审批、收集、整理、组卷、移交及归档等作的统称，简称工程资料管理。

2.0.3　工程准备阶段文件　engineering preparatory stage document
建筑工程开工前，在立项、审批、征地、拆迁、勘察、设计、招投标等工程准备阶段形成的文件。

2.0.4　监理资料　supervision document
建筑工程在工程建设监理过程中形成的资料。

2.0.5　施工资料　construction document
建筑工程在工程施工过程中形成的资料。

2.0.6　竣工图　as-built drawings
建筑工程竣工验收后，反映建筑工程施工结果的图纸。

2.0.7　工程竣工文件　engineering completion document
建筑工程竣工验收备案和移交等活动中形成的文件。

2.0.8　工程档案　engineering files
建筑工程在建设过程中形成的具有归档保存价值的工程资料。

2.0.9　组卷　filing
按照一定的原则和方法，将有保存价值的工程资料分类整理成案卷的过程，也称立卷。

2.0.10　归档　archiving
工程资料整理组卷并按规定移交相关档案管理部门的工作。

3　基　本　规　定

3.0.1　工程资料应与建筑工程建设过程同步形成，并应真实反映建筑工程的建设情况和实体质量。

3.0.2 工程资料的管理应符合下列规定:

1　工程资料管理应制度健全、岗位责任明确,并应纳入工程建设管理的各个环节和各级相关人员的职责范围;

2　工程资料的套数、费用、移交时间应在合同中明确;

3　工程资料的收集、整理、组卷、移交及归档应及时。

3.0.3 工程资料的形成应符合下列规定:

1　工程资料形成单位应对资料内容的真实性、完整性、有效性负责;由多方形成的资料,应各负其责;

2　工程资料的填写、编制、审核、审批、签认应及时进行,其内容应符合相关规定;

3　工程资料不得随意修改;当需修改时,应实行划改,并由划改人签署;

4　工程资料的文字、图表、印章应清晰。

3.0.4 工程资料应为原件;当为复印件时,提供单位应在复印件上加盖单位印章,并应有经办人签字及日期。提供单位应对资料的真实性负责。

3.0.5 工程资料应内容完整、结论明确、签认手续齐全。

3.0.6 工程资料宜按本规程附录 A 图 A.1.1 中主要步骤形成。

3.0.7 工程资料宜采用信息化技术进行辅助管理。

4　工　程　资　料　管　理

4.1　工程资料分类

4.1.1 工程资料可分为工程准备阶段文件、监理资料、施工资料、竣工图和工程竣工文件 5 类。

4.1.2 工程准备阶段文件可分为决策立项文件、建设用地文件、勘察设计文件、招投标及合同文件、开工文件、商务文件 6 类。

4.1.3 监理资料可分为监理管理资料、进度控制资料、质量控制资料、造价控制资料、合同管理资料和竣工验收资料 6 类。

4.1.4 工施资料可分为施工管理资料、施工技术资料、施工进度及造价资料、施工物资资料、施工记录、施工试验记录及检测报告、施工质量验收记录、竣工验收资料 8 类。

4.1.5 工程竣工文件可分为竣工验收文件、竣工决算文件、竣工交档文件、竣工总结文件 4 类。

4.2　工程资料填写、编制、审核及审批

4.2.1 工程准备阶段文件和工程竣工文件的填写、编制、审核及审批应符合国家现行有关标准的规定。

4.2.2 监理资料的填写、编制、审核及审批应符合现行国家标准《建设工程监理规范》(GB 50319—2000) 的有关规定;监理资料用表宜符合本规程附录 B 的规定;附录 B 未规定的,可自行确定。

4.2.3 施工资料的填写、编制、审核及审批应符合国家现行有关标准的规定;施工资

料用表宜符合本规程附录 C 的规定；附录 C 未规定的，可自行确定。

4.2.4 竣工图的编制及审核应符合下列规定：

1　新建、改建、扩建的建筑工程均应编制竣工图；竣工图应真实反映竣工工程的实际情况。

2　竣工图的专业类别应与施工图对应。

3　竣工图应依据施工图、图纸会审记录、设计变更通知单、工程洽商记录（包括技术核定单）等绘制。

4　当施工图没有变更时，可直接在施工图上加盖竣工图章形成竣工图。

5　竣工图的绘制应符合国家现行有关标准的规定。

6　竣工图应有竣工图章及相关责任人签字。

7　竣工图应按本规程附录 D 的方法绘制，并应按本规程附录 E 的方法折叠。

4.3　工程资料编号

4.3.1　工程准备阶段文件、工程竣工文件宜按本规程附录 A 表 A.2.1 中规定的类别和形成时间顺序编号。

4.3.2　监理资料宜按本规程附录 A 表 A.2.1 中规定的类别和形成时间顺序编号。

4.3.3　施工资料编号宜符合下列规定：

1　施工资料编号可由分部、子分部、分类、顺序号 4 组代号组成，组与组之间应用横线隔开（图 4.3.3-1）；

①为分部工程代号，可按本规程附录 A.3.1 的规定执行。

②为子分部工程代号，可按本规程附录 A.3.1 的规定执行。

图 4.3.3-1　施工资料编号

③为资料的类别编号，可按本规程附录 A.2.1 的规定执行。

④为顺序号，可根据相同表格、相同检查项目，按形成时间顺序填写。

2　属于单位工程整体管理内容的资料，编号中的分部、子分部工程代号可用"00"代替；

3　同一厂家、同一品种、同批次的施工物资用在两个分部、子分部工程中时，资料编号中的分部、子分部工程代号可按主要使用部位填写。

4.3.4　竣工图宜按本规程附录 A 表 A.2.1 中规定的类别和形成时间顺序编号。

4.3.5　工程资料的编号应及时填写，专用表格的编号应填写在表格右上角的编号栏中；非专用表格应在资料右上角的适当位置注明资料编号。

4.4　工程资料收集、整理与组卷

4.4.1　工程资料的收集、整理与组卷应符合下列规定：

1　工程准备阶段文件和工程竣工文件应由建设单位负责收集、整理与组卷。

2　监理资料应由监理单位负责收集、整理与组卷。

3　施工资料应由施工单位负责收集、整理与组卷。

4　竣工图应由建设单位负责组织，也可委托其他单位。

4.4.2　工程资料的组卷除应执行本规程第 4.4.1 条的规定外，还应符合下列规定：

1　工程资料组卷应遵循自然形成规律，保持卷内文件、资料内在联系。工程资料可根据数量多少组成一卷或多卷。

  2 工程准备阶段文件和工程竣工文件可按建设项目或单位工程进行组卷。

  3 监理资料应按单位工程进行组卷。

  4 施工资料应按单位工程组卷，并应符合下列规定：

  1）专业承包工程形成的施工资料应由专业承包单位负责，并应单独组卷；

  2）电梯应按不同型号每台电梯单独组卷；

  3）室外工程应按室外建筑环境室外安装工程单独组卷；

  4）当施工资料中部分内容不能按一个单位工程分类组卷时，可按建设项目组卷；

  5）施工资料目录应与其对应的施工资料一起组卷。

  5 竣工图应按专业分类组卷。

  6 工程资料组卷内容宜符合本规程附录 A 中表 A.2.1 的规定。

  7 工程资料组卷应编制封面、卷内目录及备考表，其格式及填写要求可按现行国家标准《建设工程文件归档整理规范》（GB/T 50328）的有关规定执行。

4.5 工程资料移交与归档

4.5.1 工程资料移交归档应符合国家现行有关法规和标准的规定；当无规定时，应按合同约定移交归档。

4.5.2 工程资料移交应符合下列规定：

  1 施工单位应向建设单位移交施工资料。

  2 实行施工总承包的，各专业承包单位应向施工总承包单位移交施工资料。

  3 监理单位应向建设单位移交监理资料。

  4 工程资料移交时应及时办理相关移交手续，填写工程资料移交书、移交目录。

  5 建设单位应按国家有关法规和标准的规定向城建档案管理部门移交工程档案，并办理相关手续。有条件时。向城建档案管理部门移交的工程档案应为原件。

4.5.3 工程资料归档应符合下列规定

  1 工程参建各方宜按本规程附录 A 中表 A.2.1 规定的内容将工程资料归档保存。

  2 归档保存的工程资料，其保存期限应符合下列规定：

  1）工程资料归档保存期限应符合国家现行有关标准的规定；当无规定时，不宜少于 5 年。

  2）建设单位工程资料归档保存期限应满足工程维护、修缮、改造、加固的需要。

  3）施工单位工程资料归档保存期限应满足工程质量保修及质量追溯的需要。

附录 A 工程资料形成、类别、来源、保存及代号索引

A.1 工 程 资 料 形 成

A.1.1 工程资料形成宜符合图 A.1.1 的步骤。

参 考 文 献

[1] 沈金安. 改性沥青与 SMA 路面［M］. 北京：人民交通出版社，1999.

[2] 中国工程建设标准化协会公路工程委员会. SHC F40—01—2002 公路沥青玛蹄脂碎石路面技术指南［S］. 北京：人民交通出版社，2002.

[3] 中华人民共和国建设部. CJ/T 121—2000 再生树脂复合材料检查井盖［S］. 北京：中国标准出版社出版，2001.

[4] 中华人民共和国国家质量监督检验检疫总局. GB/T 23858—2009 检查井盖［S］. 北京：中国标准出版社，2009.

[5] 中华人民共和国建设部. CJ/T 211—2005 聚合物基复合材料检查井盖［S］. 北京：中国标准出版社，2005.

[6] 夏明耀. 地下工程设计施工手册［M］. 北京：中国建筑工业出版社，1999.

[7] 王建钧. 水平定向钻进技术［J］. 西部探矿工程，(2008) 03-0047-03.

[8] 建设部信息中心. 绿色节能建筑材料选用手册. 北京：中国建筑工业出版社，2008.

[9] 王立久，曹明莉. 建筑材料新技术. 北京：中国建筑工业出版社，2007.

[10] 姚燕，王玲，田培. 高性能混凝土［M］. 北京：化工工业出版社，2006.

[11] 京沪铁路客运专线公司筹备组. 京沪高速铁路高性能混凝土主要技术标准与施工关键技术. 北京. 中国铁道科学研究院，2007.

[12] 欧阳东. 广州新白云机场补偿收缩纤维混凝土技术［J］. 北京：建筑技术，2004，(1).

[13] 郑州大学，华北水利水电学院，郑州市公路局路桥集团公路工程公司. 郑州市嵩山南路与南四环立交新建工程清水混凝土桥梁施工工艺. 2010.

[14] 中国工程建设标准化协会化工分会. 环氧树脂自流平地面工程技术规范［M］. 北京：中国计划出版社，2010.

[15] 李英林. 节能环保型装饰材料——软膜天花［J］. 广东建材，2009，(1).

[16] 刘志海，李超. 低辐射玻璃及其应用［M］. 北京：化学工业出版社，2006.

[17] 丁宪良，刘粤. 地基与基础工程施工［M］. 武汉：中国地质大学出版社. 2006.

[18] 丁宪良，魏杰. 建筑施工工艺［M］. 北京：中国建筑工业出版社，2008.

[19] 丁宪良. CFG 桩复合地基的应用研究［D］. 郑州：郑州大学，2008.

[20] 张厚先，王志清. 建筑施工技术［M］. 北京：机械工业出版社，2008.

[21] JGJ 190—2010. 建筑工程检测试验技术管理规范［S］. 北京：中国建筑工业出版社，2010.

[21] JGJ/T 185—2009. 建筑工程资料管理规程［S］. 北京：中国建筑工业出版社，2010.

[22] JGJ 190—2010. 建筑工程检测试验技术管理规范［S］. 北京：中国建筑工业出版社，2010.

[23] 赵宏. 高性能 C70 泵送硅粉混凝土在小浪底工程中的应用［J］. 北京：中国水利. 2004，(12).

[24] 张新刚. 低温地板辐射采暖系统的实际运行工况研究［J］. 天津：天津大学. 2004，(05).